农药毒性手册·除草剂分册

环境保护部南京环境科学研究所　著

科学出版社

北京

内 容 简 介

为系统了解我国登记农药品种(有效成分)的相关信息,在环境保护部科技标准司的支持下,作者在系统调研和整理国内外相关研究成果的基础上,编制了《农药毒性手册·除草剂分册》。本书共包含 122 个除草剂品种,每个品种分别列出了农药的基本信息、理化性质、环境行为、生态毒理学、毒理学、人类健康效应、危害分类与管制情况及限值标准 8 个方面的内容,其中对环境行为、毒理学和人类健康效应部分做了详细描述,力求提供准确、实用、完整的除草剂毒性资料。

本书将为我国农药的环境与健康管理提供基础数据资料,也可作为农药专业工具性手册,为农药的生产使用、环境管理及相关科学研究提供参考。

图书在版编目(CIP)数据

农药毒性手册. 除草剂分册/环境保护部南京环境科学研究所著. —北京:科学出版社,2017.10

ISBN 978-7-03-054932-7

Ⅰ. ①农… Ⅱ. ①环… Ⅲ. ①农药毒理学-手册 ②除草剂-农药毒理学-手册 Ⅳ. ①S481-62②TQ457-62

中国版本图书馆 CIP 数据核字(2017)第 258065 号

责任编辑:惠 雪 曾佳佳 孙 曼/责任校对:杜子昂 贾娜娜
责任印制:张克忠/封面设计:许 瑞

科 学 出 版 社 出版
北京东黄城根北街 16 号
邮政编码:100717
http://www.sciencep.com
中国科学院印刷厂印刷

科学出版社发行 各地新华书店经销

*

2017 年 10 月第 一 版 开本:720×1000 1/16
2017 年 10 月第一次印刷 印张:31 1/4
字数:624 000
定价:**199.00 元**
(如有印装质量问题,我社负责调换)

《农药毒性手册》编委会

顾　　问：蔡道基

主　　编：石利利　吉贵祥

副 主 编：宋宁慧　韩志华　刘济宁

编　　委(以姓名汉语拼音为序)：

陈子易　范德玲　郭　敏　刘家曾

汪　贞　王　蕾　吴晟旻　徐怀洲

杨先海　张　芹　张圣虎　周林军

序　言

　　《中华人民共和国农药管理条例》指明，农药是指用于预防、控制危害农业、林业的病、虫、草、鼠和其他有害生物以及有目的地调节植物、昆虫生长的化学合成或者来源于生物、其他天然物质的一种物质或者几种物质的混合物及其制剂。农药对于农业生产十分重要，由于病虫草害，全世界每年损失的粮食约占总产量的一半，使用农药可以挽回总产量的 15%左右。

　　我国是农药生产与使用大国。据中国农药工业协会统计，2015 年我国农药生产总量(折百量)为 132.8 万吨，其中杀虫剂为 30.3 万吨，杀菌剂为 16.9 万吨，除草剂为 82.7 万吨，其他农药为 2.9 万吨。2015 年全国规模以上农药企业数量为 829 家。

　　我国目前由农药引起的较为突出的环境问题主要是农药三废的点源污染与高毒农药使用造成的危害问题。相关报道表明，农药利用率一般为 10%~30%，大量散失的农药挥发到空气中，流入水体中，沉降进入土壤，对空气、土壤、地表水、地下水和农产品造成污染，并可能进一步通过生物链富集，对环境生物和人类健康产生长期和潜在的危害。因此，农药污染所带来的环境与健康问题应列为我国环境保护工作的重要内容。

　　农药的理化性质、环境行为、毒性数据、健康危害资料，是科学有效地评价和管理农药的重要依据。在我国，迄今尚无系统描述农药理化性质、环境行为、动物毒性和人类健康危害的数据资料。在环境保护部科技标准司的支持下，我们在系统调研和整理国内外相关研究成果的基础上，编制了《农药毒性手册》(以下简称《手册》)。《手册》分杀虫剂、除草剂和杀菌剂 3 个部分，详细介绍了我国主流农药品种的基本信息、理化性质、环境行为、生态毒理学、毒理学、人类健康效应、危害分类与管制情况及限值标准 8 个方面的内容。《手册》将为我国农药的环境与健康管理提供基础数据资料，也可作为农药专业工具性手册，为农药的生产使用、环境管理及相关科学研究提供参考。

中国工程院院士

蔡道基

2016 年 6 月 15 日于南京

编 制 说 明

一、目的和意义

农药是现代农业生产中大量应用的一类化学物质,对于防治病虫草害和提高农业生产量起着重要作用。中国农药工业经过几十年的快速发展,已经形成了较为完整的农药工业体系,现已成为全球第一大农药生产国和第一大农药出口国。目前,我国可生产的农药品种有 500 多个,常年生产农药品种有 300 多个,制剂产品有上万种,覆盖了杀虫剂、杀菌剂、除草剂和植物调节剂等主要类型。据统计,截至 2013 年年底,我国已登记农药产品近 3 万个,有效成分 645 种。农药定点生产企业共有 2000 多家,上市公司有 10 多家,全行业从业人员超过 20 万人。2014 年全国化学农药原药生产量已达 374.4 万吨。

随着农药的大量生产和使用,农药不正当使用所带来的环境污染问题也越来越严重。据估算,农药生产所使用的化工原料利用率仅为 40%,其余 60% 均以废水、废气和废渣等形式排出。全国农药工业每年有超过百万吨高毒剧毒原料、中间体及副产物、农药残留等排出,对环境和人的健康带来严重的负面影响。农药污染所带来的环境与健康问题应列为我国环境保护工作的重要内容。

为系统了解我国登记农药品种(有效成分)的相关信息,在环境保护部科技标准司支持下,我们在系统调研和整理国内外相关研究成果的基础上,编制了《农药毒性手册》(以下简称《手册》)。《手册》分杀虫剂、除草剂和杀菌剂 3 个部分,详细介绍了我国主流农药品种的基本信息、理化性质、环境行为、生态毒理学、毒理学、人类健康效应、危害分类与管制情况及限值标准 8 个方面的内容。《手册》将为我国农药的环境与健康管理提供基础数据资料,也可作为农药专业工具性手册,为农药的生产使用、环境管理及相关科学研究提供参考。

二、与已有手册的比较

为适应广大读者及科研工作者的需要,我国相继出版了《农药每日允许摄入量手册》、《FAO/WHO 农药产品标准手册》、《新编农药手册》(第 2 版)、《新编农药品种手册》、《农药手册》(原著第 16 版)、《农药使用技术手册》等参考书籍。这些书籍为专业人员查阅有关数据资料提供了很好的信息,但其大多数着重于农药制剂的加工合成、制剂类型、科学使用方法、药效评价、毒性机理、分析方法等方面(表 1),难以满足环境与健康管理工作的需要。而《手册》注重对农药环境行为和健康危害方面的信息进行描述,以期为农药的环境与健康管理工作提供基础信息。

表 1　国内已有的汇编资料及其特点

汇编资料	主要内容	出版时间
《农药每日允许摄入量手册》	介绍了我国已经制定的 554 种农药的每日允许摄入量及制定依据	2015 年 7 月
《FAO/WHO 农药产品标准手册》	介绍了 222 种当前主要农药有效成分的结构式、相对分子质量、CAS 号和理化性质等信息。收集整理了共计 227 个最新 FAO/WHO 标准,介绍了原药及其相关制剂的组成与外观、技术指标与有效成分含量的分析方法等	2015 年 5 月
《新编农药手册》(第 2 版)	介绍了农药基本知识、药效与药害、毒性与中毒、农药选购、农药品种的使用方法,以及我国关于高毒农药禁用、限用产品的相关规定	2015 年 5 月
《新编农药品种手册》	按杀虫剂、杀菌剂、除草剂、植物生长调节剂、杀鼠剂五部分,介绍了每个农药品种的中英文通用名称、结构式、分子式、相对分子质量、其他名称、化学名称、理化性质、毒性、应用、合成路线、常用剂型等内容	2015 年 5 月
《农药手册》(原著第 16 版)	英国农作物保护委员会(BCPC)出版的《农药手册》(原著第 16 版)译稿,介绍了 920 个农药品种的中英文通用名称、结构式、分子式、相对分子质量、结构类型、活性用途、化学名称、CAS 号、理化性质、加工剂型、应用、生产企业、商品名、哺乳动物毒性、生态毒性和环境行为等内容	2015 年 5 月
《哥伦比亚农药手册》	收录了 2013 年 8 月 23 日前在哥伦比亚取得登记的 1296 个农药产品的相关信息,包括农药登记证号、有效成分名称及含量、剂型、毒性、类别、使用作物、原产地,以及农药登记企业的名称、地址和联系方式等	2014 年 4 月
《常用农药使用手册》(修订版)	指导农民及种植业主合理使用农药的常用技术手册	2014 年 2 月
《农药使用技术手册》	介绍了 366 种农药品种的使用技术,农药的毒性与安全使用及农药的中毒与治疗方法	2009 年 1 月
《农药使用手册》	介绍了 54 种病害、56 种虫害和多种杂草的杀虫剂(含杀螨剂)、杀菌剂、除草剂及施用于粮食作物、经济作物等的新农药,包括名称、剂型、用量、方法和时期、注意事项,以及中毒与急救方法等内容	2006 年 12 月

三、《手册》的特点

本手册主要为从事农药环境与健康管理及相关研究的人员提供基础性资料,包含了农药的基本信息、理化性质、环境行为、生态毒理学、毒理学、人类健康效应、危害分类与管制情况及限值标准 8 个方面的基础信息,其中对环境行为、毒理学和人类健康效应部分着重做了详细描述,力求提供准确、实用、完整的农药毒性资料。

四、任务来源

本项目为环境保护部科技标准司 2016 年度环境与健康工作任务之一，项目依据分批次、分步实施的策略，每年编制包含约 100 种农药的毒性参数手册。

五、数据来源

《手册》中的毒性参数主要来源于农药性质数据库（PPDB）（网址：http://sitem. herts.ac.uk/aeru/ppdb/en/atoz.htm）。PPDB 数据库是由英国赫特福德郡大学农业与环境研究所开发的农药性质搜索引擎，可提供农药特性，包括理化性质、环境归趋、人类健康和生态毒理学等方面的信息。数据来源于已发表的科学文献和数据库、手册、登记数据库、档案、公司的技术数据等。进入数据库的数据资料经过了严格的质量控制，通过了同行评审，以及不同数据库和数据源之间的交叉对比。

对农药环境行为及健康效应的详细描述主要来源于美国国立医学图书馆毒理学数据网（TOXNET）（网址：http://toxnet.nlm.nih.gov/index.html）中的 HSDB 数据库（Hazardous Substances Data Bank，有害物质数据库），数据库包括 5000 余种对人类和动物有害的危险物质的毒性、安全管理及对环境的影响，以及人类健康危险评估等方面的信息。每一种化学物质含有大约 150 个方面的数据。全部数据选自相关核心图书、政府文献、科技报告及科学文献，并由专门的科学审查小组（SRP）审定，可直接为用户提供原始信息。

部分危害分类与管制情况和限值标准来自北美农药行动网（Pesticide Action Network North America，PANNA）农药数据库（网址：http://www.pesticideinfo.org/）。PAN 数据库汇集了许多不同来源的农药信息，提供约 6400 种农药活性成分及其转化产品的人体毒性（急性和慢性）、水体污染情况、生态毒性，以及使用和监管信息。数据库中的大部分毒性信息直接来自官方，如美国环境保护署（EPA）、世界卫生组织（WHO）、国家毒理学计划（NTP）、国立卫生研究院（NIH）、国际癌症研究机构（IARC）和欧洲联盟（简称欧盟，EU）。

除上述三个数据库外，编制过程中还查阅了国内外发表的 1000 多篇 SCI 论文和国内核心期刊，并在具体引用部分给出了文献来源，以方便使用者能够直接追溯数据来源。

六、编制原则

（一）《手册》编写基本原则

《手册》的编写本着科学性、客观性、针对性、时效性、可扩充性和可操作性的原则。

（1）科学性是指《手册》中农药的各项信息必须来自科学研究的结果和政府权威机构的公开资料，并科学地进行资料的质量评估和质量控制，从而保证《手册》的科学参考价值。

(2)客观性是指对各农药的生物学性状、环境行为参数、毒性数据、健康效应等方面的数据采取客观的分析，避免主观和缺乏证据的推测。

(3)针对性是指《手册》涉及的农药种类必须包含我国常用的农药品种，同时农药的各项参数必须针对环境与健康工作的需要，并且兼顾农药环境管理的需求，提供农药理化性质、环境行为、人类健康效应及限值标准等翔实的资料，为开展农药的环境与健康风险评估提供有价值的参考。

(4)时效性是指农药的品种是动态变化的，农药研究的信息积累也是不断变化的，因此《手册》也只针对近一段时期内农药参数的相关信息。随着我国新品种农药的不断出现或农药毒性参数相关信息出现重大变化，《手册》就需要进行相应的修订。

(5)可扩充性是指当《手册》需要进行修订时，不需要改变编排方式，只对新增农药的排序或相关信息进行更正和补充即可，这样将减少修订的时间和资金成本，提高修订效率和时效性。

(6)可操作性是指《手册》的编写力求条目清晰、便于查阅；内容综合，具有广泛参考价值；重点突出，特别是能为环境与健康领域的管理决策、事故应急、农药风险评估提供可操作的指导读本。

(二) 纳入《手册》的农药品种选定原则

(1)优先选择我国目前正在生产或使用的农药品种。

(2)优先选择我国禁止和限制使用的农药品种。

(3)优先选择鹿特丹公约(PIC)所规定的极其危险的农药品种及持久性有机污染物(POPs)类农药品种。

七、《手册》的框架结构

该框架设计的特点主要体现在逻辑性强、层次清晰、信息全面、便于查阅、易于扩充。其结构如下。

(1)基本信息：包括化学名称、其他名称、CAS 号、分子式、相对分子质量、SMILES、类别、结构式。

(2)理化性质：包括外观与性状、密度、熔点、沸点、饱和蒸气压、水溶解度、有机溶剂溶解度、辛醇/水分配系数、亨利常数。

(3)环境行为：包括环境生物降解性、环境非生物降解性、环境生物蓄积性、土壤吸附/移动性等。

(4)生态毒理学：包括鸟类急性毒性、鱼类急慢性毒性、水生无脊椎动物急慢性毒性、水生甲壳动物急性毒性、底栖生物慢性毒性、藻类急慢性毒性、蜜蜂急性毒性、蚯蚓急慢性毒性。

(5)毒理学：包括农药对哺乳动物的毒性阈值，急性中毒表现及慢性毒性效应，如神经毒性、生殖发育毒性、内分泌干扰性、致癌性及致突变性。

(6)人类健康效应：包括人类急性中毒的表现、慢性毒性效应的流行病学研究资料。

(7)危害分类与管制情况：介绍了农药是否列入POPs与PIC等国际公约，以及PAN优控名录与WHO淘汰品种等信息。

(8)限值标准：包括每日允许摄入量(ADI)、急性参考剂量(ARfD)、国外饮用水健康标准及水质基准等信息。

(9)参考文献。

八、《手册》中的名词和术语

(1)化学名称(chemical name)：根据国际纯粹与应用化学联合会(IUPAC)或美国化学文摘社(CAS)命名规则命名的化合物名称。

(2)相对分子质量(relative molecular weight)：组成分子的所有原子的相对原子质量总和。

(3)SMILES：简化分子线性输入规范(the simplified molecular input line entry specification，SMILES)，是一种用ASCII字符串描述分子结构的规范。SMILES字符串输入分子编辑器后，可转换成分子结构图或模型。

(4)溶解度(solubility)：在一定温度下，物质在100g溶剂中达到饱和状态时所溶解的质量，以单位体积溶液中溶质的质量表示，其标准单位为 kg/m^3，但通常使用单位为mg/L。

(5)熔点(melting point)：一个标准大气压下(101.325kPa)给定物质的物理状态由固态变为液态时的温度，单位为℃。

(6)沸点(boiling point)：液体物质的蒸气压等于标准大气压(101.325kPa)时的温度，单位为℃。

(7)辛醇/水分配系数(octanol/water partition coefficient，K_{ow})：平衡状态下化合物在正辛醇和水两相中的平衡浓度之比，通常用以10为底的对数(lgK_{ow})表示。

(8)蒸气压(vapour pressure)：一定温度下，与液体或固体相平衡的蒸气所具有的压力，它是物质气化倾向的量度。蒸气压越高，气化倾向越大。通常使用单位mPa。

(9)亨利常数(Henry's law constant)：一定温度下，气体在气相和溶解相间的平衡常数，它表示化学物质在水和空气间的分配倾向，即挥发性，通常单位为 $Pa \cdot m^3/mol$ 或20℃条件下量纲一的形式。

(10)降解半衰期(half-life time of degradation，DT_{50})：化合物在环境(土壤、

空气、水体等)中的浓度降解到初始浓度一半时所需要的时间,可用于化学物质持久性的量度。

(11)吸附系数(organic-carbon sorption constant,K_{oc}):经有机碳含量标准化的,平衡状态下化合物在水和沉积物或土壤两相中的浓度之比。它是表征非极性有机化合物在土壤或沉积物中的有机碳与水之间分配特性的参数。

(12)生物富集系数(bioconcentration factor,BCF):生物体内某种物质的浓度与其所生存的环境介质中该物质的浓度比值,可用于表示生物浓缩的程度,又称生物浓缩系数。

(13)每日允许摄入量(acceptable daily intake,ADI):人一生中每日摄入某种物质而对健康无已知不良效应的量,一般以人的体重为基础计算,单位为 mg/(kg bw·d)。

(14)急性参考剂量(acute reference dose,ARfD):食品或饮用水中某种物质在较短时间内(通常指一餐或一天内)被吸收后不致引起目前已知的任何可观察到的健康损害的剂量,单位为 mg/(kg bw·d)。

(15)操作者允许接触水平(acceptable operator exposure level,AOEL):在数日、数周或数月的一段时期内,操作者每日有规律地接触某种化学物质时,不产生任何副作用的水平,单位为 mg/(kg bw·d)。

(16)最高容许浓度(maximum allowable concentration,MAC):大气、水体、土壤的介质中有毒物质的限量标准。接触人群中最敏感的个体即刻暴露或终生接触该水平的外源化学物,不会对其本人或后代产生有害影响。

(17)半数效应浓度(non-lethal effect in 50% of test population,EC_{50}):引起 50% 受试种群指定非致死效应的化学物质浓度。

(18)半数致死量(lethal dose in 50% of test population,LD_{50}/LC_{50}):化学物质引起一半受试对象出现死亡所需要的剂量,又称致死中量。它是评价化学物质急性毒性大小最重要的参数,也是对不同化学物质进行急性毒性分级的基础数据。

(19)观察到有害作用的最低剂量水平(lowest observed adverse effect level,LOAEL):在规定的暴露条件下,通过实验和观察,一种物质引起机体(人或实验动物)形态、功能、生长、发育或寿命发生某种有害改变的最低剂量或浓度,此种有害改变与同一物种、品系的正常(对照)机体是可以区别的。

(20)未观察到有害作用的水平(no observed adverse effect level,NOAEL):在规定的暴露条件下,通过实验和观察,一种外源化学物不引起机体(人或实验动物)发生可检测到的有害作用的最高剂量或浓度。

(21)阈值(threshold limit values,TLV):一种物质使机体(人或实验动物)开始发生效应的剂量或者浓度,即低于阈值时效应不发生,而达到阈值时效应将发生。

九、致谢

《手册》得到环境保护部科技标准司提供的经费资助，感谢环境保护部科技标准司的大力支持和指导，感谢对《手册》提供了指导和帮助的各位专家与领导。《手册》在编写过程中引用了大量国际权威机构的出版物、技术报告以及国内外的文献资料、教材、相关书籍的内容，在此对原作者表示衷心的感谢。

《手册》的内容涉及的学科较多，加之著者水平有限，时间仓促，书中难免有疏漏和不妥之处，恳请各位读者多提宝贵意见。

目　录

序言

编制说明

2,4-滴(2,4-dicholrophenoxyacetic acid) ···1

2,4-滴丙酸(dichlorprop) ···6

2,4-滴丁酸(2,4-DB) ···11

2-甲-4-氯(MCPA) ···15

2-甲-4-氯丙酸(mecoprop) ···20

2-甲-4-氯丁酸(MCPB) ···24

阿特拉津(atrazine) ···28

氨氯吡啶酸(picloram) ···34

胺苯磺隆(ethametsulfuron-methyl) ···39

百草枯(paraquat) ···42

苯胺灵(propham) ···47

苯磺隆(tribenuron-methyl) ···51

苯嗪草酮(metamitron) ···55

吡草胺(metazachlor) ···58

吡草醚(pyraflufen-ethyl) ···61

吡氟禾草灵(fluazifop-P-butyl) ···65

吡氟酰草胺(diflufenican) ···68

吡嘧磺隆(pyrazosulfuron-ethyl) ···71

吡喃草酮(tepraloxydim) ···74

苄嘧磺隆(bensulfuron-methyl) ···77

丙炔氟草胺(flumioxazin) ···80

草铵膦(glufosinate-ammonium) ···84

草甘膦(glyphosate) ···88

除草定(bromacil) ···93

除草醚(nitrofen) ···98

敌稗(propanil) ···102

敌草胺(napropamide) ···108

敌草净(desmetryn) ···112

敌草快二溴化物(diquat dibromide) ································ 115

敌草隆(diuron) ·· 120

碘苯腈(ioxynil) ·· 124

丁草胺(butachlor) ·· 128

啶嘧磺隆(flazasulfuron) ·· 133

毒草胺(propachlor) ·· 137

噁草酮(oxadiazon) ·· 141

二甲戊灵(pendimethalin) ··· 145

二氯喹啉酸(quinclorac) ··· 150

砜嘧磺隆(rimsulfuron) ·· 154

高效氟吡甲禾灵(haloxyfop-P-methyl) ····························· 159

氟草定(fluroxypyr) ·· 163

氟草隆(fluometuron) ··· 167

氟磺胺草醚(fomesafen) ·· 171

氟乐灵(trifluralin) ··· 175

氟硫草定(dithiopyr) ·· 179

氟烯草酸(flumiclorac-pentyl) ·· 182

氟唑磺隆(flucarbazone-sodium) ······································ 185

格草净(methoprotryne) ·· 188

禾草丹(thiobencarb) ·· 191

禾草克(quizalofop-ethyl) ·· 196

禾草灵(diclofop-methyl) ··· 200

环嗪酮(hexazinone) ··· 204

磺草灵(asulam) ·· 208

磺酰磺隆(sulfosulfuron) ··· 211

甲草胺(alachlor) ··· 215

甲磺隆(metsulfuron-methyl) ·· 220

甲基二磺隆(mesosulfuron-methyl) ···································· 224

甲咪唑烟酸(imazapic) ·· 228

甲羧除草醚(bifenox) ··· 232

甲酰氨基嘧磺隆(foramsulfuron) ······································ 237

甲氧咪草烟(imazamox) ·· 241

噁唑禾草灵(fenoxaprop-P-ethyl) ······································ 244

利谷隆(linuron) ·· 248

绿麦隆(chlorotoluron) ·· 253

氯苯胺灵（chlorpropham）···257

氯草敏（chloridazon）··261

氯磺隆（chlorsulfuron）··265

氯硫酰草胺（chlorthiamid）·······································269

氯嘧磺隆（chlorimuron-ethyl）····································272

氯酸钠（sodium chlorate）··275

氯乙氟灵（fluchloralin）··278

麦草畏（dicamba）··282

茅草枯（dalapon）··286

咪唑喹啉酸（imazaquin）···290

咪唑烟酸（imazapyr）··293

咪唑乙烟酸（imazethapyr）·······································297

醚苯磺隆（triasulfuron）···301

醚磺隆（cinosulfuron）···304

嘧磺隆（sulfometuron-methyl）····································307

灭草松（bentazone）···311

哌草丹（dimepiperate）··315

扑草净（prometryn）··318

扑灭津（propazine）··322

嗪草酮（metribuzin）···326

氰草津（cyanazine）··330

炔草酯（clodinafop-propargyl）···································334

乳氟禾草灵（lactofen）··338

噻苯隆（thidiazuron）···342

噻吩磺隆（thifensulfuron-methyl）·································346

三氯吡氧乙酸（triclopyr）··350

三氟羧草醚（acifluorfen）··354

杀草强（amitrole）···358

莎稗磷（anilofos）···363

双酰草胺（carbetamide）··367

四唑嘧磺隆（azimsulfuron）······································370

特丁津（terbuthylazine）···373

特丁净（terbutryn）··377

特乐酚（dinoterb）···381

甜菜安（desmedipham）···384

甜菜宁（phenmedipham）…………………………………………………387

五氟磺草胺（penoxsulam）………………………………………………391

西马津（simazine）…………………………………………………………395

烯草酮（clethodim）………………………………………………………400

烯禾啶（sethoxydim）………………………………………………………404

辛酰碘苯腈（ioxynil octanoate）…………………………………………408

溴苯腈（bromoxynil）………………………………………………………411

溴苯腈庚酸酯（bromoxynil heptanoate）………………………………416

溴苯腈辛酸酯（bromoxynil octanoate）…………………………………419

烟嘧磺隆（nicosulfuron）…………………………………………………423

野麦畏（triallate）…………………………………………………………427

野燕枯（difenzoquat）……………………………………………………431

乙草胺（acetochlor）………………………………………………………434

乙氧呋草黄（ethofumesate）………………………………………………439

乙氧氟草醚（oxyfluorfen）………………………………………………443

乙氧磺隆（ethoxysulfuron）………………………………………………447

异丙甲草胺（metolachlor）………………………………………………450

异丙隆（isoproturon）………………………………………………………455

异噁草松（clomazone）……………………………………………………458

异噁唑草酮（isoxaflutole）………………………………………………462

抑芽丹（maleic hydrazide）………………………………………………466

莠灭净（ametryn）…………………………………………………………470

唑草酮（carfentrazone-ethyl）……………………………………………474

唑嘧磺草胺（flumetsulam）………………………………………………478

2,4-滴(2,4-dicholrophenoxyacetic acid)

【基本信息】

化学名称：2,4-二氯苯氧乙酸

其他名称：2,4-D

CAS 号：94-75-7

分子式：$C_8H_6Cl_2O_3$

相对分子质量：221.04

SMILES：Clc1cc(Cl)ccc1OCC(=O)O

类别：苯氧羧酸类除草剂

结构式：

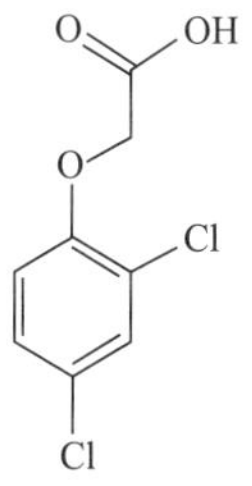

【理化性质】

白色粉末状固体，密度 1.7g/mL，熔点 138.7℃，沸点 273.0℃，饱和蒸气压 0.009mPa(25℃)。水溶解度(20℃)为 24300mg/L。有机溶剂溶解度(20℃)：甲苯，6400mg/L；丙酮，212000mg/L；甲醇，810000mg/L；二氯甲烷，8000mg/L。辛醇/水分配系数 $\lg K_{ow}$= −0.82(pH=7, 20℃)。

【环境行为】

(1)环境生物降解性

好氧：2,4-滴在土壤中快速降解[1]。以活性污泥、土壤和沉积物中的微生物混合接种后，降解半衰期(DT$_{50}$)为 1.8~3.1d[2,3]。以土壤微生物作为接种物时，降解半衰期分别为：5~8d(pH=5.0~8.5)、21d(pH=4.5)、41d(pH=4.0)[4]。

厌氧：以活性污泥、土壤和沉积物中的微生物混合物为接种物时，降解半衰期为69~135d[3]。在沉积物中厌氧降解后主要生成2,4-二氯酚[2]。

(2)环境非生物降解性

2,4-滴在磷酸盐缓冲体系下，浓度为25μg/L时，pH为2、7、10的条件下均不水解[5]。2,4-滴在pH为5的缓冲溶液中的光降解半衰期为12.9d，在土壤表面的光降解半衰期为68d[6]。

(3)环境生物蓄积性

生物富集系数BCF为3，提示生物蓄积性较低[7,8]。

(4)土壤吸附/移动性

吸附系数K_{oc}值为19.6~135.7[9-11]，提示土壤中移动性强。

【生态毒理学】

鸟类(山齿鹑)急性LD_{50}＞500mg/kg，鱼类(黑头呆鱼)96h LC_{50}=100mg/L、21d NOEC=27.2mg/L，溞类(大型溞)48h EC_{50}=134.2mg/L、21d NOEC=46.2mg/L，藻类(月牙藻)72h EC_{50}=24.2mg/L、藻类(小球藻)96h NOEC=100mg/L，蜜蜂接触48h LD_{50}＞100μg/蜜蜂、经口48h LD_{50}=94μg/蜜蜂，蚯蚓14d LC_{50}=350mg/kg[12]。

【毒理学】

(1)一般毒性

大鼠急性经口LD_{50}＞300mg/kg，大鼠急性经皮LD_{50}＞2000mg/kg bw，大鼠急性吸入LC_{50}＞1.79mg/L，大鼠短期膳食暴露NOAEL=60mg/kg[12]。

(2)神经毒性

20~80mg/kg剂量下，2,4-滴可使大鼠前肢和后肢握力显著增加，但不影响大鼠的运动能力和惊吓反应[13]。2,4-滴对大鼠的末梢神经有损害效应[14]。

大鼠急性实验中，脑电图记录表明，15min内即产生去同步化抑制。在亚急性实验中，脑电图测量结果表明自发的电活动逐渐降低。此外，随着处理时间持续增加，去同步化逐渐降低，第5天时，去同步化消失。脊髓的病理学检查表明锥体束产生了脱髓鞘作用[15,16]。

(3)生殖发育毒性

大鼠在喂食暴露剂量为0mg/kg、100mg/kg、300mg/kg、600mg/kg、800mg/kg时，高暴露组出现非线性毒性动力学行为，母代和子代体重有所下降，肾脏是主要的毒性靶器官[17]。

在多项发育试验(包括大鼠、几内亚猪、仓鼠和小鼠等)中发现，高剂量的2,4-

滴可导致幼仔的骨骼畸形。在大鼠试验中，2,4-滴可产生母体毒性并可造成母体死亡，导致胎鼠泌尿系统畸形[3]。

(4)致癌性与致突变性

沙门氏菌(*Salmonella*)致突变性试验中，大鼠和仓鼠肝脏 S9 匀浆和二者的混合物用于代谢活化，未见致突变效应[3]。

【人类健康效应】

可能的肝、肾毒物[12]，可能的人类致癌物(2B，IARC 分类)[18]。对眼睛、皮肤有刺激作用，反复接触对肝、心脏有损害作用，能引起惊厥。神经毒性的症状包括昏迷、张力亢进、反射亢进、共济失调、眼球震颤、瞳孔缩小、出现幻觉、抽搐、肌肉震颤、瘫痪等[16]。

【危害分类与管制情况】

序号	毒性指标	PPDB 分类	PAN 分类[18]
1	高毒	否	否
2	致癌性	否	可能(2B，IARC)
3	致突变性	否	—
4	内分泌干扰性	疑似	疑似
5	生殖发育毒性	是	无有效证据
6	胆碱酯酶抑制性	否	否
7	神经毒性	是	—
8	呼吸道刺激性	是	—
9	皮肤刺激性	疑似	—
10	眼刺激性	是	—
11	地下水污染	—	潜在影响
12	国际公约或优控名录	列入欧盟内分泌干扰物名录	

注：PPDB 数据库由英国赫特福德郡大学农业与环境研究所开发；PAN 数据库来自北美农药行动网(PANNA)；"—"表示无此项。

【限值标准】

每日允许摄入量(ADI)为 0.1mg/(kg bw·d)，操作者允许接触水平(AOEL)

为 0.1mg/（kg bw · d）[12]。参考剂量（RfD）为 5.00mg/（kg bw · d），WHO 水质基准为 30.0mg/L[18]。

参 考 文 献

[1] WHO. Environmental Health Criteria 84. 2,4-Dichlorophenoxyacetic Acid (2,4-D)-Environmental Aspects. http://www.inchem.org/documents/ehc/ehc/ehc84.htm [2014-08-18].

[2] Eder G, Weber K. Chlorinated phenols in sediments and suspended matter of the Weser estuary. Chemosphere, 1980, 9(2): 111-118.

[3] TOXNET(Toxicology Data Network). https://toxnet.nlm.nih.gov/cgi-bin/sis/search2/f?./temp/~Jl3Whc:1[2016-04-05].

[4] Torstensson N T. Degradation of 2, 4-D and MCPA in soils of low pH. Environ Qual Saf (Suppl), 1975, 3(3): 262-265.

[5] Chamberlain E, Shi H, Wang T, et al. Comprehensive screening study of pesticide degradation via oxidation and hydrolysis. J Agric Food Chem, 2012, 60(1): 354-363.

[6] USEPA/OPPTS. R. E. D Facts. 2, 4-D (94-75-7). Reregistration Eligibility Decisions (REDs) Database. EPA-738-F-05-002. http://www.epa.gov/pesticides/reregistration/status.htm[2014-08-18].

[7] Hansch C, Leo A, Hoekman D. Exploring QSAR. Fundamentals & Applications in Chemistry & Biology. Washington DC: ACS Publishers, 1995: 37.

[8] USEPA. Estimation Program Interface (EPI) Suite. Ver. 4. 1. Nov, 2012. http://www.epa.gov/oppt/exposure/pubs/episuitedl.htm[2014-08-21].

[9] Rao P S C, Davidson J M. Retention and transformation of selected pesticides and phosphorous in soil-water systems: A critical review. USEPA-600/S3-82-060. 1982.

[10] Davidson J M, Rao P S, Ou L T. Adsorption, movement and biological degradation of large concentrations of pesticides in soils. USEPA-600/2-80-124. 1980.

[11] USDA, Agricultural Research Service. ARS Pesticide Properties Database. http://www.usda.gov/wps/portal/usda/usdahome[2015-05-26].

[12] PPDB: Pesticide Properties DataBase. http://sitem.herts.ac.uk/aeru/ppdb/en/Reports/4.htm [2016-04-05].

[13] Squibb R E, Tilson H A, Mitchell C L. Neurobehavioral assessment of 2, 4-dichlorophenoxyacetic acid (2, 4-D) in rats. Neurobehav Toxicol Teratol, 1983, 5(3): 331-335.

[14] Toyoshima E, Mayer R F, Max S R, et al. 2, 4-dichlorophenoxyacetic acid (2, 4-D) does not cause polyneuropathy in the rat. J Neurol Sci, 1985, 70(2): 225-229.

[15] Desi I, Sos J, Nikolits I. New evidence concerning the nervous site of action of a chemical herbicide causing professional intoxication. Acta Medica Acta Sci Hung, 1962, 18: 429-433.

[16] Bradberry S M, Watt B E, Proudfoot A T, et al. Mechanisms of toxicity, clinical features, and management of acute chlorophenoxyherbicide poisoning: A review. Clin Toxicol, 2000, 38(2): 111-122.

[17] Marty M S, Neal B H, Zablotny C L, et al. An F1-extended one-generation reproductive toxicity

study in Crl∶CD(SD) rats with 2, 4-dichlorophenoxyacetic acid. Toxicol Sci, 2013, 136(2): 527-547.

[18] PAN Pesticides Databas—Chemicals. http://www.pesticideinfo.org/Detail Chemical.jsp? Rec_Id= PC33440[2016-04-05].

2,4-滴丙酸（dichlorprop）

【基本信息】

化学名称：2-(2,4-二氯苯氧基)丙酸

其他名称：甲氯滴

CAS 号：120-36-5

分子式：$C_9H_8Cl_2O_3$

相对分子质量：235.06

SMILES：Clc1cc(Cl)ccc1OC(C(=O)O)C

类别：苯氧羧酸类除草剂

结构式：

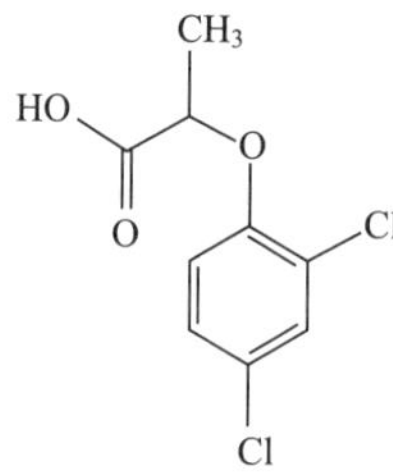

【理化性质】

无色晶体，密度 1.42g/mL，熔点 117℃，闪点 204℃，饱和蒸气压 0.01mPa(25℃)。水溶解度(20℃)为 350mg/L。有机溶剂溶解度(20℃)：乙酸乙酯，689000mg/L；丙酮，1265000mg/L；正己烷，3030mg/L；甲苯，61200mg/L。辛醇/水分配系数 $\lg K_{ow}= 2.29$(pH=7, 20℃)。

【环境行为】

(1)环境生物降解性

好氧：在砂壤土、壤土和高有机质 3 种土壤中，降解半衰期分别为 10d、38d、4d[1]。初始添加浓度为 50μg/mL，在 30℃条件下培养 28d 之后，未能被土壤细菌降解[2]。在 Lanna 黏土中 45d 未发生降解[3]。2,4-滴丙酸的 R 和 S 同分异构体在土壤中降解半衰期分别为 8.7d 和 4.4d[4]。21℃下，在奥地利维也纳土壤中的降解半

衰期为 5d[5]。另有报道,土壤中降解半衰期为 14d(实验室)、10d(田间)[6]。

厌氧:在厌氧石灰岩含水层中 140d 未发生降解[7]。在丹麦 Bornholm 和 Sjoelund 等前工业用地地下水中厌氧培养,未发生降解[8]。22℃、初始浓度分别为 1μg/L 和 5μg/L 时,在地下水中的降解半衰期分别为 1286d 和 196d[9]。

(2)环境非生物降解性

缺少水解官能团,在环境中不发生水解[6,10]。在土壤 1(30.7%砂土、61.4%粉土、7.9%黏土、2.1%有机质)、土壤 2(67.6%砂土、33.5%粉土、1.5%有机质)、土壤 3(22%砂土、45.2%粉土、32.7%黏土、1.4%有机质)表面的光解半衰期分别为 17d、10d、19d[11]。

(3)环境生物蓄积性

生物富集系数 BCF 估测值为 23,提示生物蓄积性较低[12,13]。

(4)土壤吸附/移动性

吸附系数 K_{oc} 值为 34~129[4, 6, 14,15],提示在土壤中移动性强。

【生态毒理学】

鸟类(日本鹌鹑)急性 LD_{50}=504mg/kg,鱼类(虹鳟)96h LC_{50}>0.5mg/L,溞类(大型溞)48h EC_{50}>100mg/L、藻类(月牙藻)72h EC_{50}=1100mg/L、藻类 96h NOEC=180mg/L,蜜蜂接触 48h LD_{50}=16μg/蜜蜂,蚯蚓 14d LC_{50}=1000mg/kg[6]。

【毒理学】

(1)一般毒性

大鼠急性经口 LD_{50}=825mg/kg,小鼠急性经皮 LD_{50}>1400mg/kg bw,大鼠急性吸入 LC_{50}=0.65mg/L,大鼠短期膳食暴露 NOAEL>5mg/kg[6]。

(2)神经毒性

雄鼠和雌鼠 10 只/性别/组,以 0mg/kg、125mg/kg、250mg/kg、400mg/kg(仅雄鼠)、500mg/kg 给药,0d 时,雄鼠以 500mg/kg 给药时有 6 只发生中毒死亡,以 400mg/kg 给药时,有 1 只发生中毒死亡,两只雌鼠也在给药 1 周内死亡(500mg/kg 组)。0d 时的临床症状包括立毛、闭合眼睑,高剂量组出现体温降低;400mg/kg 剂量下雄鼠组出现共济失调。中毒症状在第 8 天开始消失。功能观察组合试验(FOB)显示,0d 时,250mg/kg 及更高浓度组出现不正常体态(俯卧/侧卧),闭合眼睑,活动减退/冷漠的发生率增加,雄性和雌性四肢张开、翻正反应迟钝,后肢握力降低。在第 7 天和第 14 天,处理组的平均肌肉运动参数与对照组类似。一般检查和神经病理检查未发现任何与暴露相关的效应。LOAEL 为 250mg/kg,

NOAEL 的估值为 125mg/kg[4]。

(3)生殖发育毒性

大鼠在妊娠期第 6 天和第 15 天经口暴露剂量为 0mg/(kg·d)、20mg/(kg·d)、80mg/(kg·d)、160mg/(kg·d)，在妊娠期第 19 天开展全面检查。160mg/(kg·d)暴露组母代大鼠出现死亡；80mg/(kg·d) 和 160mg/(kg·d) 暴露组母代体重增长下降，分别下降 15%、37%，摄食量也出现下降。此外，160mg/(kg·d)暴露组出现临床症状(呼吸困难和正常状态减少)和病理学(胃黏膜糜烂)变化。基于该研究中的体重降低、体重增长降低和摄食量变化，母体的 LOAEL 为 80mg/(kg·d)，母体的 NOAEL 为 20mg/(kg·d)。发育毒性：暴露组和对照组子代大小、着床率、着床前/后损失等方面均未出现差异；基于胸椎与颈椎发育不完全的发育 LOAEL 为 160mg/(kg·d)[4]。

(4)致癌性与致突变性

对纯度为 95%的 2,4-滴丙酸的染毒浓度分别为 0μg/皿、20μg/皿、100μg/皿、500μg/皿、2500μg/皿、5000μg/皿时，鼠伤寒沙门氏菌(TA98、TA100、TA1535、TA1538 和 TA1537，*Salmonella typhimurium*)于 37℃培养 48h，结果未见致突变效应[4]。

【人类健康效应】

可能的肾脏毒物[6]。中毒症状包括：疲劳、虚弱、厌食、恶心、呕吐和腹泻；反射减退、嗜睡甚至昏迷、瞳孔收缩；弛缓性瘫痪、角弓反张、张力亢进、反射消失等[16]。对皮肤、眼睛和呼吸道黏膜有刺激性[17]。肾功能衰竭，心率增加，代谢性酸中毒导致呼吸异味等[18]。

【危害分类与管制情况】

序号	毒性指标	PPDB 分类	PAN 分类[18]
1	高毒	否	否
2	致癌性	无数据	可能(2B，IARC)
3	内分泌干扰性	无数据	无有效证据
4	生殖发育毒性	可能	是
5	胆碱酯酶抑制性	无数据	否
6	皮肤刺激性	是	—
7	眼刺激性	是	—
8	国际公约或优控名录	列入 PAN 名录、美国有毒物质(发育毒性)排放清单

注：PPDB 数据库由英国赫特福德郡大学农业与环境研究所开发；PAN 数据库来自北美农药行动网(PANNA)；"—"表示无此项。

【限值标准】

WHO 水质基准为 100µg/L。[18]

参 考 文 献

[1] Thorstensen C W, Lode O. Laboratory degradation studies of bentazone, dichlorprop, MCPA, and propiconazole in Norwegian soils. J Environ Qual, 2001, 30(3): 947-953.

[2] Smith A E, Mortensen K, Aubin A J, et al. Degradation of MCPA, 2, 4-D, and other phenoxyalkanoic acid herbicides using an isolated soil bacterium. J Agric Food Chem, 1994, 42(2): 401-405.

[3] Bergstroem L. Lysimeter studies of pesticides in the soil. BCPC Monograph No 53, 1992: 153-161.

[4] TOXNET (Toxicology Data Network). https://toxnet.nlm.nih.gov/cgi-bin/sis/search2/f?./temp/~ VN1vTK:1[2016-04-10].

[5] Haberhauer G, Temmel B, Gerzabek M H. Effects of elevated ozone concentration on the degradation of dichlorprop in soil. Chemosphere, 1999, 39(9): 1459-1466.

[6] PPDB: Pesticide Properties DataBase. http://sitem.herts.ac.uk/aeru/ppdb/en/Reports/218.htm [2016-04-10].

[7] Harrison I, Leader R U, Higgo J J W, et al. A study of degradation of phenoxyacid herbicides at different sites in a limestone aquifer. Chemosphere, 1998, 36(6): 1211-1232.

[8] Reitzel L A, Tuxen N, Anna-Ledin A, et al. Can degradation products be used as documentation for natural attenuation of phenoxy acids in groundwater? Environ Sci Technol, 2004, 38(2): 457-467.

[9] Cavalier T C, Lavy T L, Mattice J D. Persistence of selected pesticides in ground-water samples. Ground Water, 1991, 29(2): 225-231.

[10] Lyman W J, Reehl W J, Roseblatt D H. Handbook of Chemical Property Estimation Methods. Washington DC: American Chemical Society, 1990.

[11] Romero E, Dios G, Mingorance M D, et al. Photodegradation of mecoprop and dichlorprop on dry, moist and amended soil surfaces exposed to sunlight. Chemosphere, 1998, 37(3): 577-589.

[12] Kenaga E E. Predicted bioconcentration factors and soil sorption coefficients of pesticides and other chemicals. Ecotoxicol Environ Saf, 1980, 4(1): 26-38.

[13] Franke C, Studinger G, Berger G, et al. The assessment of bioaccumulation. Chemosphere, 1994, 29(7): 1501-1514.

[14] Haberhauer G, Lukas P A, Gerzabek M H. Influence of molecular structure on sorption of phenoxyalkanoic herbicides on soil and its particle size fractions. J Agric Food Chem, 2000, 48(8): 3722-3727.

[15] Matallo M, Romero E, Sánchez-Rasero F, et al. Adsorption of mecoprop and dichlorprop on calcareous and organic matter amended soils: Comparative adsorption of racemic and pure

enantiomeric forms. J Environ Sci Health, Part B, 1998, 33 (33): 51-66.

[16] Hartley D, Kidd H. The Agrochemicals Handbook. Surrey: Royal Society of Chemistry/Unwin Brothers Ltd, 1983.

[17] Gosselin R E, Smith R P, Hodge H C. Clinical Toxicology of Commercial Products. 5th ed. Baltimore: Williams and Wilkins, 1984.

[18] PAN Pesticides Database—Chemicals. http://www.pesticideinfo.org/Detail_Chemical.jsp?Rec_Id= PC33424[2016-04-10].

2,4-滴丁酸(2,4-DB)

【基本信息】

化学名称：4-(2,4-二氯苯氧基)丁酸

其他名称：2,4-二氯苯氧丁酸、2,4-D 丁酸

CAS 号：94-82-6

分子式：$C_{10}H_{10}Cl_2O_3$

相对分子质量：249.09

SMILES：Clc1cc(Cl)ccc1OCCCC(=O)O

类别：苯氧羧酸类除草剂

结构式：

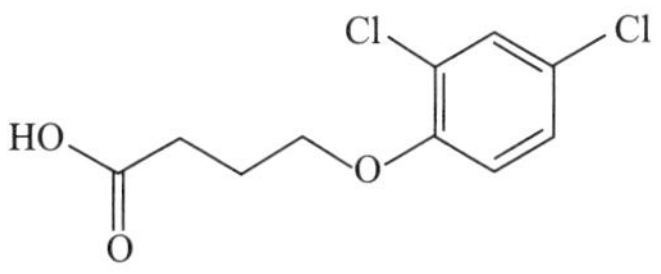

【理化性质】

略带酚味的白色晶体，密度 1.46g/mL，熔点 115℃，沸点 324.35℃，饱和蒸气压 $9.44×10^{-3}$mPa(25℃)。水溶解度(20℃)为 4385mg/L。有机溶剂溶解度(20℃)：丙酮，185200mg/L；甲醇，113800mg/L；乙酸乙酯，90700mg/L；二甲苯，10500mg/L。辛醇/水分配系数 $\lg K_{ow}$=1.35(pH=7, 20℃)。

【环境行为】

(1)环境生物降解性

在土壤微生物作用下发生 β-氧化代谢，代谢产物为 2,4-滴[1]。室温条件下，2,4-滴丁酸在天然水体中发生降解(1 周内降解率大于 12%)，而在蒸馏水或加酸灭菌的天然水中未发生降解[2]。另有报道，好氧条件下，土壤中降解半衰期为2.87d(实验室)、15.6d(田间)[3]。

(2)环境非生物降解性

因为苯氧羧酸类化合物在 280nm 和 290nm 处有强紫外吸收，2,4-滴丁酸在阳光下可发生直接光解[4]。2,4-滴丁酸不含任何可水解的基团，在 50d 的稳定性实验中未发生降解[2]。

(3)环境生物蓄积性

BCF 估值为 70~280，提示生物蓄积性较弱[4-6]。

(4)土壤吸附/移动性

在 pH 为 7.9 条件下，2,4-滴丁酸的 K_{oc} 值为 370[5]，提示在土壤中具有中等移动性。

【生态毒理学】

鸟类(山齿鹑)急性 LD_{50}=1545mg/kg，短期膳食 LC_{50}>5000mg/kg，鱼类(虹鳟)96h LC_{50}=3.5mg/L、21d NOEC=63.4mg/L，溞类(大型溞)48h EC_{50}=25mg/L、21d NOEC=3mg/L，藻类(月牙藻)72h EC_{50}>1.1mg/L，藻类 96h NOEC=67.9mg/L，蜜蜂经口 48h LD_{50}>100μg/蜜蜂，蚯蚓 14d LC_{50}>1000mg/kg[3]。

【毒理学】

(1)一般毒性

大鼠急性经口 LD_{50}=1470mg/kg，大鼠急性经皮 LD_{50}>2000mg/kg bw，大鼠急性吸入 LC_{50}>2.3mg/L，大鼠短期膳食暴露 NOAEL=43mg/kg[3]。

(2)神经毒性

无信息。

(3)生殖发育毒性

比格犬喂食暴露剂量为 0mg/kg、2.5mg/kg、8.0mg/kg、25mg/kg 和 80mg/kg，暴露 90d。研究发现，暴露 3~9 周后两个高暴露组试验动物出现死亡、全身性出血和无精子症。两个低剂量组试验动物出现轻微的肝脏体重比升高，但肉眼或病例组织观察未见显著改变[1]。

(4)致癌性与致突变性

无信息。

【人类健康效应】

可能的肾脏毒物[3]。对皮肤和黏膜具有刺激性，吸入可致鼻咽和胸部灼烧感、咳嗽和/或眩晕。摄入大量苯氧羧酸类化合物会导致严重的代谢性酸中毒，中毒情况下伴有心电图变化、肌强直、肌肉无力、肌红蛋白尿和血清肌酸磷酸激酶含量升高、横纹肌损伤、呼吸异味等。可能导致过高热、心率加快、肾功能衰竭[7,8]。

【危害分类与管制情况】

序号	毒性指标	PPDB 分类	PAN 分类[9]
1	高毒	否	否
2	致癌性	否	可能(2B, IARC)
3	致突变性	可能	—
4	内分泌干扰性	可能	疑似
5	生殖发育毒性	否	是
6	胆碱酯酶抑制性	否	否
7	神经毒性	否	—
8	呼吸道刺激性	否	—
9	皮肤刺激性	否	—
10	眼刺激性	是	—
11	国际公约或优控名录	列入 PAN 名录、欧盟内分泌干扰物名录、美国有毒物质(生殖/发育毒性)排放清单	

注：PPDB 数据库由英国赫特福德郡大学农业与环境研究所开发；PAN 数据库来自北美农药行动网(PANNA)；"—"表示无此项。

【限值标准】

每日允许摄入量(ADI)为 0.02mg/(kg bw·d)，操作者允许接触水平(AOEL)为 0.08mg/(kg bw·d)[6]。

参 考 文 献

[1] TOXNET(Toxicology Data Network). https://toxnet.nlm.nih.gov/cgi-bin/sis/search2/f?./temp/~VMlo8k: 21 [2016-04-15].

[2] Chau A S Y, Thomson K. Investigation of the integrity of seven herbicidal acids in water samples. J Assoc Off Anal Chem,1978, 61: 1481-1485.

[3] PPDB: Pesticide Properties DataBase. http://sitem.herts.ac.uk/aeru/ppdb/en/Reports/5.htm [2016-04-15].

[4] Smith A E. Degradation, fate and persistence of phenoxyalkanoic acid herbicides in soil. Rev Weed Sci, 1989, 4: 1-24.

[5] Jafvert C T, Westall J C, Grieder E, et al. Distribution of hydrophobic ionogenic organic compounds between octanol and water: Organic acids. Environ Sci Technol, 2002, 24 (12) : 1795-1803.

[6] Lyman W J, Reehl W J, Roseblatt D H. Handbook of Chemical Property Estimation Methods. Washington DC: American Chemical Society, 1990.

[7] Morgan D P. Recognition and Management of Pesticide Poisonings. 4th ed. EPA 540/9-88-001. Washington DC: U. S. Government Printing Office, 1989: 64.

[8] Gosselin R E, Smith R P, Hodge H C. Clinical Toxicology of Commercial Products. 5th ed. Baltimore: Williams and Wilkins, 1984.

[9] PAN Pesticides Database—Chemicals. http://www.pesticideinfo.org/Detail_Chemical.jsp?Rec_Id = PC35899[2016-04-15].

2-甲-4-氯(MCPA)

【基本信息】

化学名称：2-甲基-4-氯苯氧乙酸

其他名称：4-氯-2-甲基苯氧基乙酸、(4-氯邻甲苯氧基)乙酸、芳米大、兴风宝、2-methyl-4-chlorophenoxyacetic acid

CAS 号：94-74-6

分子式：$C_9H_9ClO_3$

相对分子质量：200.62

SMILES：Clc1cc(c(OCC(=O)O)cc1)C

类别：苯氧羧酸类除草剂

结构式：

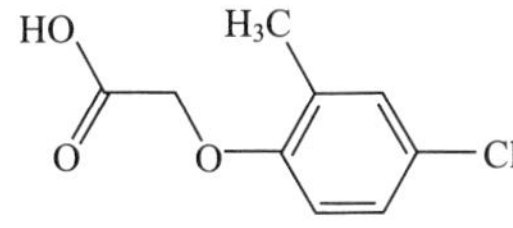

【理化性质】

白色晶体粉末，密度 1.41g/mL，熔点 116℃，沸腾前分解，饱和蒸气压 0.4mPa(25℃)。水溶解度(20℃) 为 29390mg/L。有机溶剂溶解度(20℃)：正己烷，323mg/L；乙酸乙酯，289300mg/L；甲醇，775600mg/L；甲苯，26500mg/L。辛醇/水分配系数 $\lg K_{ow}$=0.155(pH=7, 20℃)。

【环境行为】

(1)环境生物降解性

好氧：初始浓度为 5mg/kg 时，在经 2~3 周的停滞期后好氧降解显著加速，78d 降解率为 40%~50%，水分含量较高的土壤中降解较快，干燥土壤中降解很慢[1]。实验室研究表明，与未施用过的土壤相比，在施用过 2-甲-4-氯的土壤中降解更快[2]。2 周、8 周、32 周的降解率分别为 40%、60%、90%，降解产物主要包括 4-氯邻甲酚、5-氯-3-甲基邻苯二酚、2,6-二甲氧基苯酚[3]。另有报道，土壤中降解半衰期为 24d (实验室)、25d (田间)[4]。

厌氧：以消化污泥作为接种物，在血清瓶中厌氧培养，停滞期大于 75d[5]。以土壤作为接种物时降解半衰期为 32~48d[6]。以海水和海底沉积物为接种物，24h 降解率为 0.1%~0.9%[7]。另一项石灰岩含水层的野外研究和实验室微宇宙研究显示，在厌氧条件下未降解[8]。

(2) 环境非生物降解性

无水解官能团，在环境中一般不发生水解[9]；25℃、pH 为 5~9 时不水解[4]。在夏日太阳光或模拟阳光下，2-甲-4-氯水溶液 (pH=8~10) 19~20d 光解率为 50%[10]，主要光解产物为 4-氯-2-甲酚和 4-氯-2-甲酰苯酚[10,11]。pH 为 5、太阳光条件下，光解半衰期为 25.4d[4]。

(3) 环境生物蓄积性

生物富集系数 BCF 估测值为 1，提示生物蓄积性低[12]。

(4) 土壤吸附/移动性

吸附系数 K_{oc} 值为 50~60[1]，Freundlich 吸附系数 K_{foc} 值为 74[4]，提示在土壤中移动性强。

【生态毒理学】

鸟类 (山齿鹑) 急性 LD_{50}=234mg/kg，短期摄食 LC_{50}/LD_{50}＞983mg/(kg bw·d)，鱼类 (虹鳟) 96h LC_{50}＞72mg/L、鱼类 (黑头呆鱼) 21d NOEC=15mg/L，溞类 (大型溞) 48h EC_{50}＞190mg/L、21d NOEC=50mg/L，藻类 (月牙藻) 72h EC_{50}=79.8mg/L，藻类 96h NOEC=60mg/L，蜜蜂接触 48h LD_{50}＞200μg/蜜蜂、经口 48h LD_{50}＞200μg/蜜蜂，蚯蚓 (赤子爱胜蚓) 14d LC_{50}=325mg/kg[4]。

【毒理学】

(1) 一般毒性

大鼠急性经口 LD_{50}=962mg/kg，大鼠急性经皮 LD_{50}＞4000mg/kg bw，大鼠急性吸入 LC_{50}＞6.36mg/L，大鼠短期膳食暴露 NOAEL=60mg/kg[4]。

(2) 神经毒性

无神经毒性[12]。

(3) 生殖发育毒性

雌性小鼠暴露剂量为 20mg/kg、100mg/kg 和 200mg/kg，结果发现，染毒期间中、高剂量组小鼠体重明显低于对照组 (P＜0.05)，高剂量小鼠血甲状腺素 (T4) 含量明显低于其他各组 (P＜0.05)，中、高剂量组小鼠血促甲状腺素 (TSH) 含量明显低于对照组和低剂量组,而胆固醇含量明显增高。各染毒组脾的脏器系数均低于对照组。结果表明,2-甲-4-氯可导致雌性小鼠生长发育障碍、甲状腺素合成障碍、内分泌功能失调、血胆固醇含量升高和脾脏萎缩[13]。

小鼠暴露剂量为 20mg/kg、100mg/kg、200mg/kg,21d 后测定小鼠体重、T4、TSH、胆固醇含量、睾丸脏器系数及睾丸中乳酸脱氢酶(LDH)及山梨醇脱氢酶(SDH)活性。结果显示,高剂量 2-甲-4-氯可抑制雌性小鼠体重增长,并导致内分泌功能紊乱,具有生殖毒性[14]。

(4)致癌性与致突变性

小鼠骨髓多染红细胞微核试验(简称"骨髓微核试验")、睾丸精母细胞染色体畸变试验结果显示,小鼠骨髓多染红细胞微核率、睾丸精母细胞染色体畸变率与对照组无显著性差异($P > 0.05$);鼠伤寒沙门氏菌回复突变(Ames)试验结果显示,各菌株的各剂量组的回变菌落数均未超过自发回变菌落数的两倍,未发现 2-甲-4-氯原药具有致突变性[15]。

【人类健康效应】

可引起低血压,是可能的肝毒物[4]。中毒临床症状主要表现为头昏、头晕、恶心、呕吐、上腹部烧灼感、咳嗽、咯血、四肢麻木、发绀、抽搐、昏迷、颈项强直、脑膜刺激征阳性等。人口服 14~22g 可致死。中毒者主要为消化系统及中枢神经系统症状,中毒后病情逐渐加重,最后导致昏迷[16]。

【危害分类与管制情况】

序号	毒性指标	PPDB 分类	PAN 分类[17]
1	高毒	是	是
2	致癌性	否	可能(2B,IARC)
3	致突变性	疑似	—
4	内分泌干扰性	否	无有效证据
5	生殖发育毒性	疑似	无有效证据
6	胆碱酯酶抑制性	否	否
7	神经毒性	否	—
8	呼吸道刺激性	疑似	—
9	皮肤刺激性	疑似	—
10	眼刺激性	是	—
11	国际公约或优控名录	列入 PAN 目录	

注:PPDB 数据库由英国赫特福德郡大学农业与环境研究所开发;PAN 数据库来自北美农药行动网(PANNA);"—"表示无此项。

【限值标准】

每日允许摄入量（ADI）为 0.05mg/（kg bw·d），急性参考剂量（ARfD）为 0.15mg/（kg bw·d），操作者允许接触水平（AOEL）为 0.04mg/（kg bw·d）[12]。美国国家饮用水标准与健康基准最大污染限值（MCL）为 0μg/L，WHO 水质基准为 2.0μg/L[17]。

参 考 文 献

[1] Helweg A. Degradation and adsorption of ^{14}C-MCPA in soil: Influence of concentration, temperature and moisture content on degradation. Weed Res, 1987, 27（4）: 287-296.

[2] Smith A E, Aubin A J, Biederbeck V O. Effects of long-term 2, 4-D and MCPA field applications on soil residues and their rates of breakdown. J Environ Qual, 1989, 18（3）: 299-302.

[3] TOXNET（Toxicology Data Network）. https://toxnet.nlm.nih.gov/cgi-bin/sis/search2/f?./temp/~yz3PQ5:1[2016-04-19].

[4] PPDB: Pesticide Properties DataBase. http://sitem.herts.ac.uk/aeru/ppdb/en/Reports/427.htm [2016-04-19].

[5] Battersby N S, Wilson V. Survey of the anaerobic biodegradation potential of organic chemicals in digesting sludge. Appl Environ Microbiol, 1989, 55（2）: 433-439.

[6] Guy S, Pierre C, Jean-Claude F. Effect of cross-treatment on the subsequent breakdown of 2, 4-D, MCPA and 2, 4, 5-T in the soil: Behaviour of the degrading microbial populations. Chemosphere, 1983, 12（7-8）: 1101-1106.

[7] Ursin C. Degradation of organic chemicals at trace levels in seawater and marine sediment: The effect of concentration on the initial fractional turnover rate. Chemosphere, 1985, 14（10）: 1539-1550.

[8] Harrison I, Leader R U, Higgo J J W, et al. A study of the degradation of phenoxyacid herbicides at different sites in a limestone aquifer. Chemosphere, 1998, 36（6）: 1211-1232.

[9] Lyman W J, Reehl W J, Roseblatt D H. Handbook of Chemical Property Estimation Methods. Washington DC: American Chemical Society, 1990.

[10] Soderquist C J, Crosby D G. Dissipation of 4-chloro-2-methylphenoxyacetic acid（MCPA）in a rice field. Pestic Sci, 1975, 6（1）: 17-33.

[11] Menzie C M. Metabolism of Pesticides—An Update. Ⅱ. Center for Integrated Data Analytics Wisconsin Science Center, 1978.

[12] Murty A S. Toxicity of Pesticides to Fish. Vol. 1-2. Boca Raton: CRC Press, 1986.

[13] 李景舜, 赵淑华, 杨琼, 等. 除草剂2-甲基-4氯苯氧乙酸对雌性小鼠的毒性作用. 吉林大学学报: 医学版, 2004, 30（4）: 556-558.

[14] 王怀富, 高鲁红. 除草剂 2-甲-4-氯苯氧乙酸对小鼠的内分泌干扰作用及生殖毒性研究. 中华预防医学会第二届学术年会暨全球华人公共卫生协会年会论文集, 2006.

[15] 姜红, 王晓波. 2-甲基-4-氯苯氧乙酸原药致突变性实验研究. 中国职业医学, 2006, 33(4): 305-306.

[16] 徐义方. 二甲四氯急性中毒 5 例报告. 中国实用内科杂志: 临床版, 2000, 20(6): 29.

[17] PAN Pesticides Database—Chemicals. http://www.pesticideinfo.org/Detail_Chemical.jsp?Rec_Id = PC32901 [2016-04-19].

2-甲-4-氯丙酸(mecoprop)

【基本信息】

化学名称：2-甲基-4-氯苯氧丙酸

其他名称：无

CAS 号：7085-19-0/93-65-2

分子式：$C_{10}H_{11}ClO_3$

相对分子质量：214.65

SMILES：Clc1cc(c(OC(C(=O)O)C)cc1)C

类别：苯氧羧酸类除草剂

结构式：

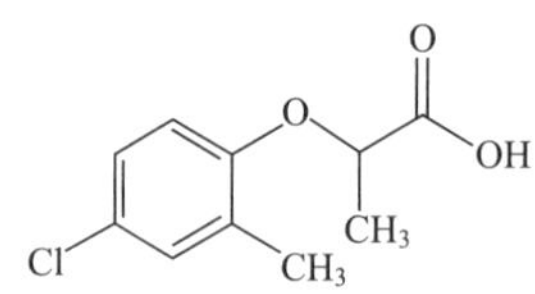

【理化性质】

白色至浅黄色晶状固体,密度 1.37g/mL,熔点 94℃,饱和蒸气压 1.6mPa(25℃)。水溶解度(20℃)为 250000mg/L。有机溶剂溶解度(20℃)：正庚烷,4110mg/L；二甲苯,126000mg/L；甲醇,1000000mg/L；乙酸乙酯,469000mg/L。辛醇/水分配系数 $\lg K_{ow}= -0.19$(pH=7, 20℃)。

【环境行为】

(1)环境生物降解性

好氧：可被土壤微生物降解,初始浓度为 2mg/kg 时,在砂壤土 50%饱和含水率情况下,20℃、10℃、5℃的半衰期估值分别为 3d、12d、20d。在干燥或淹水土壤中(25%或 200%饱和持水量),20℃时的半衰期为 10~15d[1]。降解的中间产物是 4-氯-2-甲基酚[2]。另有报道,20℃时,土壤中降解半衰期为 8.2d[3]。

厌氧：在地下水中初始浓度为 100mg/L 时,10℃条件下,经过 35~40d 的停滞期后，在 30d 内降解完全。在地下水悬浮沉积物中，经小于 1 周的停滞期后，15d 内降解完全[4]。地下水中，在产甲烷/硫酸盐还原和铁还原条件下不降解，在硝酸盐还原条件下 R-2-甲-4-氯丙酸快速降解，S-2-甲-4-氯丙酸未快速降解[5]。

(2)环境非生物降解性

在 pH 为 5、7、9 条件下不水解[6]。在河水(pH=7.31)中，太阳光下的半衰期为 19.5d，避光条件下的半衰期为 37.7d；在海水(pH=7.52)中，太阳光下的半衰期为 14.0d，避光条件下的半衰期为 33.6d[7]。在 pH 为 5、7、9 时的光解半衰期分别为 42d、44d、32d[3]。

(3)环境生物蓄积性

生物富集系数 BCF 估测值为 3，提示生物蓄积性较低[8-10]。

(4)土壤吸附/移动性

吸附系数 K_{oc} 值为 5~43[1,11]、47[3]，提示土壤中移动性强。

【生态毒理学】

鸟类(绿头鸭)急性 LD_{50}＞500mg/kg、短期摄食暴露 LC_{50}/LD_{50}=5000mg/kg，鱼类 96h LC_{50}=240mg/L、鱼类(虹鳟)21d NOEC=109mg/L，溞类(大型溞)48h EC_{50}＞200mg/L、21d NOEC=22.0mg/L，藻类 72h EC_{50}=237mg/L、96h NOEC=56mg/L，蜜蜂接触 48h LD_{50}＞100μg/蜜蜂、经口 48h LD_{50}＞100μg/蜜蜂，蚯蚓 14d LC_{50}= 988mg/kg[3]。

【毒理学】

(1)一般毒性

大鼠急性经口 LD_{50}=1166mg/kg，大鼠急性经皮 LD_{50}＞4000mg/kg bw，大鼠急性吸入 LC_{50}＞12.5mg/L，大鼠短期膳食暴露 NOAEL =11.4mg/kg[3]。

(2)神经毒性

大鼠喂食暴露 0mg/kg、75mg/kg、500mg/kg、2500mg/kg(仅雄性)、3000mg/kg(仅雌性)，无死亡现象，无临床症状。肉眼或微观检查后，未观测到神经毒性效应[12]。另有研究表明，当给药浓度分别为 0mg/kg、175mg/kg、350mg/kg、700mg/kg 时，无死亡现象，病理学检查显示中枢或周围神经系统未出现异常。NOAEL（M/F）= 175mg/kg(基于神经系统功能观察组合终点)[12]。

(3)生殖发育毒性

雌性兔子孕期 7~19d，以填喂法给药，浓度分别为 0mg/(kg•d)、5mg/(kg•d)、20mg/(kg•d)和 50mg/(kg•d)，未出现毒性效应。母体 NOAEL = 50mg/(kg•d)，

发育 NOAEL $= 50mg/(kg \cdot d)$ [12]。

大鼠两代繁殖试验，膳食暴露浓度为 0mg/kg、20mg/kg、100mg/kg、500mg/kg（相当于 0mg/kg bw、2mg/kg bw、10mg/kg bw、50mg/kg bw），在亲代第一次交配前 70d 开始给药，在 F0 和 F1 的中、高浓度组均出现绝对和相对肾脏质量增加。亲代 NOAEL $= 100mg/kg$，子代 NOAEL $= 100mg/kg$，500mg/kg 组未出现繁殖参数改变[12]。

以 2-甲-4-氯丙酸处理鸡蛋，剂量为 0.5~10mg，羽化率分别为 90%（0.5mg）、80%（5mg）、80%（10mg），说明 2-甲-4-氯丙酸导致羽毛黄化现象[13]。

(4) 致癌性与致突变性

具有致突变性[3]。

【人类健康效应】

一些研究提示氯代苯氧酸除草剂与人体软组织肉瘤和非霍奇金淋巴瘤之间存在关联；而另一些研究则表示不存在关联。有一些研究结果表明 2-甲-4-氯丙酸与男性前列腺癌存在关联[4]。

对皮肤、眼睛和呼吸道有刺激性。吸入可能导致鼻咽和胸部灼烧感、咳嗽和/或头晕。中毒症状还包括头痛、呕吐、腹泻、思维混乱、呼吸异味，严重时肾功能衰竭、心率加快[14]。

【危害分类与管制情况】

序号	毒性指标	PPDB 分类	PAN 分类[14]
1	高毒	否	否
2	致癌性	可能	可能（2B，IARC）
3	致突变性	是	
4	内分泌干扰性	无数据	无有效证据
5	生殖发育毒性	否	无有效证据
6	胆碱酯酶抑制性	否	否
7	神经毒性	可能	—
8	呼吸道刺激性	是	
9	皮肤刺激性	是	
10	眼刺激性	是	
11	国际公约或优控名录	列入 PAN 名录	

注：PPDB 数据库由英国赫特福德郡大学农业与环境研究所开发；PAN 数据库来自北美农药行动网（PANNA）；"—"表示无此项。

【限值标准】

每日允许摄入量(ADI)为 0.01mg/(kg bw · d)，操作者允许接触水平(AOEL)为 0.04mg/(kg bw · d)[3]。WHO 水质基准为 10.0μg/L[14]。

参 考 文 献

[1] Helweg A. Degradation and adsorption of ^{14}C-mecoprop (MCPP) in surface soils and in subsoil. Influence of temperature, moisture content, sterilization and concentration on degradation. Sci Tot Environ, 1993, 132(93): 229-241.

[2] Kelly M P, Heniken M R, Tuovinen O H. Dechlorination and spectral changes associated with bacterial degradation of 2-(2-methyl-4-chlorophenoxy) propionic acid. J Indust Microbiol, 1991, 7(2): 137-145.

[3] PPDB: Pesticide Properties DataBase. http://sitem.herts.ac.uk/aeru/ppdb/en/Reports/430.htm [2016-04-23].

[4] TOXNET (Toxicology Data Network). https://toxnet.nlm.nih.gov/cgi-bin/sis/search2/f?./temp/~is14vI:1 [2016-04-23].

[5] Ian H, Williams G M, Carlick C A. Enantioselective biodegradation of mecoprop in aerobic and anaerobic microcosms. Chemosphere, 2003, 53(5): 539-549.

[6] Armbrust K L. Pesticide hydroxyl radical rate constants: Measurements and estimates of their importance in aquatic environments. Environ Toxicol Chem, 2000, 19(9): 2175-2180.

[7] Dąbrowska D, Kot-Wasik A, Namieśnik J. Stability studies of selected phenoxyacid herbicides in water samples and determination of their transformation products. Bull Environ Contam Toxicol, 2006, 77(2): 245-251.

[8] MacBean C. The e-Pesticide Manual. 15th ed. Ver. 5. 1. Alton: British Crop Protection Council, 2008—2010.

[9] Meylan W M, Howard P H, Boethling R S, et al. Improved method for estimating bioconcentration/bioaccumulation factor from octanol/water partition coefficient. Environ Toxicol Chem, 1999, 18(4): 664-672.

[10] Franke C, Studinger G, Berger G, et al. The assessment of bioaccumulation. Chemosphere, 1994, 29(7): 1501-1514.

[11] Kah M, Brown C D. Adsorption of ionisable pesticides in soils. Rev Environ Contam Toxicol, 2006, 188: 149-217.

[12] California Environmental Protection Agency/Department of Pesticide Regulation. Toxicology Data Review Summary for Mecoprop (93-65-2). http://www.cdpr.ca.gov/docs/risk/toxsums/toxsumlist.htm[2012-04-16].

[13] Dunachie J F, Fletcher W W. Effect of some herbicides on the hatching rate of hen's eggs. Nature, 1967, 215(5108): 1406-1407.

[14] PAN Pesticides Database—Chemicals. http://www.pesticideinfo.org/Detail_Chemical.jsp?Rec_Id = PC35107 [2016-04-23].

2-甲-4-氯丁酸(MCPB)

【基本信息】

化学名称：2-甲基-4-氯苯氧丁酸

其他名称：（2-methyl-4-chlorophenoxy）butyric acid

CAS 号：94-81-5

分子式：$C_{11}H_{13}ClO_3$

相对分子质量：228.67

SMILES：Clc1cc(c(OCCCC(=O)O)cc1)C

类别：苯氧羧酸类除草剂

结构式：

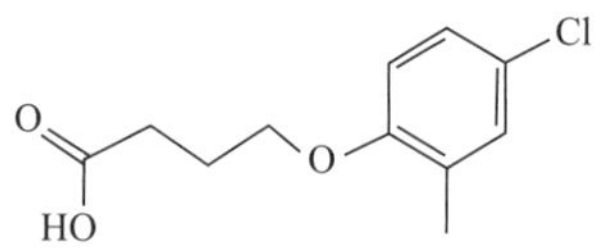

【理化性质】

白色粉末，密度 1.233g/mL，熔点 98℃，沸点 623℃，饱和蒸气压 0.004mPa（25℃）。水溶解度（20℃）为4400mg/L,有机溶剂溶解度（20℃）：丙酮,313000mg/L；二氯甲烷，169000mg/L；正己烷，266mg/L；乙醇，150000mg/L。辛醇/水分配系数 lgK_{ow}=1.32（pH=7，20℃）。

【环境行为】

(1)环境生物降解性

好氧：初始浓度为 2μg/g、土壤含水率约 85%、20℃条件下，在黏壤土、重黏土和砂质壤土中的降解半衰期均小于 7d[1]。欧盟登记资料显示，土壤中降解半衰期为 2~11d[2]。

厌氧：初始浓度为 125μg/L 时，在厌氧污泥消化器中 37℃条件下培养 32d，降解率约 60%，无菌对照组中降解率约 15%[3]。

(2)环境非生物降解性

在 pH 为 5~9 条件下不水解；在实验室最佳光照条件下，水中光解半衰期为 2~3d[4]。

(3)环境生物蓄积性

生物蓄积系数 BCF 估测值为 3，提示生物蓄积性低[5,6]。

(4)土壤吸附/移动性

吸附系数 K_{oc} 估测值为 780，Freundlich 吸附系数 K_{foc} 为 108[2]，提示土壤中移动性为弱至中等。

【生态毒理学】

鸟类(山齿鹑)急性 LD_{50}=282mg/kg、短期摄食 LC_{50}/LD_{50}＞5000mg/kg，鱼类(虹鳟)96h LC_{50}=4.3mg/L、21d NOEC=40mg/L，溞类(大型溞)48h EC_{50}=55mg/L、21d NOEC=50mg/L，藻类(月牙藻)72h EC_{50}=41.0mg/L，蜜蜂接触 48h LD_{50}＞100μg/蜜蜂、经口 48h LD_{50}＞81.8μg/蜜蜂，蚯蚓 14d LC_{50}＞252mg/kg[2]。

【毒理学】

(1)一般毒性

大鼠急性经口 LD_{50}=4300mg/kg，大鼠急性经皮 LD_{50}＞2000mg/kg bw，大鼠急性吸入 LC_{50}＞1.14mg/L，大鼠短期膳食暴露 NOAEL＞100mg/kg[2]。

(2)神经毒性

大鼠急性神经毒性研究结果显示，LOAEL=400mg/(kg·d)，NOAEL=200mg/(kg·d)[3]。

(3)生殖发育毒性

SD 大鼠在 100mg/(kg·d)暴露剂量下，出现母体死亡和发育毒性，NOAEL=25mg/(kg·d)。另一项研究中，在 20mg/(kg·d)暴露剂量下，新西兰白兔出现母体毒性(死亡)，母体毒性的 NOAEL=5mg/(kg·d)，发育毒性的 NOAEL=20mg/(kg·d)[3]。

90d 饲喂研究发现，对犬具有生殖毒性(睾丸和前列腺萎缩、精子存活率降低)，LOAEL=1600mg/kg，NOAEL=480mg/kg。另一项 13 周的饲喂实验发现，对犬具有亚致死的生殖毒性(降低睾丸质量、生理临床化学变化)，LOAEL=44mg/(kg·d)，NOAEL=25mg/(kg·d)[3]。

(4)致癌性与致突变性

宿主中介性试验中，致突变性结果为阴性[7]。Ames 试验结果显示，不具有致突变性，但是能增强 β-氨基蒽的致突变性[8]。

【人类健康效应】

具有腐蚀性，可引起不可逆的眼损伤[9]。吸入可能引起咽部和胸部烧灼感、咳嗽和头晕[10]。吞食有害或致命[2]，主要症状包括头痛、呕吐、腹泻、肾功能衰竭、心率增加及呼吸异味等[10]。研究发现，2-甲-4-氯丁酸可抑制人体血小板凝聚，使血小板中凝血噁烷 B2 的产生量减少[11]。

【危害分类与管制情况】

序号	毒性指标	PPDB 分类	PAN 分类[10]
1	高毒	否	否
2	致癌性	否	可能（2B，IARC）
3	内分泌干扰性	无数据	无有效证据
4	生殖发育毒性	无数据	无有效证据
5	胆碱酯酶抑制性	否	否
6	神经毒性	否	—
7	呼吸道刺激性	是	—
8	皮肤刺激性	可能	—
9	眼刺激性	是	—
10	国际公约或优控名录	无	

注：PPDB 数据库由英国赫特福德郡大学农业与环境研究所开发；PAN 数据库来自北美农药行动网（PANNA）；"—"表示无此项。

【限值标准】

每日允许摄入量（ADI）为 0.01mg/（kg bw·d），急性参考剂量（ARfD）为 0.05mg/（kg bw·d），操作者允许接触水平（AOEL）为 0.06mg/（kg bw·d）[2]。

参 考 文 献

[1] Smith A E, Hayden B J. Relative persistence of MCPA, MCPB and mecoprop in Saskatchewan soils, and the identification of MCPA in MCPB-treated soils. Weed Res, 1981, 21(3-4): 179-183.

[2] PPDB: Pesticide Properties DataBase. http://sitem.herts.ac.uk/aeru/ppdb/en/Reports/428.htm

[2016-04-28].

[3] TOXNET（Toxicology Data Network）. https://toxnet.nlm.nih.gov/cgi-bin/sis/search2/f?./temp/~ 5nMrMF:1 [2016-04-28].

[4] USEPA/Office of Pesticide Programs. Interim Reregistration Eligibility Decision for MCPB. p. 14-16. EPA738-R-06-016. http://www.epa.gov/pesticides/reregistration/status.htm [2017-02-20].

[5] Tomlin C D S. The Pesticide Manual—A World Compedium. 11th ed. Surrey: British Crop Protection Council, 1997.

[6] Lyman W J, Reehl W F, Rosenblatt D H. Handbook of Chemical Property Estimation Methods. Washington DC: American Chemical Society, 1990.

[7] Legator M S, Bueding E, Batzinger R, et al. An evaluation of the host-mediated assay and body fluid analysis. A report of the U. S. Environmental Protection Agency Gene-Tox Program. Mutat Res, 1982, 98（3）: 319-374.

[8] Shibuya N, Ohta T, Sakai H, et al. Co-mutagenic activity of phenoxyherbicides MCPA- and MCPB-ethylester in the Ames assay. Tohoku J Exp Med, 1990, 160（2）: 167-168.

[9] EPA Office of Pesticides Programs. Environmental Fate and Ecological Risk Assessment for the Reregistration of MCPB and MCPB Sodium for Use on Peas. EPA-HQ-OPP-2005-0263-0008. 146 p.（October 26, 2005）. http://www.regulations.gov/[2007-02-27].

[10] PAN Pesticides Database—Chemicals. http://www.pesticideinfo.org/Detail_Chemical.jsp?Rec_Id = PC35934[2016-04-28].

[11] Ylitalo P, Ylihakola M, Elo H A, et al. Inhibition of platelet aggregation and thromboxane A_2, production by chlorophenoxy acid herbicides. Arch Toxicol Suppl, 1991, 14: 174-178.

阿特拉津(atrazine)

【基本信息】

化学名称：3,7-二氯-8-喹啉羧酸

其他名称：莠去津、阿特拉嗪

CAS 号：1912-24-9

分子式：$C_8H_{14}ClN_5$

相对分子质量：215.68

SMILES：Clc1nc(nc(n1)NC(C)C)NCC

类别：三嗪类除草剂

结构式：

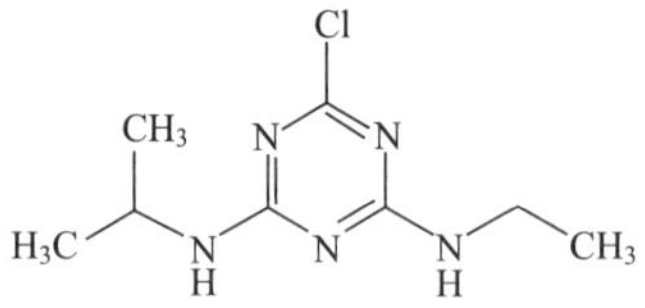

【理化性质】

白色晶体，密度 1.187g/mL，熔点 175.8℃，沸腾之前分解，饱和蒸气压 0.039mPa(25℃)。水溶解度(20℃)为 35mg/L。有机溶剂溶解度(20℃)：甲苯，4000mg/L；正己烷，110mg/L；乙酸乙酯，24000mg/L；二氯甲烷，28000mg/L。辛醇/水分配系数 $\lg K_{ow}$ = 2.7(pH=7, 20℃)。

【环境行为】

(1)环境生物降解性

结构稳定、难降解，被微生物矿化的过程十分缓慢，在土壤中的降解主要受土壤生物和酸碱度的影响，主要降解产物是去乙基阿特拉津(deethylatrazine，DEA)、去异丙基阿特拉津(deisoropylatrazine，DIA)、羟基阿特拉津(hydroxyatrazine, HA)，其中 DEA 和 DIA 的毒性与阿特拉津相近。在 25℃、pH 为 4 条件下，土壤中降解半衰期为 244d；土壤中的阿特拉津可与铜、锌、镉等金属形成复合物，也可以与土壤腐殖质结合，对生态系统构成潜在威胁[1]。在施用9a 的土壤中，50%阿特拉津以结合态存在，这些结合态残留难以通过自然环境因素的相互作用消除[2]。另有报道，土壤中降解半衰期为 28~150d（实验室）、6~108d（田间）[3]。

(2)环境非生物降解性

以波长小于 300nm 的紫外线照射，在水、甲醇、乙醇和正丁醇中可发生光解作用；当波长为 260nm 时光解速率最快。pH 为 7、自然光照射下，水中光解半衰期为335d[4]。

25℃、pH 为 5～9 条件下，缓冲溶液中 30d 不水解。25℃、pH 为 4 时的水解半衰期为 244d。当添加 2%腐殖酸时，半衰期降至 1.73d[4]。在 pH 为 2.9、4.5、6.0 和 7.0 条件下，添加 5mg/L 的富里酸（地表水中本底浓度）时，水解半衰期分别为 34.8d、174d、398d 和 742d。

pH 对阿特拉津在土壤中的水解过程有显著影响，有机质影响较弱，其水解过程遵循准一级反应。当温度为 30℃ 时，在采自美国夏威夷群岛的 4 种土壤中 34d 的降解率为 70%~85%，降解产物为 2-羟基衍生物[5]。

(3)环境生物蓄积性

BCF 值为 4.3[3]。在软体动物、水蛭、枝角目动物和鱼体内不会通过食物链蓄积[6]。

(4)土壤吸附/移动性

在壤土、钙质黏土和高黏土中的 K_{oc} 值分别为 109.9、80.0 和 88.9[7]，在土壤中移动性中等至强。

【生态毒理学】

鸟类（鹌鹑）急性 LD_{50}=4237mg/kg，鱼类（虹鳟）96h LC_{50}=4.5mg/L、21d NOEC=2mg/L，溞类（大型溞）48h EC_{50}= 85mg/L、21d NOEC=0.25mg/L，藻类（月牙藻）72h EC_{50}=0.059mg/L、藻类（绿藻）96h NOEC=0.1mg/L，蜜蜂经口 48h LD_{50}=100μg/蜜蜂，蚯蚓（赤子爱胜蚓）14d LC_{50} = 79mg/kg[3]。

【毒理学】

(1)一般毒性

大鼠急性经口 LD_{50} = 1869mg/kg，大鼠急性经皮 LD_{50}＞3100mg/kg bw，大鼠急性吸入 LC_{50} = 5.8mg/L，大鼠短期膳食暴露 NOAEL= 200mg/kg[3]。

给予大鼠口服剂量 120mg/kg 的阿特拉津，大鼠体内谷胱甘肽（GSH）硫基转移酶活性抑制，肝脏和睾丸中丙二醛含量升高，肝脏和睾丸中超氧化物歧化酶（SOD）活性降低，但是附睾中增加。暴露阿特拉津的动物肝脏谷胱甘肽含量和乳酸脱氢酶活性增加，而附睾中过氧化氢酶活性、抗坏血酸含量、天冬氨酸转氨酶及谷胱甘肽过氧化物酶活性降低。肝脏、睾丸及附睾中的丙氨酸转氨酶活性未受影响。

将大鼠暴露于 1.8~4.9mg/L 阿特拉津气溶胶中 1h，未发现死亡或者其他毒理学及药理学方面的毒性反应[8]。

（2）神经毒性

大鼠腹腔注射 0mg/kg、85mg/kg 和 170mg/kg 阿特拉津，未发现胸神经节、脊髓或坐骨神经的改变，170mg/kg 剂量组大鼠轴突面积降低，未加处理 30d 后恢复[9]。

（3）生殖发育毒性

对生殖系统有明显的毒性作用。以低剂量阿特拉津处理小鼠发现，小鼠睾丸指数减小，光学显微镜下可见小鼠曲细精管上皮细胞呈松散排列且杂乱，精原细胞脱落，细胞层形成减少。电子显微镜观察发现，生精上皮细胞线粒体出现空泡化，细胞核增大且形状不规则，支持细胞数目减少，部分紧密连接被破坏，提示阿特拉津可诱导小鼠睾丸发生变性等病理变化[10]。

灌胃给予 SD 大白鼠 200mg/kg bw、100mg/kg bw、10mg/kg bw、0mg/kg bw 阿特拉津，于给药 15d 和 30d 后采样测定大白鼠血清中雌二醇的含量。结果发现，阿特拉津对雌性和雄性大白鼠血清中雌二醇的含量均有影响。阿特拉津对雌性大白鼠的影响出现较晚，但各组间显著性差异较大，尤其是剂量组含量远高于对照组，说明阿特拉津可使雌性大白鼠血清中雌二醇含量增加。阿特拉津对雄性大白鼠的影响出现较早，说明雄性动物对阿特拉津的作用较为敏感，而血液中雌激素的变化可直接影响雄性的性征变化及生殖功能[11]。对大鼠脏器功能的毒理学研究表明，阿特拉津对大鼠的代谢器官(肝脏、肾脏)具有损伤作用，使其发生退行性病变，中、高剂量处理损伤作用尤为明显；促使大鼠的免疫器官——胸腺、脾脏发生退行性病变，导致机体的细胞免疫和体液免疫的功能都有所降低，高剂量组损伤作用最为明显；雄性大鼠睾丸发生退行性病变，雌性大鼠卵巢则出现增生性病变，进而可能影响到大鼠的生殖功能[12]。

（4）致癌性与致突变性

阿特拉津的遗传毒性结论不一，Ames 试验、精子畸形试验、骨髓微核试验结果显示[13]，阿特拉津在一定剂量下对小鼠生殖细胞可能存在遗传损伤，干扰精子的正常生成和成熟；但微核试验和 Ames 试验结果均为阴性，与文献[14]、[15]中的相关研究结论相符。研究显示，含 5%二甲基亚砜水样中的阿特拉津，在高浓度下不会导致姐妹染色单体交换、染色体突变和小鼠骨髓中微核数目的减少[16]。

但也有研究表明，3μg/L 阿特拉津可使仓鼠染色体断裂[17]，阿特拉津等三嗪类除草剂能使人体内 CYP19 酶的活性升高，干扰人体内分泌平衡[18]。

雌性 SD 大鼠的致癌性研究表明，高剂量阿特拉津可造成并发腺癌和纤维腺瘤、乳腺肿瘤的潜伏期缩短和发病率增加。研究表明，阿特拉津可通过增加芳香酶活性增加局部组织的雌激素水平[19]。进一步研究证实，阿特拉津诱导芳香酶活性依赖于 I 型类固醇生成因子(SF-I)，芳香酶活性增高的机制与磷酸二酯酶活性抑制和随后的环磷酸腺苷(cAMP)含量增高有关。在肾上腺癌细胞 H295R 中，阿特拉津诱导 SF-I 结合于 SF-I 依赖的芳香酶启动子(ArPII)上的 SF-I 结合位点，诱导芳香酶表达[19]。

【人类健康效应】

IARC 致癌性分类为 3 类，中毒可能引起昏迷、胃出血、肾衰竭及影响睾酮代谢等[3]。对眼睛、皮肤与呼吸道有刺激性[20]。

对 36 项关于三嗪类除草剂特别是阿特拉津对人类致癌性的流行病学研究数据发现，这些研究缺乏人体接触阿特拉津的数据，潜在高暴露阿特拉津的病例数目少，并缺乏初次接触后随访多年的数据。调查中最常见的肿瘤是非霍奇金淋巴瘤、前列腺癌和乳腺癌。关于霍奇金淋巴瘤、白血病、多发性骨髓瘤、软组织肉瘤、黑色素瘤、卵巢癌、睾丸癌、结肠癌、胃癌、肺癌、膀胱癌、脑癌、口腔和咽部癌症的研究仅 1~3 个。对于接触阿特拉津和癌症之间是否存在因果关系尚无令人信服的证据[21]。

【危害分类与管制情况】

序号	毒性指标	PPDB 分类	PAN 分类[20]
1	高毒	否	否
2	致癌性	否	是(IRAC，3 类)
3	内分泌干扰性	疑似	疑似
4	生殖发育毒性	疑似	无有效证据
5	胆碱酯酶抑制性	否	否
6	神经毒性	疑似	—
7	呼吸道刺激性	是	—
8	皮肤刺激性	无数据	—
9	皮肤致敏性	是	

序号	毒性指标	PPDB 分类	PAN 分类[20]
10	眼刺激性	是	—
11	地下水污染	—	是
12	国际公约或优控名录	列入 PAN 名录、欧盟内分泌干扰物名录、美国有毒物质(致癌物)排放清单	

注:PPDB 数据库由英国赫特福德郡大学农业与环境研究所开发;PAN 数据库来自北美农药行动网(PANNA);"—"表示无此项。

【限值标准】

每日允许摄入量(ADI)为 0.02mg/(kg bw · d),急性参考剂量为 0.1mg/(kg bw · d),操作者允许接触水平(AOEL)为 0.01mg/(kg bw · d) [3]。美国国家饮用水标准与健康基准最大污染物限值(MCL)为 3.0μg/L,WHO 水质基准为 3.0μg/L [21]。

参 考 文 献

[1] Solomon K R, Giesy J P, LaPoint T W, et al. Ecological risk assessment of atrazine in North American surface waters. Environ Toxicol Chem, 2013, 32: 10-11.

[2] Capriel P, Haisch A, Khan S U. Supercritical methanol: An efficacious technique for the extraction of bound pesticide residues from soil and plant samples. J Agric Food Chem, 1986, 34: 70.

[3] PPDB: Pesticide Properties DataBase. http://sitem.herts.ac.uk/aeru/ppdb/en/Reports/43.htm [2016-10-31].

[4] Ciba-Geigy Corporation. Environmental Fate Reference Data Source Book for Atrazine. Greensboro N C: Ciba-Geigy Corporation, 1994.

[5] 薛晓博, 周岩梅, 许兆义. 农田系统中除草剂阿特拉津的环境行为和生态修复研究进展. 天津农业科学, 2006, 12(4): 28-31.

[6] Gunkel G, Streit B. Mechanisms of bioaccumulation of a herbicide (atrazine, s-triazine) in a freshwater mollusc (Ancylus fluviatilis müll.) and a fish (Coregonus fera jurine). Water Res, 1980, 14: 1573-1584.

[7] Dousset S, Mouvet C, Schiavon M. Sorption of terbuthylazine and atrazine in relation to the physico-chemical properties of three soils. Chemosphere, 1994, 28: 467-476.

[8] Beste C E. Herbicide Handbook of the Weed Science Society of America. 4th ed. Champaign: Weed Science Society of America, 1979: 36.

[9] USDHHS/ATSDR. Toxicological Profile for Atrazine (1912-24-9) p. 75 (2003). http://www. atsdr.cdc. gov/ToxProfiles/tp153.pdf [2011-09-13].

[10] Mu H, Zhang P, Xu J, et al. Testicular toxicity and mechanisms of chlorotoluron compounds in

the mouse. Toxicol Mechan Methods, 2008, 18(5): 399-403.

[11] 栾新红, 丁鉴峰, 刘梅, 等. 除草剂阿特拉津对大白鼠血清中雌二醇(E2)浓度的影响. 沈阳农业大学学报, 2003, 34(2): 110-112.

[12] 栾新红, 丁鉴峰, 孙长勉, 等. 除草剂阿特拉津影响大鼠脏器功能的毒理学研究. 沈阳农业大学学报, 2003, 34(6): 441-445.

[13] 金焕荣, 段志文, 张越, 等. 阿特拉津的遗传毒性研究. 工业卫生与职业病, 1999, 25(6): 341-343.

[14] Thomas G, Sebastian K, Katharina P. *In vivo* genotoxicity of selected herbicides in the mouse bone-marrow micronucleus test. Arch Toxicol, 1997, 71(1): 193-199.

[15] Ruiz M J. Genotoxicity of six pesticides by Salmonella mutagenicity test and SOS chromstest. Mutat Res, 1997, 390: 245-251.

[16] Kligerman A D, Doerr C L, Tennant A H, et al. Cytogenetic studies of three triazIne herbicides: *In vivo* micronucleus studies in mouse bone marrow. Mutat Res, 2000, 471(1-2): 107-112.

[17] Gruessner B. Paterns of herbicides contamination in selected Vermont streams detected by enzyme immunoassay and gas chromatography/mass spectrometry. Environ Sci Tech, 1995, 29(10): 2806-2813.

[18] Sanderson J T, Seinen W, Giesy J P, et al. 2-chloro-s-triazene herbicides induce aromatase (CYP19) activity in H295R human adrenocortical carcinoma cells: A novel mechanism for estrogenicity. Toxicol Sci, 2000, 54: 121-127.

[19] Zeljezic D, Garaj V V. Atrazine genotoxicity evaluation in different mouse organs by comet assay. Period Biol, 2004, 106(2): 155-159.

[20] PAN Pesticides Database—Chemicals. http://www.pesticideinfo.org/Detail_Chemical.jsp?Rec_Id= PC35042 [2016-10-31].

[21] Sathiakumar N, MacLennan P A, Mandel J, et a1. A review of epidemiologie studies of triazine herbicides and cancer. Crit Rev Toxicol, 2011, 41(1): 1-34.

氨氯吡啶酸（picloram）

【基本信息】

化学名称：4-氨基-3,5,6-三氯吡啶羧酸

其他名称：毒莠定、毒莠啶、4-氨基-3,5,6-三氯吡啶-2-羧酸

CAS 号：1918-02-1

分子式：$C_6H_3Cl_3N_2O_2$

相对分子质量：241.46

SMILES：Clc1c(N)c(Cl)c(nc1Cl)C(=O)O

类别：吡啶类除草剂

结构式：

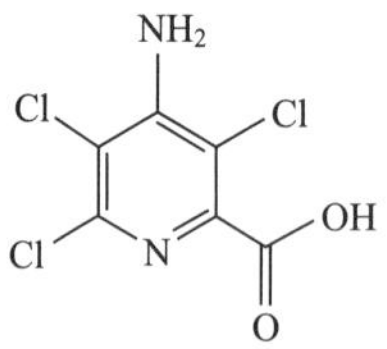

【理化性质】

淡黄色至棕褐色固体，密度 1.81g/mL，熔点 174℃，沸腾前分解，饱和蒸气压 $8.0×10^{-5}$mPa（25℃）。水溶解度（20℃）为 560mg/L。有机溶剂溶解度（20℃）：庚烷，10mg/L；二甲苯，105mg/L；丙酮，23900mg/L；甲醇，19100mg/L。辛醇/水分配系数 $lgK_{ow}=-1.92$（pH=7，20℃）。

【环境行为】

(1)环境生物降解性

好氧：主要好氧降解途径为脱羧反应或氨基移位[1]。当初始浓度为 0.25mg/kg、0.5mg/kg、1.0mg/kg 时，土壤中降解半衰期分别为 55d（停滞期 7d）、90d（停滞期 30d）、180d（停滞期 90d）[2]。另有研究报道，在 7 种土壤中的好氧降解半衰期为 167~513d，主要降解产物为 CO_2 [2]。欧盟登记资料显示，土壤中降解半衰期为 5.2~

292d(实验室)、20~49d(田间)[3]。

厌氧：当初始浓度为 72~120mg/L 时，在淡水沉积物中，在厌氧、产甲烷条件下降解[2]。经 50d 驯化期后，在有菌条件下培养 30d，母体化合物降解率大于 85%[2]。而另有结果显示，在厌氧条件下培养 300d 后土壤和水中的降解率小于 10%[4]。

（2）环境非生物降解性

85℃时，在水-土壤(包括粉砂壤土、钙质粉砂壤土、膨润土)体系水相中的降解半衰期均大于 41d[5]。25℃、pH 为 5~9 条件下不水解[3, 6]。太阳光下不同条件时水中直接光解半衰期为 2.3~9.58d [7]。

（3）环境生物蓄积性

在 1.0mg/L 和 0.1mg/L 浓度下的 BCF 值分别为 0.11 和 0.54(蓝鳃太阳鱼)[8]，另有报道，BCF 测定值为 31[9,10]、74[3]，提示生物蓄积性弱。

（4）土壤吸附/移动性

K_{oc} 值为 0.026~100[2, 11-15]，提示在土壤中具有强至非常强的移动性。

【生态毒理学】

鸟类(绿头鸭)急性 LD_{50}＞1944mg/kg、鸟类(山齿鹑)短期摄食 LC_{50}/LD_{50}＞5620mg/kg，鱼类(虹鳟)96h LC_{50}=8.8mg/L、21d NOEC=0.55mg/L，溞类(大型溞)48h EC_{50}=44.2mg/L、21d NOEC=6.79mg/L，藻类(月牙藻)72h EC_{50}=60.2mg/L，蜜蜂接触 48h LD_{50}＞100μg/蜜蜂、经口 48h LD_{50}＞74μg/蜜蜂,蚯蚓(赤子爱胜蚓)14d LC_{50}＞4475mg/kg[3]。

【毒理学】

（1）一般毒性

大鼠急性经口 LD_{50}=4012mg/kg，大鼠急性经皮 LD_{50}＞2000mg/kg bw，大鼠急性吸入 LC_{50}＞0.035mg/L，大鼠短期膳食暴露 NOAEL =20mg/kg [3]。

（2）神经毒性

无信息。

（3）生殖发育毒性

大鼠多代试验中，膳食浓度最高至 3000mg/kg 未见有害效应[2]。在孕期 6~15d 期间，饲喂剂量为 1000mg/kg，未见致畸作用和对胎鼠的有害效应[16]。鸡蛋胚胎发育开始的 4~8d，施以氨氯吡啶酸水溶液，浓度超过常用施用剂量的 10 倍，未见孵化的有害效应[17]。

(4)致癌性与致突变性

氨氯吡啶酸对哺乳动物细胞[次黄嘌呤-鸟嘌呤磷酸核糖转移酶(HGPRT)/CHO]的基因突变效应评估结果显示，染毒浓度为 750μg/mL（未经代谢活化）、1250μg/mL（经代谢活化）时，对中国仓鼠卵巢细胞的致突变性结果为阴性[2]。

【人类健康效应】

IARC 致癌性分类为 3 类[3]。过量暴露可能会引起眼睛、呼吸系统刺激或恶心等症状[18]。有研究结果显示，父母暴露于氨氯吡啶酸，可能会增加子女患白血病的风险[19]。

【危害分类与管制情况】

序号	毒性指标	PPDB 分类	PAN 分类[20]
1	高毒	否	否
2	致癌性	可能	未分类
3	致突变性	否	—
4	内分泌干扰性	是	疑似
5	生殖发育毒性	可能	无有效证据
6	胆碱酯酶抑制性	否	否
7	呼吸道刺激性	是	—
8	皮肤刺激性	否	—
9	眼刺激性	是	—
10	地下水污染	—	是
11	国际公约或优控名录	列入 PAN 名录、欧盟内分泌干扰物名录	

注:PPDB 数据库由英国赫特福德郡大学农业与环境研究所开发;PAN 数据库来自北美农药行动网(PANNA);"—"表示无此项。

【限值标准】

每日允许摄入量(ADI)为 0.3mg/(kg bw·d)，急性参考剂量(ARfD)为 0.3mg/(kg bw·d)，操作者允许接触水平(AOEL)为 0.3mg/(kg bw·d)[3]。参考剂量(RfD)为 20mg/(kg bw·d)[20]。

参 考 文 献

[1] Boethling R S, Gregg B, Frederick R, et al. Expert systems survey on biodegradation of xenobiotic chemicals. Ecotoxicol Environ Saf, 1989, 18(18): 252-267.

[2] TOXNET (Toxicology Data Network). https://toxnet.nlm.nih.gov/cgi-bin/sis/search2/f?./temp/~t9KqRF:1 [2016-05-01].

[3] PPDB: Pesticide Properties DataBase. http://sitem.herts.ac.uk/aeru/ppdb/en/Reports/525.htm [2016-05-03].

[4] USEPA. Reregistration Eligibility Decisions (REDs) Database on Picloram (1918-02-1). USEPA DOC NO. 738-R95-019. http://www.epa.gov/pesticides/reregistration/status.htm [2012-10-31].

[5] Hance R J. Decomposition of herbicides in the soil by non-biological chemical processes. J Sci Food Agric, 1967, 18(11): 544-547.

[6] USDA, Agricultural Research Service. ARS Pesticide Properties Database on Picloram (1918-02-1). http://www.ars.usda.gov/Services/docs.htm?docid=14199 [2012-10-31].

[7] Hedlund R T, Youngson C R. Fate of Organic Pesticides in the Aquatic Systems. 1972.

[8] Mayes M A, Oliver G R. ASTM (American Society for Testing and Materials) special technical publication. Aquatic Toxicology and Hazard Assessment 8th Symposium, 1986, 891: 253-269.

[9] Isnard P, Lambert S. Estimating bioconcentration factors from octanol-water partition coefficient and aqueous solubility. Chemosphere, 1988, 17(88): 21-34.

[10] Garten C T, Trabalka J R. Evaluation of models for predicting terrestrial food chain behavior of xenobiotics. Environ Sci Technol, 1983, 17(10): 590-595.

[11] Chu W, Chan K H. The prediction of partitioning coefficients for chemicals causing environmental concern. Sci Total Environ, 2000, 248(1): 1-10.

[12] Hamaker J W, Goring C A I. Organic Chemicals in the Soil Environment. New York: Marcel Decker, 1972.

[13] Kenaga E E. Predicted bioconcentration factors and soil sorption coefficients of pesticides and other chemicals. Ecotoxicol Environ Saf, 1980, 4(1): 26-38.

[14] Mccall P J, Agin G L. Desorption kinetics of picloram as affected by residence time in the soil. Environ Toxicol Chem, 1985, 4(4): 37-44.

[15] Rao P S C, Davidson J M. Retention and transformation of selected pesticides and phosphorous in soil-water system: A critical review. USEPA-600/3-82-060. 1982.

[16] Shepard T H. Catalog of Teratogenic Agents. 3rd ed. Baltimore MD: Johns Hopkins University Press, 1980.

[17] Somers J D, Moran E T, Reinhart B S. Hatching success and early performance of chicks from eggs sprayed with 2, 4-D, 2, 4, 5-T and picloram at various stages of embryonic development. Bull Environ ContamToxicol, 1978, 20(3): 289-293.

[18] O'Neil M J. The Merck Index—An Encyclopedia of Chemicals, Drugs, and Biologicals. Whitehouse Station: Merck and Co., Inc, 2006.

[19] Monge P, Wesseling C, Guardado J, et al. Parental occupational exposure to pesticides and the risk of childhood leukemia in Costa Rica. Scand J Work Environ Health, 2007, 33 (4) : 293-303.

[20] PAN Pesticides Database—Chemicals. http://www.pesticideinfo.org/Detail_Chemical.jsp?Rec_Id= PC34032[2016-05-01].

胺苯磺隆(ethametsulfuron-methyl)

【基本信息】

化学名称：2-[(4-乙氧基-6-甲胺基-1,3,5-三嗪-2-基)氨基甲酰基氨基磺酰基]苯甲酸甲酯

其他名称：甲基胺苯磺隆、油磺隆

CAS 号：97780-06-8

分子式：$C_{15}H_{18}N_6O_6S$

相对分子质量：410.41

SMILES：O=C(OC)c1ccccc1S(=O)(=O)NC(=O)Nc2nc(nc(OCC)n2)NC

类别：三嗪磺酰脲类除草剂

结构式：

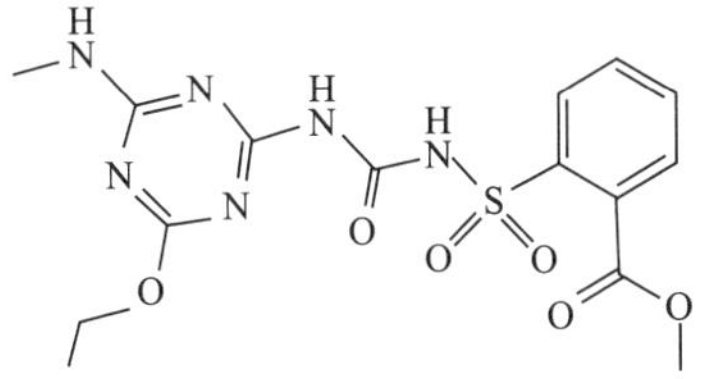

【理化性质】

白色晶体，熔点 197℃，沸点 317℃，饱和蒸气压 $6.41×10^{-4}$ mPa(25℃)。水溶解度(20℃)为 223mg/L。有机溶剂溶解度(20℃)：丙酮，764mg/L；二氯甲烷，2066mg/L；正己烷，3.0mg/L；乙酸乙酯，173mg/L。辛醇/水分配系数 $\lg K_{ow} = -0.28$ (pH=7, 20℃)。

【环境行为】

(1)环境生物降解性

好氧：欧盟登记资料显示，土壤中降解半衰期为 24.2~70.9d(实验室)、9.4~71.9d(田间)[1]。

(2)环境非生物降解性

在 pH 为 5.7、4.1、3.0、2.0 条件下，水解半衰期分别为 50d、37.5d、26.5d、17.5d[2]。室温条件下，在蒸馏水、巢湖水、池塘水、农田水中的光解半衰期大于 200d，在 4 种灭菌水中浓度基本无变化[3]。

(3)环境生物蓄积性

基于 $\lg K_{ow} < 3$，提示生物蓄积性弱[3]。

(4)土壤吸附/移动性

吸附系数 K_{oc} 值为 142~310，提示土壤中移动性为中等至强[1,4]。

【生态毒理学】

鸟类(山齿鹑)急性 LD_{50} =2250mg/kg，鱼类(虹鳟)96h $LC_{50}>$126mg/L、21d NOEC=5.4mg/L，溞类(大型溞)48h $EC_{50}>$108mg/L、21d NOEC=4.7mg/L，藻类(月牙藻)72h EC_{50}=0.421mg/L，蜜蜂接触 48h $LD_{50}>$ 100μg/蜜蜂、经口 48h LD_{50}=4.62μg/蜜蜂[3]。

【毒理学】

(1)一般毒性

大鼠急性经口 $LD_{50}>$5000mg/kg，大鼠急性经皮 $LD_{50}>$2000mg/kg bw，大鼠急性吸入 $LC_{50}>$5.7mg/L[3]。

(2)神经毒性

无神经毒性[3]。

(3)生殖发育毒性

可能具有发育与生殖毒性[3]。

(4)致癌性与致突变性

彗星试验(单细胞凝胶电泳试验)结果显示，体外和体内给予一定剂量的胺苯磺隆对小鼠骨髓细胞 DNA 无明显影响[5]。

【人类健康效应】

除大量摄入外，一般不会出现全身中毒。急性暴露刺激眼、皮肤和黏膜，可引起咳嗽、气促、恶心、呕吐、腹泻、头痛、电解质紊乱等症状。慢性暴露可致蛋白质代谢受干扰、中度肺气肿及体重减轻(同其他脲类除草剂)[6]。

【危害分类与管制情况】

序号	毒性指标	PPDB 分类	PAN 分类[6]
1	高毒	否	否
2	致癌性	否	未分类
3	内分泌干扰性	无数据	无有效证据
4	生殖发育毒性	疑似	无有效证据
5	胆碱酯酶抑制性	否	否
6	神经毒性	否	—
7	呼吸道刺激性	—	—
8	皮肤刺激性	否	—
9	眼刺激性	是	—
10	国际公约或优控名录	无	

注:PPDB 数据库由英国赫特福德郡大学农业与环境研究所开发;PAN 数据库来自北美农药行动网(PANNA);"—"表示无此项。

【限值标准】

每日允许摄入量(ADI)为 0.21mg/(kg bw・d),急性参考剂量(ARfD)为 0.25mg/(kg bw・d),操作者允许接触水平(AOEL)为 0.1mg/(kg bw・d)[3]。

参 考 文 献

[1] PPDB: Pesticide Properties DataBase. http://sitem.herts.ac.uk/aeru/ppdb/en/Reports/1146.htm [2016-05-08].

[2] 黄巍. 胺苯磺隆降解菌的筛选及其降解特性研究. 长沙: 湖南农业大学, 2007.

[3] 王健, 钱晓钟, 花日茂, 等. 胺苯磺隆在环境水体中的光化学降解. 安徽农业科学, 2009, 37(32): 15952-15953.

[4] 张瑾, 司友斌. 除草剂胺苯磺隆在土壤中的吸附. 农业环境科学学报, 2006, 25(5): 1289-1293.

[5] 孟雪莲, 徐成斌, 赵崴崴, 等. 乙草胺和胺苯磺隆对小鼠骨髓细胞 DNA 损伤作用. 中国公共卫生, 2011, 27(9): 1143-1144.

[6] PAN Pesticides Database—Chemicals. http://www.pesticideinfo.org/Detail_Chemical.jsp?Rec_Id = PC36368[2016-05-08].

百草枯(paraquat)

【基本信息】

化学名称：1,1-二甲基-4,4′-联吡啶盐

其他名称：百朵、泊拉夸特、离子对草快

CAS 号：4685-14-7

分子式：$C_{12}H_{14}N_2$

相对分子质量：186.25

SMILES：c2cc(c1cc[n+](cc1)C)cc[n+]2C

类别：联吡啶类除草剂

结构式：

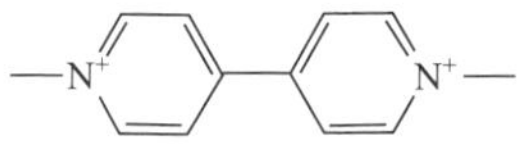

【理化性质】

无色至淡黄色晶体，饱和蒸气压 0.01mPa(25℃)。水溶解度(20℃)为620000mg/L。有机溶剂溶解度(20℃)：甲醇，143000mg/L；丙酮，100mg/L；甲苯，100mg/L；正己烷，100mg/L。辛醇/水分配系数 $\lg K_{ow} = -4.5$ (pH=7, 20℃)。

【环境行为】

(1)环境生物降解性

好氧：在两种砂壤土中提取的微生物作用下，3 周内 50%的百草枯矿化为 CO_2[1]。吸附于 3 种植物残体(稻草、水芹、中国黄芪)的百草枯在实验室条件下，可被植物或土壤中的天然微生物群落降解[2]。有报道称，百草枯仅在施用于土壤后很短一段时间可能被微生物降解，一旦被吸附到黏土中，便不能被微生物利用。在田间试验中，微生物降解十分缓慢[3]，降解半衰期为 7~8a [4]。

厌氧：在泥浆(粗砂 0.9%、细砂 3.8%、粉砂 27.5%、黏土 32.5%、有机碳 30.5%，pH=4.7)中的厌氧降解半衰期为 2289~3652d [5]。

(2)环境非生物降解性

25℃或40℃，pH 为 5、7、9 条件下不水解(初始浓度为 91mg/L)[6]。25℃、初始浓度为 299mg/L 时，氙弧灯持续光照 32d 未发生光解[5]。暴露于太阳光下，水溶液中的百草枯有较少量光解，但当百草枯吸附于叶片或土壤表面时，可能会触发光解[6]，光解产物为 4-羧基-1-甲基吡啶盐和甲胺[7,8]。

(3)环境生物蓄积性

鱼体 BCF 值为 0.05~6.9[7,9]，生物蓄积性弱[10]。

(4)土壤吸附/移动性

吸附系数 K_{oc} 值为 15473~1000000[11-15]，在土壤中不可移动[16]。

【生态毒理学】

鸟类急性 LD_{50}=35mg/kg、短期摄食 LC_{50}/LD_{50}=698mg/kg，鱼类(虹鳟)96h LC_{50}=19mg/L，溞类(大型溞)48h EC_{50}=4.4mg/L、21d NOEC=0.12mg/L，底栖类(摇蚊)28d NOEC=0.367mg/L，藻类(月牙藻)72h EC_{50}=0.00023mg/L，蜜蜂接触 48h LD_{50}=9.26μg/蜜蜂、经口 48h LD_{50}＞9.06μg/蜜蜂，蚯蚓(赤子爱胜蚓)14d LC_{50}＞1000mg/kg[4]。

【毒理学】

(1)一般毒性

大鼠急性经口 LD_{50}=110mg/kg，大鼠短期膳食暴露 NOAEL＞100mg/kg，大鼠急性经皮 LD_{50}＞200mg/kg bw，大鼠急性吸入 LC_{50}=0.6mg/L[4]。

(2)神经毒性

通过向大脑黑质单侧注射百草枯(1~5μg)，观察对 Wistar 大鼠行为、形态和神经化学的影响。两周后将大鼠解剖，形态学上，尼斯尔(Nissl)物质、胶质细胞减少，黑质神经元减少；神经化学角度，出现多巴胺(dopamine, DA)耗竭现象[16]。

动物研究表明，成年后出现的帕金森病与新生期暴露于百草枯有关[17,18]。新生小鼠脑发育高峰期(即出生后 10~11d)暴露于一定剂量的百草枯会对成年后的神经行为功能产生影响，即使低剂量也可引起永久性的脑功能改变，导致多巴胺含量减少，黑质纹状体也发生相应的生化病理改变，使小鼠成年后出现类似于帕金森病的行为表现[19]。脑发育关键期(出生后 10d)暴露百草枯可导致极微小的变化，但在成年之后再次暴露可引起黑质细胞数和多巴胺含量的显著下降[18]。

(3) 生殖发育毒性

在一项发育毒性研究中，在孕期 7~16d 染毒，给药剂量为 0mg/(kg·d)、1mg/

(kg·d)、3mg/(kg·d)、8mg/(kg·d)，未观测到母体或发育毒性，母体和发育 NOAEL 均为 8mg/(kg·d)[16]。

雄性大鼠一次暴露 1/10 LD$_{50}$、1/5 LD$_{50}$ 和 1/2 LD$_{50}$ 的百草枯不会引起雄性生殖细胞突变；在 1/10 LD$_{50}$、1/20 LD$_{50}$ 和 1/40 LD$_{50}$ 的剂量下不会造成雄性大鼠精子活率的改变和精子畸形率增加，但可以影响睾丸组织中碱性磷酸酶（AKP 或 ALP）的活性，对睾丸造成一定程度的损伤。百草枯可导致大鼠胎鼠循环系统动脉管收缩，对其具有毒性作用，并且动脉管内径与染毒剂量之间存在显著的剂量-反应关系[20]。

（4）致癌性与致突变性

采用微核试验和姐妹染色单体交换试验评价百草枯对人肝 HepG2 细胞的致突变性。结果显示，7.21mg/L 的百草枯处理即可导致 HepG2 细胞的微核率和姐妹染色单体交换频率明显升高，且微核率和姐妹染色单体交换频率升高趋势均与百草枯处理浓度呈正相关；34.57mg/L 的百草枯处理组，HepG2 细胞的微核率和姐妹染色单体交换频率分别升高为正常组的 5.29 倍和 6.07 倍，表明百草枯对人肝 HepG2 细胞具有明显的致突变性[21]。

【人类健康效应】

潜在的肝、肾、胃、肠和呼吸系统毒物[4]。皮肤暴露会导致皮肤轻微刺激，重度暴露会导致起水泡或皮肤溃烂、指甲脱落、皮肤灼烧、口腔溃疡、鼻出血以及长期甚至永久失明[15]。吸入可致口腔、喉咙、胸部与上腹部灼痛，肺水肿，胰腺炎，肾损害，以及影响中枢神经系统，包括头晕眼花、头痛、发热、肌痛、嗜睡和昏迷，典型的神经毒性症状包括紧张、易怒、不安、定向障碍、认知障碍、反射降低等。中毒还可能引起剧烈的恶心、呕吐和腹泻。死亡的原因通常是肺纤维化[22]。

有摄入或皮下注射百草枯致死的报道，中毒者通常在 3 周（进行性纤维化）内逐渐发展成为致命的肺损伤。男性的致死剂量约为 14mL 40%百草枯溶液，中毒症状包括口腔和喉咙灼烧，恶心和呕吐，呼吸窘迫，以及肾脏、心脏和神经系统的快速损伤。调查表明，30 名工人喷洒百草枯 12 周，约有 50% 的工人眼睛或鼻子受到轻微刺激，1 名工人鼻出血。296 名喷雾工人经皮肤接触引起严重且长期的损害，其中，55 名指甲受损，最常见的损伤是指甲变色、畸形，严重者指甲脱落。人类淋巴细胞遗传学分析显示，二氯百草枯呈弱阳性[16]。

【危害分类与管制情况】

序号	毒性指标	PPDB 分类	PAN 分类[22]
1	高毒	否	是(二氯百草枯)
2	致癌性	可能	无有效证据
3	致突变性	是	—
4	内分泌干扰性	否	疑似(二氯百草枯)
5	生殖发育毒性	疑似	无有效证据
6	胆碱酯酶抑制性	否	否
7	神经毒性	否	—
8	呼吸道刺激性	是	—
9	皮肤刺激性	是	—
10	眼刺激性	是	—
11	国际公约或优控名录	二氯百草枯列入欧盟内分泌干扰物名录、PAN 名录	

注:PPDB 数据库由英国赫特福德郡大学农业与环境研究所开发;PAN 数据库来自北美农药行动网(PANNA);"—"表示无此项。

【限值标准】

每日允许摄入量(ADI)为 0.004mg/(kg bw·d),急性参考剂量(ARfD)为 0.005mg/(kg bw·d),操作者允许接触水平(AOEL)为 0.0004mg/(kg bw·d)[4]。美国国家饮用水标准与健康基准最大污染限值(MCL)为 0μg/L(二氯百草枯)[22]。

参 考 文 献

[1] Ricketts D C. The microbial biodegradation of paraquat in soil. Pestic Sci, 1999, 55(5): 596-598.

[2] Lee S J, Kim J C, Kim M J, et al. Transglycosylation of naringin by *Bacillus stearothermophilusmaltogenic* amylase to give glycosylated naringin. J Agric Food Chem, 1999, 47(9): 3669-3674.

[3] WHO. Environmental Health Criteria 39: Paraquat and Diquat (1984). http://www.inchem.org/pages/ehc.html [2015-05-26].

[4] PPDB: Pesticide Properties DataBase. http://sitem.herts.ac.uk/aeru/ppdb/en/Reports/505.htm [2016-05-08].

[5] Cheah U B, Kirkwood R C, Lum K Y. Degradation of four commonly used pesticides in Malaysian agricultural soils. J Agric Food Chem, 1998, 46(3): 1217-1223.

[6] USEPA. Reregistration Eligibility Decisions (REDs) Database on Paraquat Dichloride (1910-42-5).

EPA 738-F-96-018. http://www.epa.gov/pesticides/reregistration/status.htm [2015-05-26].

[7] Calderbank A, Slade P. Diquat and paraquat//Kearney P C, Kaufman D D. Herbicides. Vol. 2. New York: Marcel Dekker Inc, 1976: 501-540.

[8] Funderburk H H, Bozarth G A. Review of the metabolism and decompostion of diquat and paraquat. J Agric Food Chem, 1967, 15: 563-567.

[9] Cope O B. Contamination of the freshwater ecosystem by pesticides. J Appl Ecol, 1966, 3: 33-44.

[10] Franke C, Studinger G, Berger G, et al. The assessment of bioaccumulation. Chemosphere, 1994, 29(7): 1501-1514.

[11] Foster S S D, Chilton P J, Stuart M E. Mechanisms of groundwater pollution by pesticides. J Inst Water Environ Manage, 1991, 5(2): 186-193.

[12] Reinbold K A. Adsorption of Energy-related Organic Pollutants: A Literature Review. Athens: Environmental Research Laboratory, Office of Research and Development, 1979.

[13] Wauchope R D, Buttler T M, Hornsby A G, et al. The SCS/ARS/CES pesticide properties database for environmental decision-making. Rev Environ Contam Toxicol, 1992, 123(6): 1-155.

[14] Webb R M, Wieczorek M E, Nolan B T, et al. Variations in pesticide leaching related to land use, pesticide properties, and unsaturated zone thickness. J Environ Qual, 2008, 37(3): 1145-1157.

[15] USDA, Agricultural Research Service. ARS Pesticide Properties Database. Paraquat dichloride (1910-42-5). http://www.usda.gov/wps/portal/usda/usdahome [2015-05-26].

[16] TOXNET (Toxicology Data Network). https://toxnet.nlm.nih.gov/cgi-bin/sis/search2/f?./temp/~qTpahS:1 [2016-05-08].

[17] Cory-Slechta D A. Studying toxicants as single chemicals: Does this strategy adequately identify neurotoxic risk? Neurotoxicology, 2005, 26(4): 491-510.

[18] Cory-Slechta D A, Thiruchelvam M, Barlow B K, et al. Developmental pesticide models of the parkinson disease phenotype. Environ Health Perspect, 2005, 113(9): 1263-1270.

[19] Fredriksson A, Fredriksson M, Eriksson P. Neonatal exposure to paraquat or MPTP induces permanent changes in striatum dopamine and behavior in adult mice. Toxicol Appl Pharmacol, 1993, 122(2): 258-264.

[20] 权伍荣, 郭环宇, 任大勇, 等. 除草剂百草枯对大鼠及胎儿的毒性研究. 食品科学, 2007, 28(10): 510-513.

[21] 唐超智, 张玉玲, 王文晟. 百草枯对人肝 HepG2 细胞的致突变性. 湖北农业科学, 2016, 55(4): 896-900.

[22] PAN Pesticides Database—Chemicals. http://www.pesticideinfo.org/Detail_Chemical.jsp?Rec_Id = PC44444[2016-05-08].

苯胺灵(propham)

【基本信息】

化学名称：苯胺甲酸乙丙酯

其他名称：苯基氨基甲酸-1-甲基乙基酯、N-苯基氨基甲酸异丙酯

CAS 号：122-42-9

分子式：$C_{10}H_{13}NO_2$

相对分子质量：179.22

SMILES：O=C(OC(C)C)Nc1ccccc1

类别：氨基甲酸酯类除草剂

结构式：

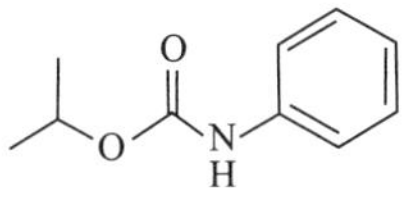

【理化性质】

无色晶体，密度 1.09mg/L，熔点 87.3℃，加热时升华，饱和蒸气压 1999.5mPa(25℃)。水溶解度(20℃)为 250mg/L，可溶于大多数有机溶剂。辛醇/水分配系数 $\lg K_{ow}$=2.6(pH=7, 20℃)。

【环境行为】

(1)环境生物降解性

好氧：未经苯胺灵预处理的土壤中施以苯胺灵后，苯胺灵在 60d 内降解率为 20%；提前预处理的土壤中降解率为 70%，微生物降解是土壤环境中苯胺灵的重要归趋过程[1]。土壤微生物很容易降解苯胺灵生成苯胺，进一步通过酶催化水解生成 CO_2[2]。实验室条件下，土壤中降解半衰期为 11d(20℃)[3]。

厌氧：在厌氧微生物存在的条件下稳定[4]。

(2)环境非生物降解性

至少可以通过两种途径发生光解[5]。pH 为 7 时水中光解半衰期为 32d[3]。在

通常环境条件下不水解[6]，水解半衰期大于 1000d(20℃, pH=7)[3]。

(3)环境生物蓄积性

BCF 估测值为 20，生物蓄积性弱[7]。

(4)土壤吸附/移动性

吸附系数 K_{oc} 值为 51~98，在土壤中具有中等至强移动性[3, 8, 9]。

【生态毒理学】

鸟类(绿头鸭)急性 LD_{50} ＞2000mg/kg，鱼类(蓝鳃太阳鱼)96h LC_{50}=32mg/L，溞类(大型溞)48h EC_{50}=23mg/L，藻类 72h EC_{50}=26mg/L、96h NOEC=0.32mg/L，蜜蜂接触 48h LD_{50}=16μg/蜜蜂[3]。

【毒理学】

(1)一般毒性

大鼠急性经口 LD_{50}＞5000mg/kg，小鼠急性经皮 LD_{50}＞3000mg/kg bw，大鼠短期膳食暴露 NOAEL=10000mg/kg[3]。

(2)神经毒性

无信息。

(3)生殖发育毒性

Wistar 大鼠两代繁殖试验，膳食暴露剂量分别为 0mg/kg、200mg/kg、1000mg/kg、5000mg/kg，等效于 0mg/(kg bw·d)、20mg/(kg bw·d)、80mg/(kg bw·d)、100mg/(kg bw·d)的 F0 代染毒浓度和 0mg/(kg bw·d)、20mg/(kg bw·d)、100mg/(kg bw·d)、550mg/(kg bw·d)的 F1 代染毒浓度。结果显示，在最高浓度组，未见外观、行为、生育率、受精率、孕周期、存活率、性别比例等发生变化，未见畸形[3]。

(4)致癌性与致突变性

姐妹染色单体交换试验(未代谢活化)和 Ames 试验(未代谢活化和代谢活化)结果均为阴性[10]。

【人类健康效应】

IARC 致癌性分类为 3 类[3]。具有皮肤刺激性，但并不是皮肤致敏剂[11]。中等症状包括：过度流涎、出汗、流涕、肌肉抽搐、无力、震颤、共济失调、头痛、恶心、呕吐、腹泻、腹部痛性痉挛、呼吸抑制、胸闷、喘息、排痰性咳嗽、肺积液、瞳孔缩小，有时伴有模糊或暗视。严重时出现尿失禁、癫痫发作、意识丧失及胆碱酯酶(ChE)活性抑制等[12]。

【危害分类与管制情况】

序号	毒性指标	PPDB 分类	PAN 分类[12]
1	高毒	否	否
2	致癌性	可能	未分类
3	内分泌干扰性	—	无有效证据
4	生殖发育毒性	—	无有效证据
5	胆碱酯酶抑制性	疑似	是
6	神经毒性	疑似	—
7	国际公约或优控名录	列入 PAN 名录	

注：PPDB 数据库由英国赫特福德郡大学农业与环境研究所开发；PAN 数据库来自北美农药行动网(PANNA)；"—"表示无此项。

【限值标准】

美国国家饮用水标准与健康基准规定：最大污染限值(MCL)为 0mg/L，参考剂量(RfD)为 20.0μg/(kg • d)[11]。

参 考 文 献

[1] Robertson B K, Alexander M. Growth-linked and cometabolic biodegradation: Possible reason for occurrence of absence of accelerated pesticide biodegradation. Pestic Sci, 1994, 41(4): 311-318.

[2] Beste C E. Herbicide Handbook of the Weed Science Society of America. 4th ed. Champaign: Weed Science Society of America, 1979.

[3] PPDB: Pesticide Properties DataBase. http://sitem.herts.ac.uk/aeru/ppdb/en/Reports/550.htm [2016-05-13].

[4] TOXNET (Toxicology Data Network). https://toxnet.nlm.nih.gov/cgi-bin/sis/search2/f?./temp/~ACDDz6:1 [2016-05-13].

[5] Kirk-Othmer R E. Encyclopedia of Chemical Technology. 3rd ed. Vol. 1-26. New York: John Wiley and Sons, 1983, 21: 263-294.

[6] Wolfe N L, Zepp R G, Paris D F. Use of structure-reactivity relationships to estimate hydrolytic persistence of carbamate pesticides. Water Res, 1978, 12(8): 561-563.

[7] Meylan W M, Howard P H, Boethling R S, et al. Improved method for estimating

bioconcentration/bioaccumulation factor from octanol/water partition coefficient. Environ Toxicol Chem, 1999, 18(4): 664-672.

[8] Kenaga E E. Predicted bioconcentration factors and soil sorption coefficients of pesticides and other chemicals. Ecotoxicol Environ Saf, 1980, 4(1): 26-38.

[9] Sabljić A, Güsten H, Verhaar H, et al. QSAR modelling of soil sorption—Improvements and systematics of $\log K_{OC}$, vs. $\log K_{OW}$, correlations. Chemosphere, 1995, 31(11): 4489-4514.

[10] FAO/WHO. JMPR Pesticide residues in food. Part II. Toxicology—Propham (1992). http://www.inchem.org/documents/jmpr/jmpmono/v92pr17.htm [2006-02-01].

[11] Gosselin R E, Smith R P, Hodge H C. Clinical Toxicology of Commercial Products. 5th ed. Baltimore: Williams and Wilkins, 1984.

[12] PAN Pesticide Database—Chemicals. http://www.pesticideinfo.org/Detail_Chemical.jsp?Rec_Id= PC33008[2016-05-13].

苯磺隆(tribenuron-methyl)

【基本信息】

化学名称：2-[N-(4-甲氧基-6-甲基-1,3,5-三嗪-2-基)-N-甲基氨基甲酰胺基磺酰基]苯甲酸甲酯

其他名称：麦磺隆

CAS 号：101200-48-0

分子式：$C_{15}H_{17}N_5O_6S$

相对分子质量：395.39

SMILES： CC1=NC(=NC(=N1)OC)N(C)C(=O)NS(=O)(=O)C2=CC=CC=C2C(=O)OC

类别：磺酰脲类除草剂

结构式：

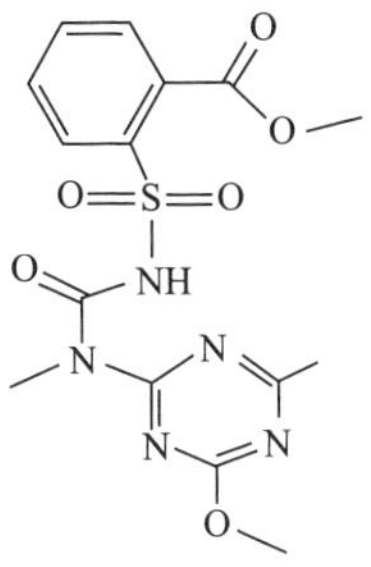

【理化性质】

白色固体，密度 1.46g/mL，熔点 142℃，沸腾前分解，饱和蒸气压 $5.3×10^{-5}$mPa（25℃）。水溶解度(20℃)为 2483mg/L。有机溶剂溶解度(20℃)：二氯甲烷，250000mg/L；丙酮，39100mg/L；正庚烷，20800mg/L；乙酸乙酯，16300mg/L。辛醇/水分配系数 $\lg K_{ow}$= 0.78。

【环境行为】

(1)环境生物降解性

好氧条件下，土壤中降解半衰期为 9.4d[1]。另有研究，土壤中降解半衰期小于 3 周，磺酰脲类除草剂半衰期为 5~140d[2]。

(2)环境非生物降解性

常温(20℃)、pH 为 5 和 7 时，水解半衰期分别为 1d 和 16d；pH 为 9 时，保持稳定[3]。pH 为 7 时，水中苯磺隆对光稳定[1]。

(3)环境生物蓄积性

基于 K_{ow} 的 BCF 估测值为 0.08，提示生物富集性弱[3]。

(4)土壤吸附/移动性

吸附系数 K_{oc} 为 35[1]、63[3]，提示土壤中移动性强[4]。

【生态毒理学】

鸟类(山齿鹑)急性 LD_{50} > 2250mg/kg、鸟类(绿头鸭)短期摄食 LD_{50} > 974mg/(kg bw·d)，鱼类(虹鳟)96h LC_{50}=738mg/L，21d NOEC=560mg/L，溞类(大型溞)48h EC_{50}=894mg/L，21d NOEC=120mg/L，藻类(月牙藻)72h EC_{50}= 0.11mg/L、藻类 96h NOEC= 0.25mg/L，蜜蜂经口 48h LD_{50} > 9.1μg/蜜蜂，蚯蚓(赤子爱胜蚓)14d LC_{50} > 1000mg/L[1]。

【毒理学】

(1)一般毒性

大鼠急性经口 LD_{50} > 5000mg/kg，大鼠急性经皮 LD_{50} > 5000mg/kg bw，大鼠急性吸入 4h LC_{50}=6.0mg/L[1]。

(2)神经毒性

无信息。

(3)生殖发育毒性

高剂量(562mg/kg)苯磺隆对动物体重有一定影响，高剂量导致附睾质量显著低于对照组，差异有统计学意义；附睾质量随剂量增加有降低趋势，与剂量呈负相关关系；精子畸变试验未见有致突变作用，提示苯磺隆对附睾发育有一定的影响，对精子形成无显著性影响[5]。

基于孕兔食物消耗量下降与流产次数增加的 NOAEL=20mg/(kg·d)、

LOAEL=80mg/(kg•d)。基于孕兔体重下降(10%)的 NOAEL=20mg/(kg•d)、LOAEL=80mg/(kg•d)。80mg/(kg•d)受试组多次流产个体数增加,但未见致畸性[6]。

(4)致癌性与致突变性

Ames 试验:采用鼠伤寒沙门氏菌组氨酸缺陷型突变菌株 TA97、TA98、TA100、TA102,设置 5000μg/皿、1000μg/皿、200μg/皿、40μg/皿 4 个剂量组,采用掺入法,加 S9 或不加 S9 进行试验,未见有致突变作用[7]。

骨髓微核试验:NIH 小白鼠 50 只,体重为 25~28g,随机分成 5 组,每组 10 只,雌雄各半,设阴性对照组(蒸馏水)、阳性对照组[环磷酰胺(CP)40mg/kg 腹腔注射]及 3 个试验剂量组(56.2mg/kg、28.1mg/kg、14.1mg/kg),试验动物连续灌胃两次,间隔 24h,末次给药后 24h 以颈椎脱臼法处死,取出股骨,常规制骨髓涂片,用吉姆萨(Giemsa)染料染色镜检,未见有致突变作用[7]。

【人类健康效应】

致癌性分类为 C 类(可能的人类致癌物)[1],为可能的肝脾毒物[1]。除非大量摄入,一般不会出现全身中毒。急性暴露刺激眼、皮肤、黏膜,可引起咳嗽、气促、恶心、呕吐、腹泻、头痛、电解质紊乱等症状。慢性暴露可致蛋白质代谢受干扰、中度肺气肿及体重减轻(同其他脲类除草剂)[8]。重复或长期接触可致皮肤过敏[6]。

【危害分类与管制情况】

序号	毒性指标	PPDB 分类	PAN 分类[8]
1	高毒	否	否
2	致癌性	可能	可能(C 类,USEPA)
3	内分泌干扰性	可能	无有效证据
4	生殖发育毒性	可能	无有效证据
5	胆碱酯酶抑制性	否	否
6	神经毒性	否	—
7	呼吸道刺激性	是	—
8	皮肤刺激性	是	—
9	眼刺激性	是	—
10	国际公约或优控名录	无	

注:PPDB 数据库由英国赫特福德郡大学农业与环境研究所开发;PAN 数据库来自北美农药行动网(PANNA);"—"表示无此项。

【限值标准】

每日允许摄入量(ADI)为 0.01mg/(kg bw·d),急性参考剂量(ARfD)为 0.2mg/(kg bw·d),操作者允许接触水平(AOEL)为 0.07mg/(kg bw·d)[1]。

参 考 文 献

[1] PPDB: Pesticide Properties DataBase. http://sitem.herts.ac.uk/aeru/ppdb/en/Reports/397.htm [2016-08-12].

[2] Barrett M R. The environmental impact of pesticides degradates in ground water. ACS Symp, 1996, 630: 200-225.

[3] Tomlin C D S. The e-Pesticide Manual. 13th ed. PC CD-ROM, Ver. 3.0, 2003-04. Surrey: British Crop Protection Council, 2003.

[4] Swann R L, Laskowski D A,Mccall P J, et al. A rapid method for the estimation of the environmental parameters octanol/water partition coefficient, soil sorption constant, water to airratio, and water solubility. Res Rev, 1983, 85: 17-28.

[5] 李春阳, 陈小玉, 许东, 等. 苯磺隆对大鼠生殖细胞毒性试验研究. 河南科技大学学报(医学版), 2004, 22(3): 161-162.

[6] IPCS, CEC. International Chemical Safety Card on Tribenuron-methyl. http://www.inchem.org/documents/icsc/icsc/eics1359.htm [2005-09-28].

[7] 李春阳, 陈小玉, 许东, 等. 除草剂苯磺隆安全性初步评价. 河南科技大学学报(医学版), 2005, 23(1): 11-12.

[8] PAN Pesticides Database—Chemicals. http://www.pesticideinfo.org/Detail_Chemical. jsp?Rec_Id = PC35730 [2016-08-12].

苯嗪草酮(metamitron)

【基本信息】

化学名称：3-甲基-4-氨基-6-苯基-4,5-二氢-1,2,4-三嗪-5-酮
其他名称：苯嗪草、苯甲嗪
CAS 号：41394-05-2
分子式：$C_{10}H_{10}N_4O$
相对分子质量：202.21
SMILES：O=C2N(/C(=N\N=C2\c1ccccc1)C)N
类别：三唑酮除草剂
结构式：

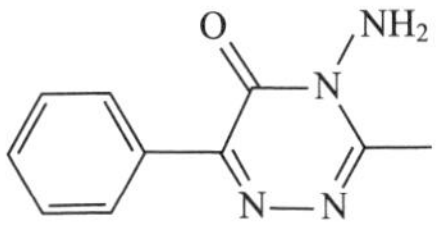

【理化性质】

淡黄色至白色晶状固体,密度 1.35g/mL,熔点 166.6℃,饱和蒸气压 $7.44×10^{-4}$mPa (25℃)。水溶解度(20℃)为 1770mg/L。有机溶剂溶解度(20℃)：丙酮,37000mg/L；乙酸乙酯,20000mg/L；二甲苯,2000mg/L；二氯甲烷,33000mg/L；辛醇/水分配系数 lg K_{ow}=0.85，亨利常数为 $8.95×10^{-8}$ Pa・m³/mol(25℃)。

【环境行为】

(1)环境生物降解性

好氧条件下，土壤中降解半衰期为 19d(20℃,实验室)、11.1d(田间)。水-沉积物中快速降解，半衰期为 11.1d[1]。

(2)环境非生物降解性

20℃、pH 为 7、5 和 9 时，水解半衰期分别为 480d、353.2d 和 8.5d[1]。对光不稳定，50℃、pH 为 7、自然光条件下，河水中半衰期为 1.45h、纯水中为 0.5h。

(3)环境生物蓄积性

BCF 估测值为 75，提示生物富集性弱[1]。

(4)土壤吸附/移动性

吸附系数 K_{oc} 值为 77.7，提示土壤中移动性中等[1]。

【生态毒理学】

鸟类(鹌鹑)急性 $LD_{50}=1302mg/kg$、鸟类(山齿鹑)短期摄食 $LD_{50}>904mg/(kg$ $bw \cdot d)$，鱼类(虹鳟)$96h$ $LC_{50} \geqslant 190mg/L$，$21d$ $NOEC=7.0mg/L$，溞类(大型溞)$48h$ $EC_{50}=5.7mg/L$、$21d$ $NOEC=10mg/L$，藻类(月牙藻)$72h$ $EC_{50}=0.4mg/L$、$96h$ $NOEC=0.1mg/L$，蜜蜂接触 $48h$ $LD_{50}>100\mu g/$蜜蜂、经口 $48h$ $LD_{50}>97.2\mu g/$蜜蜂。蚯蚓(赤子爱胜蚓)$14d$ $LC_{50}=914mg/kg$、慢性 $14d$ $NOEC=28.0mg/kg$[1]。

【毒理学】

(1)一般毒性

大鼠急性经口 $LD_{50}=1183mg/kg$，大鼠急性经皮 $LD_{50}>5000mg/kg$ bw，大鼠急性吸入 $LC_{50}>3.17mg/L$，大鼠短期膳食暴露 $NOAEL>56mg/kg$[2]。

(2)神经毒性

无信息。

(3)生殖发育毒性

无信息。

(4)致癌性与致突变性

Ames 试验、小鼠骨髓细胞微核试验和小鼠睾丸精母细胞染色体畸变试验结果均为阴性。

【人类健康效应】

吸入与经口摄入有害[1]。

【危害分类与管制情况】

序号	毒性指标	PPDB 分类	PAN 分类[2]
1	高毒	否	否
2	致癌性	否	无有效证据
3	内分泌干扰性	无数据	无有效证据

续表

序号	毒性指标	PPDB 分类	PAN 分类[2]
4	生殖发育毒性	可能	无有效证据
5	胆碱酯酶抑制性	否	否
6	神经毒性	可能	无数据
7	呼吸道刺激性	否	无数据
8	皮肤刺激性	否	无数据
9	眼刺激性	否	无数据
10	国际公约或优控名录	无	

注：PPDB 数据库由英国赫特福德郡大学农业与环境研究所开发；PAN 数据库来自北美农药行动网(PANNA)。

【限值标准】

每日允许摄入量(ADI)为 0.03mg/(kg bw·d)，急性参考剂量(ARfD)为 0.1mg/(kg bw·d)，操作者允许接触水平(AOEL)为 0.036mg/(kg bw·d)[1]。

参 考 文 献

[1] PPDB: Pesticide Properties DataBase. http://sitem.herts.ac.uk/aeru/ppdb/en/Reports/112.htm [2016-08-12].

[2] PAN Pesticide Database—Chemicals. http://www.pesticideinfo.org/Detail_Chemical.jsp?Rec_Id= PC34603[2016-08-12].

吡草胺(metazachlor)

【基本信息】

化学名称：2-氯-*N*-(吡唑-1-基甲基)-乙酰-2′,6′-二甲苯胺

其他名称：吡唑草胺

CAS 号：67129-08-2

分子式：$C_{14}H_{16}ClN_3O$

相对分子质量：277.75

SMILES：O=C(N(c1c(cccc1C)C)Cn2nccc2)CCl

类别：乙酰苯胺类除草剂

结构式：

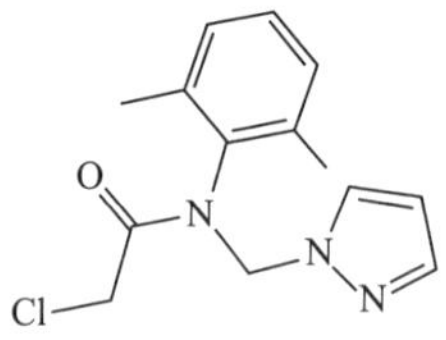

【理化性质】

无色晶体，密度 1.31g/mL，熔点 80℃，饱和蒸气压 0.093mPa(25℃)。水溶解度(20℃)为 450mg/L。有机溶剂溶解度(20℃)：正己烷，5000mg/L；丙酮，250000mg/L；甲苯，265000mg/L；二氯甲烷，250000mg/L。辛醇/水分配系数 lg K_{ow}=2.49。

【环境行为】

(1)环境生物降解性

好氧条件下，土壤中降解半衰期为 10.8d(20℃，实验室)、6.8d(田间)。水-沉积物中降解半衰期为 20.6d，水相中稳定，降解半衰期为 216d[1]。

(2)环境非生物降解性

20℃、pH 为 4、7 和 9 时，在水中稳定。对光稳定[1]。

(3)环境生物蓄积性

BCF 值低($\lg K_{ow} < 3$)，生物富集性弱[1]。

(4)土壤吸附/移动性

吸附系数 K_{oc} 为 54，土壤中移动性强[1]。

【生态毒理学】

鸟类(山齿鹑)急性 $LD_{50} = 2000mg/kg$，鱼类(鲤鱼)96h $LC_{50} = 8.5mg/L$、21d $NOEC = 2.15mg/L$，溞类(大型溞)48h $EC_{50} = 33mg/L$、21d $NOEC = 0.1mg/L$，藻类(月牙藻)72h $EC_{50} = 0.0162mg/L$、藻类 96h $NOEC = 0.34mg/L$。蜜蜂接触 48h $LD_{50} > 100\mu g$/蜜蜂、经口 48h $LD_{50} = 72.2 \mu g$/蜜蜂，蚯蚓(赤子爱胜蚓)14d $LC_{50} = 500mg/kg$[1]。

【毒理学】

(1)一般毒性

大鼠急性经口 $LD_{50} = 3480mg/kg$，大鼠经皮 $LD_{50} > 2000mg/kg$ bw，大鼠吸入 $LC_{50} = 34.5mg/L$[1]。

(2)神经毒性

无信息。

(3)生殖发育毒性

无信息。

(4)致癌性与致突变性

无致癌、致畸和致突变作用。

【人类健康效应】

可能的肝脏毒物[1]。

【危害分类与管制情况】

序号	毒性指标	PPDB 分类	PAN 分类[2]
1	高毒	否	否
2	致癌性	否	无有效证据
3	内分泌干扰性	—	无有效证据
4	生殖发育毒性	疑似	无有效证据
5	胆碱酯酶抑制性	否	否

续表

序号	毒性指标	PPDB 分类	PAN 分类[2]
6	神经毒性	否	无数据
7	呼吸道刺激性	是	无数据
8	皮肤刺激性	是	无数据
9	眼刺激性	是	无数据
10	国际公约或优控名录	无	

注:PPDB 数据库由英国赫特福德郡大学农业与环境研究所开发;PAN 数据库来自北美农药行动网(PANNA);
"—"表示无此项。

【限值标准】

每日允许摄入量(ADI)为 0.08mg/(kg bw·d),急性参考剂量(ARfD)为 0.5mg/(kg bw·d),操作者允许接触水平(AOEL)为 0.2mg/(kg bw·d)[1]。

参 考 文 献

[1] PPDB: Pesticide Properties DataBase. http://sitem.herts.ac.uk/aeru/ppdb/en/Reports/518.htm [2016-08-13].

[2] PAN Pesticides Database — Chemicals. http://www. pesticideinfo.org/Detail_Chemicals.jsp? Rec_Id=PC44444 [2016-08-13].

吡草醚(pyraflufen-ethyl)

【基本信息】

化学名称：2-氯-5-(4-氯-5-二氟甲氧基-1-甲基吡唑-3-基)-4-氟苯氧基乙酸乙酯

其他名称：速草灵、丹妙药、吡氟苯草酯

CAS 号：129630-19-9

分子式：$C_{15}H_{13}Cl_2F_3N_2O_4$

相对分子质量：413.18

SMILES：FC(F)Oc1c(Cl)c(nn1C)c2cc(OCC(=O)OCC)c(Cl)cc2F

类别：苯基吡唑类除草剂

结构式：

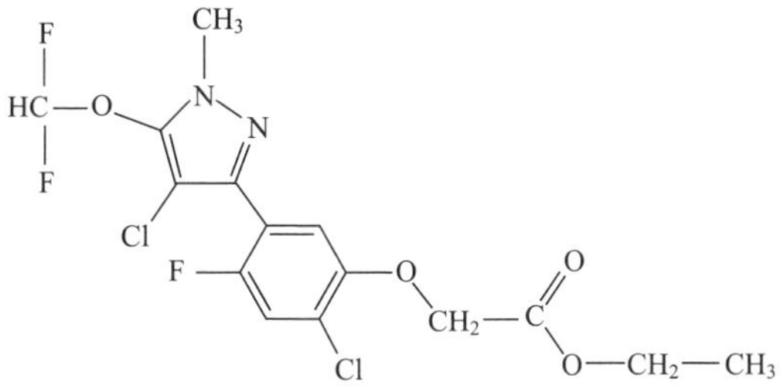

【理化性质】

白色固体，密度 1.57g/mL，熔点 126.8℃，沸腾前分解，饱和蒸气压 4.30×10^{-6} mPa（25℃）。水溶解度(20℃)为 0.082mg/L，溶于正庚烷、甲醇、丙酮和乙酸乙酯。辛醇/水分配系数 $\lg K_{ow} = 3.49$。

【环境行为】

(1)环境生物降解性

好氧条件下，土壤中降解半衰期为 0.32d(实验室)、1.2d(田间)[1]。

(2)环境非生物降解性

大气中直接光解[2]，半衰期为 30d[3]。pH 为 4 时，水解半衰期为 13d，pH 为

9 时可快速水解。

(3)环境生物蓄积性

BCF 预测值为 97,提示生物蓄积性中等[3]。

(4)土壤吸附/移动性

吸附系数 K_{oc} 预测值为 1900[3],提示土壤中移动性弱[4]。

(5)水/土壤中的挥发性

亨利常数为 7.9×10^{-10} atm① · m^3/mol,在水体表面不易挥发[3]。

【生态毒理学】

鸟类(山齿鹑)急性 $LD_{50} > 2000$mg/kg、短期摄食 $LC_{50} > 5000$mg/kg;鱼类(虹鳟)96h $LC_{50} > 0.100$mg/L、鱼类(黑头呆鱼)21d NOEC=10mg/L,溞类(大型溞)48h $EC_{50} > 0.100$mg/L、21d NOEC=100mg/L,藻类(月牙藻)72h EC_{50}=0.00023mg/L,蜜蜂接触 48h $LD_{50} > 100$μg/蜜蜂、经口 48h $LD_{50} > 223$μg/蜜蜂,蚯蚓(赤子爱胜蚓)14d $LC_{50} > 1000$mg/kg[1]。

【毒理学】

(1)一般毒性

大鼠急性经口 $LD_{50} > 5000$mg/kg,大鼠急性经皮 $LD_{50} > 2000$mg/kg bw,大鼠急性吸入 LC_{50} =5.03mg/L[1]。

(2)神经毒性

将初重为 40~50g 的 SPF 级 SD 大鼠随机分成对照、低、中和高剂量组,160只/组,雌雄各半。各组动物分别给予含有不同浓度吡草醚原药的饲料(0mg/kg、80mg/kg、400mg/kg、2000mg/kg),染毒期间不限制摄食饮水,暴露 104 周。结果显示,雌、雄鼠中、高剂量组 1~104 周的体重、增重、食物利用率与对照组比较,在不同阶段均有不同程度降低,差异有显著性;中、高剂量受试物可导致大鼠血液中尿素氮(BUN)水平升高及胆碱酯酶水平下降,肾脏器系数升高,与对照组比较差异有显著性[5]。

(3)生殖发育毒性

选用大鼠按雄、雌 2∶1 比例同笼交配,次日清晨阴道涂片检查雌鼠,发现精子即确定为受孕第 0 天,设低、中、高三个剂量组[18.56mg/(kg · d)、92.80mg/(kg · d)、464.00mg/(kg · d)]、一个阴性对照组和一个阳性对照组。在

---

① 1atm=1.01325×10⁵Pa。

雌鼠受孕第 6~15 天灌胃给予受试物，连续共 10 天，在妊娠第 19.5 天，处死孕鼠检查胚胎发育情况。高剂量组和阳性对照组大鼠孕期体重增重值降低，差异有显著性($P<0.05$)；中、高剂量组和阳性对照组大鼠吸收胎率与阴性对照组比较差异有显著性($P<0.05$)；中、高剂量组和阳性对照组胎鼠质量与阴性对照组比较，差异有显著性($P<0.01$)；阳性对照组胎鼠外观畸形明显，与阴性对照组比较差异有显著性($P<0.01$)；各剂量组胎鼠外观畸形与阴性对照组比较，差异均无显著性($P>0.05$)；中、高剂量组和阳性对照组胎鼠骨骼及内脏畸形例数明显增多，差异有显著性($P<0.01$)。实验结果表明，吡草醚原药中、高剂量组可明显影响雌鼠体重增长及其胚胎的发育[6]。

(4)致癌性与致突变性

大鼠两年致癌性试验，分别于染毒后 26 周、52 周、78 周、104 周分 4 批解剖，有效试验大鼠总数为 472 只(雄性 238 只，雌性 234 只)，雌性大鼠对照组和低、中、高剂量组(0mg/kg、80mg/kg、400mg/kg、2000mg/kg)肿瘤发生率分别为 58.6%、50.8%、49.1%、53.3%；雄性大鼠对照组和低、中、高剂量组肿瘤发生率分别为 33.3%、36.7%、39.0%、35.6%，高、中、低剂量组与对照组之间雌、雄大鼠肿瘤发生率未见显著性差异。333 只大鼠中，发生肿瘤的数量为：雄性 86 只(25.8%)，雌性 124 只(37.2%)，雄雌比为 1:1.4，雌性大鼠自发性肿瘤数量明显多于雄性。在致癌性试验中，各组各类肿瘤均属于老龄化动物常见自发性肿瘤，肿瘤发生率统计学上无显著性差异，也未出现罕见肿瘤类别，而且出现的各类肿瘤的发生率都在 SD 大鼠自发性肿瘤背景范围之内；试验中出现的肿瘤绝大部分在 78 周以上，该受试物对肿瘤的潜伏期没有影响；对多发性肿瘤的发生各组之间没有差异，吡草醚原药在此试验条件下未促进 SD 大鼠致癌作用[7]。

【人类健康效应】

可能的肾脏、肝脏和血液毒物[1]，可能具有致癌性[8]。具有腐蚀性，可致眼部损伤[9]。

【危害分类与管制情况】

序号	毒性指标	PPDB 分类	PAN 分类[10]
1	高毒	是	是
2	致癌性	可能	可能(USEPA)
3	致突变性	否	—
4	内分泌干扰性	无数据	无有效证据

续表

序号	毒性指标	PPDB 分类	PAN 分类[10]
5	生殖发育毒性	是	无有效证据
6	胆碱酯酶抑制性	否	否
7	神经毒性	无数据	—
8	呼吸道刺激性	否	—
9	皮肤刺激性	否	—
10	眼刺激性	否	—
11	国际公约或优控名录	列入 PAN 名录	

注：PPDB 数据库由英国赫特福德郡大学农业与环境研究所开发；PAN 数据库来自北美农药行动网（PANNA）；"—"表示无此项。

【限值标准】

每日允许摄入量（ADI）为 0.2mg/（kg bw·d），急性参考剂量（ARfD）为 0.2mg/（kg bw·d），操作者允许接触水平（AOEL）为 0.112mg/（kg bw·d）[1]。

参 考 文 献

[1] PPDB: Pesticide Properties DataBase. http://sitem.herts.ac.uk/aeru/ppdb/en/Reports/226.htm [2016-08-13].

[2] Lyman W J, Reehl W J, Roseblatt D H. Handbook of Chemical Property Estimation methods. Washington DC: American Chemical Society, 1990: 1-29.

[3] Tomlin C D S. The e-Pesticide Manual. 13th ed. Ver. 3. 1. Surrey: British Grop Protection Council, 2004.

[4] Swann R L, Laskowski D A, Mccall P J, et al. A rapid method for the estimation of theenvironmental parameters octanol/water partition coefficient, soil sorption constant, water to airratio, and water solubility. Res Rev, 1983, 85: 17-28.

[5] 万力, 宋世震, 樊柏林, 等. 吡草醚原药对大鼠胚胎及胎仔发育的影响. 生态毒理学, 2014, 9（3）：512-515.

[6] 万力, 宋世震, 樊柏林, 等. 吡草醚原药对大鼠一般生长情况的影响及其慢性肾毒性研究. 生态毒理学, 2015, 10（3）：93-100.

[7] 裴兰洁, 郑艳华, 杨文祥, 等. 吡草醚原药大鼠慢性毒性与致癌试验病理观察. 中国比较医学杂志, 2013, 23（5）：41-45.

[8] USEPA Office of Pesticide Programs, Health Effects Division, Science Information Management Branch. Chemicals Evaluated for Carcinogenic Potential. 2006.

[9] Nichino America Inc. ET Herbicide/Defoliant Product Label. 2006.

[10] PAN Pesticides Database—Chemicals. http://www.pesticideinfo.org/Detail_Chemical. jsp?Rec_Id = PC33416 [2016-08-13].

吡氟禾草灵(fluazifop-P-butyl)

【基本信息】

化学名称：2-{4- [(5-三氟甲基-2-吡啶基)氧基]苯氧基}丙酸丁酯

其他名称：稳杀得、精吡氟禾草灵

CAS 号：79241-46-6

分子式：$C_{19}H_{20}F_3NO_4$

相对分子质量：383.36

SMILES：O=C(OCCCC)[C@H](Oc2ccc(Oc1ncc(cc1)C(F)(F)F)cc2)C

类别：芳氧苯氧羧酸酯类除草剂

结构式：

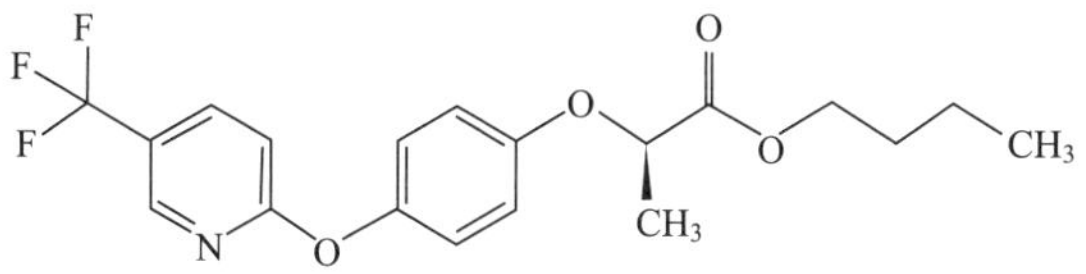

【理化性质】

稻草色液体，密度 1.22g/mL，熔点−46℃，沸腾前分解，饱和蒸气压 0.12mPa(25℃)。水溶解度(20℃)为 0.93mg/L，易溶于有机溶剂(二甲苯、丙酮、甲醇、甲苯)。辛醇/水分配系数 $\lg K_{ow}$=4.5(pH=7, 20℃)。

【环境行为】

(1)环境生物降解性

好氧条件下，土壤中降解半衰期为 0.3~3.3d(实验室)、2.1~38.0d(田间)[1]，厌氧条件下，土壤中降解半衰期为3.0d[2]。

(2)环境非生物降解性

pH 对水解作用有显著影响。在 20℃、pH 为 7 的条件下，水解半衰期为 78d；pH 为 5 时，保持稳定；在 25℃、pH 为 9 时，水解半衰期为 29h[1]。

(3) 环境生物蓄积性

鱼体 BCF 为 320，提示生物蓄积性为中等偏高[1]。

(4) 土壤吸附/移动性

吸附系数 K_{oc} 为 3394，提示在土壤中移动性弱[1]。

【生态毒理学】

鸟类(山齿鹑)急性 LD_{50}＞3960mg/kg，鱼类(虹鳟)96h LC_{50}＞1.41mg/L，溞类(大型溞)48h EC_{50}＞0.62mg/L，甲壳类(糠虾)96h LC_{50} =0.54mg/L，藻类(月牙藻)72h EC_{50}＞0.67mg/L，藻类 96h NOEC = 0.3mg/L，蜜蜂经口 48h LD_{50}＞200μg/蜜蜂、接触 48h LD_{50}＞200μg/蜜蜂，蚯蚓(赤子爱胜蚓)14d LC_{50}＞500mg/kg[1]。

【毒理学】

(1) 一般毒性

大鼠急性经口 LD_{50}= 2451mg/kg，大鼠急性经皮 LD_{50}＞2110mg/kg bw，大鼠急性吸入 LD_{50}＞5.2mg/L，大鼠短期膳食暴露 NOAEL＞100mg/kg[1]。

(2) 神经毒性

无信息。

(3) 生殖发育毒性

大鼠 90d 经口喂饲试验结果显示，雌鼠暴露于 30.25mg/(kg bw·d) 和 121mg/(kg bw·d) 剂量水平时，碱性磷酸酶(AKP)活性增高；雄鼠在 178mg/(kg bw·d) 剂量水平时，体重较对照组有明显减轻，肝/体、肾/体、脑/体比值明显增高。雄鼠在 44.5mg/(kg bw·d) 剂量水平时，出现体重增长减缓，肝/体、脑/体比值明显增高；低剂量水平[7.56mg/(kg bw·d)]时，雌鼠及雄鼠各项指标与其对照组相比，均未见明显差异或有临床意义的改变。病理学检查结果表明，吡氟禾草灵原药未引起 SD 大鼠各脏器病理性改变。吡氟禾草灵原药对雌、雄 SD 大鼠亚慢性(90d)经口毒性试验的最大无作用剂量分别为 6.8mg/(kg bw·d) 和 8.4mg/(kg bw·d)[3]。

(4) 致癌性与致突变性

骨髓微核试验、Ames 试验和小鼠睾丸精母细胞染色体畸变试验结果皆为阴性，提示吡氟禾草灵没有遗传毒性[3]。

【人类健康效应】

肾脏、脾脏和肝脏毒物，吸入或摄入有害。可致眼睛白内障[1]。

【危害分类与管制情况】

序号	毒性指标	PPDB 分类	PAN 分类[2]
1	高毒	否	否
2	致癌性	否	否
3	致突变性	否	—
4	内分泌干扰性	否	无有效证据
5	生殖发育毒性	可能	是
6	胆碱酯酶抑制性	无数据	否
7	神经毒性	否	—
8	地下水污染	—	无有效证据
9	国际公约或优控名录	列入 PAN 名录、美国加利福尼亚州(加州)65 种发育毒性物质名录	

注:PPDB 数据库由英国赫特福德郡大学农业与环境研究所开发;PAN 数据库来自北美农药行动网(PANNA);"—"表示无此项。

【限值标准】

每日允许摄入量(ADI)为 0.01mg/(kg bw·d),急性参考剂量(ARfD)为 0.017mg/(kg bw·d),操作者允许接触水平(AOEL)为 0.02mg/(kg bw·d)[1]。

参 考 文 献

[1] PPDB: Pesticide Properties DataBase.http://sitem.herts.ac.uk/aeru/ppdb/en/Reports/506.htm [2016-08-15].

[2] PAN Pesticides Database—Chemicals. http://www.pesticideinfo. org/Detail_Chemical.jsp?Rec_Id = PC35122 [2016-08-15].

[3] 马新群, 陆丹, 陈志莲, 等. 精吡氟禾草灵原药的毒性研究. 实用预防医学, 2013, 20(2): 232-234.

吡氟酰草胺(diflufenican)

【基本信息】

化学名称：2,4-二氯-2-(α,α,α-三氯氟间苯氧基)-3-吡啶酰苯胺

其他名称：吡氟草胺

CAS 号：83164-33-4

分子式：C$_{19}$H$_{11}$F$_5$N$_2$O$_2$

相对分子质量：394.29

SMILES：Fc1ccc(c(F)c1)NC(=O)c3cccnc3Oc2cccc(c2)C(F)(F)F

类别：甲酰胺类除草剂

结构式：

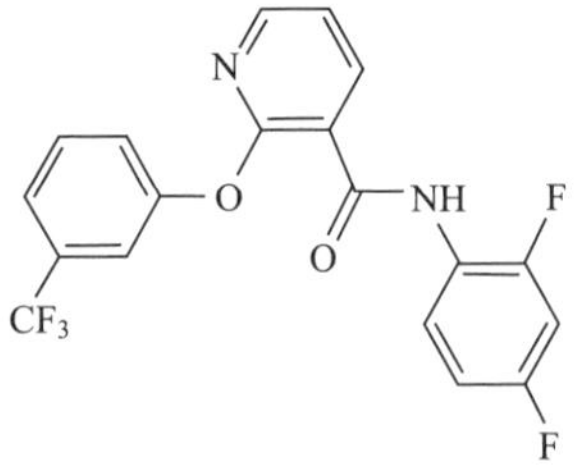

【理化性质】

无色晶体，密度 1.54g/mL，熔点 159.5℃，沸腾前分解，饱和蒸气压 4.25×10^{-3}mPa (25℃)。水溶解度(20℃)为 0.05mg/L。有机溶剂溶解度：甲醇，4700mg/L；乙酸乙酯，65300mg/L；丙酮，72200mg/L；二氯甲烷，114000mg/L。辛醇/水分配系数 lgK_{ow}= 4.2(pH=7, 20℃)。

【环境行为】

(1)环境生物降解性

好氧条件下，土壤中降解半衰期为 3~32d(实验室)、2~58d(田间)[1]。

(2)环境非生物降解性

常温、pH 为 5~9 时，30d 内不水解。pH 为 7 时，水中对光稳定[1]。

(3)环境生物蓄积性

BCF 值为 1276，提示生物蓄积性强[1]。

(4)土壤吸附/移动性

吸附系数 K_{oc} 为 3186，提示土壤中移动性弱[2]。

【生态毒理学】

鸟类(山齿鹑)急性 $LD_{50}>2150mg/kg$，鱼类(鲤鱼)96h $LC_{50}>0.099mg/L$、鱼类(虹鳟)21d NOEC $= 0.015mg/L$、溞类(大型溞)48h $EC_{50}>0.24mg/L$、21d NOEC $=0.052mg/L$，底栖类(摇蚊)28d NOEC$= 0.1mg/L$，浮萍 7d $EC_{50}=0.056mg/L$，甲壳类(糠虾)96h $LC_{50}=0.00011mg/L$，藻类(栅藻)72h $EC_{50}= 0.00025mg/L$、96h NOEC$=0.0001mg/L$，蜜蜂接触 48h $LD_{50}>100\mu g/$蜜蜂、经口 48h $LD_{50}>112.3\mu g/$蜜蜂，蚯蚓(赤子爱胜蚓)14d $LC_{50}>500mg/L$[1]。

【毒理学】

(1)一般毒性

大鼠急性经口 $LD_{50}>5000mg/kg$，大鼠急性经皮 $LD_{50}>2000mg/kg$ bw，大鼠急性吸入 $LC_{50}>5.12mg/L$[1]。

(2)神经毒性

无信息。

(3)生殖发育毒性

在连续染毒 90d 内，20mg/kg、100mg/kg、500mg/kg 剂量组大鼠的一般行为表现无异常，无死亡。与对照大鼠相比，中、高剂量组(100mg/kg 和 500mg/kg)大鼠体重增长及食物利用率明显降低($P<0.05$)；血清超氧化物歧化酶(SOD)和总抗氧化能力(T-AOC)水平下降，高剂量组(500mg/kg) SOD 水平下降显著($P<0.05$)，但谷胱甘肽水平未见变化；染毒大鼠睾丸的生精小管空泡化严重、管腔内精原细胞数量显著减少；低、高剂量组(20mg/kg 和 500mg/kg)睾丸组织中 Cleaved-caspases 3、C-PRAR、FAS 的表达显著增加；免疫组化也证实，低、高剂量组染毒大鼠生精小管中 Cleaved-caspases 3 阳性的细胞数量显著增加($P<0.05$)。结果提示，吡氟酰草胺可引起大鼠睾丸中的 T-AOC 下降，睾丸可能是该除草剂潜在的靶器官，氧化应激通路可能参与了吡氟酰草胺所致的雄性生殖毒性[3]。

(4)致癌性与致突变性

无致突变作用[1]。

【人类健康效应】

无信息。

【危害分类与管制情况】

序号	毒性指标	PPDB 分类	PAN 分类[2]
1	高毒	是	否
2	致癌性	否	无有效证据
3	内分泌干扰性	可能	无有效证据
4	生殖发育毒性	否	无有效证据
5	胆碱酯酶抑制性	是	否
6	神经毒性	否	—
7	国际公约或优控名录	无	

注:PPDB 数据库由英国赫特福德郡大学农业与环境研究所开发;PAN 数据库来自北美农药行动网(PANNA); "—"表示无此项。

【限值标准】

每日允许摄入量(ADI)为 0.2mg/(kg bw·d),操作者允许接触水平(AOEL)为 0.11mg/(kg bw·d)[1]。

参 考 文 献

[1] PPDB: Pesticide Properties DataBase. http://sitem.herts.ac.uk/aeru/ppdb/en/Reports/639.htm [2016-08-16].

[2] PAN Pesticides Database—Chemicals. http://www.pesticideinfo.org/Detail_Chemical. jsp?Rec_Id = PC37985 [2016-08-16].

[3] 顾军, 张展, 王超, 等. 吡氟酰草胺对大鼠睾丸的氧化损伤及机制研究. 现代生物医学进展, 2015, 15(22): 4205-4347.

吡嘧磺隆（pyrazosulfuron-ethyl）

【基本信息】

化学名称：5-(4,6-二甲氧基嘧啶基-2-氨基甲酰氨基磺酰)-1-甲基吡唑-4-羧酸乙酯

其他名称：无

CAS 号：93697-74-6

分子式：$C_{14}H_{18}N_6O_7S$

相对分子质量：414.39

SMILES：O=S(=O)(c1c(C(=O)OCC)cnn1C)NC(=O)Nc2nc(OC)cc(OC)n2

类别：磺酰脲类除草剂

结构式：

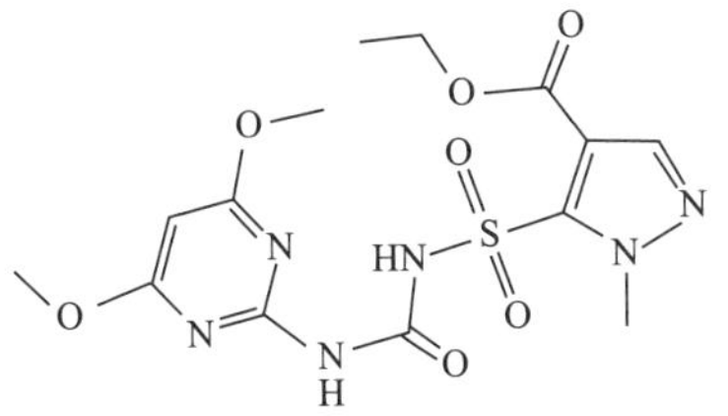

【理化性质】

灰白色晶体，密度 1.55g/mL，熔点 181.5℃，饱和蒸气压 0.0147mPa(25℃)。水溶解度(20℃)为 14.5mg/L。有机溶剂溶解度(20℃)：苯，15600mg/L；三氯甲烷，234400mg/L；正己烷，200mg/L；丙酮，31780mg/L。辛醇/水分配系数 $\lg K_{ow}$=3.16。

【环境行为】

(1)环境生物降解性

好氧条件下，土壤中降解半衰期为 10~28d[1]。从污染土壤中筛选出 5 组对吡嘧磺隆有降解活性的混合菌群，分别命名为 M3、M4、M6、M7 和 M8。当初始

浓度为 10.5mg/L 时，经过 7d 的培养，混合菌群 M4 和 M6 对吡嘧磺隆的降解率分别为 83% 和 91%，14d 后完全降解。混合菌群 M3、M7 和 M8 在 14d 内对吡嘧磺隆(10.5mg/L) 的降解率分别为 87%、87% 和 97%。5 种主要的代谢产物分别是 4,6-二甲氧基嘧啶-2-胺、(4,6-二甲氧基嘧啶-2-基) 脲、4-(乙酯基)-1-羟基-1*H*-吡唑-5-磺酰基甲酸、吡嘧磺酸、4-(乙酯基)-1-(甲氧甲基)-1*H*-吡唑-5-磺酰基甲酸。由此推测吡嘧磺隆可能的微生物代谢途径为磺酰脲桥断裂生成嘧啶胺、酰胺键和酯键断裂生成羧酸以及吡唑环的羟基化[2]。

(2) 环境非生物降解性

水溶液中光解快于水解。土培法中在室外放置 20d 后，对稗草的抑制率下降约一半（由 51.2% 降至 26.8%），40d 后基本不具有除草活性[3]。

(3) 环境生物蓄积性

无信息。

(4) 土壤吸附/移动性

吸附系数 K_{oc} 为 154，提示在土壤中移动性中等[1]。

【生态毒理学】

鸟类(山齿鹑)急性 LD_{50}= 2250mg/kg，鱼类(虹鳟) 96h LC_{50}=180mg/L，溞类(大型溞) 48h EC_{50}=700mg/L，藻类(栅藻) 72h EC_{50}=150mg/L，蜜蜂接触 48h LD_{50}= 100μg/蜜蜂，蚯蚓(赤子爱胜蚓) 14d LC_{50} =8000mg/kg[1]。

【毒理学】

(1) 一般毒性

大鼠急性经口 LD_{50}＞5000mg/kg，大鼠急性经皮 LD_{50}＞2000mg/kg bw，大鼠急性吸入 4h LC_{50}=3.9mg/L[1]。

(2) 神经毒性

无信息。

(3) 生殖发育毒性

无信息。

(4) 致癌性与致突变性

无信息。

【人类健康效应】

除大量摄入外，一般不会出现全身中毒。急性暴露刺激眼、皮肤、黏膜，可引起咳嗽、气促、恶心、呕吐、腹泻、头痛、电解质紊乱等症状。慢性暴露可致蛋白质代谢受干扰、中度肺气肿及体重减轻(同其他脲类除草剂)[4]。

【危害分类与管制情况】

序号	毒性指标	PPDB 分类	PAN 分类[4]
1	高毒	否	否
2	致癌性	无数据	无有效证据
3	内分泌干扰性	无数据	无有效证据
4	生殖发育毒性	无数据	无有效证据
5	胆碱酯酶抑制性	否	否
6	呼吸道刺激性	可能	—
7	皮肤刺激性	可能	—
8	眼刺激性	可能	—
9	国际公约或优控名录	无	

注:PPDB 数据库由英国赫特福德郡大学农业与环境研究所开发;PAN 数据库来自北美农药行动网(PANNA);"—"表示无此项。

【限值标准】

无信息。

参 考 文 献

[1] PPDB: Pesticide Properties DataBase. http://sitem.herts.ac.uk/aeru/ppdb/en/Reports/397.htm [2016-08-16].

[2] 徐军, 郑永权, 董丰收, 等. 吡嘧磺隆降解菌群的分离筛选和代谢途径的初步研究. 第十一届全国土壤微生物学术讨论会暨第六次全国土壤生物与生物化学学术研讨会第四届全国微生物肥料生产技术研讨会论文(摘要)集, 2010.

[3] 程慕如, 孙致远. 三种磺酰脲类除草剂的光解和水解作用.植物保护学报, 2000, 27(1): 93-94.

[4] PAN Pesticides Database—Chemicals. http://www.pesticideinfo.org/Detail_Chemical.jsp?Rec_Id = PC35730 [2016-08-16].

吡喃草酮（tepraloxydim）

【基本信息】

化学名称：(*EZ*)-(*RS*)-2-{1-[(*2E*)-3-氯丙烯亚胺]丙基}-3-羟基-5-四氢吡喃-4-基环己-2-烯-1-酮

其他名称：醌草酮、醌肟草酮、快捕净

CAS 号：149979-41-9

分子式：C$_{17}$H$_{24}$ClNO$_4$

相对分子质量：341.83

SMILES：CC/C(=N\OC\C=C\Cl)/C=1C(=O)CC(CC=1O)C2CCOCC2

类别：环己烯酮类除草剂

结构式：

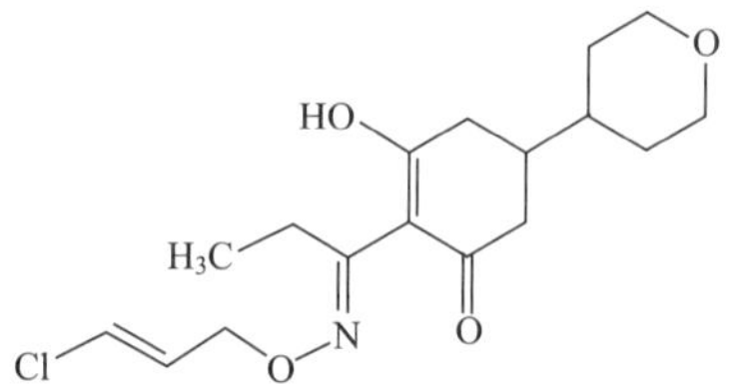

【理化性质】

具有特殊气味的白色至米色粉末，密度 1.28g/mL，熔点 74℃，沸点大于 185℃，饱和蒸气压 0.027mPa(25℃)。水溶解度(20℃)为430mg/L。有机溶剂溶解度(20℃)：乙酸乙酯，450000mg/L；甲醇，270000mg/L；正庚烷，1000mg/L；丙酮，460000mg/L。辛醇/水分配系数 lgK_{ow}= 1.5，亨利常数为 8.74 ×10^{-6} Pa•m^3/mol。

【环境行为】

(1)环境生物降解性

好氧条件下，土壤中降解半衰期为 8.7d(20℃，实验室)、63d(田间)[1]。国内数据：土壤中降解半衰期为 2~3d(田间)、8~20d(实验室)[2]。

(2)环境非生物降解性

在365nm中压汞灯光照下,在pH为9.18缓冲溶液中的光解半衰期为1.2min,纯水中的光解半衰期为8.1min,在pH为4.00缓冲溶液中的光解半衰期为3.3min。25℃、在254nm低压汞灯光照下,纯水中的光解半衰期为8.1min,在中性(pH=4.00)和碱性(pH=9.18)缓冲溶液中的光解半衰期分别为462.1min和13.1min。实验室条件下,在酸性(pH=4.00)与中性(pH=6.86)介质中的水解半衰期分别为1.8d、60.3d[3]。

(3)环境生物蓄积性

基于$\lg K_{ow}$<3预测,潜在生物蓄积性弱[1]。

(4)土壤吸附/移动性

K_{foc}值为22.2,提示土壤中移动性强[1]。

【生态毒理学】

鸟类(日本鹌鹑)急性LD_{50}>2000mg/kg,鱼类(虹鳟)96h LC_{50}=82.5mg/L、21d NOEC=10mg/L,溞类(大型溞)48h EC_{50}>100mg/L、21d NOEC=50mg/L,藻类(小球藻)72h EC_{50}=78.2mg/L,蜜蜂经口 48h LD_{50}>200μg/蜜蜂,蚯蚓 14d LC_{50}>1000mg/L[1]。

【毒理学】

(1)一般毒性

大鼠急性经口LD_{50}=5000mg/kg,大鼠急性经皮LD_{50}>2000mg/kg bw,大鼠急性吸入LC_{50}>5.1mg/L[1]。

(2)神经毒性

无信息。

(3)生殖发育毒性

具有生殖发育毒性[4]。

(4)致癌性与致突变性

无信息。

【人类健康效应】

人类可能的肝、肾毒物[1]。

【危害分类与管制情况】

序号	毒性指标	PPDB 分类	PAN 分类[4]
1	高毒	否	否
2	致癌性	可能	未分类
3	内分泌干扰性	无数据	无有效证据
4	生殖发育毒性	是	无有效证据
5	胆碱酯酶抑制性	否	否
6	神经毒性	否	—
7	皮肤刺激性	否	—
8	眼刺激性	可能	—
9	地下水污染	—	潜在影响
10	国际公约或优控名录	无	

注：PPDB 数据库由英国赫特福德郡大学农业与环境研究所开发；PAN 数据库来自北美农药行动网（PANNA）；"—"表示无此项。

【限值标准】

每日允许摄入量（ADI）为 0.025mg/(kg bw·d)，急性参考剂量（ARfD）为 0.4mg/(kg bw·d)，操作者允许接触水平（AOEL）为 0.06mg/(kg bw·d)[1]。

参 考 文 献

[1] PPDB: Pesticide Properties DataBase. http://sitem.herts.ac.uk/aeru/ppdb/en/Reports/538.htm [2016-08-17].

[2] 逯州，侯志广，王岩，等. 吡喃草酮在不同类型土壤环境中降解行为. 农药, 2010, 49(5): 353-355.

[3] 赵玉文. 吡喃草酮光降解及水解特性研究. 长春: 吉林农业大学, 2006.

[4] PAN Pesticides Database—Chemicals. http://www.pesticideinfo.org/Detail_Chemical.jsp?Rec_Id = PC34257 [2016-08-17].

苄嘧磺隆(bensulfuron-methyl)

【基本信息】

化学名称：2-{[(4,6-二甲氧基嘧啶-2-基)氨基羰基]氨基磺基甲基}苯甲酸甲酯

其他名称：苄黄隆、苄磺隆

CAS 号：83055-99-6

分子式：$C_{16}H_{18}N_4O_7S$

相对分子质量：410.4

SMILES：O=C(Nc1nc(OC)cc(OC)n1)NS(=O)(=O)Cc2ccccc2C(=O)OC

类别：磺酰脲类除草剂

结构式：

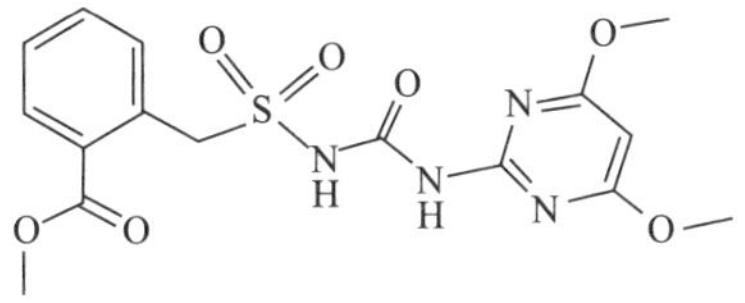

【理化性质】

白色无臭固体，密度 1.41g/mL，熔点 179.4℃，沸腾前分解，饱和蒸气压 $2.80×10^{-9}$ mPa(25℃)。水溶解度(20℃)为 67mg/L。有机溶剂溶解度(20℃)：二氯甲烷，18400mg/L；乙酸乙酯，1750mg/L；邻二甲苯，229mg/L；丙酮，5100mg/L。辛醇/水分配系数 lgK_{ow}= 0.79。

【环境行为】

(1)环境生物降解性

好氧条件下，土壤中降解半衰期为 25~102d(20℃，实验室)、6~14d(田间)[1]。

(2)环境非生物降解性

pH 为 7 时水中光解半衰期为 43d[1]。在质地较粗的砂姜黑土与黄潮土中光解半衰期分别为 48.5h、66.4h，而在质地黏重的红壤与砖红壤中光解半衰期分别为 122h 和 107h，在质地较黏但有机质含量较低的黄褐土中光解半衰期为 29.1d，光解速率与土壤黏粒、有机质含量呈负相关[2]。

pH 对苄嘧磺隆的水解作用有显著影响。pH 为 4 的条件下，水解半衰期为 6.1d(20℃)；pH 为 9 时，水解半衰期为 141d(22℃)；pH 为 7 时，保持稳定(20℃)[1]。

(3)环境生物蓄积性

鱼 BCF 值为 1.6，提示生物蓄积性弱[1]。

(4)土壤吸附/移动性

Fruendlich 吸附常数 K_f 为 2.5~8.4、K_{foc} 为 205~684，提示在土壤中的移动性中等[1]。

【生态毒理学】

鸟类(绿头鸭)急性 LD_{50}＞2510mg/kg，鱼类(虹鳟)96h LC_{50}＞66mg/L、21d NOEC =1.5mg/L，溞类(大型溞)48h EC_{50}=130mg/L、21d NOEC =12mg/L，甲壳类(糠虾)96h LC_{50} =130mg/L，底栖类(摇蚊)96h LC_{50}=125mg/L，藻类(月牙藻)72h EC_{50}= 0.02mg/L，蜜蜂接触 48h LD_{50}＞100μg/蜜蜂、经口 48h LD_{50}＞51.4mg/L，蚯蚓(赤子爱胜蚓)14d LC_{50}＞1000mg/L[1]。

【毒理学】

(1)一般毒性

大鼠急性经口 LD_{50}＞5000mg/kg，大鼠急性经皮 LD_{50}＞2000mg/kg bw，大鼠急性吸入 LC_{50}=7.5mg/L[1]。

比格犬喂食暴露 0mg/kg、50mg/kg、750mg/kg、7500mg/kg 苄嘧磺隆[相当于雄性： 0mg/(kg·d)、1.4mg/(kg·d)、21.4mg/(kg·d) 和 237.3mg/(kg·d)；雌性： 0mg/(kg·d)、1.4mg/(kg·d)、19.9mg/(kg·d) 和222.6mg/(kg·d)]，结果发现，7500mg/kg 组动物碱性磷酸酶含量、谷丙转氨酶(ALT)含量、肝脏质量和胆小管棕色素含量升高，同时观察到口腔黏膜变色和炎症。基于观察结果，系统毒性 NOAEL 为 750mg/kg[相当于雄性 21.4mg/(kg·d)，雌性 19.9mg/(kg·d)]。基于 NOAEL 推导得到的 RfD 为 0.2mg/(kg·d) [不确定系数(UF)和修饰系数(MF)分别为 100 和 1][3]。

(2)神经毒性

无信息。

(3)生殖发育毒性

无信息。

(4)致癌性与致突变性

无信息。

【人类健康效应】

可能的肝毒性物质[1]。除大量摄入外，一般不会出现全身中毒。急性暴露刺激眼、皮肤、黏膜，可引起咳嗽、气促、恶心、呕吐、腹泻、头痛、电解质紊乱等症状。慢性暴露可致蛋白质代谢受干扰、中度肺气肿及体重减轻(同其他脲类除草剂)[4]。

【危害分类与管制情况】

序号	毒性指标	PPDB 分类	PAN 分类[4]
1	高毒	否	否
2	致癌性	否	否
3	内分泌干扰性	否	无有效证据
4	生殖发育毒性	可能	无有效证据
5	胆碱酯酶抑制性	否	否
6	皮肤刺激性	否	—
7	眼刺激性	否	—
8	地下水污染	—	潜在影响
9	国际公约或优控名录	无	

注：PPDB 数据库由英国赫特福德郡大学农业与环境研究所开发；PAN 数据库来自北美农药行动网(PANNA)；"—"表示无此项。

【限值标准】

每日允许摄入量(ADI)为 0.2mg/(kg bw • d)，操作者允许接触水平(AOEL)为 0.12mg/(kg bw • d)[1]。

参 考 文 献

[1] PPDB: Pesticide Properties DataBase. http://sitem.herts.ac.uk/aeru/ppdb/en/Reports/538.htm [2016-08-18].
[2] 司友斌, 岳永德, 陈怀满, 等. 苄嘧磺隆在土壤中的光解. 土壤学报, 2003, 40(6): 963-966.
[3] TOXNET(Toxicology Data Network). https://toxnet.nlm.nih.gov/cgi-bin/sis/search2/f?./temp/~2zQNVy:3 [2016-08-18].
[4] PAN Pesticides Database—Chemicals. http://www.pesticideinfo.org/Detail_Chemical.jsp?Rec_Id = PC33787 [2016-08-18].

丙炔氟草胺(flumioxazin)

【基本信息】

化学名称：N-[7-氟-3,4-2H-3-氧-(2-丙炔基)-2H-1,4-苯并噁嗪-6-基]环己-1-烯-1,2-二羧酰亚胺

其他名称：无

CAS 号：103361-09-7

分子式：$C_{19}H_{15}FN_2O_4$

相对分子质量：354.33

SMILES：O=C3\C4=C(/C(=O)N3c2c(F)cc1OCC(=O)N(c1c2)CC#C)CCCC4

类别：苯基酞酰胺类除草剂

结构式：

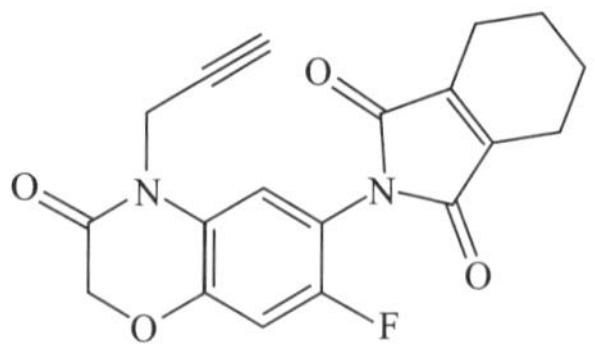

【理化性质】

白色(纯度99.6%)与黄棕色(纯度97.65%)粉末,密度1.5g/mL,熔点203.5℃,沸腾前分解,饱和蒸气压0.32mPa(25℃)。水溶解度(20℃)为0.786mg/L。有机溶剂溶解度(20℃)：丙酮,17000mg/L；乙酸乙酯,17800mg/L；正己烷,25mg/L；甲醇,1600mg/L。辛醇/水分配系数 $\lg K_{ow}=2.55$(pH=7, 20℃)。

【环境行为】

(1)环境生物降解性

好氧条件下,土壤中降解半衰期为21.9d(20℃,实验室)、17.6d(田间)[1]。

(2)环境非生物降解性

水中快速分解,光解半衰期为1d(pH=7),水解半衰期为1d(pH=7, 20℃)[1]。

大气气溶胶中的丙烯氟草胺通过与光化学反应产生的羟基自由基发生反应而降解，间接光解半衰期为 6.8h[2]。

(3)环境生物蓄积性

基于 lgK_{ow} 估算的 BCF 值为 18，提示生物蓄积性弱[2]。

(4)土壤吸附/移动性

土壤吸附系数 K_{oc} 为 889，提示在土壤中具有轻微移动性[1]。

【生态毒理学】

鸟类(山齿鹑)急性 LD_{50}＞2250mg/kg、短期摄食 LC_{50}=300mg/kg，鱼类(虹鳟)96h LC_{50}=2.3mg/L、21d NOEC=0.37mg/L，溞类(大型溞)48h EC_{50}=5.9mg/L、21d NOEC=0.057mg/L，摇蚊 28d NOEC=0.73mg/L，藻类(月牙藻)72h EC_{50}=0.000852mg/L，蜜蜂接触 48h LD_{50}＞200mg/蜜蜂、经口 48h LD_{50}＞229.1mg/蜜蜂，蚯蚓(赤子爱胜蚓)14d LC_{50}＞491mg/kg[1]。

【毒理学】

(1)一般毒性

大鼠急性经口 LD_{50}＞5000mg/kg，大鼠急性经皮 LD_{50}＞2000mg/kg，大鼠急性吸入 LC_{50}＞3.93mg/L[3]。

(2)神经毒性

无信息。

(3)生殖发育毒性

分别在妊娠 11d、12d、13d、14d 或 15d 对怀孕的大鼠灌胃 400mg/kg 的丙炔氟草胺，结果发现 12d 时，胚胎死亡发生率最大，室间隔缺损的发病率最高[4]。丙炔氟草胺可以抑制原卟啉原氧化酶和血红素的合成,具有致畸性(主要是室间隔缺损及波状肋)，导致大鼠生长发育迟缓。孕鼠妊娠 12d(毒性最敏感期)暴露后的 6h、12h、24h、36h 进行组织学研究，电子显微镜检查发现，线粒体损伤，并伴有铁异常沉积，这可能是由于血红素生物合成受到抑制。随后，这些细胞变性后发生红细胞吞噬。从暴露的胚胎组织学发现心脏心室壁较薄，这可能为胚胎血细胞的损失代偿反应[5]。

(4)致癌性与致突变性

无信息。

【人类健康效应】

人类非致癌物[2]，一些证据表明慢性暴露可引起贫血[1]。

【危害分类与管制情况】

序号	毒性指标	PPDB 分类	PAN 分类[6]
1	高毒	否	无有效证据
2	致癌性	否	否
3	内分泌干扰性	—	无有效证据
4	生殖发育毒性	是	无有效证据
5	胆碱酯酶抑制性	否	否
6	神经毒性	否	—
7	呼吸道刺激性	可能	—
8	皮肤刺激性	否	—
9	眼刺激性	是	—
10	国际公约或优控名录	无	

注：PPDB 数据库由英国赫特福德郡大学农业与环境研究所开发；PAN 数据库来自北美农药行动网（PANNA）；"—"表示无此项。

【限值标准】

每日允许摄入量（ADI）为 0.009mg/（kg bw·d），急性参考剂量（ARfD）为 0.05mg/（kg bw·d），操作者允许接触水平（AOEL）为 0.018mg/（kg bw·d）[1]。

参 考 文 献

[1] PPDB: Pesticide Properties DataBase. http://sitem.herts.ac.uk/aeru/ppdb/en/Reports/335.htm [2016-06-01].

[2] TOXNET（Toxicology Data Network）. https://toxnet.nlm.nih.gov/cgi-bin/sis/search2/f?./temp/~kxMahg:3[2016-06-01].

[3] Tomlin C D S. The Pesticide Manual—A World Compendium. 10th ed. Surrey: The British Crop Protection Council, 1994: 490.

[4] USEPA. Pesticide Fact Sheet. Flumioxazin. Conditional Registration. Washington DC: USEPA, Off Prev Pest Tox Sub（7501C）, 2002.

[5] Kawamura S, Yoshioka T, Kato T, et al. Histological changes in rat embryonic blood cells as a

possible mechanism for ventricular septal defects produced by an *N*-phenylimide herbicide. Teratology, 1996, 54(5): 237-244.

[6] PAN Pesticides Database—Chemicals. http://www.pesticideinfo.org/Detail_Chemical.jsp?Rec_Id = PC37545 [2016-06-01].

草铵膦(glufosinate-ammonium)

【基本信息】

化学名称：2-氨基-4-[羟基(甲基)磷酰基]丁酸铵

其他名称：草丁膦，双丙氨磷

CAS 号：77182-82-2

分子式：$C_5H_{15}N_2O_4P$

相对分子质量：198.2

SMILES：CP(=O)(CCC(C(=O)[O–])N)O.[NH4+]

类别：有机磷类除草剂

结构式：

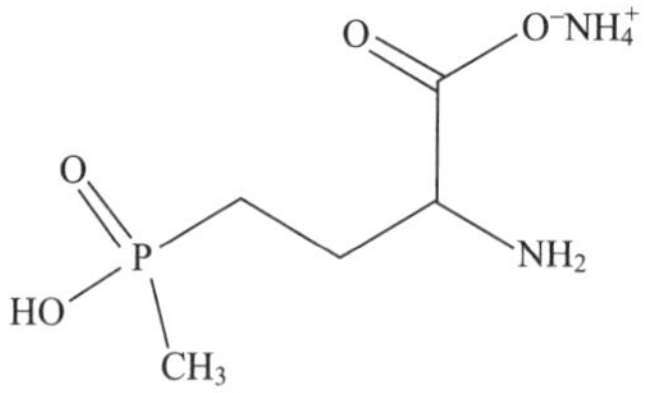

【理化性质】

白色或浅黄色晶体，密度 1.4g/mL，熔点 216.5℃，饱和蒸气压 $3.10×10^{-2}$mPa (25℃)。水溶解度(20℃)为 500000mg/L。有机溶剂溶解度：丙酮，250mg/L；乙酸乙酯，250mg/L；甲醇，5730000mg/L；对二甲苯，250mg/L。辛醇/水分配系数 $\lg K_{ow}$= –4.01(估算值)。

【环境行为】

(1)环境生物降解性

好氧条件下，土壤中降解半衰期分别为 7.4d(实验室)与 7.0d(田间)[1]。

好氧和厌氧条件下，使用 [14]C 标记的草铵膦在草原土中的降解半衰期为 3~7d(20℃)[2]。在 22℃用 [14]C 放射性标记的草铵膦，分别用安大略及圭尔夫壤土接种，初级生物降解半衰期分别为 3~4d、>4d；主要降解产物包括 10%~12%的 [14]C 二氧化碳、8%~11%的光降解草铵膦、53%~61%的降解产物 3-(3-甲氧膦)丙酸铵盐、13%~16%的降解产物 2-(2-甲氧膦)乙酸铵盐[3]。

（2）环境非生物降解性

pH 为 5~9 条件下，水中难光解[1]。在大气中与光化学反应产生的羟基自由基反应的速率常数约为 $3.07×10^{-11} cm^3/(mol·s)$，间接降解半衰期为 12.5h（羟基自由基浓度为 $5×10^5 cm^{-3}$）[4]。25℃、pH 为 7 时，水解速率小于 $0.0023d^{-1}$，水解半衰期大于 300d；25℃、pH 为 5~9 时，水解稳定[1,4]。

（3）环境生物蓄积性

BCF 估测值小于 3.2，提示生物蓄积性弱[5]。

（4）土壤吸附/移动性

吸附系数 K_{oc} 为 600[1]；砂土、火山灰中的 K_{oc} 分别为 9.6 和 1229，平均 K_{oc} 为 430[6]，提示土壤中具轻微移动性。

【生态毒理学】

鸟类（鹌鹑）急性 LD_{50}＞2000mg/kg、短期摄食 LC_{50}/LD_{50}＝1100mg/（kg bw·d），鱼类（虹鳟）96h LC_{50}＝710mg/L、21d NOEC＝100mg/L，溞类（大型溞）48h EC_{50}＝668mg/L、21d NOEC＝18mg/L，甲壳类（糠虾）96h LC_{50}＝7.5mg/L，藻类（四尾栅藻）72h EC_{50}＝46.5mg/L、96h NOEC＝320mg/L，蜜蜂经口 48h LD_{50}＞600mg/蜜蜂、接触 48h LD_{50}＞345mg/蜜蜂，蚯蚓（赤子爱胜蚓）14d LC_{50}＞1000mg/kg[1]。

【毒理学】

（1）一般毒性

小鼠急性经口 LD_{50}＝416mg/kg，大鼠短期膳食暴露 NOAEL＞64mg/kg、急性经皮 LD_{50}＞2000mg/kg bw、急性吸入 LC_{50}＝1.26mg/L[1]。

（2）神经毒性

草铵膦可以抑制谷氨酰胺合成酶活性[7]。

（3）生殖发育毒性

采用全胚胎中脑和肢芽细胞微团培养研究草铵膦对小鼠胚胎发育的影响。对 8d 的胚胎培养 48h，10mg/L 的草铵膦可以引起显著的胚胎发育延迟。暴露组所有胚胎均表现出特定的形态缺陷，包括前脑发育不全等。对 10d 的胚胎培养 24h，草铵膦可以显著降低顶臀长和体节对数，导致较高的形态缺陷发生率。暴露组胚胎的组织学检查发现大量脑泡和神经管的神经上皮细胞死亡[8]。Fujii 等研究了 Wistar-Imamichi 大鼠妊娠阶段对于草铵膦的反应[7]，在第一次试验中，对 7~13 日龄的雌性大鼠皮下注射 1mg/kg、2mg/kg 或 5mg/kg 的草铵膦，第二次试验中，对妊娠 13~20d 大鼠皮下注射 2mg/kg 草铵膦。结果表明，草铵膦影响幼鼠或胚胎大脑中谷氨酸受体的发育。

(4) 致癌性与致突变性

大鼠和家兔致畸试验表明无致畸性、致突变性，大量试验表明草铵膦没有遗传毒性[9]。

【人类健康效应】

可能的肾、膀胱、血液和肺毒物，经口摄入、吸入或通过皮肤吸收均可产生毒害作用[1]。

急性中毒：影响中枢神经系统，造成意识障碍、抽搐及呼吸暂停。一个 60 岁的人摄入 500mL 的草铵膦后出现意识不清，呼吸窘迫、抽搐且尿量增加(7885mL/d)，血钠升高(167mEq[①]/ L)，血浆渗透压(332mOsm[②]/kg)升高，以及尿崩症的症状。一个 64 岁的人摄入草铵膦后立即出现精神障碍和血象改变，随后出现抽搐，呼吸系统和循环系统衰竭受损。恢复期表现出短暂的记忆丧失。神经毒性是草铵膦中毒的一个重要特征，关于中毒机理目前尚不清楚[7]。

【危害分类与管制情况】

序号	毒性指标	PPDB 分类	PAN 分类[10]
1	高毒	否	否
2	致癌性	否	否
3	内分泌干扰性	否	无有效证据
4	生殖发育毒性	是	无有效证据
5	胆碱酯酶抑制性	否	否
6	神经毒性	是	—
7	呼吸道刺激性	否	—
8	皮肤刺激性	疑似	—
9	眼刺激性	疑似	—
10	地下水污染	—	潜在可能
11	国际公约或优控名录	无	

注：PPDB 数据库由英国赫特福德郡大学农业与环境研究所开发；PAN 数据库来自北美农药行动网(PANNA)；"—"表示无此项。

---

① 毫克当量(mEq)表示某物质和 1mg 氢的化学活性或化合力相当的量；1mEq 相当于 23mg 钠。
② mOsm 表示 1L 中所含非电解质或电解质的毫摩尔数。

【限值标准】

急性参考剂量（ARfD）为 0.021mg/（kg bw · d），每日允许摄入剂量（ADI）为 0.021mg/（kg bw · d），操作者允许接触水平（AOEL）为 0.0021mg/（kg bw · d）[6]。

参 考 文 献

[1] PPDB: Pesticide Properties DataBase. http://sitem.herts.ac.uk/aeru/ppdb/en/Reports/372.htm [2016-06-05].

[2] Smith A E. Persistence and transformation of the herbicide [14C] glufosinate-ammonium in prairie soils under laboratory conditions. J Agric Food Chem, 1988, 36（2）: 393-397.

[3] Gallina M A, Stephenson G R. Dissipation of [14C] glufosinate ammonium in two Ontario soils. J Agric Food Chem, 1992, 40（1）: 165-168.

[4] Meylan W M, Howard P H. Computer estimation of the atmospheric gas-phase reaction rate of organic compounds with hydroxyl radicals and ozone. Chemosphere, 1993, 26（12）: 2293-2299.

[5] Tomlin C D S. The Pesticide Manual—A World Compendium. 11th ed. Surrey: British Crop Protection Council, 1997: 644.

[6] USDA. Agricultural Research Service. ARS Pesticide Properties Database on Glufosinate-Ammonium（77182-82-2）. http://www.ars.usda.gov/Services/docs.htm?docid=14199 [2002-06-11].

[7] TOXNET（Toxicology Data Network）. https://toxnet.nlm.nih.gov/cgi-bin/sis/search2/f?./temp/~rNqzNp:1 [2016-06-05].

[8] Watanabe T, Sano T. Neurological effects of glufosinate poisoning with a brief review. Hum Exp Toxicol, 1998, 17（1）: 35-39.

[9] Ebert E, Leist K H, Mayer D. Summary of safety evaluation toxicity studies of glufosinate ammonium. Food Chem Toxicol, 1990, 28（5）: 339-349.

[10] PAN Pesticides Database—Chemicals. http://www.pesticideinfo.org/Detail_Chemical. jsp?Rec_Id = PC35896 [2016-06-05].

草甘膦(glyphosate)

【基本信息】

化学名称：*N*-(磷酸甲基)甘氨酸

其他名称：农达

CAS 号：1071-83-6

分子式：$C_3H_8NO_5P$

相对分子质量：169.1

SMILES：C(C(=O)O)NCP(=O)(O)O

类别：有机磷类除草剂

结构式：

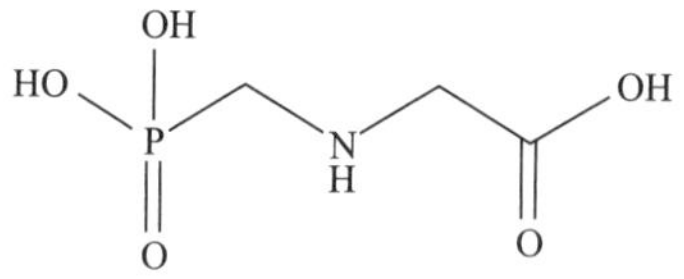

【理化性质】

无色结晶体，密度 1.71g/mL，熔点 189.5℃，饱和蒸气压 0.0131mPa(25℃)。水溶解度(20℃)为 10500mg/L。有机溶剂溶解度：丙酮，0.6mg/L；二甲苯，0.6mg/L；甲醇，10mg/L；乙酸乙酯，0.6mg/L。辛醇/水分配系数 $\lg K_{ow}=-3.2$(估算值)。

【环境行为】

(1)环境生物降解性

好氧条件下，土壤中降解半衰期为 15d(20℃,实验室)、23.79d(田间)[1]。用污泥与壤土接种降解草甘膦(pH=6.4,含 1.9%有机质)，9d 降解率为 19%，在灭菌土壤中没有发生降解[2]。摇瓶法降解研究中，在好氧和厌氧条件下，接种土壤微生物后草甘膦可快速降解[3]。好氧条件下，采用粉壤土、砂壤土、粉质黏土作为接种物，28d 降解率达到 45%~55%[4]。

(2)环境非生物降解性

草甘膦是两性物质，在环境 pH 范围(5~9)具有负电性，并随 pH 增加，负电性增加。羧基和磷酸基团都可去质子化，pH＞5.6 时，主要是双电离；pH＜5.6 时，发生轻微电离。在接近中性的 pH 条件下，可以和铁、铜、钙、镁离子形成不溶性复合物，二价铁被氧化成三价铁，从而形成草甘膦铁化合物。由于地下水可能含有高浓度的铁、铜、钙、镁离子，因此与这些离子结合形成沉淀是草甘膦的一个归趋[5,6]。pH 为 7 条件下，水中光解半衰期为 69d，在 20℃、pH 为 5~8 条件下不水解[1]。

(3)环境生物蓄积性

蓝鳃太阳鱼 28d BCF 为 0.52[7]，提示生物蓄积性弱。

(4)土壤吸附/移动性

吸附系数 K_{oc} 为 1424[1]；休斯敦黏土(pH=7.5,含 1.56%有机碳)、马斯京根粉壤土(pH=5.8,含 1.64%有机碳)、砂质壤土(pH=5.6,含 1.24%有机碳)K_{oc} 值分别为 4900、3400 和 2600，提示在土壤中具有轻微移动性[8]。

【生态毒理学】

鸟类(山齿鹑)急性 LD_{50}＞2250mg/kg，鱼类(虹鳟)96h LC_{50}=38mg/L、21d NOEC=25mg/L，溞类(大型溞)48h EC_{50}=40mg/L、21d NOEC=30mg/L，甲壳类(糠虾)96h LC_{50}=40mg/kg，藻类(栅藻)72h EC_{50}=4.4mg/L、96h NOEC=2mg/L，蜜蜂经口 48h LD_{50}=100mg/蜜蜂，蚯蚓(赤子爱胜蚓)14d LC_{50}＞5600mg/kg、繁殖 14d NOEC＞28.8mg/kg[1]。

【毒理学】

(1)一般毒性

大鼠急性经口 LD_{50}＞2000mg/kg，大鼠短期膳食暴露 NOAEL=150mg/kg，大鼠急性经皮 LD_{50}＞2000mg/kg bw，大鼠急性吸入 LC_{50}＞5.0mg/L[1]。

比格犬给予 0mg/(kg·d)、20mg/(kg·d)、100mg/(kg·d)和 500mg/(kg·d)的草甘膦暴露一年，结果发现所有动物均未出现有害效应，因此系统 NOAEL≥500mg/(kg·d)[4]。

(2)神经毒性

Astiz 等[9]研究发现低剂量的草甘膦可对雄性 Wistar 大鼠的大脑产生严重的氧化损伤，并认为摄入草甘膦可能是一些神经性疾病的潜在病因。Anadón 等[10]研究了草甘膦对雄性大鼠的神经毒性，设 3 个剂量组经口染毒 5d，最后一次染毒

24h 后解剖并测定大脑额叶皮层、中脑和纹状体中神经递质 5-羟色氨酸 (5-hydroxytryptamine，5-HT) 及其代谢产物 5-羟吲哚乙酸 (5-hydroxy-3-indole acetic acid，5-HIAA) 和多巴胺 (dopamine，DA) 及其代谢产物二羟基苯乙酸 (dihydroxyphenylacetic acid，DOPAC) 的含量，结果发现大脑额叶皮层、中脑和纹状体中 5-HT 和 DA 含量与对照组相比显著降低，呈剂量-反应关系。5-HT 是一种重要的中枢神经递质，具有多种生物学活性，可参与痛觉、睡眠和体温等生理功能的调节。

(3) 生殖发育毒性

Atkinson 等[11]对鼠的三代毒性研究和对兔的发育毒性研究表明草甘膦对它们的生殖和发育没有明显影响。

(4) 致癌性与致突变性

无致突变性。联合国粮食及农业组织 (FAO) 对狗以及国际化学品安全规划署 (IPCS) 对大鼠进行慢性喂养草甘膦，没有发现致癌效应。然而在对狗的喂养试验中发现，狗的泌尿系统出现异常，即诱导近端肾小管嗜碱性肥大增加和膀胱增生[12]。

【人类健康效应】

IARC：2A 类致癌物；EPA：无证据支持作为人类致癌物。可能的膀胱与肝脏毒性物质，可引起严重的眼损害[1]。

人体摄入小剂量草甘膦可刺激口腔黏膜、咽喉，会出现轻微、短暂的胃肠功能损伤。职业暴露人群有眼部和皮肤刺激症状，还有心动过速、血压升高、恶心和呕吐等症状。摄入量大于 85mL 出现肠道腐蚀和上腹部疼痛，肾和肝损伤也较为常见。经口服严重中毒的病例，可出现心、肝、肺、肾损伤的临床表现，主要死因是呼吸衰竭、休克及肾功能衰竭[13]。临床表现为器官灌注减少，出现呼吸窘迫、神志不清、肺水肿、胸部 X 光片异常、休克、心律失常、代谢性酸中毒及高钾血症[14]。Zouaoui 等[15]搜集有入院记录的 10 例草甘膦急性中毒患者，发现主要的症状为口咽部溃疡 (5/10)、恶心和呕吐 (3/10)。生理指标的改变主要是高乳酸 (3/10)、酸中毒 (7/10)。临床表现为呼吸窘迫 (3/10)、心律失常 (4/10)、肾功能损伤 (2/10)、肝毒性 (1/10) 和意识的丧失 (3/10)。在中毒死亡的病例中，最常见的症状是心血管休克、心肺衰竭、血流动力学紊乱、血管内凝固和多器官衰竭。喷雾吸入可能会导致口腔或鼻腔不适、口腔有异味、喉部有刺痛和发炎。草甘膦中毒虽有一定的致死率，但早期正确的治疗，可明显改善其预后。

有研究表明，草甘膦的使用和鼻炎的发生率有关 [OR (比值比，表示疾病与暴露之间关联强度的指标)=1.32；95%CI (置信区间)：1.08～1.61][16]。眼睛接触可导致轻微的结膜炎，皮肤接触可以引起刺激并偶见皮炎。

【危害分类与管制情况】

序号	毒性指标	PPDB 分类	PAN 分类[17]
1	高毒	否	否
2	致癌性	是（2A，IARC）	否（E 类，USEPA）
3	内分泌干扰性	—	无有效证据
4	生殖发育毒性	否	无有效证据
5	胆碱酯酶抑制性	否	否
6	神经毒性	否	—
7	呼吸道刺激性	否	—
8	皮肤刺激性	是	—
9	眼刺激性	是	—
10	地下水污染	—	潜在可能
11	国际公约或优控名录	无	

注：PPDB 数据库由英国赫特福德郡大学农业与环境研究所开发；PAN 数据库来自北美农药行动网（PANNA）；"—"表示无此项。

【限值标准】

每日允许摄入量（ADI）为 0.3mg/（kg bw・d），急性参考剂量（ARfD）为 0.5mg/（kg bw・d），操作者允许接触水平为（AOEL）0.2mg/（kg bw・d）。

参 考 文 献

[1] PPDB: Pesticide Properties DataBase. http://sitem.herts.ac.uk/aeru/ppdb/en/Reports/373.htm [2016-06-10].

[2] Tate R L, Alexander M. Formation of dimethylamine and diethylamine in soil treated with pesticides. Soil Sci, 1974, 118（5）: 317-321.

[3] Rueppel M L, Brightwell B B, Schaefer J, et al. Metabolism and degradation of glyphosate in soil and water. J Agric Food Chem, 1977, 25（3）: 517-528.

[4] USEPA. Reregistration Eligibility Decision （RED） Database for Glyphosate. EPA 738-R-93-014. http://www.epa.gov/pesticides/reregistration/status.htm [2014-09-04].

[5] MacBean C. e-Pesticide Manual. 15th ed. Ver. 5. 1. Alton British Crop Protection Council, 2008—2010.

[6] Subramaniam V, Hoggard P E. Metal complexes of glyphosate. J Agric Food Chem, 1989, 36（6）: 1326-1329.

[7] Jackson S H, Cowan-Ellsberry C E, Thomas G. Use of quantitative structural analysis to predict

fish bioconcentration factors for pesticides. J Agric Food Chem, 2009, 57(3): 958-967.

[8]　Glass R L. Adsorption of glyphosate by soils and clay minerals. J Agric Food Chem, 1987, 35(4): 497-500.

[9]　Astiz M, de Alaniz M J, Marra C A. Antioxidant defense system in rats simultaneously intoxicated with agrochemicals. Environ Toxicol Pharmacol, 2009, 28(3): 465-473.

[10] Anadón A, del Pino D, Martínez M A, et al. Neurotoxicological effects of the herbicide glyphosate. Toxicol Lett, 2008, 180(5): S164.

[11] Atkinson B D. Toxicological properties of glyphosate—a summary. 2010.

[12] Bolognesi C, Bonatti S, Degan P, et al. Genotoxic activity of glyphosate and its technical formulation Roundup. J Agric Food Chem, 1997, 45(5): 1957-1962.

[13] 刘宗林. 大剂量草甘膦农药中毒1例. 职业卫生与病伤, 2006, 21(4): 255-255.

[14] Bradberry S M, Proudfoot A T, Vale J A. Glyphosate poisoning. Toxicol Rev, 2004, 23(3): 159-167.

[15] Zouaoui K, Dulaurent S, Gaulier J M, et al. Determination of glyphosate and AMPA in blood and urine from humans: About 13 cases of acute intoxication. Forensic Sci Int, 2013, 226(1-3): e20~e25.

[16] Slager R E, Poole J A, Levan T D, et al. Rhinitis associated with pesticide exposure among commercial pesticide applicators in the Agricultural Health Study. Occup Environ Med, 2009, 66(11): 718-724.

[17] PAN Pesticides Database—Chemicals. http://www.pesticideinfo.org/Detail_Chemical.jsp?Rec_Id = PC33138 [2016-06-10].

除草定(bromacil)

【基本信息】

化学名称：5-溴-3-仲丁基-6-甲基脲嘧啶

其他名称：必螨立克

CAS 号：314-40-9

分子式：$C_9H_{13}BrN_2O_2$

相对分子质量：261.12

SMILES：CCC(C)N1C(=O)C(=CNC1=O)CBr

类别：尿嘧啶类除草剂

结构式：

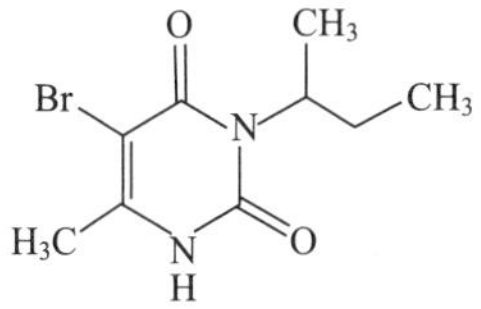

【理化性质】

白色晶体，密度 1.59g/mL，熔点 158.5℃，沸腾前分解，饱和蒸气压 0.041mPa(25℃)。水溶解度(20℃)为 815mg/L。有机溶剂溶解度(20℃)：丙酮，167000mg/L；乙醇，134000mg/L；二甲苯，21200mg/L。辛醇/水分配系数 $\lg K_{ow}$=1.88(pH=7, 20℃)。

【环境行为】

(1)环境生物降解性

好氧条件下，粉砂壤土中降解半衰期为 5~6 个月[1]。采用粉质黏土作为接种物，生物降解半衰期为 275d，二氧化碳是主要的代谢产物[1]。接种砂壤土时，生物降解半衰期为 144~198d[2]。在新西兰土壤中的降解半衰期为 12~46d[3]。接种砂壤土时，除草定的降解半衰期为 144~198d，而当接种灭菌土壤时，并没有发生降解[4]。在含水层泥浆厌氧条件下发生脱溴，160d 时完全降解[5]。另有研究报道，在厌氧条件下经过 28d 的停滞期，厌氧降解半衰期为 39d[1]。

(2)环境非生物降解性

25℃条件下，在大气中与光化学反应产生的羟基自由基反应的速率常数约为 $1.9×10^{-11}cm^3/(mol·s)$，间接光解半衰期为 6.6h[6]。在太阳光及实验室模拟阳光条件下，水中除草定(1~10mg/L)光照 6d~4 个月，光解率小于 4%，5-溴-6-甲基尿嘧啶是主要光解产物[1]。25℃、pH 为 5、7 和 9 条件下，30d 内水解稳定[1]。

(3)环境生物蓄积性

采用流水试验测定了除草定在蓝鳃太阳鱼体内 28d 的生物富集性，结果表明暴露浓度为 10.6mg/L 时，其在鱼肉、内脏、骨架和全鱼中的 BCF 分别为 49、72、22 和 26.5；暴露浓度为 1mg/L 时，BCF 分别为 4.6、8.3、2.2 和 2.8[1]。在黑头呆鱼体内的 BCF 为 3.2[7]。另有研究报道，在蓝鳃太阳鱼体内的 BCF 为 2.2，生物蓄积性弱[8]。

(4)土壤吸附/移动性

大量的研究表明，除草定由于广泛使用而进入地下水[1]。8 种土壤及 4 种沉积物中测得的平均 K_{oc} 为 23[9]，以色列土壤中 K_{oc} 为 25~50[10]，7 种佛罗里达州砂土中 K_{oc} 为 46~93[11]。在土壤中具有中等至强移动性。

【生态毒理学】

鸟类(山齿鹑)急性 LD_{50}＞2250mg/kg，鱼类(蓝鳃太阳鱼)96h LC_{50}＞36mg/L，鱼类(黑头呆鱼)21d NOEC＞95.6mg/L，溞类(大型溞)48h EC_{50}＞119mg/L，甲壳类（糠虾）96h LC_{50}＞67.0mg/L，藻类 72h EC_{50}=0.013mg/L、藻类（绿藻）96h NOEC=0.01[12]。

【毒理学】

(1)一般毒性

大鼠急性经口 LD_{50}=1300mg/kg，兔子急性经皮 LD_{50}＞5000mg/kg bw，大鼠急性吸入 LC_{50}=5.6mg/L[12]。

羊给予 250mg/kg 的除草定，4h 内出现腹胀气和步态失调。连续给药 4d 后因衰竭而死亡。症状表现为肠胃炎，肝脏肿大充血，肾上腺外观表现为脆性增加，心脏出血，淋巴结肿大及出血[13]。除草定对家兔眼睛引起轻微的短暂刺激，并未造成结膜损伤[14]。50%的除草定悬浊液可轻微刺激豚鼠的皮肤，对年老动物皮肤的刺激性更小，因此除草定不是皮肤致敏剂[15]。除草定可以引起狗呕吐症状，250mg/kg 的剂量可以对鸡及牛产生毒性。毒性症状包括厌食、抑郁、腹胀气(牛、羊)和呼吸频率增加(狗)[16]。

(2)神经毒性

无神经毒性。

(3)生殖发育毒性

妊娠大鼠吸入暴露 38~165mg/m³ 的除草定 9d,未出现致畸作用。但观察到胎儿体重减轻及尾骨骨化降低与剂量相关,165mg/m³ 处理组胚胎再吸收增加。妊娠家兔给予 30~500mg/kg 的除草定,未观察到胎兔改变,300mg/kg 和 500mg/kg 处理组出现母体体重降低及食物消耗降低,同时这两个处理组胚胎再吸收增加,活胎数减少。超过 250mg/L 的大鼠三代繁殖试验及超过 2500mg/L 的大鼠两代繁殖试验都未观察到毒性效应[17]。在妊娠 8~16d 用除草定饲喂新西兰白兔,浓度为 0mg/L、50mg/L 和 250mg/L,未出现致畸作用。在 3 代 6 窝大鼠繁殖研究中,250mg/L 剂量下未出现不利繁殖和泌乳性能影响;在断奶的幼仔 F3b 代中没有观察到病理变化[18]。

(4)致癌性与致突变性

用 50mg/L、250mg/L 及 1250mg/L 的除草定(83%湿性粉剂)饲喂大鼠 2a,在 3、6 及 12 个月分别处死大鼠。1250mg/L 处理组雌性大鼠质量减轻,组织病理学检查显示甲状腺滤泡细胞增生,1250mg/L 处理组一雌性大鼠出现滤泡状腺瘤[19]。用 50mg/L、250mg/L、1250mg/L 及 5000mg/L 95%的除草定饲喂小鼠 18 个月,LD_{50} 为 5175mg/kg,慢性 NOAEL＜250mg/L(器官淀粉样,免疫器官和胰腺萎缩,肝、睾丸和肾坏死,肺纤维化),高剂量组出现肝细胞肥大和细胞渐进性坏死,睾丸萎缩,心房血栓及主动脉根部坏死。致癌 NOAEL=1250mg/L(高剂量雄性大鼠肝腺癌发病率增加)[18]。

【人类健康效应】

可能引起胃和肠黏膜炎症或肝损伤[12]。中毒表现为呕吐、胃炎和舌头麻木[20]。

【危害分类与管制情况】

序号	毒性指标	PPDB 分类	PAN 分类[21]
1	高毒	否	否
2	致癌性	可能	可能(C，USEPA)
3	致突变性	否	—
4	内分泌干扰性	无数据	疑似
5	生殖发育毒性	否	无有效证据

续表

序号	毒性指标	PPDB 分类	PAN 分类[21]
6	胆碱酯酶抑制性	否	否
7	神经毒性	否	—
8	呼吸道刺激性	无数据	—
9	皮肤刺激性	是	—
10	眼刺激性	是	—
11	地下水污染	—	是
12	国际公约或优控名录	列入 PAN 名录，EU 环境内分泌干扰物名录	

注：PPDB 数据库由英国赫特福德郡大学农业与环境研究所开发；PAN 数据库来自北美农药行动网（PANNA）；"—"表示无此项。

【限值标准】

每日允许摄入量（ADI）为 0.13mg/（kg bw · d）[12]。

参 考 文 献

[1] USEPA. Reregistration Eligibility Decisions（REDs）Database on Bromacil. Washington DC: USEPA, Office of Prevention, Pestcides and Toxic Substances. USEPA 738-R-96-013（1996）. http://www.epa.gov/pesticides/reregistration/status.htm [2011-12-27].

[2] Sanders P, Wardle D, Rahman A, et al. Proceeding of the 49th NZ Plant Protection Conference. 1996: 207-211.

[3] Sarmah A K, Close M E, Mason N W H. Dissipation and sorption of six commonly used pesticides in two contrasting soils of New Zealand. J Environ Sci Health B, 2009, 44（4）: 325-336.

[4] Wolf D C, Martin J P. Microbial degradation of 2-carbon-14 bromacil and terbacil. Soil Soc Amer J, 1974, 38（6）: 921-925.

[5] Adrian N R, Suflita J M. Reductive dehalogenation of a nitrogen heterocyclic herbicide in anoxic aquifer slurries. Appl Environ Microbiol, 1990, 56（1）: 292-294.

[6] Meylan W M, Howard P H. Computer estimation of the atmospheric gas-phase reaction rate of organic compounds with hydroxyl radicals and ozone. Chemosphere, 1993, 26（12）: 2293-2299.

[7] Devillers J, Bintein S, Domine D. Comparison of BCF models based on log$P$. Chemosphere, 1996, 33（6）: 1047-1065.

[8] Jackson S H, Cowanellsberry C E, Thomas G. Use of quantitative structural analysis to predict fish bioconcentration factors for pesticides. J Agric Food Chem, 2009, 57（3）: 958-967.

[9] Mingelgrin U. Sorption of organic substances by soils and sediments. J Environ Sci Health B,

1984, 19(3): 297-312.

[10] Gerstl Z, Yaron B. Behavior of bromacil and napropamide in soils: I. Adsorption and degradation. Soil Sci Soc Amer J, 1983, 47(3): 474-478.

[11] Reddy K N, Singh M, Alva A K. Sorption and leaching of bromacil and simazine in Florida flatwoods soils. Bull Environ Contam Toxicol, 1992, 48(5): 662-670.

[12] PPDB: Pesticide Properties DataBase. http://sitem.herts.ac.uk/aeru/ppdb/en/Reports/88.htm [2016-7-10].

[13] Gosselin R E, Smith R P, Hodge H C. Clinical Toxicology of Commercial Products. 5th ed. Baltimore: Williams and Wilkins, 1984.

[14] Grant W M. Toxicology of the Eye. 3rd ed. Springfield: Charles C. Thomas Publisher, 1986: 536.

[15] Beste C E. Herbicide Handbook of the Weed Science Society of America. 5th ed. Champaign: Weed Science Society of America, 1983: 70.

[16] National Research Council. Drinking Water and Health. Vol. 1. Washington DC: National Academy Press, 1977: 540.

[17] Clayton G D, Clayton F E. Patty's Industrial Hygiene and Toxicology. Vol. 2A, 2B, 2C, 2D, 2E, 2F: Toxicology. 4th ed. New York: John Wiley & Sons Inc, 1993—1994: 3384.

[18] National Research Council. Drinking Water and Health. Vol. 1. Washington: National Academy Press, 1977: 541.

[19] TOXNET (Toxicology Data Network). https://toxnet.nlm.nih.gov/cgi-bin/sis/search2/f?./temp/~hq5ype:1 [2016-07-10].

[20] Clayton G D, Clayton F E. Patty's Industrial Hygiene and Toxicology. Vol. 2A, 2B, 2C, 2D, 2E, 2F: Toxicology. 4th ed. New York: John Wiley & Sons Inc, 1993—1994: 3385.

[21] PAN Pesticides Database—Chemicals. http://www.pesticideinfo.org/Detail_Chemical. jsp?Rec_Id = PC35049[2016-07-10].

除草醚(nitrofen)

【基本信息】

化学名称：2,4-二氯苯基-4'-硝基苯基醚

其他名称：无

CAS 号：1836-75-5

分子式：$C_{12}H_7Cl_2NO_3$

相对分子质量：284.09

SMILES：c1(Oc2ccc([N+](=O)[O–])cc2)c(cc(Cl)cc1)Cl

类别：二苯醚类杀虫剂

结构式：

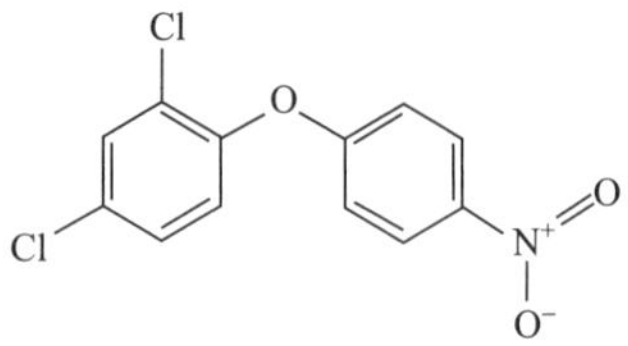

【理化性质】

无色晶状固体，密度 1.33g/mL，熔点 67℃，饱和蒸气压 0.002mPa(25℃)。水溶解度(20℃)为 1.0mg/L。有机溶剂溶解度(20℃)：正己烷，280mg/L；乙醇，40.0mg/L；苯，2000mg/L；丙酮，250000mg/L。辛醇/水分配系数 $\lg K_{ow}$=3.4，亨利常数为 $1.24×10^{-4}Pa \cdot m^3/mol(20℃)$。

【环境行为】

(1)环境生物降解性

好氧条件下，土壤中降解半衰期为 10d(20℃，实验室)[1]。好氧和厌氧条件下，用污水接种，88d 降解率分别为 6%和 8%，好氧条件下形成 4 种胺类降解产物，它们均比母体化合物亲水性强[2]。固有生物降解性试验(MITI)结果显示，28d 固有生物降解率仅为 2%[3]。

(2)环境非生物降解性

20℃、pH 为 7 条件下不发生水解。25℃条件下，气态除草醚与光化学反应产生的羟基自由基发生反应的速率常数约为 $1.1 \times 10^{-12} cm^3/(mol \cdot s)$，大气中间接光解半衰期为 14d[4]。含有生色团，可以吸收波长大于 290nm 的光，可在太阳光照射下直接光解，光解产物的 80% 为 2,4-二氯-4′-氨基联苯醚[5]。太阳光照射 1 周的光解率为 65%，4 周光解率为 88%，同时在聚合物降解产物的影响下，光解速率下降[6]。

(3)环境生物蓄积性

青鳉暴露于 50μg/L 及 5.0μg/L 除草醚，10 周后 BCF 分别为 2900~5370 及 2720~4220，提示生物蓄积性高[3]。

(4)土壤吸附/移动性

吸附系数 K_{oc} 为 100000[1]、7800[7]，提示在土壤中不移动[8]。

【生态毒理学】

鱼类(虹鳟)96h $LC_{50} > 7.0mg/L$，溞类(大型溞)48d $EC_{50} > 40.0mg/L$，蜜蜂经口 48h $LD_{50} > 50mg/$蜜蜂，蚯蚓(赤子爱胜蚓)14d $LC_{50} > 38.0mg/kg$[1]。

【毒理学】

(1)一般毒性

大鼠急性经口 $LD_{50} = 2630mg/kg$，大鼠急性经皮 $LD_{50} = 5000mg/kg$ bw，小鼠急性经口 $LD_{50} = 2390mg/kg$，兔子急性经口 $LD_{50} = 2630mg/kg$，兔子急性经皮 $LD_{50} > 5000mg/kg$[9]。

(2)神经毒性

无神经毒性。

(3)生殖发育毒性

怀孕小鼠在妊娠第 8 天灌胃染毒 25mg 除草醚，对照组使用橄榄油灌胃。17d 后研究胎鼠骨形成和软骨形成，发现约 26% 的胚胎出现严重的颅面畸形，整个骨架全部出现骨形成和软骨形成延后，而对照组无此类缺陷。结果提示，产前暴露于除草醚诱导小鼠 Fryns 综合征的发生，导致多发性畸形[10]。妊娠大鼠给予 10mg/kg、20mg/kg、50mg/kg 的除草醚，20mg/kg 处理组出现死产及出生后成活率下降。50mg/kg 处理组胎鼠肺膨胀降低[11]。另一项研究也表明，除草醚可以引起体重减轻、骨化延迟、肾积水增加及膈疝，还可以导致心脏畸形[12]。

(4) 致癌性与致突变性

对 50 只雄性和 50 只雌性 B6C3F1 小鼠喂食暴露 3000mg/kg 及 6000mg/kg 的除草醚，对照组 20 只雄性及雌性进行基础饮食饲喂，观察 13 周。结果发现，暴露组出现持续的与剂量相关的体重降低，在高剂量组达到了 25%。虽然发现了各种肿瘤，但只有肝肿瘤的发生率可能与除草醚有关[11]。

【人类健康效应】

甲状腺激素毒物，致畸剂，IARC 分类为 2B 类致癌物[1]。可造成严重的眼刺激，接触引起皮肤刺激，吸入可引起呼吸道炎症[13]。长期暴露于除草醚的农民出现血红细胞和白细胞计数减少，血清胆碱酯酶和红细胞过氧化氢酶活性降低[14]。慢性职业暴露还可导致中枢神经系统紊乱、贫血、体温升高、体重降低、疲劳和接触性皮炎等症状[15]。

【危害分类与管制情况】

序号	毒性指标	PPDB 分类	PAN 分类[16]
1	高毒	否	否
2	致癌性	是	是(2B，IARC 分类)
3	内分泌干扰性	是	疑似
4	生殖发育毒性	是	无有效证据
5	胆碱酯酶抑制性	否	否
6	神经毒性	无数据	—
7	呼吸道刺激性	是	—
8	皮肤刺激性	是	—
9	眼刺激性	是	—
10	地下水污染	—	无有效证据
11	国际公约或优控名录	列入 PAN 名录，WHO 淘汰农药，美国加州 65 种已知致癌物名录，欧盟内分泌干扰物名录	

注：PPDB 数据库由英国赫特福德郡大学农业与环境研究所开发；PAN 数据库来自北美农药行动网（PANNA）；"—"表示无此项。

【限值标准】

无信息。

参 考 文 献

[1] PPDB: Pesticide Properties DataBase. http://sitem.herts.ac.uk/aeru/ppdb/en/Reports/1422.htm [2016-06-15].

[2] Alexander M. Biodegradation of chemicals of environmental concern. Science, 1981, 211(4478): 132-138.

[3] NITE. Chemical Risk Information Platform (CHRIP). Biodegradation and Bioconcentration. Tokyo, Japan: Natl Inst Tech Eval. http://www.safe.nite.go.jp/english/db.html [2012-03-27].

[4] Meylan W M, Howard P H. Computer estimation of the atmospheric gas-phase reaction rate of organic compounds with hydroxyl radicals and ozone. Chemosphere, 1993, 26(12): 2293-2299.

[5] Ruzo L O, Gaughan L C, Casida J E. Pyrethroid photochemistry: S-bioallethrin. J Agric Food Chem, 1980, 28(2): 246-249.

[6] Nakagawa M, Crosby D G. Photodecomposition of nitrofen. J Agric Food Chem, 1974, 22(22): 849-853.

[7] USEPA. Estimation Program Interface(EPI) Suite. Ver. 4. 1. http://www.epa.gov/oppt/exposure/pubs/episuitedl.htm [2012-03-27].

[8] TOXNET (Toxicology Data Network). https://toxnet.nlm.nih.gov/cgi-bin/sis/search2/f?./temp/~d26Aty: 1 [2016-06-15].

[9] European Chemicals Bureau. IUCLID Dataset for NItrofen (1836-75-5), p. 51 (2000 CD-ROM edition). http://ecb.jrc.ec.europa.eu/esis [2012-03-22].

[10] Acosta J M, Chai Y, Meara J G, et al. Prenatal exposure to nitrofen induces Fryns phenotype in mice. Ann Plast Surg, 2001, 46(6): 635-640.

[11] IARC. Monographs on the Evaluation of the Carcinogenic Risk of Chemicals to Humans. Geneva: World Health Organization, International Agency for Research on Cancer, 1972-PRESENT. (Multivolume work). http://monographs.iarc.fr/ENG/Classification/index.php p. [2016-06-15].

[12] Costlow R D, Manson J M, Costlow R D, et al. The heart and diaphragm: Target organs in the neonatal death induced by nitrofen (2, 4-dichlorophenyl-p-nitrophenyl ether). Toxicology, 1981, 20(20): 209-227.

[13] Pohanish R P. Sittig's Handbook of Toxic and Hazardous Chemical Carcinogens. 5th ed. Vol. 1: A-H, Vol. 2: I-Z. Norwich: William Andrew, 2008: 1865.

[14] Gosselin R E, Smith R P, Hodge H C. Clinical Toxicology of Commercial Products. 5th ed. Baltimore: Williams and Wilkins, 1984.

[15] International Labour Office. Encyclopedia of Occupational Health and Safety. Vols. I, II. Geneva: International Labour Office, 1983: 1037.

[16] PAN Pesticides Database—Chemicals. http://www.pesticideinfo.org/Detail_Chemical. jsp?Rec_Id = PC103[2016-06-15].

敌稗(propanil)

【基本信息】

化学名称：*N*-(3′,4′-二氯苯基)丙酰胺

其他名称：斯达姆、DCPA

CAS 号：709-98-8

分子式：$C_9H_9Cl_2NO$

相对分子质量：218.08

SMILES：Clc1ccc(NC(=O)CC)cc1Cl

类别：苯胺除草剂

结构式：

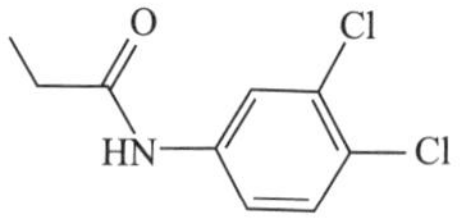

【理化性质】

棕色晶状固体或淡黄色粉末，无味，密度 1.412g/mL，熔点 91℃，沸点 351℃，饱和蒸气压 0.0193mPa(25℃)。水溶解度(20℃)为 95.0mg/L。有机溶剂溶解度 (20℃)：丙酮，1700000mg/L；乙醇，675000mg/L；苯，70000mg/L；环己酮，350000mg/L。辛醇/水分配系数 $\lg K_{ow}$ =2.29(pH=7, 20℃)。

【环境行为】

(1)环境生物降解性

好氧条件下，土壤中降解半衰期为 0.4d(20℃，实验室)[1]。MITI 试验知 28d 快速生物降解率为 21.1%[2]。砂壤土中，初始浓度为 436mg/L，8d 后二氧化碳产生率为 50%(28℃, pH=6)[3]。在水稻土中，初始浓度为 85mg/L 及 850mg/L，降解率分别为 99%及 64.7%~70.6%(30℃, pH=5.2~6.3)[4]。土壤中主要降解产物为二氯苯胺和 3,3′,4,4′-四氯偶氮苯。

(2)环境非生物降解性

20℃、pH 为 7 时，水解半衰期为 365d[1]。25℃条件下，气态敌稗与光化学反应产生的羟基自由基发生反应的速率常数约为 $3.8 \times 10^{-12} cm^3/(mol \cdot s)$，大气中间接光解半衰期约 4.2d[5]。在实验室条件及太阳光照射下，光解产物包括 3'-羟基- 4'-萘丙胺、3'-氯-4'-羟基丙酰苯胺、3',4'-二羟基丙酰苯胺、3,3',4,4'-四氯偶氮苯及甲酸等[6]。

(3)环境生物蓄积性

水生生物(黑头呆鱼)BCF 值为 1.6，表明敌稗在水生生物中生物蓄积性很弱[7]。

(4)土壤吸附/移动性

吸附系数 K_{oc} 值为 141~800[8,9,10]，提示在土壤中移动性中等。

【生态毒理学】

鸟类(山齿鹑)急性 LD_{50}=196mg/ kg，鱼类(虹鳟)96h LC_{50}=5.4mg/L，溞类(大型溞)48h EC_{50}=2.39mg/L、21d NOEC=0.086mg/L，甲壳类(糠虾)96h LC_{50}=0.35mg/L，底栖类(摇蚊) 28d NOEC=1.9mg/L(静态水环境)、28d NOEC=16.0mg/kg(沉积物)，藻类(月牙藻)72h EC_{50}= 0.11mg/L，蜜蜂接触 48h LD_{50}＞100μg/蜜蜂、经口 48h LD_{50}＞94.3μg/蜜蜂，蚯蚓(赤子爱胜蚓)14d LC_{50}=734mg/kg[1]。

【毒理学】

(1)一般毒性

大鼠急性经口 LD_{50}=960mg/kg，急性经皮 LD_{50}＞2000mg/kg bw，急性吸入 LC_{50}=1.25mg/L[1]。另有研究报道，大鼠急性经口 LD_{50}=367mg/kg，小鼠急性经口 LD_{50}=360mg/kg[11]。大鼠急性经皮 LD_{50}＞5000mg/kg bw[12]，兔子急性经皮 LD_{50} 为 4830mg/kg bw [13]。

小鼠暴露敌稗后体内出现高铁血红蛋白[11]。高剂量暴露后(400mg/kg)，由酰基酰胺酶释放的二氯苯胺引发高铁血红蛋白的出现[13]。暴露敌稗后，高铁血红蛋白含量迅速升高，红细胞内出现海茵茨小体。当海茵茨小体直径达到红细胞尺寸的 1/7~1/4 时，血细胞膜发生破裂，导致溶血和继发性贫血。在促红细胞生成素作用下网织红细胞出现，病理改变最终恢复正常[14]。对 ICR 小鼠腹腔注射敌稗(97.1%)，剂量为 0mg/kg(玉米油)、100mg/kg、200mg/kg 及 400mg/kg。给药 48h 后 400mg/kg 处理组 1/15 的雌性小鼠死亡，临床症状包括所有处理组雌、雄小鼠均出现嗜睡、毛发直立。另外，400mg/kg 处理组雌性小鼠出现虚脱、不规则呼吸[15]。

(2)神经毒性

无神经毒性。

(3)生殖发育毒性

大鼠两代生殖和繁育试验中，母代(F0)雄性大鼠给药 0mg/(kg·d)、4mg/(kg·d)、11mg/(kg·d)、43mg/(kg·d)，F0 雌性大鼠给药 0mg/(kg·d)、5mg/(kg·d)、13mg/(kg·d)、51mg/(kg·d)。结果显示，母代生殖和繁育的 NOAEL 值为 11mg/(kg·d)(雄)、13mg/(kg·d)(雌)[16]。在 Wistar 雄性和雌性大鼠交配前 1 周给予 100mg/L、300mg/L 及 1000mg/L 的敌稗，在子代(到 F3)中未发现生殖毒性，同时也未发现子代畸形[17]。使用纯度为 85.4%的敌稗对人工授精的新西兰大白兔(20 只/剂量)在妊娠 6~18d 进行灌胃，剂量为 0mg/(kg·d)(玉米油)、4mg/(kg·d)、20mg/(kg·d) 和 100mg/(kg·d)。结果发现，100mg/(kg·d) 处理组孕兔死亡率为 25%，孕兔 NOAEL=20mg/(kg·d)，子代发育 NOAEL＞100mg/(kg·d)(所有剂量未观察到对子代的影响)[17]。

(4)致癌性与致突变性

大鼠喂食暴露 100mg/L、400mg/L 及 1600mg/L 的敌稗两年，1600mg/L 实验组雄性大鼠 20 个月内死亡率增加，雌性大鼠血红蛋白水平显著降低，雌、雄大鼠均出现体重降低和脾脏体重比增加，未出现组织病理学改变。狗喂食暴露 100mg/L、600mg/L 及 3000mg/L 的敌稗两年，观察到的唯一效应为食物摄入率降低[17]。BR 大鼠饮食暴露 0mg/L、200mg/L、600mg/L 及 1800mg/L 敌稗(纯度为 96.5~98.5%)，持续暴露 104 周，慢性 NOAEL=200mg/L。1800mg/L 处理组雌性大鼠门齿变色发生率增加，体重下降；≥600mg/L 剂量下食物摄入率减少，红细胞比容(PCV)、红细胞计数(RBC)、血红蛋白(Hb)浓度值明显降低(雌性≥200mg/L，雄性≥600mg/L)。1800mg/L 处理组雌性和雄性均出现胆红素、尿素氮水平增加，甘油三酯水平降低，脾脏质量增加。1800mg/L 处理组出现肝脏质量和睾丸及附睾质量增加、脾脏肿大(雌性 1800mg/L，雄性≥600mg/L)，观察到明显的睾丸肿块(≥600mg/L)。≥600mg/L 处理组肝脏出现肉芽肿性炎症，胆管周围炎，褐色色素 Kupffer 细胞，胆管增生，嗜酸性粒细胞和嗜碱性粒细胞。1800mg/L 处理组出现睾丸间质增生、肾小管萎缩[15]。

【人类健康效应】

可能的肝、肾、脾、睾丸毒物，有一些证据提示为可能的人类致癌物(EPA)[1]。

中毒症状包括：局部刺激性和中枢神经系统抑制，口、食管和胃烧灼感、恶心、呕吐、咳嗽，其次是头痛、头晕、嗜睡[18]，可能引起氯痤疮[19]。进行为期两年的空中喷洒敌稗对于水稻田周边的居民免疫系统的影响研究，研究对象为住在离水稻田 100 码(91.44m)内的家庭,对照组为距离任何稻田超过一英里(1609.4m)的家庭,在喷药前、喷药后 5~7d 和采收后 3 个不同的时间段对成人和儿童的血液进行分析。结果发现,细胞总数及各种淋巴细胞百分数(T 细胞、B 细胞、CD_4^+辅助性细胞,CD_8^+抑制细胞)和自然杀伤(NK)细胞丝裂原诱导的细胞增殖、细胞因子(IL-2)数量和 NK 细胞功能在对照组和暴露组间无显著差别,但是一些免疫参数指标在不同的时间段存在差异。结果提示,住在水稻田旁边的居民没有产生由敌稗暴露导致的免疫功能改变[14]。

一名 57 岁的妇女摄入一杯敌稗(35%乳油),出现神志不清、反复呕吐、明显的黄疸症状。4d 之后在几乎所有的红细胞中观察到海因茨小体,诊断为高铁血红蛋白血症[14]。在 Karapitiya 教学医院诊治的 5 例敌稗中毒患者都出现高铁血红蛋白血症。第 1 例患者在治疗后仍然死于严重中毒,第 2 例需要换血及亚甲蓝治疗,第 3、第 4 和第 5 例患者轻度中毒,口服亚甲蓝治疗后好转[20]。

【危害分类与管制情况】

序号	毒性指标	PPDB 分类	PAN 分类[21]
1	高毒	否	否
2	致癌性	可能	可能(USEPA 分类)
3	致突变性	否	—
4	内分泌干扰性	疑似	疑似
5	生殖发育毒性	疑似	无有效证据
6	胆碱酯酶抑制性	否	否
7	神经毒性	否	—
8	呼吸道刺激性	无数据	—
9	皮肤刺激性	否	—
10	眼刺激性	是	—
11	地下水污染	—	潜在可能
12	国际公约或优控名录	列入欧盟环境内分泌干扰物名录	

注:PPDB 数据库由英国赫特福德郡大学农业与环境研究所开发;PAN 数据库来自北美农药行动网(PANNA);"—"表示无此项。

【限值标准】

每日允许摄入量(ADI)为 0.02mg/(kg bw·d),急性参考剂量(ARfD)为 0.07mg/(kg bw·d),操作者允许接触水平(AOEL)为 0.02mg/(kg bw·d)[1]。

参 考 文 献

[1] PPDB: Pesticide Properties DataBase. http://sitem.herts.ac.uk/aeru/ppdb/en/Reports/545.htm [2016-06-18].

[2] NITE. Chemical Risk Information Platform (CHRIP). Biodegradation and Bioconcentration. Tokyo, Japan: Natl Inst Tech Eval. http://www.safe.nite.go.jp/english/db.html [2012-06-12].

[3] Bartha R, Lanzilotta R P, Pramer D. Stability and effects of some pesticides in soil. Appl Microbiol, 1967, 15(1): 67-75.

[4] Chisaka H, Kearney P C. Metabolism of propanil in soils. J agric Food Chem, 1970, 18(5): 854-858.

[5] Meylan W M, Howard P H. Computer estimation of the atmospheric gas-phase reaction rate of organic compounds with hydroxyl radicals and ozone. Chemosphere, 1993, 26(12): 2293-2299.

[6] Moilanen K W, Crosby D G. Photodecomposition of 3′, 4′-dichloropropionanilide (propanil). J Agr Food Chem, 1972, 20(5): 950-953.

[7] Franke C, Studinger G, Berger G, et al. The assessment of bioaccumulation. Chemosphere, 1994, 29(7): 1501-1514.

[8] USDA. Agric Res Service. ARS Pesticide Properties Database on Propanil (709-98-8). http://www.ars.usda.gov/Services/docs.htm?docid=14199 [2012-06-12].

[9] Konstantinou I K, Zarkadis A K, Albanis T A. Photodegradation of selected herbicides in various natural waters and soils under environmental conditions. J Environ Qual, 2001, 30(1): 121-130.

[10] USEPA. Reregistration Eligibility Decision (RED) for Propanil (N-(3, 4-dichlorophenyl) propanamide). http://www. epa. gov/pesticides/reregistration/status. htm [2012-06-12].

[11] Lewis R J Sr. Sax's Dangerous Properties of Industrial Materials. 11th Ed. Hoboken: Wiley-Interscience, Wiley & Sons, Inc, 2004: 1216.

[12] MacBean C. The e-Pesticide Manual. 15th Ed. Ver. 5. 0. 1. Surrey: British Crop Protection Council, 2011—2012.

[13] National Research Council. Drinking Water and Health. Vol. 1. Washington DC: National Academy Press, 1977: 529.

[14] TOXNET (Toxicology Data Network). https://toxnet.nlm.nih.gov/cgi-bin/sis/search2/f?./temp/~19DR3Q:3 [2016-06-18].

[15] California Environmental Protection Agency/Department of Pesticide Regulation. Toxicology Data Review Summary for Propanil (709-98-8). http://www.cdpr.ca.gov/docs/risk/toxsums/toxsumlist.htm [2012-04-26].

[16] USEPA, Office of Prevention, Pesticides, and Toxic Substances. Revised HED Human Health Risk Assessment for Propanil (709-98-8) (February 2002). EPA Docket No. : EPA-HQ-OPP-2002-0033-0014. http://www.regulations.gov/#!home [2012-05-11].

[17] National Research Council. Drinking Water and Health. Vol. 1. Washington DC: National Academy Press, 1977: 532.

[18] Beste C E. Herbicide Handbook of the Weed Science Society of America. 5th ed. Champaign: Weed Science Society of America, 1983: 409.

[19] Kimbrough R D. Human health effects of selected pesticides, chloroaniline derivatives. J Environ Sci Health B, 1980, 15(6): 977-992.

[20] de Silva W A, Bodinayake C K. Propanil poisoning. Ceylon Med J, 1997, 42(2): 81-84.

[21] PAN Pesticides Database—Chemicals. http://www.pesticideinfo.org/Detail_Chemical. jsp?Rec_Id = PC34265 [2016-06-18].

敌草胺(napropamide)

【基本信息】

化学名称：*N,N*-二乙基-2-(1-萘氧基)丙酰胺

其他名称：草萘胺、萘丙安、*N,N*-二乙基-2-(α-萘氧基)丙酰胺

CAS 号：15299-99-7

分子式：$C_{17}H_{21}NO_2$

相对分子质量：271.35

SMILES：O=C(N(CC)CC)C(Oc2cccc1ccccc12)C

类别：酰胺类除草剂

结构式：

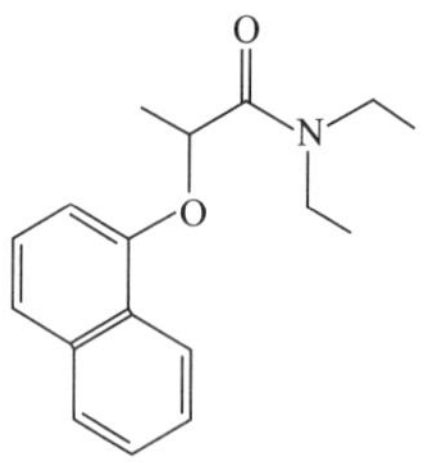

【理化性质】

无色至浅棕色固体，密度 1.18g/mL，熔点 74.8℃，沸点 316.7℃。水溶解度
(20℃)为 74.0mg/L。有机溶剂溶解度(20℃)：正庚烷，11100mg/L；丙酮，
440000mg/L；乙酸乙酯，290000mg/L；二氯甲烷，69200mg/L。辛醇/水分配系数
lgK_{ow}=3.3(pH=7, 20℃)。

【环境行为】

(1)环境生物降解性

好氧条件下，土壤中降解半衰期为 308d(实验室，20℃)、72d(田间)[1]。厌
氧条件下，土壤中降解半衰期为 51d[2]。生物降解性与敌草胺的添加浓度有关，
当添加浓度为 4μg/g 及 16μg/g 时，在 Gilat 土壤中的生物降解半衰期分别为

34~217d 及 156~436d；在 Neve Yaar 土壤中的生物降解半衰期分别为 108~507d 及 150~923d，降解速率随着土壤含水率增加而降低[3]。采用英国的土壤进行的研究获得了相同的结果[4]，表明生物降解十分缓慢。

(2)环境非生物降解性

在 25℃条件下，气态敌草胺与光化学反应产生的羟基自由基反应的速率常数为 $2.1×10^{-11}cm^3/(mol·s)$，大气中间接光解半衰期约 2h[5]。在 pH 为 7、25℃水溶液中，采用氙弧灯照射的光解半衰期为 5.7min[6]。水解不是主要降解途径，在 pH 为 7、20℃条件下，3~5 个月的水解率为 3%[4]。

(3)环境生物蓄积性

基于 K_{ow} 预测的 BCF 为 77，生物蓄积性中等[7]。

(4)土壤吸附/移动性

吸附系数 K_{oc} 为 218~839，提示在土壤中具有弱到中等移动性[8]。

【生态毒理学】

鸟类(山齿鹑)急性 LD_{50}>2250mg/kg，鱼类(虹鳟)96h LC_{50}=6.6mg/L、21d NOEC=1.1mg/L，溞类(大型溞)48h EC_{50}=14.3mg/L、21d NOEC=4.3mg/L，甲壳类(糠虾)96h LC_{50}=3.1mg/L，藻类(月牙藻)72h EC_{50}=3.4mg/L，蜜蜂接触 48h LD_{50}>100μg/蜜蜂、经口 48h LD_{50}>100μg/蜜蜂，蚯蚓(赤子爱胜蚓)14d LC_{50}=282mg/kg、繁殖 14d NOEC=30mg/kg[1]。

【毒理学】

(1)一般毒性

大鼠急性经口 LD_{50}>4680mg/kg，急性经皮 LD_{50}>2000mg/kg bw，急性吸入 LC_{50}>4.8mg/L[1]。

动物暴露 43.2%敌草胺，毒性症状包括腹泻、多泪、尿频、抑郁、流涎、体重快速减轻、血压降低等[2]。

(2)神经毒性

无信息。

(3)生殖发育毒性

无信息。

(4)致癌性与致突变性

无信息。

【人类健康效应】

可能具有肾毒性和肝毒性[1]。

【危害分类与管制情况】

序号	毒性指标	PPDB 分类	PAN 分类[2]
1	致癌性	否	否
2	致突变性	否	否
3	内分泌干扰性	无数据	无有效证据
4	生殖发育毒性	可能	无有效证据
5	胆碱酯酶抑制性	否	否
6	神经毒性	否	—
7	呼吸道刺激性	是	—
8	皮肤刺激性	否	—
9	眼刺激性	否	—
10	地下水污染	—	潜在可能
11	国际公约或优控名录	无	

注:PPDB 数据库由英国赫特福德郡大学农业与环境研究所开发;PAN 数据库来自北美农药行动网(PANNA);
"—"表示无此项。

【限值标准】

每日允许摄入量(ADI)为 0.3mg/(kg bw·d),操作者允许接触水平(AOEL)为 0.5mg/(kg bw·d) [1]。

参 考 文 献

[1] PPDB: Pesticide Properties DataBase. http://sitem.herts.ac.uk/aeru/ppdb/en/Reports/481.htm [2016-07-01].

[2] PAN Pesticides Database—Chemicals. http://www.pesticideinfo.org/Detail_Chemical. jsp?Rec_Id = PC105 [2016-07-01].

[3] Gerstl Z, Yaron B. Behavior of bromacil and napropamide in soils:Ⅰ. Adsorption and degradation. Soil Sci Soc Ame J, 1983, 47(3):474-478.

[4] TOXNET(Toxicology Data Network). https://toxnet.nlm.nih.gov/cgi-bin/sis/search2/f?./temp/~ tjWV2M:3:enex [2016-07-01].

[5] Meylan W M, Howard P H. Computer estimation of the atmospheric gas-phase reaction rate of

organic compounds with hydroxyl radicals and ozone. Chemosphere, 1993, 26(12): 2293-2299.

[6] Chang L L, Giang B Y, Lee K S, et al. Aqueous photolysis of napropamide. J Agric Food Chem, 1991, 39(3): 617-621.

[7] Hansch C, Leo A, Hoekman D. Exploring QSAR: Hydrophobic, Electronic, and Steric Constants. Washington DC: American Chemical Society, 1995: 150.

[8] USDA. ARS Pesticide Properties Database on Napropamide (15299-99-7). http://www.ars.usda. gov/Services/docs.htm?docid=14199 [2016-07-01].

敌草净(desmetryn)

【基本信息】

化学名称：1.3.5-三嗪-2,4-二胺

其他名称：杀蔓灵、地蔓尽

CAS 号：1014-69-3

分子式：$C_8H_{15}N_5S$

相对分子质量：213.3

SMILES：CNc1nc(NC(C)C)nc(SC)n1

类别：三嗪类除草剂

结构式：

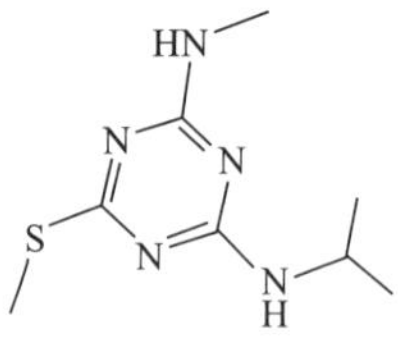

【理化性质】

白色晶状粉末，密度 1.18g/mL，熔点 84℃，沸点 339℃，饱和蒸气压 0.13mPa(25℃)。水溶解度(20℃)为 580mg/L。有机溶剂溶解度(20℃)：甲醇，300000mg/L；丙酮，230000mg/L；甲苯，200000mg/L；正己烷，2600mg/L。辛醇/水分配系数 lgK_{ow}=2.38(pH=7, 20℃)。

【环境行为】

(1)环境生物降解性

好氧条件下，土壤中降解半衰期为 9d(实验室, 20℃)[1]。

(2)环境非生物降解性

在 25℃条件下，与光化学反应产生的羟基自由基反应的速率常数约为 $2.1×10^{-11}cm^3/(mol \cdot s)$，当大气中羟基自由基浓度为 $5×10^5m^{-3}$ 时，间接光解半衰

期为 18h[2]。pH 为 7、20℃时，不水解[1]，pH 为 5~13、70℃时可发生缓慢水解[3]。

(3) 环境生物蓄积性

BCF 预测值为 6.5[4]，提示生物蓄积性弱。

(4) 土壤吸附/移动性

吸附系数 K_{oc} 为 150[1]、470[5]，提示在土壤中移动性中等。

【生态毒理学】

鸟类(鹌鹑)急性 LD_{50}＞10000mg/kg，鱼类(虹鳟)96h LC_{50}=2.2mg/L，溞类(大型溞)48h EC_{50}=45mg/L、21d NOEC=0.096mg/L，藻类(镰形纤维藻)72h EC_{50}=0.025mg/L，蜜蜂接触 48h LD_{50}＞101μg/蜜蜂、经口 48h LD_{50}＞197μg/蜜蜂，蚯蚓(赤子爱胜蚓)14d LC_{50}=160mg/kg[1]。

【毒理学】

(1) 一般毒性

大鼠急性经口 LD_{50}=1390mg/kg，急性经皮 LD_{50}＞2000mg/kg bw[1]。对家兔皮肤具有轻微的局部刺激作用[4]。

(2) 神经毒性

长期暴露 1/10 和 1/20 LD_{50} 剂量产生的中毒症状如下：中枢神经系统功能紊乱、血还原血红蛋白水平降低、尿中马尿酸水平降低；引起明显的实质器官和大脑、脑膜静脉淤血；引起肝、肾、脑神经节营养不良性变性[4]。

(3) 生殖发育毒性

无信息。

(4) 致癌性与致突变性

枯草芽孢杆菌 MA5 DNA 损伤检测呈阴性[6]。鼠伤寒沙门氏菌 TA1535、TA1537、TA1538、 TA98、TA100 在有或无代谢活化的条件下均无致突变性[4]。

【人类健康效应】

除大量摄入外，一般不会出现急性全身中毒，主要症状为眼、皮肤与呼吸道刺激[7]。

【危害分类与管制情况】

序号	毒性指标	PPDB 分类	PAN 分类[7]
1	高毒	否	否
2	致癌性	否	无有效证据
3	致突变性	无数据	—
4	内分泌干扰性	无数据	无有效证据
5	生殖发育毒性	无数据	无有效证据
6	胆碱酯酶抑制性	否	否
7	神经毒性	否	—
8	呼吸道刺激性	无数据	—
9	皮肤刺激性	否	—
10	眼刺激性	否	—
11	地下水污染	—	无有效证据
12	国际公约或优控名录	无	

注:PPDB 数据库由英国赫特福德郡大学农业与环境研究所开发;PAN 数据库来自北美农药行动网(PANNA);
"—"表示无此项。

【限值标准】

无信息。

参 考 文 献

[1] PPDB: Pesticide Properties DataBase. http://sitem.herts.ac.uk/aeru/ppdb/en/Reports/208.htm [2016-07-10].

[2] Meylan W M, Howard P H. Computer estimation of the atmospheric gas-phase reaction rate of organic compounds with hydroxyl radicals and ozone. Chemosphere, 1993, 26(12): 2293-2299.

[3] Tomlin C D S. The e-Pesticide Manual. 13th Ed. Ver. 3.1. Surrey: British Crop Protection Council, 2004.

[4] TOXNET (Toxicology Data Network). https://toxnet.nlm.nih.gov/cgi-bin/sis/search2/f?./temp/ ~ 3dJ5h8: 1 [2016-07-10].

[5] Lyman W J, Reehl W F, Rosenblatt D H. Handbook of Chemical Property Estimation Methods. Washington DC: American Chemical Society, 1990: 4-9.

[6] Shirasu Y, Moriya M, Kato K, et al. Mutagenicity screening of pesticides in the microbial system. Mutat Res, 1976, 40(1): 19-30.

[7] PAN Pesticides Database—Chemicals. http://www.pesticideinfo.org/Detail_Chemical.jsp?Rec_Id = PC37180 [2016-07-10].

敌草快二溴化物(diquat dibromide)

【基本信息】

化学名称：1,1′-亚乙基-2,2′-联吡啶二溴盐

其他名称：杀草快、1,1′-乙撑-2,2′-联吡啶鎓盐二溴化物

CAS 号：85-00-7

分子式：$C_{12}H_{12}N_2Br_2$

相对分子质量：343.95

SMILES：[Br–].[Br–].c2cccc3c1[n+](cccc1)CC[n+]23

类别：联吡啶类除草剂

结构式：

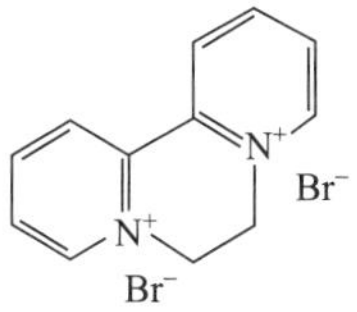

【理化性质】

无色或黄色晶体，密度 1.61g/mL，熔化、沸腾前分解，饱和蒸气压 0.01mPa(25℃)。水溶解度(20℃)为 718000mg/L。有机溶剂溶解度(20℃)：甲醇，25000mg/L；甲苯，100mg/L；乙酸乙酯，10mg/L；丙酮，100mg/L。辛醇/水分配系数 $\lg K_{ow}$= –4.6(pH=7, 20℃)。

【环境行为】

(1)环境生物降解性

在土壤中具有持久稳定性。好氧条件下，土壤中降解半衰期为 365d(20℃，实验室)、5500d(田间)[1]。在污水处理中长时间暴露难被微生物降解[2,3]。CO_2 产生试验表明，在沉积物-水系统中可以降解，但降解速率十分缓慢；在好氧和厌氧条件下，65d 后仅有 0.88%和 0.21%转变成 CO_2[4,5]。

(2)环境非生物降解性

在中性和酸性条件下稳定，在碱性条件下发生水解[6,7]。在 pH＞8.14 及 pH＜7.12 时，可以被氯氧化物和氯气迅速氧化，因此在氯化的偏碱性的饮用水中可以被快速去除[8]。水中较快光解，半衰期为 7d(pH=7)[1]，形成一种水溶性的相对稳定的自由基，溶液呈现深绿色[9]。

(3)环境生物蓄积性

BCF 为 0.6~1.4，提示生物蓄积性弱[10]。

(4)土壤吸附/移动性

土壤中吸附性较强[11]，吸附系数 K_{oc} 为 2184750[1]、353000[12]，提示在土壤中不移动。

【生态毒理学】

鸟类(绿头鸭)急性 LD_{50}=71mg/kg，鱼类(虹鳟)96h LC_{50}=67.0mg/L、鱼类(黑头呆鱼)21d NOEC=0.22mg/L，溞类(大型溞)48h EC_{50}=1.2mg/L、21d NOEC=0.125mg/L，甲壳类(糠虾)96h LC_{50}=2.0mg/L，藻类(月牙藻)72h EC_{50}＞0.011mg/L、藻类 96h NOEC=0.0068mg/L，蜜蜂接触 48h LD_{50}＞20.1μg/蜜蜂、经口 48h LD_{50}=50.7μg/蜜蜂，蚯蚓(赤子爱胜蚓)14d LC_{50}=94.3mg/kg[1]。

【毒理学】

(1)一般毒性

大鼠急性经口 LD_{50}=1000mg/kg，短期膳食暴露 NOAEL=8.9mg/kg，急性经皮 LD_{50}=2000mg/kg bw，急性吸入 LC_{50}＞0.5mg/L[1]。大鼠暴露于致死剂量的敌草快二溴化物几小时内无症状，随后出现瞳孔逐渐扩张，虹膜消失，6h 后光反射消失，24h 后出现昏睡、不进食，随后出现呼吸困难、体温下降、体重降低，2~13d 后死亡，超过 7d 可由严重的盲肠肿胀发展为腹部肿胀[13]。

(2)神经毒性

无信息。

(3)生殖发育毒性

新西兰白兔在妊娠 7~19d 暴露 26.2%的敌草快二溴化物，剂量为 0mg/(kg·d)、1mg/(kg·d)、3mg/(kg·d)、10mg/(kg·d)。10mg/(kg·d)处理组母体死亡率增加，体重增加降低，肠道、肝脏及血管组织病理学发生改变。所有剂量组出现胎儿骨化延迟，胎儿畸形增加。虽然畸形的表型不同，所有细胞改变的机理和机制相同[14]。

(4)致癌性与致突变性

小鼠给予两年 75mg/kg 的敌草快二溴化物饮食暴露，大鼠给予 2.6mg/L 的饮水暴露均未显示致癌作用。大鼠饮食暴露 720mg/kg 敌草快二溴化物，以及小鼠饮水暴露 1~4mg/kg 均显示了同样的研究结果[15]。

【人类健康效应】

具有潜在的肝、肾、胃、肠毒性，吸入可致死[1]。吸入可致口腔、喉咙、胸部、上腹部灼痛，肺水肿，胰腺炎，肾损害及中枢神经系统影响。皮肤接触可致双手干燥和开裂，指甲改变或脱落，溃疡和擦伤，以及腹泻、出血(有时)与中枢神经系统影响，包括头晕眼花、头痛、发热、肌痛、嗜睡和昏迷等症状。中毒还可能引发剧烈的恶心、呕吐和腹泻。死亡的原因通常是肺纤维化[12]。

有报道称，工人皮肤接触敌草快二溴化物，出现一个或多个指甲颜色改变且变软。该化合物的粉尘或烟雾导致流鼻血。烟雾可能引起皮肤过敏，刺激口腔和上呼吸道，导致咳嗽和胸痛[16]。敌草快二溴化物摄入还可引起脱水、黑便、呕血、胃肠溃疡、血清尿素氮和肌酐水平升高、无尿导致急性肾小管坏死[17]、伤口愈合延迟、消化道和呼吸系统功能紊乱、双侧性白内障，功能性肝和肾功能改变[18]。5 例摄入敌草快二溴化物存活 1 周或更长时间的患者并未出现胃纤维化[18]。

【危害分类与管制情况】

序号	毒性指标	PPDB 分类	PAN 分类[12]
1	高毒	否	是
2	致癌性	否	否
3	致突变性	否	—
4	内分泌干扰性	否	无有效证据
5	生殖发育毒性	否	无有效证据
6	胆碱酯酶抑制性	否	否
7	神经毒性	否	—
8	呼吸道刺激性	是	—
9	皮肤刺激性	是	—
10	眼刺激性	是	—
11	地下水污染	—	潜在可能
12	国际公约或优控名录	列入 PAN 名录	

注：PPDB 数据库由英国赫特福德郡大学农业与环境研究所开发；PAN 数据库来自北美农药行动网(PANNA)；"—"表示无此项。

【限值标准】

每日允许摄入量（ADI）为 0.0024mg/（kg bw·d），急性参考剂量（ARfD）为 0.024mg/（kg bw·d），操作者允许接触水平（AOEL）为 0.0024mg/（kg bw·d）[1]。美国饮用水一级标准浓度限值为 0.02mg/L（任何一次检测结果）[12]。

参 考 文 献

[1] PPDB: Pesticide Properties DataBase. http://sitem.herts.ac.uk/aeru/ppdb/en/Reports/256.htm. [2016-07-10].

[2] Thom N S, Agg A R. The breakdown of synthetic organic compounds in biological processes. Proc Roy Soc London, 1975, 189(1096): 347-357.

[3] Funderburk H H, Bozarth G A. Review of the metabolism and decompostion of diquat and paraquat. J Agric Food Chem, 1967, 15: 563-567.

[4] Simsiman G V, Chesters G. Persistence of diquat in the aquatic environment. Water Res, 1976, 10(2): 105-112.

[5] Weber J B. Interaction of organic pesticides with particulate matter in aquatic and soil systems. Adv Chem, 1972, 111: 55-120.

[6] Tomlin C, Council B C P. The Pesticide Manual—A World Compendium : Incorporating the Agrochemicals Handbook. Cambridge: The Royal Society of Chemistry, 1994.

[7] Beste C E. Herbicide Handbook of the Weed Science Society of America. 5th ed. Champaign: Weed Science Society of America, 1983.

[8] TOXNET（Toxicology Data Network）. https://toxnet.nlm.nih.gov/cgi-bin/sis/search2/f?./temp/~mJgrnf:1 [2016-07-10].

[9] Kearney P C, Kaufman D D. Degradation of Herbicides. New York: Marcel Dekker, 1969: 283-298.

[10] Chemicals Inspection and Testing Institute. Biodegradation and bioaccumulation data of existing chemicals based on the CSCL Japan. 1992.

[11] USEPA. R. E. D. Facts Database on Diquat Dibromide（85-00-7）. USEPA 738-F-95-015. http: // www. epa. gov/pesticides/reregistration/status. htm#top [2002-06-17].

[12] PAN Pesticides Database—Chemicals. http://www.pesticideinfo.org/Detail_Chemical.jsp?Rec_Id= PC33217 [2016-07-10].

[13] Clayton G D, Clayton F E. Patty's Industrial Hygiene and Toxicology. Vol. 2A, 2B, 2C: Toxicology. 3rd ed. New York: John Wiley and Sons, 1981—1982: 2752.

[14] California Environmental Protection Agency/Department of Pesticide Regulation. Toxicology Data Review Summaries. http://www.cdpr.ca.gov/docs/toxsums/toxsumlist.htm [2013-05-14].

[15] Bingham E, Cohrssen B, Powell C H. Patty's Toxicology. Vol. 1-9. 5th ed. New York: John Wiley and Sons, 2001, V4: 1242.

[16] Booth N H, McDonald L E. Veterinary Pharmacology and Therapeutics. 5th ed. Ames: Iowa State University Press, 1982: 561.

[17] USEPA. Recognition and Management of Pesticide Poisoning. EPA 540/9-80-005, 1982

[18] International Labour Office. Encyclopedia of Occupational Health and Safety. Vol. I, II. Geneva: International Labour Office, 1983: 1036.

敌草隆（diuron）

【基本信息】

化学名称：3-(3,4-二氯苯)-1,1-二甲基脲

其他名称：敌芜伦、N-(3,4-二氯苯基)-N',N'-二甲基脲、3-(3,4-二氯苯基)-1,1-二甲基脲、N'-(3,4-二氯苯基)-N,N-二甲基脲

CAS 号：330-54-1

分子式：$C_9H_{10}Cl_2N_2O$

相对分子质量：233.09

SMILES：Clc1ccc(NC(=O)N(C)C)cc1Cl

类别：苯基脲类除草剂

结构式：

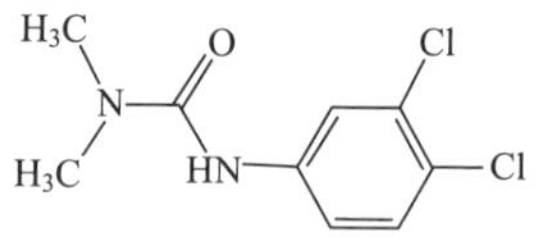

【理化性质】

白色粉末，密度 1.5g/mL，熔点 157℃，沸腾前分解，饱和蒸气压 $1.15×10^{-3}$mPa（25℃），水溶解度（20℃）为 35.6mg/L。有机溶剂溶解度（20℃）：丙酮，53600mg/L；二甲苯，1330mg/L；乙酸乙酯，21200mg/L；二氯甲烷，14400mg/L。辛醇/水分配系数 lgK_{ow}=2.87(pH=7, 20℃)。

【环境行为】

(1)环境生物降解性

好氧条件下，土壤中降解半衰期为 75.5d(20℃,实验室)、89d(田间)[1]。MITI 试验得 28d 耗氧量为 0%[2]，赞恩-惠伦斯(Zahn-Wellens)试验知 28d 生物降解率为 0%[3]。在自然土壤中的降解较慢且不完全[4]，具有中等持久性[1]。

(2)环境非生物降解性

在 25℃条件下，与光化学反应产生的羟基自由基反应的速率常数约为

$1.1 \times 10^{-11} cm^3/(mol \cdot s)$，当大气中羟基自由基浓度为 $5 \times 10^5 m^{-3}$ 时，间接光降解半衰期为1.5d[5]。pH 为7时水中光解半衰期为7d，对光稳定[1]。中性条件下不水解，酸性及碱性条件下可发生水解，主要水解产物为3,4-二氯苯胺[6]。

(3)环境生物蓄积性

鲤鱼暴露0.5mg/L 及0.05mg/L 敌草隆6周，BCF 分别为3.4~4.9 及2.9~14[2]；有报道称，鱼体 BCF 为9.45[1]，提示生物蓄积性弱。

(4)土壤吸附/移动性

吸附系数(K_{oc})为383[7]和813[1]，提示在土壤中具有中等移动性或轻微移动性。

【生态毒理学】

鸟类(山齿鹑)急性 LD_{50}=1104mg/kg、鱼类(杂色鳉)96h LC_{50}=6.7mg/L、鱼类(虹鳟)21d NOEC=0.41mg/L，溞类(大型溞)48h EC_{50}=5.7mg/L、21d NOEC=0.096mg/L，甲壳类(糖虾)96h LC_{50}=1.1mg/L，藻类(栅藻)72h EC_{50}=0.027mg/L，蜜蜂接触48h LD_{50}＞100μg/蜜蜂、经口48h LD_{50}＞100μg/蜜蜂，蚯蚓(赤子爱胜蚓)14d LC_{50}＞798mg/kg[1]。

【毒理学】

(1)一般毒性

大鼠急性经口 LD_{50}=437mg/kg，大鼠短期膳食暴露 NOAEL＞250mg/kg，急性经皮 LD_{50}＞5000mg/kg bw，急性吸入 LC_{50} 大于 0.26mg/L(气溶胶)或 7.1mg/L(尘)[1]。

大鼠口服敌草隆(剂量为 LD_{50} 范围)2h，出现共济失调、昏睡、呼吸缓慢，最终死亡。存活的大鼠出现急躁和反射亢进；24h 后，出现腹泻及尿频，食物和水摄入减少，体重降低。研究还发现大鼠出现体温过低、糖尿和蛋白尿，所有症状强度呈现明显的剂量-效应关系。大鼠死亡的最终原因是呼吸衰竭，48h 后存活大鼠出现明显好转，72h 后大部分毒性症状消失[8]。大鼠分别给予 10mg/(kg・d)、50mg/(kg・d)、250mg/(kg・d)及 500mg/(kg・d)暴露5d、5周、7周及13周，所有暴露组大鼠红细胞数目下降、血红蛋白含量增加。50mg/(kg・d)暴露组部分大鼠出现谷草转氨酶、碱性磷酸酶、血和尿亮氨酸氨基肽酶含量增加[9]。

(2)神经毒性

无信息。

(3)生殖发育毒性

雄性及雌性大鼠给予 0mg/L 及 125mg/L 的敌草隆，出现毒性症状[10]。Wistar

大鼠给予 125mg/kg、250mg/kg、500mg/kg 敌草隆，500mg/kg 暴露引起 15d 及 22d 孕鼠体重降低，并引起胎鼠体重显著降低。250mg/kg 暴露组子代异常率增加[11]。

(4)致癌性与致突变性

1250mg/L 和 2500mg/L 敌草隆显著增加小鼠膀胱和尿道上皮细胞增生发生率，且 2500mg/L 暴露组小鼠出现移行细胞癌。结果提示，敌草隆是膀胱肿瘤促进剂[9]。而 Grassi 等[12]的研究表明，敌草隆对大鼠肝脏肿瘤发生无促进作用。

【人类健康效应】

可能具有脾和肝毒性[1]。许多取代脲类可刺激眼睛、皮肤和黏膜，大量摄入可致咳嗽、气短、恶心、呕吐、腹泻、头痛及电解液紊乱；慢性暴露可致蛋白质代谢紊乱、中度肺气肿及体重减轻等 [13]。

受试人员前臂暴露敌草隆未发现明显皮肤损害[14]。一名 39 岁的妇女摄入含有 56%敌草隆及 30%杀草强的除草剂，未出现中毒症状，几小时后在其尿液中未检测到敌草隆，但是检测出了 1-(3,4-氯苯)脲及 1-(3,4-氯苯)-3-甲脲[8]。

【危害分类与管制情况】

序号	毒性指标	PPDB 分类	PAN 分类 [13]
1	高毒	否	否
2	致癌性	可能	是
3	致突变性	否	—
4	内分泌干扰性	疑似	疑似
5	生殖发育毒性	疑似	是
6	胆碱酯酶抑制性	否	否
7	神经毒性	否	—
8	呼吸道刺激性	是	—
9	皮肤刺激性	是	—
10	眼刺激性	是	—
11	地下水污染	—	是
12	国际公约或优控名录	列入 PAN 名录、欧盟内分泌干扰物名录、美国加州 65 种已知致癌物名录、美国有毒物质排放清单	

注:PPDB 数据库由英国赫特福德郡大学农业与环境研究所开发;PAN 数据库来自北美农药行动网(PANNA);"—"表示无此项。

【限值标准】

每日允许摄入量（ADI）为 0.007mg/（kg bw・d），急性参考剂量（ARfD）为 0.016mg/（kg bw・d），操作者允许接触水平（AOEL）为 0.007mg/（kg bw・d）[7]。

参 考 文 献

[1] PPDB: Pesticide Properties DataBase. http://sitem.herts.ac.uk/aeru/ppdb/en/Reports/260.htm [2016-07-10].

[2] NITE. Chemical Risk Information Platform（CHRIP）. Biodegradation and Bioconcentration. Tokyo, Japan: Natl Inst Tech Eval. http://www.safe.nite.go.jp/english/db.html [2010-04-14].

[3] Lapertot M E, Pulgarin C. Biodegradability assessment of several priority hazardous substances: Choice, application and relevance regarding toxicity and bacterial activity. Chemosphere, 2006, 65（4）: 682-690.

[4] Albers C N, Banta G T, Hansen P E, et al. Effect of different humic substances on the fate of diuron and its main metabolite 3, 4-dichloroaniline in soil. Environ Sci Tech, 2008, 42（42）: 8687-8691.

[5] Meylan W M, Howard P H. Computer estimation of the atmospheric gas-phase reaction rate of organic compounds with hydroxyl radicals and ozone. Chemosphere, 1993, 26（12）: 2293-2299.

[6] Giacomazzi S, Cochet N. Environmental impact of diuron transformation: A review. Chemosphere, 2004, 56（56）: 1021-32.

[7] Rao P S C, Davidson J M. Retention and transformation of selected pesticides and phosphorus in soil-water systems: A critical review. USEPA-600/53-82-060. 1982.

[8] Hayes W J, Laws E R. Handbook of Pesticide Toxicology. Vol. 3: Classes of Pesticides. New York: Academic Press, 1991: 1349.

[9] TOXNET（Toxicology Data Network）. https://toxnet.nlm.nih.gov/cgi-bin/sis/search2/f?./temp/ ~ Pa0Ejr:3 [2016-07-10].

[10] European Commission, ESIS. IUCLID Dataset, Diuron （330-54-1） p.19 （2000 CD-ROM edition）. http: //esis. jrc. ec. europa. eu/ [2010-06-02].

[11] Khera K S, Whalen C, Trivett G, et al. Teratogenicity studies on pesticidal formulations of dimethoate, diuron and lindane in rats. Bull Environ Contam Toxicol, 1979, 22（1）: 522-529.

[12] Grassi T F, Tararam C A, Spinardi-Barbisan A L, et al. Diuron lacks promoting potential in a rat liver bioassay. Toxicol Pathlol, 2007, 35（7）: 897-903.

[13] PAN Pesticides Database—Chemicals. http://www.pesticideinfo.org/Detail_Chemical.jsp?Rec_Id= PC33293 [2016-07-10].

[14] European Commission, ESIS. IUCLID Dataset, Diuron （330-54-1） p. 20 （2000 CD-ROM edition）. http://esis.jrc.ec.europa.eu/ [2010-06-02].

碘苯腈(ioxynil)

【基本信息】

化学名称：4-羟基-3,5-二碘苯腈

其他名称：碘草腈

CAS 号：1689-83-4

分子式：$C_7H_3I_2NO$

相对分子质量：370.92

SMILES：Ic1cc(C#N)cc(I)c1O

类别：氰基酚类除草剂

结构式：

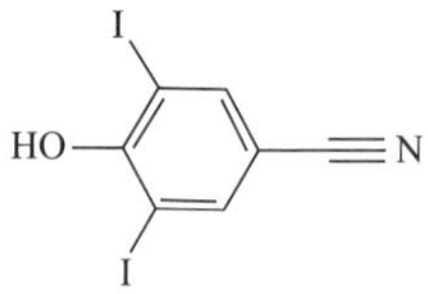

【理化性质】

白色晶状固体，密度 2.71g/cm³，熔点 207.8℃，沸点 282.6℃，饱和蒸气压 3.0mPa(25℃)，水溶解度(20℃)为 3034mg/L。有机溶剂溶解度(20℃)：丙酮，73500mg/L；甲醇，22200mg/L；二甲苯，5800mg/L；正庚烷，37500mg/L。辛醇/水分配系数 $\lg K_{ow}$ =2.2(pH=7，20℃)，亨利常数为 1.50×10^{-5} Pa·m³/mol(25℃)。

【环境行为】

(1)环境生物降解性

土壤中降解半衰期小于两周，主要降解产物为辛酰碘苯腈[1]。好氧条件下，土壤中降解半衰期为 6d(实验室，20℃)[2]。

(2)环境非生物降解性

根据结构估算，碘苯腈与光化学反应产生的羟基自由基反应的速率常数约为 $2.2×10^{-13}$ cm³/(mol·s)(25℃)，大气中间接光解半衰期约为 75d[3]。pH 为 7 时，

水中光解半衰期为 $5d^{[2]}$。20℃、pH 为 7 时水解稳定，22℃、pH 为 5~9 时 10d 内不水解[2]。

(3) 环境生物蓄积性

BCF 估测值为 3，鱼体 BCF 测定值为 29，表明生物蓄积性弱[2]。

(4) 土壤吸附/移动性

Freundlich 吸附系数 K_{foc} 为 303mL/g，欧盟登记资料显示 K_{foc} 为 112~633mL/g，在土壤中具有中等移动性[2]。

【生态毒理学】

鸟类（山齿鹑）急性 LD_{50}= 62mg/kg，鱼类（虹鳟）96h LC_{50}=8.5mg/L、21d NOEC=3.2mg/L，溞类（大型溞）48h EC_{50}=3.9mg/L、21d NOEC=0.013mg/L，藻类 72h EC_{50}=24mg/L，蜜蜂经口 48h LD_{50}=10.1μg/蜜蜂，蚯蚓（赤子爱胜蚓）14d LC_{50}＞60mg/kg[2]。

【毒理学】

(1) 一般毒性

大鼠急性经口 LD_{50}= 130mg/kg，急性经皮 LD_{50}=1050mg/kg bw，急性吸入 LC_{50} =0.38mg/L，大鼠短期膳食暴露 NOAEL=1mg/kg。可能具有甲状腺毒性，可能会导致肠胃炎、发热和高烧[2]。

90d 喂食试验结果表明，111mg/kg 的喂食暴露对大鼠的生长率、行为学及组织病理学无不良影响[4]。

(2) 神经毒性

无信息。

(3) 生殖发育毒性

无信息。

(4) 致癌性与致突变性

四种鼠伤寒沙门氏菌菌株 TA1535、TA1536、TA1537 和 TA1538 在代谢活性条件下，均无致突变性[5]。

【人类健康效应】

可能的甲状腺毒物，可引起肠胃炎、发热和高烧[2]。轻度至中度中毒症状：可能导致瞳孔缩小、眼睛或皮肤刺激、出汗、心动过速、呼吸急促、头痛、兴奋、激动、虚弱、意识混乱、呕吐、腹泻、酸中毒、肌痛、肝脏酶活性升高。严重的毒性反应：可引起出血、横纹肌溶解综合征、晕厥、脑水肿、肺水肿、癫痫发作、心脏骤停、昏迷和死亡[6]。4 名碘苯腈生产工人突发亚急性中毒，症状包括：过度出汗导致体重减轻、发热、呕吐；尿中硫氰酸酶、谷草转氨酶、肌酸激酶、乳酸脱氢酶、醛缩酶水平升高。其中 3 名出现尿硫氰酸盐含量升高（15~40mg/L）[5]。摄入 2~3g 碘苯腈可致成人在 45min 发生死亡。

【危害分类与管制情况】

序号	毒性指标	PPDB 分类	PAN 分类[7]
1	高毒	否	否
2	致癌性	否	无有效证据
3	致突变性	是	疑似
4	生殖发育毒性	疑似	无有效证据
5	内分泌干扰性	是	疑似
6	胆碱酯酶抑制性	否	否
7	神经毒性	否	—
8	呼吸道刺激性	否	—
9	皮肤刺激性	—	—
10	眼刺激性	是	—
11	国际公约或优控名录	列入欧盟内分泌干扰物名录	

注：PPDB 数据库由英国赫特福德郡大学农业与环境研究所开发；PAN 数据库来自北美农药行动网（PANNA）；"—"表示无此项。

【限值标准】

每日允许摄入量（ADI）为 0.005mg/（kg bw・d），急性参考剂量（ARfD）为 0.04mg/（kg bw・d），操作者允许接触水平（AOEL）为 0.01mg/（kg bw・d）[3]。

参 考 文 献

[1] Kearney P C, Kaufman D D. Herbicides: Chemistry, Degradation and Mode of Action. Vol. 1-2. 2nd ed. New York: Marcel Dekker, 1975: 584.

[2] PPDB: Pesticide Properties DataBase. http://sitem.herts.ac.uk/aeru/ppdb/en/Reports/402.htm [2016-08-11].

[3] Nolte J, Heimlich F, Graß B, et al. Studies on the behaviour of dihalogenated hydroxybenzonitriles

in water. Fresenius J Anal Chem, 1995, 351: 88-91.

[4] Spencer E Y. Guide to the Chemicals Used in Crop Protection. 7th ed. Ottawa: Agriculture Canada, 1982: 335.

[5] TOXNET（Toxicology Data Network）. https://toxnet.nlm.nih.gov/cgi-bin/sis/search2/f?./temp/ ~ EIbXtS: 1: human [2016-08-11].

[6] Beste C E. Herbicide Handbook of the Weed Science Society of America. 5th ed. Champaign: Weed Science Society of America, 1983: 275.

[7] PAN Pesticides Database—Chemicals. http://www.pesticideinfo.org/Detail_Chemical.jsp?Rec_Id= PC33032 [2016-08-11].

丁草胺(butachlor)

【基本信息】

化学名称：2-氯-*N*-(2,6-二乙基苯基)-*N*-(丁氧甲基)乙酰胺

其他名称：马歇特、灭草特、去草胺、新马歇特、丁草锁、丁基拉草

CAS 号：23184-66-9

分子式：$C_{17}H_{26}ClNO_2$

相对分子质量：311.85

SMILES：CCCCOCN(C1=C(C=CC=C1CC)CC)C(=O)CCl

类别：酰胺类除草剂

结构式：

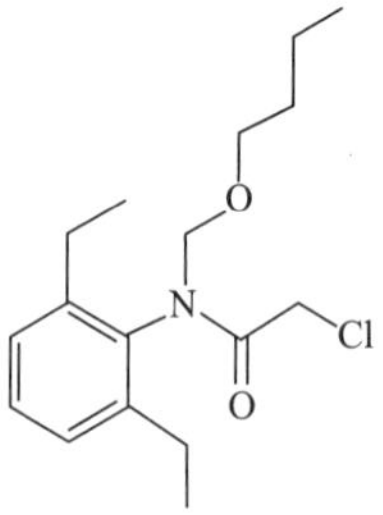

【理化性质】

淡黄色油状液体，具有微芳香味。密度 1.08g/mL，熔点–0.55℃，沸点 156℃，饱和蒸气压 0.24mPa(25℃)。水溶解度(20℃)为 20mg/L，易溶于多种有机溶剂。辛醇/水分配系数 lgK_{ow}=4.5(pH=7, 20℃)，亨利常数为 $3.74×10^{-3}$ Pa・m³/mol（25℃）。

【环境行为】

(1)环境生物降解性

好氧条件下，土壤中好氧降解半衰期为 56d(20℃,实验室)[1]。两种土壤真菌在 pH 为 5.2 的 0.02mol/L KH$_2$PO$_4$ 缓冲溶液中能有效降解丁草胺，同时至少可以生成 30~32 种可以被 GC-MS 检测出的降解生物，主要降解途径包括脱氯作用

(dechlorination)、羟基化作用(hydroxylation)、脱氢作用(dehydrogenation)、甲氧基脱丁烷支链(debutoxymethylation)、氮端脱烃基作用(N-dealkylation)、氧端脱烃基作用(O-dealkylation)及环化作用(cyclization)[2]。

土壤的湿度、有机质含量对丁草胺降解的影响很大，丁草胺在不同土壤中的降解符合一级动力学方程。半衰期大小依次为淹水土(30.73d)＞湿土(16.02d)＞大田旱土(13.13d)[3]。在水稻田中的降解半衰期为2.67~5.33d[4]，在旱地土壤中的降解半衰期为13.36~3.92d[5]。

(2)环境非生物降解性

25℃，pH为4、7、10时的水解半衰期分别为630d、115d、1155d[6]。

(3)环境生物蓄积性

鱼体BCF为2.4，提示生物蓄积性弱[1]。

(4)土壤吸附/移动性

吸附系数(K_{oc})为700[1]。在北京壤土和河北白洋淀砂土中的移动相对值R_f分别为0.031[7]和0.032[8]，提示在土壤中具有轻微移动性。

【生态毒理学】

鸟类(绿头鸭)急性LD_{50}＞4640mg/kg，鱼类(蓝鳃太阳鱼)96h LC_{50}＞0.44mg/L，溞类(大型溞)48h EC_{50}＞2.4mg/L，藻类(月牙藻)72h EC_{50}＞0.2mg/L，蜜蜂接触48h LD_{50}＞100μg/蜜蜂、经口48h LD_{50}＞100μg/蜜蜂，蚯蚓(赤子爱胜蚓)14d LC_{50}=0.515mg/kg[1]。

【毒理学】

(1)一般毒性

大鼠急性经口LD_{50}=2000mg/kg，急性经皮LD_{50}＞13000mg/kg bw，急性吸入LC_{50}=3.34mg/m³[1]。

动物染毒后症状出现缓慢，先有短暂轻度兴奋症状，之后大多数动物表现为精神萎靡、呆滞，活动减少，步态蹒跚，症状较重者眼、口、鼻有分泌物，最后出现潮式呼吸，因呼吸停止而死亡，死亡时间多出现在24~48h内，剂量越大，死亡越早[9]。

(2)神经毒性

无信息。

(3)生殖发育毒性

大鼠和兔的发育毒性试验中，暴露剂量水平分别为49~490mg/(kg·d)和

50~250mg/(kg·d)。结果发现，对于大鼠，最高剂量组观察到母体的毒性，但对胎鼠无影响。对于兔子，在母体毒性的剂量水平[150~250mg/(kg·d)]内，胎儿体重略有下降。对母体和胎儿的无作用剂量为 50mg/(kg·d)。在 100~3000mg/kg剂量范围膳食暴露丁草胺，对连续两代的母体繁殖或幼仔存活无不良影响[10]。

(4) 致癌性与致突变性

大鼠两年饲喂试验，在试验剂量内，对动物未见致突变和致畸作用。无作用剂量（NOAEL）小于 100mg/kg，不发生肿瘤的剂量为 100mg/kg。狗两年喂饲试验，NOAEL 为 1000mg/kg，高剂量时，试验动物有肝、肾损伤[8]。

雌性 SD 大鼠膳食暴露 0mg/kg、100mg/kg、1000mg/kg 和 3000mg/kg 丁草胺，探讨肿瘤形成机制的长期试验显示，14d 到 26 个月所有时间点检测到颈部和胃底黏膜区增殖细胞增加。从第 30 天开始胃底黏膜厚度下降，至 20~26 个月时胃底黏膜厚度下降至原来的一半。21 个月时，最高剂量组大鼠胃液 pH 升高到对照组的近两倍，3000mg/kg 组动物的胃酸分泌显著减少，1000mg/kg 组动物的胃酸分泌量中度下降。120d 时 3000mg/kg 组动物开始出现高胃泌素血症，18 个月时达到极高水平。所有的变化只涉及胃底区，即肿瘤形成处。肿瘤只发生在 3000mg/kg暴露组动物身上，在此浓度水平动物发生高胃泌素血症[11]。

Ames、骨髓微核及睾丸染色体试验结果均为阴性[12]。Hill 等[13]报道氯乙酰苯胺类除草剂的二烃苯醌亚胺等代谢物能诱导人工培养的人类淋巴细胞的姐妹染色体产生交换。

【人类健康效应】

美国 EPA：可能的人类致癌物[1]。对丁草胺生产工人健康状况的调查显示，观察组自觉症状中记忆力减退的发生率明显高于对照组；体检发现观察组出现皮肤干燥、鼻炎、嗅觉迟钝、白细胞减少等的数量明显高于对照组[14]。

【危害分类与管制情况】

序号	毒性指标	PPDB 分类	PAN 分类[15]
1	高毒	否	否
2	致癌性	可能（USEPA）	2B（USEPA）
3	内分泌干扰性	无数据	无有效证据
4	生殖发育毒性	无数据	无有效证据
5	胆碱酯酶抑制性	否	否
6	神经毒性	无数据	—

续表

序号	毒性指标	PPDB 分类	PAN 分类[15]
7	呼吸道刺激性	无数据	—
8	皮肤刺激性	无数据	—
9	眼刺激性	无数据	—
10	国际公约或优控名录	列入 PAN 名录	

注：PPDB 数据库由英国赫特福德郡大学农业与环境研究所开发；PAN 数据库来自北美农药行动网(PANNA)；
"—"表示无此项。

【限值标准】

每日允许摄入量(ADI)为 0.1mg/(kg bw · d) [16]。

参 考 文 献

[1] PPDB: Pesticide Properties DataBase. http://sitem.herts.ac.uk/aeru/ppdb/en/Reports/101.htm [2016-08-11].

[2] Chakraborty S K, Bhattacharyya A. Degreation of butachlor by two soil fungi. Chemosphere, 1991, 23(1): 99-105.

[3] 周建平, 张大弟. 丁草胺在土壤中的残留降解及对蔬菜生长的影响. 上海环境科学, 1991, 10(10): 34-36.

[4] 俞康宁, 戚澄九, 唐柯. 稻田环境与除草剂去草胺降解速率的关系. 环境科学学报, 1993, 13(2): 169-173.

[5] 陈一安, 林党恩, 林应椿. 丁草胺在旱地土壤中残留降解动态. 福建农业科技, 1994, (2): 9.

[6] 郑和辉, 叶常明. 乙草胺和丁草胺的水解及其动力学. 环境化学, 2001, 20(2): 168-171.

[7] 郑和辉, 叶常明. 乙草胺和丁草胺在土壤中的移动性. 环境科学, 2001, 22(5): 117-121.

[8] 姚斌, 徐建民, 张超兰. 除草剂丁草胺的环境行为综述. 生态环境学报, 2003, 12(01): 66-70.

[9] 吴中亮, 梁文忠, 陈家堃, 等. 新型除草剂丁草胺的急性毒性研究. 职业医学, 1987(02): 2-3.

[10] Krieger R. Handbook of Pesticide Toxicology. Vol. 2. 2nd ed. San Diego: Academic Press, 2001: 1551.

[11] Thake D C, Iatropoulos M J, Hard G C, et al. A study of the mechanism of butachlor-associated gastric neoplasms in Sprague-Dawley rats. Exp Toxicol Pathol, 1995, 47 (2-3): 107-116.

[12] 姚宝玉, 王捷, 于峰, 等. 乙草胺致癌病理学试验的评价. 毒理学杂志, 2000, 14(04): 216-217.

[13] Hill A B, Jefferies P R, Quistad G B, et al. Dialkylquinoneimine metabolites of chloroacetanilde herbicides induce sister chromatid exchange in cultured human lymphocytes. Mutat Res, 1997,

　　　　12（395）：159-171.

[14] 万仲希. 丁草胺生产工人健康状况的调查. 化工劳动保护: 工业卫生与职业病分册, 1991,
　　　　（1）：22.

[15] PAN Pesticides Database—Chemicals. http://www.pesticideinfo.org/Detail_Chemical.jsp?Rec_Id=
　　　　PC35869 [2016-08-11].

[16] 张丽英, 陶传江. 农药每日允许摄入量手册. 北京: 化学工业出版社, 2015.

啶嘧磺隆(flazasulfuron)

【基本信息】

化学名称：*N*-(4,6-二甲氧基-2-嘧啶基氨基羰基)-3-(三氟甲基)-2-吡啶磺酰胺

其他名称：暖锄净、暖百秀、草坪清、暖百清、绿坊、金百秀、秀百宫

CAS 号：104040-78-0

分子式：$C_{13}H_{12}F_3N_5O_5S$

相对分子质量：407.33

SMILES：O=C(Nc1nc(OC)cc(OC)n1)NS(=O)(=O)c2ncccc2C(F)(F)F

类别：磺酰脲类除草剂

结构式：

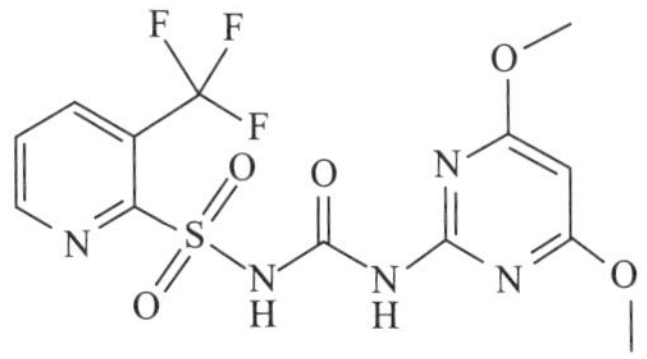

【理化性质】

　　白色晶状粉末，密度 1.81g/mL，熔点 180℃，沸腾前分解，饱和蒸气压 0.0133mPa(25℃)。水溶解度(20℃)为 2100mg/L。有机溶剂溶解度(20℃)：正己烷，0.5mg/L；甲苯，560mg/L；二氯甲烷，22100mg/L；乙酸乙酯，6900mg/L。辛醇/水分配系数 $\lg K_{ow} = -0.06(pH=7, 20℃)$，亨利常数为 $2.58×10^{-6}Pa·m^3/mol(20℃)$。

【环境行为】

(1)环境生物降解性

好氧条件下，土壤中降解半衰期为 41.2d(20℃，实验室)、10d(田间)[1]。

(2)环境非生物降解性

30℃时，啶嘧磺隆水溶液不稳定，其水解率与 pH 有关。pH 在 6~9 时水解速率最小，而在酸性(pH≤6)条件，尤其是在碱性 (pH≥9)条件下，水解较快。在

30℃、pH 分别为 10 和 11 时，水解半衰期分别为 1.3d 和 0.19d[2]。

(3)环境生物蓄积性

基于 lgK_{ow}＜3，生物蓄积性弱[1]。

(4)土壤吸附/移动性

吸附系数 K_{oc}＝46，提示在土壤中移动性中等[1]。

【生态毒理学】

鸟类(山齿鹑)急性 LD_{50}＞2000mg/kg，鱼类(虹鳟)96h LC_{50}=22mg/L、21d NOEC=5mg/L，溞类(大型溞)48h EC_{50}＞25mg/L、21d NOEC= 6.25mg/L，藻类(月牙藻)72h EC_{50}=0.014mg/L、96h NOEC=0.05mg/L，蜜蜂接触 48h LD_{50}＞100μg/蜜蜂、经口 48h LD_{50}＞100μg/蜜蜂，蚯蚓 14d LC_{50}＞15.75mg/kg[1]。

【毒理学】

(1)一般毒性

大鼠急性经口 LD_{50}＞5000mg/kg，大鼠急性经皮 LD_{50}＞2000mg/kg bw，大鼠急性吸入 LC_{50}＞5.59mg/L，大鼠短期膳食暴露 NOAEL=11.7mg/kg。对兔皮肤无刺激，对兔眼睛有中等刺激，对豚鼠皮肤无过敏刺激[1]。

亚慢性毒性研究结果发现，啶嘧磺隆对 SD 大鼠亚慢性经口毒性研究中未观察到有害作用的浓度(NOAEL)为：雌雄，330mg/kg；即雄性，(27.90±2.02)mg/(kg·d)；雌性，(30.48± 2.49)mg/(kg·d)；毒性作用的靶器官为肝脏和肾脏[3]。

(2)神经毒性

7 周龄的 SD 大鼠给予单次灌胃暴露 0mg/kg bw、50mg/kg bw、1000mg/kg bw 和 200mg/kg bw 的啶嘧磺隆，观察 14d。试验发现，试验动物未发生死亡，雄性大鼠未观察到异常的临床表现。暴露组雄性大鼠的生殖器染色，粪便减少，眼睛周围、嘴和前爪出现干红物质。暴露组雌、雄大鼠功能观察组合试验(FOB)结果显示，平均前肢、后肢握力和平均足扩散结果与对照组无差异。中、高剂量暴露组雌、雄大鼠平均运动活动显著降低。基于上述结果，神经毒性 NOAEL 为 50mg/kg bw，LOAEL 为 1000mg/kg bw[4]。

(3)生殖发育毒性

对大鼠生殖毒性——流产率增加的 LOAEL 为 450mg/(kg·d)，NOAEL 为 150mg/(kg·d)。基于子代体重和骨化延迟的 LOAEL 为 1000mg/(kg·d)，NOAEL 为 300mg/(kg·d)[5]。

(4)致癌性与致突变性

Ames 试验、Rec 试验、染色体畸变试验均为阴性[6]。

【人类健康效应】

可能的肝、肾和血液毒物[1]。除大量摄入外，一般不会出现全身中毒。急性暴露刺激眼、皮肤、黏膜，可引起咳嗽、气促、恶心、呕吐、腹泻、头痛、电解质紊乱等症状。慢性暴露可致蛋白质代谢紊乱、中度肺气肿及体重减轻(同其他脲类除草剂)[6]。

【危害分类与管制情况】

序号	毒性指标	PPDB 分类	PAN 分类[7]
1	高毒	否	否
2	致癌性	否	无有效证据
3	内分泌干扰性	—	无有效证据
4	生殖发育毒性	是	无有效证据
5	胆碱酯酶抑制性	否	否
6	神经毒性	否	—
7	呼吸道刺激性	是	—
8	皮肤刺激性	是	—
9	眼刺激性	是	—
10	国际公约或优控名录	无	

注：PPDB 数据库由英国赫特福德郡大学农业与环境研究所开发；PAN 数据库来自北美农药行动网(PANNA)；"—"表示无此项。

【限值标准】

每日允许摄入量(ADI)为 0.013mg/(kg bw·d)，操作者允许接触水平(AOEL)为 0.02mg/(kg bw·d)[1]。

参 考 文 献

[1] PPDB: Pesticide Properties Data Base. http://sitem.herts.ac.uk/aeru/ppdb/en/Reports/319.htm [2016-08-11].

[2] 黄雅丽, 顾刘金, 杨校华, 等. 啶嘧磺隆的亚慢性毒性研究. 毒理学杂志, 2008, 22(02):

135-136.

[3] 张翼翾. 啶嘧磺隆的醇解、水解以及在不同矿物上的降解. 世界农药, 2004, 26(4): 31-34.

[4] USEPA/OPPTS. Health Effects Division Records Center Series 361 Science Reviews File R124315 on Flazasulfuron（CAS # 104040-78-0）. p.17（November 16, 2005）. http://www. epa.gov/ pesticides/chem_search/hhbp/R124315.pdf [2011-06-16].

[5] USEPA/OPPTS. Health Effects Division Records Center Series 361 Science Reviews File R124315 on Flazasulfuron（CAS # 104040-78-0）. p. 42-43（November 16, 2005）. http://www. epa.gov/pesticides [2011-06-16].

[6] USEPA/OPPTS. Health Effects Division Records Center Series 361 Science Reviews File R124315 on Flazasulfuron（CAS # 104040-78-0）. p. 15-16（November 16, 2005）. http://www. epa.gov/pesticides [2011-06-16].

[7] PAN Pesticides Database—Chemicals. http://www.pesticideinfo.org/Detail_Chemical.jsp?Rec_Id= PC39200 [2016-08-11].

毒草胺(propachlor)

【基本信息】

化学名称：α-氯代-N-异丙基乙酰替苯胺

其他名称：毒草安

CAS 号：1918-16-7

分子式：$C_{11}H_{14}ClNO$

相对分子质量：211.69

SMILES：ClCC(=O)N(c1ccccc1)C(C)C

类别：氯乙酰苯胺类除草剂

结构式：

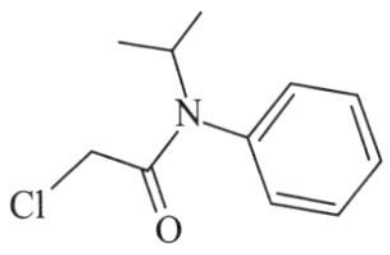

【理化性质】

淡黄褐色固体，密度 1.13g/mL，熔点 77℃，饱和蒸气压 30.6mPa(25℃)，水溶解度(20℃)为 580mg/L。有机溶剂溶解度(20℃)：丙酮，353900mg/L；二甲苯，205500mg/L；甲苯，296100mg/L；苯，655900mg/L。辛醇/水分配系数 $\lg K_{ow}$ =1.6(pH= 7，20℃)，亨利常数为 3.65×10^{-3}Pa·m³/mol(20℃)。

【环境行为】

(1)环境生物降解性

25℃恒温条件下，在江西红壤、东北黑土和太湖水稻土中的降解半衰期分别为 46.5d、11.0d、6.4d，降解速率次序为：太湖水稻土＞东北黑土＞江西红壤，即毒草胺在偏酸性、有机质含量较低的江西红壤中降解最慢，在有机质含量较高的太湖水稻土与东北黑土中降解较快[1]。在微生物作用下，毒草胺分子中的氮与芳香环之间的键容易断裂，其从而成为微生物的碳源和能源。微生物降解是土壤中毒草胺消解的主要途径，而土壤的微生物活性是影响毒草胺降解速率的主要因素[2]。

(2)环境非生物降解性

25℃,pH 为 5、7、9 条件下,水解半衰期分别为 147.5d、173.3d 和 239.0d;50℃,pH 为 5、7、9 条件下,水解半衰期分别为 15.2d、27.0d、42.3d[1]。

在 4000lx、$25\mu W/cm^2$ 的氙灯光源下,水中毒草胺的光解作用符合一级动力学方程,其光解速率常数为 $0.277h^{-1}$,光解半衰期为 2.5h[1]。

(3)环境生物蓄积性

鱼体 BCF 测定值为 37,提示生物蓄积性弱[3]。

(4)土壤吸附/移动性

吸附系数 K_{oc} 为 80[1],Freundlich 吸附系数 K_f 为 0.34~2.96[4],提示土壤中移动性为中等至强。

【生态毒理学】

鸟类(山齿鹑)急性 LD_{50} = 91mg/kg,鱼类(虹鳟)96h LC_{50} = 0.17mg/L,溞类(大型溞)48h EC_{50} = 7.8mg/L,藻类 72h EC_{50}= 0.015mg/L、96h NOEC=0.01mg/L,蜜蜂经口 48h LD_{50} = 197μg/蜜蜂,蚯蚓 14d LC_{50} =218mg/kg[3]。

【毒理学】

(1)一般毒性

大鼠急性经口 LD_{50}=550mg/kg,大鼠急性经皮 LD_{50}＞200000mg/kg,大鼠急性吸入 LC_{50}=1.2mg/L,大鼠短期膳食暴露 NOAEL=5.4mg/kg;具有强眼刺激和皮肤刺激作用,肝脏和肾脏是其作用的靶器官[3]。

(2)神经毒性

SD 大鼠单次暴露剂量为 0mg/kg、175mg/kg、350mg/kg 和 700mg/kg 的毒草胺,结果发现 700mg/kg 剂量组雌性大鼠出现死亡,出现的临床症状如八字脚、肌阵挛性、轻微的异常步态和前肢握力下降提示毒草胺有系统毒性或神经毒性[5]。

(3)生殖发育毒性

SD 大鼠两代生殖试验研究,毒草胺喂食暴露剂量为 0mg/kg、100mg/kg[相当于雄性 7.1mg/(kg·d),雌性 8.2mg/(kg·d)]、1000mg/kg[相当于雄性 69.6mg/(kg·d),雌性 80.1mg/(kg·d)]、2500mg/kg[雄性,140.7mg/kg/ day]和 5000mg/kg[雌性,315.1mg/(kg·d)]。结果发现,动物交配和生育率未受影响。组织病理学检查发现,100mg/kg 组两代成年雌、雄大鼠都观察到肝小叶中心肝细胞肥大。母代和父代 NOAEL 分别为 7.1mg/(kg·d)和 8.2mg/(kg·d);基于体重和食物消耗量降低的 LOAEL 为雄性 69.6mg/(kg・d)和雌性 80.1mg/(kg・d)。子代 NOAEL 为雄性 7.1mg/(kg・d)，雌性 8.2mg/(kg・d)；基于断奶时体重下降的 LOAEL 为雄性 69.6mg/(kg・d)，雌性 80.1mg/(kg・d)。生殖和发育毒性的 NOAEL 为雄性 69.6mg/(kg・d)，雌性 80.1mg/(kg・d)；基于产仔数减少、后代生长抑制、子代活性下降的 LOAEL 为雄性 140.7mg/(kg・d)，雌性 315.1mg/(kg・d)[6]。

(4)致癌性与致突变性

肝细胞 DNA 修复试验和体外程序外 DNA 合成(UDS)试验结果显示无致突变作用；中国仓鼠卵巢细胞染色体畸变试验在代谢活化的条件下进行，最高浓度组(15μg/mL)显示诱导致畸作用[6]。

大鼠慢性致癌试验结果发现，喂食暴露 3000mg/kg 毒草胺可导致鼻肿瘤发生。CD-1 小鼠喂食暴露 0mg/kg、100mg/kg、500mg/kg、1500mg/kg 和 6000mg/kg 的毒草胺 18 个月，小鼠胃部病变和肝细胞肿瘤发生率增加[6]。

【人类健康效应】

人类可能致癌物(USEPA)[3]。可通过呼吸道、胃肠道及皮肤吸收进入人体，在人体内无蓄积性，代谢较快，暴露 48h 后基本未检出，主要代谢途径为硫醚氨酸代谢途径[5]。接触毒草胺的生产工人和农民有几例出现过敏性皮炎，同时一些人出现皮肤超敏反应[7]。

【危害分类与管制情况】

序号	毒性指标	PPDB 分类	PAN 分类[8]
1	高毒	否	否
2	致癌性	可能(USEPA)	是
3	内分泌干扰性	—	无有效证据
4	生殖发育毒性	是	是
5	胆碱酯酶抑制性	否	否
6	神经毒性	疑似	—
7	呼吸道刺激性	疑似	—
8	皮肤刺激性	是	—
9	眼刺激性	是	—
10	国际公约或优控名录	列入 PAN 名录、加州 65 种已知致癌物名录、美国有毒物质(生殖、发育毒性)排放清单	

注：PPDB 数据库由英国赫特福德郡大学农业与环境研究所开发；PAN 数据库来自北美农药行动网(PANNA)；"—"表示无此项。

【限值标准】

每日允许摄入量(ADI)为 0.54mg/(kg bw·d)。美国国家饮用水标准：参考剂量(RfD)为 50.0μg/(kg·d)，一天暴露推荐值为 500μg/L[8]。

参 考 文 献

[1] 孔德洋，吴文铸，许静，等. 毒草胺在环境中的降解特性研究. 生态环境学报, 2012, (7): 1325-1328.

[2] Villarreal D T, Turco R F, Konopka A. Propachlor degradation by a soil bacterial community. Appl Environ Microbiol, 1991, 57(8): 2135-2140.

[3] PPDB: Pesticide Properties DataBase. http://sitem.herts.ac.uk/aeru/ppdb/en/Reports/543.htm [2016-08-15].

[4] 孔德洋，许静，李屹,等. 除草剂毒草胺在土壤中的吸附和淋溶特性. 环境化学, 2012, 31(11): 1736-1740.

[5] TOXNET (Toxicology Data Network). https://toxnet.nlm.nih.gov/cgi-bin/sis/search2/f?./temp/~YjQOwN:3:animal [2016-08-15].

[6] USEPA/Office of Pesticide Programs. Reregistration Eligibility Decision Document — Propachlor. p. 9-20. EPA 738-R-015. 1998.

[7] WHO. IPCS Health and Safety Guide No. 77. Propachlor (1992). http://www.inchem.org/documents/hsg/hsg/hsg77_e.htm [2007-06-07].

[8] PAN Pesticides Database—Chemicals. http://www.pesticideinfo.org/Detail_Chemical.jsp?Rec_Id=PC34260 [2016-08-15].

噁草酮(oxadiazon)

【基本信息】

化学名称：5-叔丁基-3-(2,4-二氯-5-异丙氧苯基)-1,3,4-噁二唑-2-酮

其他名称：农思它、噁草灵

CAS 号：19666-30-9

分子式：$C_{15}H_{18}Cl_2N_2O_3$

相对分子质量：345.2

SMILES：CC(C)OC1=C(C=C(C(=C1)N2C(=O)OC(=N2)C(C)(C)C)Cl)Cl

类别：杂环类除草剂

结构式：

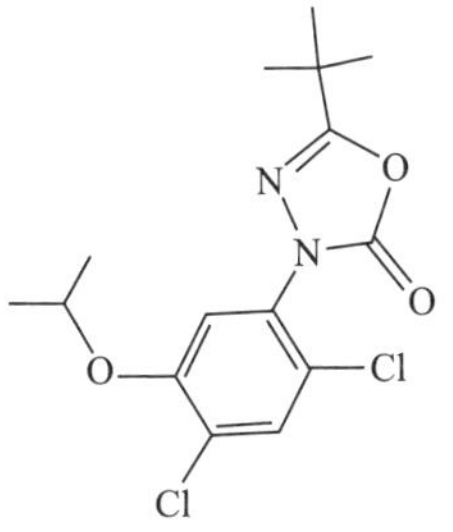

【理化性质】

白色结晶，无臭味，熔点 88.5℃，沸点 282.1℃，饱和蒸气压 0.67mPa(25℃)。水溶解度(20℃)为 0.57mg/L。有机溶剂溶解度(20℃)：丙酮，350000mg/L；苯，1000000mg/L；二甲苯，350000mg/L；甲醇，122400mg/L。辛醇/水分配系数 lgK_{ow}= 5.33(pH= 7, 20℃)，亨利常数为 3.80 × 10^{-2}Pa·m^3/mol(20℃)。

【环境行为】

(1)环境生物降解性

好氧条件下，土壤中降解半衰期为 54.6 ~ 71.5d[1]。在壤土和砂壤土中的降解半衰期为 3~6 个月[2]。

(2)环境非生物降解性

25℃时，大气中气态噁草酮与光化学反应产生的羟基自由基之间的反应速率常数估值为 $1.2 \times 10^{-10} cm^3/(mol \cdot s)$，间接光解半衰期约为3h[3]。在中性和酸性条件下稳定，在 pH 为 9 的条件下缓慢水解，其半衰期为38d[4]。在自然光光照下，水中和土壤表面的光解半衰期分别为 2.65d 和 4.65d [4]。

(3)环境生物蓄积性

鱼体 BCF 值为 243，提示生物蓄积性为中等偏高[3]。

(4)土壤吸附/移动性

吸附系数吸 K_{oc} 为 676 ~ 3236，提示在土壤中移动性较弱[5, 6]。

【生态毒理学】

鸟类(山齿鹑)急性 $LD_{50} > 2150mg/kg$，鱼类(虹鳟)96h $LC_{50}=1.2mg/L$、21d NOEC=0.00088mg/L，溞类(大型溞)48h $EC_{50} > 2.4mg/L$、21d NOEC=0.03mg/L，藻类(月牙藻)72h $EC_{50}=0.004mg/L$，蜜蜂接触 48h $LD_{50} > 100\mu g/$蜜蜂、经口 48h $LD_{50} > 101.5\mu g/$蜜蜂，蚯蚓(赤子爱胜蚓)14d $LC_{500} > 500mg/kg$[6]。

【毒理学】

(1)一般毒性

大鼠急性经口 $LD_{50} > 5000mg/kg$，大鼠急性经皮 $LD_{50} > 2000mg/kg$ bw，大鼠急性吸入 $LC_{50} > 2.77mg/L$，大鼠短期膳食暴露 NOAEL=10mg/kg[6]。两年喂养试验知，10mg/kg(饲料)噁草酮未引起大鼠和小鼠致病效应[7]。

(2)肝脏毒性

通过体内和体外试验观察噁草酮对肝过氧化物酶体增殖的影响。雄性 SD 大鼠接受 0~500mg/kg 的噁草酮灌胃 14d，雄性 CD-1 小鼠接受 0~200mg/kg 的噁草酮灌胃 28d，雄性比格犬口服 0mg/kg 或 500mg/kg 的噁草酮 28d。最后一次暴露后，通过电子显微镜对处死动物肝脏进行了检查，并对动物肝脏酶活性进行了检测。结果发现，大鼠和小鼠体重未出现剂量依赖性变化；大鼠、小鼠和狗的肝脏质量和肝脏体重比的增加呈剂量依赖性。大鼠和小鼠的肝脏中过氧化物酶体增殖呈剂量依赖性，而比格犬肝脏过氧化物酶体增殖未增加。大鼠和小鼠肝脏过氧化物酶体棕榈酰辅酶 A 氧化酶和乙酰肉碱转移酶活性呈剂量依赖性升高。200mg/kg 剂量组小鼠肝脏棕榈酰辅酶 A 氧化酶活性升高至对照组的 259%，乙酰肉碱转移酶活性升高至对照组的 459.5%。在体外培养的大鼠肝细胞内，由噁草酮引起的棕榈酰辅酶 A 氧化酶和乙酰肉碱转移酶活性的剂量依赖性增加。最高剂量组大鼠的肝细胞形态学发生变化。体外试验知人肝细胞中的过氧化物酶活性未出现改变，因此噁草酮可引起啮齿动物过氧化物酶体增殖，而对狗或人无此效应[8]。

(3)生殖发育毒性

无信息。

(4)致癌性与致突变性

致癌性分类为 C 类(USEPA)[9]。Ames 试验、小鼠骨髓嗜多染红细胞微核试验及小鼠睾丸初级精母细胞染色体畸变试验三项致突变试验结果为阴性[10]。

【人类健康效应】

对眼睛有轻微刺激性，对皮肤刺激性小[7]。可能的肝脏毒物，可引起贫血[6]。

【危害分类与管制情况】

序号	毒性指标	PPDB 分类	PAN 分类
1	高毒	否	否
2	致癌性	可能(USEPA)	是
3	内分泌干扰性	—	无有效证据
4	生殖发育毒性	是	是
5	胆碱酯酶抑制性	否	否
6	神经毒性	否	—
7	呼吸道刺激性	是	—
8	皮肤刺激性	否	—
9	眼刺激性	否	—
10	国际公约或优控名录	列入 PAN 名录、加州 65 种已知致癌物名录、美国有毒物质(发育毒性物质)排放清单	

注：PPDB 数据库由英国赫特福德郡大学农业与环境研究所开发；PAN 数据库来自北美农药行动网(PANNA)；"—"表示无此项。

【限值标准】

每日允许摄入量(ADI)为 0.0036mg/(kg bw • d)，急性参考剂量(ARfD)为 0.12mg/(kg bw • d)，操作者允许接触水平(AOEL)为 0.05mg/(kg bw • d)[8]。

参 考 文 献

[1] 杜红霞，方丽萍，陈子雷，等. 噁草酮在棉花和土壤中的残留和降解行为研究. 山东农业科

学, 2014, (06): 108-110.

[2]　Ambrosi D, Kearney P C, Macchia J A. Persistence and metabolism of oxadiazon in soils. J Agric Food Chem, 1977, 25 (4): 868-872.

[3]　Meylan W M, Howard P H. Estimating octanol-air partition coefficients with octanol-water partition coefficients and Henry's law constants. Chemosphere, 2005, 61 (5): 640-644.

[4]　Ying G G, Williams B. Laboratory study on leachability of five herbicides in South Australian soils. J Environ Sci Health B, 2000, 35 (2): 121-141.

[5]　Tomlin C D S. The Pesticide Manual—A World Compedium. 11th ed. Surrey: British Crop Protection Council, 1997: 906.

[6]　PPDB: Pesticide Properties DataBase. http://sitem.herts.ac.uk/aeru/ppdb/en/Reports/496.htm [2016-08-16].

[7]　Tomlin C D S. The Pesticide Manual—A World Compendium. 10th ed. Surrey: The British Crop Protection Council, 1994: 754.

[8]　Richert L, Price S, Chesne C, et al. Comparison of the induction of hepatic peroxisome proliferation by the herbicide oxadiazon *in vivo* in rats, mice, and dogs and *in vitro* in rat and human hepatocytes. Toxicol Appl Pharmacol, 1996, 141 (1): 35-43.

[9]　TOXNET (Toxicology Data Network). https://toxnet.nlm.nih.gov/cgi-bin/sis/search2/f?./temp/ ~ 4pUVYG: 3: animal [2016-08-16].

[10]　刘永霞, 李茂进, 刘延忠, 等. 95%噁草酮原药的致突变性研究. 职业与健康, 2005, 21 (11): 1727-1728.

二甲戊灵（pendimethalin）

【基本信息】

化学名称：N-(1-乙基丙基)-2,6-二硝基-3,4-二甲基苯胺

其他名称：菜草灵、施田补、胺硝草

CAS 号：40487-42-1

分子式：$C_{13}H_{19}N_3O_4$

相对分子质量：281.31

SMILES：[O–][N+](=O)c1c(c(cc([N+]([O–])=O)c1NC(CC)CC)C)C

类别：苯胺类除草剂

结构式：

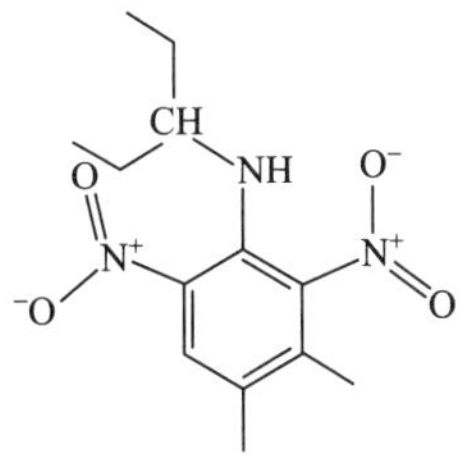

【理化性质】

橘黄色结晶固体，密度 0.33g/mL，熔点 56℃，沸点 246℃，饱和蒸气压 2.73 × 10^{-3}mPa（25℃）。水溶解度（20℃）为 0.33mg/L。有机溶剂溶解度（20℃）：正己烷，49000mg/L；二甲苯，800000mg/L；丙酮，800000mg/L；正辛醇，66100mg/L。辛醇/水分配系数 $\lg K_{ow}$ = 5.4（pH=7, 20℃），亨利常数为 2.73 × 10^{-3}Pa·m^3/mol（20℃）。

【环境行为】

(1)环境生物降解性

好氧条件下，土壤中降解半衰期为 182.3d（实验室）、100.6d（田间）[1]。另有报道，好氧条件下，在砂壤土中难降解[2]。在淹水和非淹水条件下，土壤中降解

产物不同。其中，非淹水条件下好氧微生物种类较多，可生成多种降解产物；而淹水条件下厌氧微生物要明显少于好氧微生物，因此降解产物种类较少[3,4]。

田间消解动态结果：二甲戊灵在烟叶和土壤中消解较快，半衰期分别为2.56~5.97d、7.53~10.3d[5]。二甲戊灵在马铃薯植株与土壤中的消解动态符合一级动力学模型，在安徽(潮土)和北京(褐土)两地土壤中的半衰期分别为21d和30.1d，在马铃薯植株中的半衰期分别为9.5d和10.6d[6]。

(2)环境非生物降解性

25℃时，大气中气态二甲戊灵与光化学反应产生的羟基自由基之间的反应速率常数估值为 $3.0×10^{-11}cm^3/(mol·s)$，间接光解半衰期约为 13h。由于缺少可水解的基团，在环境中不会发生水解[7]。在 25℃，pH 分别为 5、7 和 9，避光条件下，在无菌水中 30d 未发生降解[8]。

(3)环境生物蓄积性

鱼体 BCF 值为 5100，生物蓄积性强[9]。

(4)土壤吸附/移动性

王磊等[10]研究表明，二甲戊灵可被土壤强烈吸附，吸附浓度与其在平衡溶液中的浓度呈良好的线性关系，吸附特性符合 Freundlich 方程；草甸黑土、砂壤土对二甲戊灵的吸附为物理吸附，吸附量均很高，吸附系数分别为 67.16 和 41.16，有机质含量高的草甸黑土的吸附量大于有机质含量低的砂壤土。另有研究表明，吸附系数 K_{oc} 为 17491[1]、15774[11]，在土壤中不移动。

【生态毒理学】

鸟类(鹌鹑)急性 $LD_{50}=1421mg/kg$，鱼类(虹鳟)96h $LC_{50}=0.196mg/L$、21d NOEC=0.006mg/L，溞类(大型溞)48h $EC_{50}>0.147mg/L$、21d NOEC=0.0145mg/L，藻类(月牙藻)72h $EC_{50}=0.004mg/L$、96h NOEC=0.003mg/L，蜜蜂接触 48h $LD_{50}=$ 100μg、经口 48h $LD_{50}>101.2μg$，蚯蚓(赤子爱胜蚓)14d $LC_{50}>1000mg/kg$[1]。

【毒理学】

(1)一般毒性

小鼠急性经口 $LD_{50}=4665mg/kg$，大鼠急性经皮 $LD_{50}>5000mg/kg$ bw，大鼠急性吸入 $LC_{50}>6.73mg/L$，大鼠短期膳食暴露 NOAEL>500mg/kg[1]。动物经口染毒后，部分动物出现萎靡、流涎、毛蓬松、蜂腰、呼吸困难、四肢无力、小便发黄等毒性症状及死亡现象，未死亡的动物第 3 天恢复正常[12]。

亚慢性染毒后症状：240mg/(kg bw·d)剂量组大鼠体重降低，雌、雄性大鼠肾质量及脑、心、肝、脾、肾上腺脏器系数升高；雌性大鼠尿素氮(BUN)、胆固醇(CHOL)和肌酐(CREA)水平均升高，雄性大鼠 BUN 和 CREA 升高，但总胆红素(TBIL)水平降低；少数雌性大鼠肾小管上皮细胞轻度空泡样变性；多数雄性大鼠出现不同程度的肾小管萎缩、管型、间质炎细胞浸润等。60mg/(kg bw・d)剂量组第 3、4 周体重降低，雌性大鼠 BUN 水平、肾脏器系数、肝脏器系数均升高，雄性大鼠 CREA 水平升高，白蛋白(ALB)水平降低。15mg/(kg bw・d)剂量组各项指标与对照组相比，差异无统计学意义。本试验条件下，大鼠亚慢性经口毒性试验对 SD 大鼠的最大无作用剂量(NOAEL)为 15mg/(kg bw・d)[13]。

(2)神经毒性

无迟发性神经毒性[12]。

(3)生殖发育毒性

大鼠两年饲喂试验 NOAEL 为 100mg/(kg・d)，试验剂量内对动物无致畸、致癌、致突变作用，三代繁殖试验和迟发性神经毒性试验未见异常[12]。

(4)致癌性与致突变性

在体外试验条件下，二甲戊灵在 10mg/L 和 20mg/L 的剂量下，可明显造成小鼠骨髓细胞 DNA 的损伤，说明有一定的遗传毒性[14]。

【人类健康效应】

甲状腺与肝脏毒性物质,易在人体内蓄积,可能的人类致癌物(C 类,USEPA)。一项前瞻性队列研究探讨了农药使用对肺癌发病的影响，研究包含了 57284 名农药施用人员及 32333 名农药施用人员的配偶。研究发现,两种广泛使用的除草剂,异丙甲草胺和二甲戊灵与肺癌发病有显著关联。将研究对象按照农药暴露剂量的高低分为四组,异丙甲草胺比值比(OR)从低到高分别为 1.0、1.6、1.1 和 5.0, p(趋势检验) = 0.0002；二甲戊灵比值比(OR)从低到高分别为 1.0、1.6、2.1 和 4.4, p(趋势检验) = 0.003。两种广泛使用的杀虫剂毒死蜱和二嗪农比值比(OR)从低到高分别为 1.0、1.1、1.7 和 1.9, p(趋势检验) = 0.03；1.0、1.6、2.7 和 3.7, p(趋势检验) = 0.04[15]。

【危害分类与管制情况】

序号	毒性指标	PPDB 分类	PAN 分类[11]
1	高毒	否	否
2	致癌性	可能(USEPA)	可能(C 类, USEPA)
3	致突变性	否	—

续表

序号	毒性指标	PPDB 分类	PAN 分类[11]
4	内分泌干扰性	疑似	疑似
5	生殖发育毒性	是	无有效证据
6	胆碱酯酶抑制性	否	否
7	神经毒性	否	—
8	呼吸道刺激性	是	—
9	皮肤刺激性	是	—
10	皮肤致敏性	是	—
11	眼刺激性	是	—
12	国际公约或优控名录	列入欧盟优先物质名录、欧盟内分泌干扰物名录	

注：PPDB 数据库由英国赫特福德郡大学农业与环境研究所开发；PAN 数据库来自北美农药行动网（PANNA）；"—"表示无此项。

【限值标准】

每日允许摄入量（ADI）为 0.125mg/（kg bw·d），急性参考剂量（ARfD）为 0.3mg/（kg bw·d），操作者允许接触水平（AOEL）为 0.17mg/（kg bw·d）[1]。

参 考 文 献

[1] PPDB: Pesticide Properties DataBase. http://sitem.herts.ac.uk/aeru/ppdb/en/Reports/511.htm [2016-08-23].

[2] Tomlin C D S. The Pesticide Manual—A World Compendium. Surrey: British Crop Production Council, 2009.

[3] Kulshrestha G, Singh S B. Influence of soil moisture and microbial activity on pendimethalin degradation. Bull Environ Contam Toxicol, 1992, 48（2）: 269-274.

[4] Barua A S, Saha J, Chaudhuri S, et al. Degradation of pendimethalin by soil fungi. Pestic Sci, 1990, 29（4）: 419-425.

[5] 相振波, 孙惠青, 王秀国, 等. 二甲戊灵在烟草和土壤中的残留消解动态和残留量. 农药, 2013, （1）: 45-47.

[6] 陈莉, 李文华, 王学东, 等. 二甲戊灵在两种土壤及马铃薯中的残留降解动态. 中国土壤与肥料, 2014, （5）: 90-94.

[7] Lyman W J, Reehl W F, Rosenblatt D H. Handbook of Chemical Property Estimation Methods: Environmental Behavior of Organic Compounds. Washington DC: American Chemical Society, 1990: 7-4, 7-5, 8-12.

[8] USEPA/OPPTS. Reregistration Eligibility Decisions （REDs） Database on Pendimethalin

(40487-42-1). EPA 738-R-97-007. http://www.epa.gov/pesticides/reregistration/status.htm [2016-08-23].

[9] Jackson S H, Cowan-Ellsberry C E, Thomas G. Use of quantitative structural analysis to predict fish bioconcentration factors for pesticides. J Agric Food Chem, 2009, 57(3): 958-967.

[10] 王磊, 张宇, 谭亚军, 等. 二甲戊灵在草甸土和砂壤土中的吸附特性. 西北农林科技大学学报: 自然科学版, 2007, 35(12): 115-119.

[11] PAN Pesticides Database—Chemicals. http://www.pesticideinfo.org/Detail_Chemical.jsp? Rec_Id=PC33194 [2016-08-23].

[12] TOXNET(Toxicology Data Network). https://toxnet.nlm.nih.gov/cgi-bin/sis/search2/f?./temp/~TAEPtP:3:animal [2016-08-23].

[13] 曹廷霞, 顾军, 钟义红, 等. 二甲戊灵大鼠亚慢性毒性实验研究. 江苏预防医学, 2013, 24(1): 67-69.

[14] 孟雪莲, 徐成斌, 惠秀娟, 等. 2 种除草剂对小鼠骨髓细胞 DNA 损伤作用. 中国公共卫生, 2010, 26(6): 792-793.

[15] Alavanja M C, Dosemeci M, Samanic C, et al. Pesticides and lung cancer risk in the agricultural health study cohort. Am J Epidemiol, 2004, 160(9): 876-885.

二氯喹啉酸(quinclorac)

【基本信息】

化学名称：3,7-二氯-8-喹啉羧酸

其他名称：快杀稗、杀稗净、克稗星、稗宝

CAS 号：84087-01-4

分子式：$C_{10}H_5Cl_2NO_2$

相对分子质量：242.06

SMILES：O=C(O)c1c(Cl)ccc2cc(Cl)cnc12

类别：喹啉羧酸类除草剂

结构式：

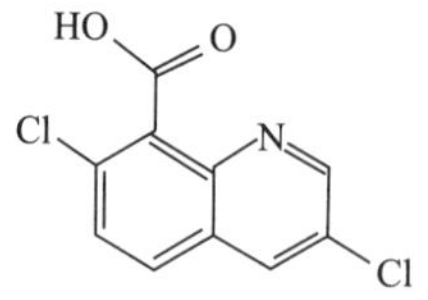

【理化性质】

白色晶体，密度 1.75g/mL，熔点 274℃，饱和蒸气压 0.01mPa(25℃)。水溶解度(20℃)为 0.065mg/L。有机溶剂溶解度：丙酮，10000mg/L；不溶于甲醇和二甲苯；难溶于甲苯、正辛醇、二氯甲烷、正己烷、乙腈。辛醇/水分配系数 $\lg K_{ow}=-1.15$(pH=7, 20℃)，亨利常数为 $1.73×10^{-2}Pa \cdot m^3/mol$(20℃)。

【环境行为】

(1)环境生物降解性

张倩等[1]用室内模拟方法研究了二氯喹啉酸在山东、湖南、四川、云南 4 个烟叶主产区不同土壤中的降解动态，并探讨了土壤 pH、土壤含水量、温度对其降解的影响。结果表明，二氯喹啉酸在 4 种土壤中的降解半衰期分别为 26.8d、23.9d、35.6d、32.4d，在云南红壤中降解最慢。在酸性土壤中，二氯喹啉酸降解慢，半衰期长；土壤相对含水量由 20%增至 80%，二氯喹啉酸降解半衰期由 32.1d

缩短至 16.8d。随着环境温度升高(15~35℃),二氯喹啉酸降解的速度加快(半衰期由 43.3d 缩短至 21.1d)。

田间试验研究结果表明,二氯喹啉酸在植株、土壤和田水中消解均符合一级动力学方程,消解半衰期分别为 16.4~18.6d、16.6~21.9d 和 15.4~16.9d[2]。

(2)环境非生物降解性

在高压汞灯下,二氯喹啉酸在不同缓冲溶液中的光解半衰期是 pH3>pH5>pH7>pH9>pH11,半衰期分别为 82.51min、69.31min、31.50min、13.48min、8.45min;在不同自然水体中的光解半衰期是稻田水>珠江水>重蒸水>水库水>地表水>湖水,半衰期分别为 35.72min、31.50min、27.84min、11.29min、10.45min 和 8.64min[3]。

(3)环境生物蓄积性

全鱼 BCF 测定值为 0.8,提示生物蓄积性弱[4]。

(4)土壤吸附/移动性

用批量平衡法研究了二氯喹啉酸及其代谢体(BAS514H)在红壤、河潮土和紫泥土中的吸附行为,结果表明二氯喹啉酸的有机碳吸附常数(K_{oc})的平均值为 90.78,二氯喹啉酸属于在土壤中移动性强的一类化合物,不合理使用可能会对地下水造成较严重的污染;BAS514H 的有机碳吸附常数的平均值为 365.25,在土壤中的吸附能力远远大于其母体二氯喹啉酸,属于在土壤中移动性中等的一类化合物。由此可以推测,当二氯喹啉酸转变成它的代谢体后,对地下水的污染有所缓减[5]。

【生态毒理学】

鸟类(绿头鸭)急性 LD_{50}=2000mg/kg,鱼类(虹鳟)96h LC_{50}=100mg/L,溞类(大型溞)48h EC_{50}=29.8mg/L,藻类(月牙藻)72h EC_{50}=6.53mg/L,蜜蜂接触 48h LD_{50} = 181μg/蜜蜂[4]。

【毒理学】

(1)一般毒性

小鼠急性经口 LD_{50} = 2680mg/kg,大鼠急性经皮 LD_{50}>2000mg/kg bw,大鼠急性吸入 LC_{50} = 5.2mg/L[4]。

将幼年 SD 大鼠按性别、体重随机分成对照组和低、中、高 3 个给药试验组[111mg/(kg bw·d)、333mg/(kg bw·d)、1000mg/(kg bw·d)],每组 20 只,雌雄各半。饲喂原药 90d 后,各剂量组雌、雄大鼠体重呈增长趋势,雌、雄总食物利用率未见异常。而雌性高剂量组摄食量减少，低剂量组总食物利用率减少，雄性高剂量组体重减轻，可能与受试物所致厌食有关。另外，白细胞(WBC)分类计数中有个别指标具有统计学差异，但无生物学意义；高剂量附加组停止染毒两周后观察到 WBC 总数下降至 5.98 ± 1.46，说明二氯喹啉酸对血液的影响可以恢复；雄性肾/体比、脑/体比系数分别为 0.64%和 0.36%，分别高于对照组[6]。

(2)神经毒性

无信息。

(3)生殖发育毒性

无信息。

(4)致癌性与致突变性

Ames 试验中 TA97、TA98、TA100 菌株无论代谢活化还是非代谢活化，结果均为阳性，而 TA102 菌株为阴性结果。彗星试验在 500mg/(kg bw·d)、1000mg/(kg bw·d)、2000mg/(kg bw·d)浓度下进行，二氯喹啉酸对小鼠骨髓细胞的 DNA 损伤与阴性对照组比较差异有统计学意义($P<0.01$)，且呈剂量-效应关系。结果提示，激素类除草剂二氯喹啉酸具有一定的遗传毒性[7]。

小鼠骨髓微核试验中，二氯喹啉酸达到致死剂量，尚未出现与对照组相比微核率显著升高的情况。然而在 Ames 试验中对 TA100 菌株加或不加 S9 活化物，突变率均超过阴性对照组两倍以上，提示具有致突变性[8]。

【人类健康效应】

无信息。

【危害分类与管制情况】

序号	毒性指标	PPDB 分类	PAN 分类
1	高毒	否	否
2	致癌性	否	未分类
3	内分泌干扰性	—	无充分证据
4	生殖发育毒性	否	无充分证据
5	胆碱酯酶抑制性	否	否
6	神经毒性	疑似	—
7	呼吸道刺激性	是	—
8	皮肤刺激性	是	—
9	皮肤致敏性	是	—

续表

序号	毒性指标	PPDB 分类	PAN 分类
10	眼刺激性	是	—
11	地下水污染	—	潜在可能
12	国际公约或优控名录	无	

注：PPDB 数据库由英国赫特福德郡大学农业与环境研究所开发；PAN 数据库来自北美农药行动网（PANNA）；"—"表示无此项。

【限值标准】

每日允许摄入量（ADI）为 0.3mg/（kg bw・d）[9]。

参 考 文 献

[1] 张倩, 郭伟, 宋超, 等. 二氯喹啉酸在不同土壤中的降解规律及其影响因子. 中国烟草科学, 2013, (6): 83-88.

[2] 苑学霞, 郭栋梁, 赵善仓, 等. 二氯喹啉酸在水稻、土壤和田水中消解动态及残留. 生态环境学报, 2011, 20(z1): 1138-1142.

[3] 车军, 黄安太, 石峰, 等. 二氯喹啉酸在不同水体中光降解研究. 河北农业科学, 2008, 12(6): 78-79.

[4] PPDB: Pesticide Properties DataBase. http://sitem.herts.ac.uk/aeru/ppdb/en/Reports/577.htm [2016-08-24].

[5] 欧阳彬, 郭正元, 蔡智华. 二氯喹啉酸及其代谢体在 3 种土壤中的吸附. 湖南农业大学学报: 自然科学版, 2006, 32(1): 73-76.

[6] 王丽云, 凌宝银, 施伟庆, 等. 除草剂二氯喹啉酸原药亚慢性经口毒性实验. 江苏预防医学, 2010, 21(5): 59-61.

[7] 曹向宇, 惠秀娟, 马汐平, 等. 激素类除草剂二氯喹啉酸遗传毒性比较. 中国公共卫生, 2006, 22(3): 333-334.

[8] 吴南翔, 杨寅楣, 陈炜. 除草剂二氯喹啉酸的致突变性研究. 毒理学杂志, 2002, 16(4): 23-25.

[9] 张丽英, 陶传江. 农药每日允许摄入量手册. 北京: 化学工业出版社, 2015.

砜嘧磺隆(rimsulfuron)

【基本信息】

化学名称：*N*-{[(4,6-二甲氧基-2-嘧啶基)氨基]羰基}-3-(乙基磺酰基)-2-吡啶磺酰胺

其他名称：宝成、玉嘧磺隆

CAS 号：122931-48-0

分子式：$C_{14}H_{17}N_5O_7S_2$

相对分子质量：431.44

SMILES：O=C(Nc1nc(OC)cc(OC)n1)NS(=O)(=O)c2ncccc2S(=O)(=O)CC

类别：磺酰脲类除草剂

结构式：

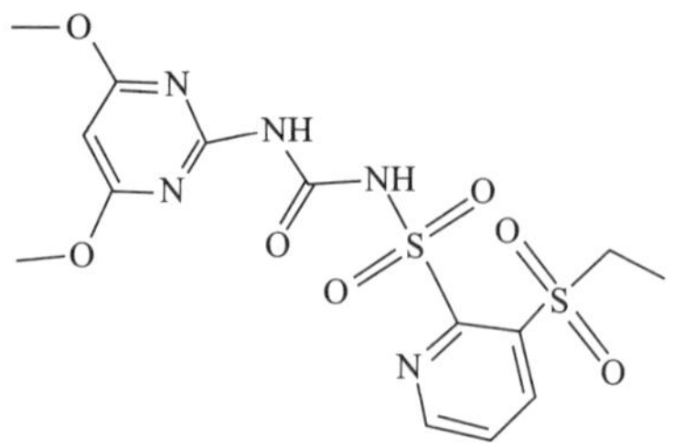

【理化性质】

无色晶体，密度 1.5g/mL，熔点 172℃，沸腾前分解，饱和蒸气压 8.90×10^{-4} mPa (25℃)。水溶解度(20℃)为 7300g/L。有机溶剂溶解度(20℃)：丙酮，14800mg/L；二氯甲烷，35500mg/L；乙酸乙酯，2850mg/L；甲醇，1550mg/L。辛醇/水分配系数 $\lg K_{ow} = -1.46$，亨利常数为 8.9×10^{-4} Pa·m³/mol(25℃)。

【环境行为】

(1)环境生物降解性

好氧：在每千克砂质土壤(pH=6.5)中加入 5mg 活性成分，砜嘧磺隆在此土壤

中的降解半衰期为 7.2d；在无菌土壤(每千克土壤含有 650g 沙子、144g 黏土、266g 淤泥、13g 有机碳和22%的水)中的降解半衰期为 10.9d,25℃好养培养半衰期为56d[1]。吡啶-2-^{14}C 标记的砜嘧磺隆,田间添加浓度为 110g/hm^2(95%田间持水量),取砂壤土在实验室中好氧条件下快速降解。该化合物在 105d 后降解 91%,对应的半衰期为 24.5d。砜嘧磺隆通过磺酰脲桥的收缩降解,代谢产物是 N-(2,4,6-三甲氧基)-N-[(3-乙磺酰基)-2-吡啶基]脲和[N-(3-乙磺酰基)-2-吡啶基]- 4,6-二甲氧基-2-嘧啶胺[2]。

厌氧：吡啶-2-^{14}C 标记的砜嘧磺隆,田间添加浓度为 110g/hm^2(95%田间持水量),取砂壤土在实验室中厌氧条件下快速降解。该化合物在 75d 后降解 91%,对应的半衰期为 22.2d[2]。

(2)环境非生物降解性

砜嘧磺隆在环境中水解[3-6]。从一级速率常数 8.33、4.04、2.48、0.29、5.82×10^{-2}、1.13 和 3.00 计算半衰期为(d)：0.08,pH=2；0.17,pH=3；0.28,pH=4；2.37,pH=5；11.89,pH=6.5；0.61,pH=7.5；0.23,pH=8.5[3]。pH=4 时,在 15℃、20℃、25℃、30℃、35℃、45℃和 55℃条件下的半衰期分别为 2.09d、1.11d、0.27d、0.21d、0.11d、0.03d 和 0.02d,表明水解也受温度影响[3]。中性条件下,水解速率为0.35d^{-1},在碱性条件下瞬时水解[4]。使用含水土壤悬液(来自瑞士罗纳河谷的冲积沙壤：黏土 7.8%、淤泥沙 30%,沙子 62.2%,有机物 1.1%,有机碳 0.64%,pH＜8.1),水解率为 1d$^{-1[4]}$。在中性和碱性条件下主要代谢产物为 N-[(3-乙磺酰基)吡啶]-4,6-二甲氧基-2-吡啶,在酸性条件下的主要代谢产物为 N-(4,6-二甲氧基-2-嘧啶基)-N-[(3-乙磺酰基)- 2-吡啶基)]脲[5]。砜嘧磺隆在吸收光波长为 216nm、249nm、298nm 时,可直接光解[6]。在模拟太阳光下,pH 为 5 和 9 时光解半衰期为 1~9d[5]。有报道称在 pH 为 5、7、9 时光解半衰期分别是 0.9d、11.6d 和 0.5d；在 pH=5 时,3d 光解率为 90%[6]。砜嘧磺隆的水解半衰期在 25℃、pH=5 时为 4.6d,在 pH=7 时为 7.2d,在 pH=9 时为 0.3d[7]。

(3)环境生物蓄积性

BCF 值为 3,提示水生生物中生物蓄积性弱。

(4)土壤吸附/移动性

吸附系数 K_{oc} 为 13~76,提示在土壤中移动性较强[8]。

(5)水/土壤中挥发性

亨利常数为 6.4×10^{-10}atm •m^3/mol,在水体表面不挥发[7]。蒸气压为 1.13×10^{-8}mm Hg(1mmHg=1.33322×10^{2}Pa)[9],说明不会从干燥土壤表面挥发进入大气环境。

【生态毒理学】

鸟类(山齿鹑)急性 LD_{50}＞2250mg/kg,鱼类(虹鳟)96h LC_{50}＞390mg/L、21d

NOEC=125mg/L，大型溞 48h EC_{50}＞360mg/L、21d NOEC=1mg/L，水生甲壳动物（糠虾）96h LC_{50}=110.0mg/L，蜜蜂经口 48h LD_{50}＞110mg/蜜蜂，蚯蚓 14d LC_{50}＞1000mg/kg[10]。

【毒理学】

(1)一般毒性

大鼠急性经口 LD_{50}＞5000mg/kg，大鼠急性经皮 LD_{50}＞2000mg/kg，大鼠急性吸入 LC_{50}＞5.4mg/L[10]。

(2)神经毒性及心脏毒性

90d 经口暴露毒性研究，通过饮食给予大鼠 0mg/kg、50mg/kg、1500mg/kg、7500mg/kg 和 2000mg/kg[0mg/(kg bw·d)、2.5mg/(kg bw·d)、75 mg/(kg bw·d)、375mg/(kg bw·d)、1000mg/(kg bw·d)]砜嘧磺隆。结果发现，大鼠体重增长下降，相对肝脏和绝对肾脏质量增加，在剂量大于等于 375mg/(kg bw·d)时，观察到利尿现象。NOAEL=75mg/(kg bw·d)，LOAEL=375mg/(kg bw·d)[11]。

通过饮食暴露饲喂比格犬 0mg/kg、50mg/kg、2500mg/kg 和 10000mg/kg 砜嘧磺隆一年，高剂量下的雌犬相对对照组体重减轻(1.9kg vs.4.1kg)，这也可能是由于两个异常大的雌犬在对照组。高剂量组在 32 周中由于脂质沉积有 1/5 雄犬和 2/5 雌犬出现角膜混浊。中、高剂量组动物出现血清胆固醇、碱性磷酸酶含量升高，尿量增加，肝、肾质量增加，气管黏膜增生，睾丸变性和附睾变化[12]。

(3)生殖发育毒性

通过饮食暴露给予妊娠 7~16d 的大鼠 0mg/kg、200mg/kg、700mg/kg、2000mg/kg 和 6000mg/kg 砜嘧磺隆，高剂量下出现母体毒性，母体体重增加显著降低(11~13d)，饲料消耗显著减少(9~15d)，粪便颜色改变，产仔数没有显著影响。胎鼠质量、存活率和畸形的发生率未出现明显改变。母体 NOAEL = 2000mg/(kg bw·d)，胎鼠 NOAEL =6000mg/(kg bw·d)[12]。

(4)致癌性与致突变性

人淋巴细胞暴露在 0mg/mL、0.1mg/mL、0.6mg/mL、1.0mg/mL 和 1.3mg/mL 砜嘧磺隆中 3h，未引起染色体断裂改变[12]。

【人类健康效应】

急性中毒可导致咳嗽、气短、恶心、呕吐、腹泻、头痛、意识混乱和电解液耗尽、蛋白质代谢紊乱和中度肺气肿。慢性暴露导致体重减轻[13]。

【危害分类与管制情况】

序号	毒性指标	PPDB 分类	PAN 分类[13]
1	高毒	否	否
2	致癌性	否	否
3	致突变性	无数据	—
4	内分泌干扰性	无数据	无充分证据
5	生殖发育毒性	否	无充分证据
6	胆碱酯酶抑制性	否	否
7	神经毒性	否	—
8	呼吸道刺激性	否	—
9	皮肤刺激性	疑似	—
10	眼刺激性	疑似	—
11	地下水污染	—	潜在可能
12	国际公约或优控名录	无	

注：PPDB 数据库由英国赫特福德郡大学农业与环境研究所开发；PAN 数据库来自北美农药行动网（PANNA）；"—"表示无此项。

【限值标准】

每日允许摄入量（ADI）为 0.1mg/(kg bw • d)，急性参考剂量（ARfD）为 0.1mg/(kg bw • d)[10]。

参 考 文 献

[1] Dinelli G, Vicari A, Accinelli C. Degradation and side effects of three sulfonylurea herbicides in soil. J Environ Qual, 1998, 27: 1459-1464.

[2] Schneiders G E, Koeppe M K，Naidu M V, et al. Fate of rimsulfuron in the environment. J Agric Food Chem, 1993, 41: 2404-2410.

[3] Dinelli G, Dinelli G, Vicari A, Bonetti A, et al. Hydrolytic dissipation of four sulfonylurea herbicides. J Agric Food Chem, 1997, 45: 1940-1945.

[4] Martins J M, Chevre N, Spack L, et al. Degradation in soil and water and ecotoxicity of rimsulfuron and its metabolites. Chemosphere, 2001, 45: 515-522.

[5] TOXNET （Toxicology Data Network）. https://toxnet.nlm.nih.gov/cgi-bin/sis/search2/f?./temp/~e5ARN4:2:enex[2016-12-15].

[6] Bufo S A, Laura S, Emmelin C, et al. Effect of soil organic matter destruction on sorption and photolysis rate of rimsulphuron. Int J Environ Anal Chem, 2006, 86: 243-251.

[7]　MacBean C. e-Pesticide Manual. 15th ed. Ver. 5. 1. Alton: British Crop Protection Council, 2008—2010.

[8]　Cessna A J, Elliott J A, Bailey J, et al. Leaching of three imidazolinone herbicides during sprinkler irrigation. J Environ Qual, 2009, 39(1): 365-374.

[9]　Lyman W J, Reehl W F, Rosenblatt D H. Handbook of Chemical Property Estimation Methods: Environmental Behavior of Organic Compounds. Washington DC: American Chemical Society, 1990: 15-1 to 15-29.

[10]　PPDB: Pesticide Properties DataBase. http://sitem.herts.ac.uk/aeru/ppdb/en/Reports/586.htm [2016-12-15].

[11]　USEPA. Rimsulfuron: Human Health Risk Assessment. Document ID: EPA-HQ-OPP-2009-0004-0008 p. 28 (September 8, 2009). http://www.regulations.gov/#!home [2011-06-03].

[12]　California Environmental Protection Agency/Department of Pesticide Regulation. Toxicology Data Review Summary for Rimsulfuron. http://www.cdpr.ca.gov/docs/risk/toxsums/toxsumlist. htm [2016-12-15].

[13]　PAN Pesticides Database—Chemicals. http://www.pesticideinfo.org/Detail_Chemical.jsp?Rec_Id= PC35026 [2016-12-15].

高效氟吡甲禾灵(haloxyfop-P-methyl)

【基本信息】

化学名称：2-[4-(3-氯-5-三氟甲基-2-吡啶氧基)苯氧基]丙酸甲酯

其他名称：无

CAS 号：72619-32-0

分子式：$C_{16}H_{13}ClF_3NO_4$

相对分子质量：375.7

SMILES：C[C@H](C(=O)OC)Oc1ccc(cc1)Oc2c(cc(cn2)C(F)(F)F)Cl

类别：苯氧羧酸类除草剂

结构式：

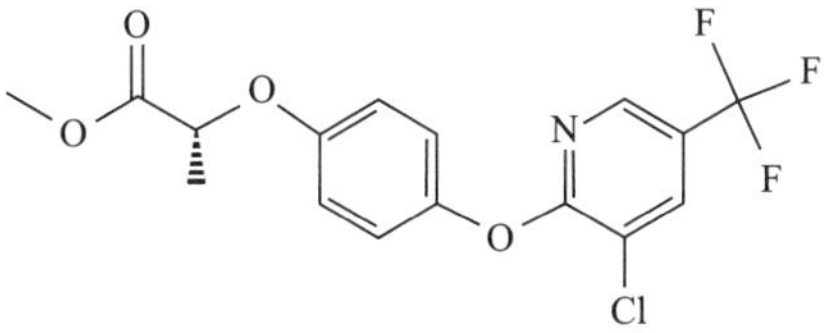

【理化性质】

无色晶体，密度 1.37g/mL，熔点–12.4℃，沸点 437℃，饱和蒸气压 0.055mPa（25℃）。水溶解度（20℃）为 7.9mg/L，不溶于有机溶剂。亨利常数为 0.0012Pa·m³/mol（25℃），辛醇/水分配系数 $\lg K_{ow}$= 4.0。

【环境行为】

(1)环境生物降解性

土壤中降解半衰期为 0.001~0.6d，沉积物中降解半衰期为 0.22d[1]。

(2)环境非生物降解性

水溶液中光解半衰期(pH=7)约为 20d ，水解半衰期(20℃, pH=7)为 43d, pH 为 4 的条件下，在水中稳定；pH 为 9 的条件下，水解半衰期为 0.63d[1]。

(3)环境生物蓄积性

全鱼 BCF 为 17，清除半衰期(CT_{50})为 2d[1]。

(4)土壤吸附/移动性

土壤吸附系数 K_{oc} 为 70，提示土壤中移动性较强[2]。

【生态毒理学】

鸟类(未定义种属)急性 LD_{50}=1159mg/kg，鱼类(蓝鳃太阳鱼)96h LC_{50}＞0.088mg/L，鱼类(虹鳟)慢性 21d NOEC=0.0052mg/L；大型溞 48h EC_{50}=12.3mg/L，21d NOEC=0.509mg/L；藻类(舟形藻)72h EC_{50}=1.72mg/L；蜜蜂经口 48h LD_{50}＞100μg/蜜蜂[1]。

【毒理学】

(1)一般毒性

大鼠急性经口 LD_{50}≥300mg/kg，大鼠急性经皮 LD_{50}＞2000mg/kg bw[1]。

SD 大鼠每日经口灌胃染毒 11.6mg/kg、23.2mg/kg 和 46.3mg/kg($1/80LD_{50}$、$1/40LD_{50}$ 和 $1/20LD_{50}$)高效氟吡甲禾灵，每周灌胃 6d(周日停药 1d)，连续 90d，对照组给予等量吐温水溶液。低剂量染毒 7d 后雌性大鼠便出现不同程度的精神萎靡，被毛蓬松、污秽等中毒症状。伴随中毒症状的出现，大鼠生长明显减缓并持续到试验结束。血清生化指标中，ALT、ALP 活性也出现明显升高。高剂量组大鼠部分肝组织中可见肝细胞点状坏死，少数肝细胞肿胀，部分汇管区可见慢性炎细胞浸润。高、中剂量组部分雄性大鼠睾丸组织曲细精管明显变薄，管腔增大，各级精母细胞、精子细胞及成熟精子数量减少。试验结果表明，高效氟吡甲禾灵原药可以影响动物食欲和营养状况，引起体重下降，并可对肝脏和睾丸组织造成一定程度的损伤。初步确定大鼠亚慢性经口阈剂量，雌、雄大鼠均为 23.2mg/kg；最大无作用剂量，雌、雄大鼠均为 11.6mg/kg[3]。

(2)神经毒性

无信息。

(3)生殖发育毒性

大鼠 90d 经口暴露试验结果显示，大剂量暴露和小剂量暴露产生了不同的毒性效应，98%高效氟吡甲禾灵原药对雄性大鼠经口染毒剂量为 1.78mg/(kg bw·d)以上、雌性大鼠经口染毒剂量为 7mg/(kg bw·d)以上时，对大鼠有毒性效应，雄性大鼠的靶器官是睾丸。对雄性大鼠经口染毒剂量为 0.18mg/(kg bw·d)以下、雌性大鼠经口染毒剂量为 1.78mg/(kg bw·d)以下时，高效氟吡甲禾灵原药对大鼠无毒性效应[4]。

SD 雄性大鼠每日经口喂食情况如下：对照组(0mg/kg 饲料)、低剂量组

（60mg/kg饲料）、中剂量组（190mg/kg饲料）、高低量组（560mg/kg饲料），连续90d。结果发现，高效氟吡甲禾灵对雄性大鼠生精细胞有损伤作用，随着剂量的增加，发生睾丸曲细精管牛精细胞病变的大鼠数量增加，当剂量达到560mg/kg饲料时，差异有统计学意义[5]。

(4)致癌性与致突变性

无信息。

【人类健康效应】

无信息。

【危害分类与管制情况】

序号	毒性指标	PPDB 分类	PAN 分类[2]
1	高毒	否	否
2	致癌性	否	无有效证据
3	内分泌干扰性	无数据	无有效证据
4	生殖发育毒性	否	无有效证据
5	胆碱酯酶抑制性	否	否
6	神经毒性	否	—
7	呼吸道刺激性	疑似	—
8	皮肤刺激性	是	—
9	眼刺激性	是	—
10	地下水污染	—	无有效证据
11	国际公约或优控名录	无	

注：PPDB 数据库由英国赫特福德郡大学农业与环境研究所开发；PAN 数据库来自北美农药行动网（PANNA）；"—"表示无此项。

【限值标准】

每日允许摄入量（ADI）为0.00065mg/kg bw，急性参考剂量（ARfd）为0.075mg/kg bw，操作者允许接触水平（AOEL）为0.005mg/（kg bw·d）。

参 考 文 献

[1] PPDB: Pesticide Properties DataBase. http://sitem.herts.ac.uk/aeru/ppdb/en/Reports/1066.htm

[2016-08-12].

[2]　PAN Pesticides Database—Chemicals. http://www.pesticideinfo.org/Detail_Chemical.jsp?Rec_Id= PC38562 [2016-08-12].

[3]　张树来, 谢琳, 陶玉珍. 高效氟吡甲禾灵原药对大鼠的亚慢性毒性实验. 职业与健康, 2004, 20(5): 36-38.

[4]　杨凡, 周明, 谢国秀, 等. 大剂量和小剂量高效氟吡甲禾灵原药90d喂养对大鼠的毒性实验研究. 江西科学, 2013, 31(6): 774-781.

[5]　俞少勇, 陈日萍, 陈彤, 等. 高效氟吡甲禾灵对大鼠睾丸生精细胞的损伤作用. 毒理学杂志, 2006, 20(6): 390-392.

氟草定(fluroxypyr)

【基本信息】

化学名称：4-氨基-3,5-二氯-6-氟-吡啶-2-氧乙酸

其他名称：氟草烟、使它隆、盾隆、治莠灵

CAS 号：69377-81-7

分子式：$C_7H_5Cl_2FN_2O_3$

相对分子质量：255.03

SMILES：Fc1nc(OCC(=O)O)c(Cl)c(c1Cl)N

类别：有机杂环类除草剂、有机氯除草剂

结构式：

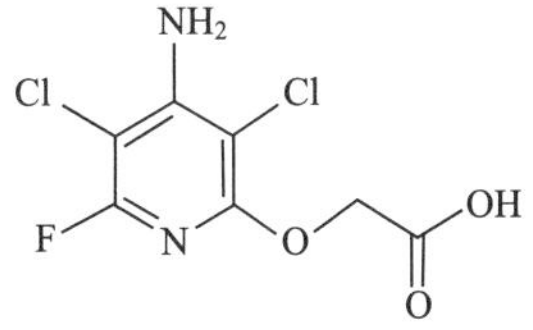

【理化性质】

白色晶状固体，密度 1.09g/mL，熔点 232.5℃，沸腾前分解，饱和蒸气压 0.0000038mPa(25℃)。水溶解度(20℃)为 6500mg/L。有机溶剂溶解度(20℃)：庚烷，2mg/L；甲醇，35000mg/L；二甲苯，300mg/L；丙酮，9200mg/L。辛醇/水分配系数 $\lg K_{ow}$= 0.04(pH =7, 20℃)，亨利常数为 1.69×10^{-10}Pa·m³/mol(25℃)。

【环境行为】

(1)环境生物降解性

好氧：在土壤中可由微生物快速降解为 4-氨基-3,5-二氯-6-氟吡啶-2-醇、4-氨基-3,5-二氯-2-甲氧基吡啶和二氧化碳，半衰期范围为 1~3 周[1]。在沉积物中，好氧条件下生成 4-氨基-3,5-二氯-6-氟吡啶-2-醇、4-氨基-3-氯-6-氟吡啶-2-醇和二氧化碳[2]。利用 ¹⁴C 标记的氟草定研究其在土壤中的代谢情况，结果表明，氟草

定快速代谢，在 3 个月后，仅检测到 1%的母体化合物[3]。另有报道，土壤中降解半衰期分别为 13.1d(20℃，实验室)、51d(田间)，在实验室中快速降解，而在田间条件下具有中等持久性[4]。

厌氧：厌氧条件下氟草定降解后生成 4-氨基-3,5-二氯-6-氟吡啶-2-醇、4-氨基-3-氯-6-氟吡啶-2-醇、4-氨基-5-氯-6-氟吡啶-2-醇和二氧化碳，降解半衰期为 0.5~2 周[2]。

(2)环境非生物降解性

因不含水解官能团，在环境中不会发生水解[5]。在酸性介质中稳定[4,6]；20℃，pH 为 7、9 条件下水解半衰期分别为 223d、3.2d[4]。太阳光下，水溶液中稳定[4]，光解半衰期为一年[2]。

(3)环境生物蓄积性

BCF 预测值为 3.2[7, 8]，鱼体 BCF 测定值为 62.1[4]，提示潜在生物蓄积性弱。

(4)土壤吸附/移动性

4 种不同类型土壤的吸附系数 K_{oc} 值为 53~91，平均值为 74[9-11]，提示在土壤中移动性强。

【生态毒理学】

鸟类(绿头鸭)急性 LD_{50}＞2000mg/kg、短期膳食 LC_{50}/LD_{50}＞5000mg/kg，鱼类(蓝鳃太阳鱼)96h LC_{50}=14.3mg/L、21d NOEC(虹鳟)=100mg/L，溞类(大型溞)48h EC_{50}＞100mg/L、21d NOEC=56mg/L，藻类(月牙藻)72h EC_{50}=49.8mg/L，蜜蜂接触 48h LD_{50}＞180μg/蜜蜂、经口 48h LD_{50}＞37.1μg/蜜蜂，蚯蚓(赤子爱胜蚓)14d LC_{50}＞1000mg/kg[4]。

【毒理学】

(1)一般毒性

大鼠急性经口 LD_{50}＞2000mg/kg，大鼠短期膳食暴露 NOAEL＞5000mg/kg[4]。

(2)神经毒性

研究者测试了氟草定对 4-氨基吡啶诱导癫痫敏感性的影响。氨基吡啶是一种可以诱导试验哺乳动物癫痫发作的化合物，用来评估药物对癫痫病的作用。通过饮用水或食物经口暴露氟草定可显著降低大脑癫痫放电的频率，然而，伴生的效应是延长放电的时间，该效应的机制和重要性尚不明晰。从该研究中得到的最相关信息是未显示氟草定可穿过血脑屏障[10]。

(3)生殖发育毒性

对新西兰白兔(5~6 个月大，孕期 0d，体重约 3250g)以氟草定 MHE(95.8%)

饲喂，剂量分别为0mg/(kg·d)、100mg/(kg·d)、500mg/(kg·d)、1000mg/(kg·d)，孕期 7~19d 染毒浓度为 0mg/(kg·d)、69mg/(kg·d)、346mg/(kg·d)、693mg/(kg·d)。母体毒性：高剂量条件下，流产率增加。基于流产率增加的母体/发育 LOAEL=1000mg/(kg·d)，母体 NOAEL=500mg/(kg·d)。体重、怀孕率、早分娩或者宫内死亡等指标未见相关效应。在高剂量水平上，胎儿体重出现轻微下降(对照的 97%)，可能是因为胎儿数量增加。未观测到与暴露相关的外部、骨骼、内脏等异常。在中剂量和高剂量水平时，腔静脉后输尿管有微小变化，不过其毒理学意义不明确[10]。

(4)致癌性与致突变性

研究表明，氟草定不会对细菌产生致突变性，而小鼠淋巴瘤细胞基因突变试验中发现了致突变效应，但不是 CHO 细胞。因此，在小鼠淋巴瘤试验中观测到的边际阳性结果，未在第二个哺乳动物细胞系中确认，且 UDS 试验结果为阴性[11]。

【人类健康效应】

可能的肾脏毒物[4]。中毒症状主要包括：头痛、头晕、紧张、视力模糊、乏力、恶心、腹痛、腹泻、胸闷、出汗、瞳孔缩小、流泪、流涎、呼吸道分泌物增多、呕吐、发绀、水肿、肌肉抽搐后肌肉无力、昏迷、反射消失和括约肌控制下降[12]。

【危害分类与管制情况】

序号	毒性指标	PPDB 分类	PAN 分类[12]
1	高毒	—	否
2	致癌性	否	不太可能
3	致突变性	否	—
4	内分泌干扰性	否	疑似
5	生殖发育毒性	可能	疑似
6	胆碱酯酶抑制性	否	否
7	神经毒性	是	—
8	呼吸道刺激性	否	—
9	皮肤刺激性	否	—
10	眼刺激性	否	—
11	国际公约或优控名录	无	

注：PPDB 数据库由英国赫特福德郡大学农业与环境研究所开发；PAN 数据库来自北美农药行动网(PANNA)；"—"表示无此项。

【限值标准】

每日允许摄入量(ADI)=0.8mg/(kg bw·d)，操作者允许接触水平(AOEL)=0.8mg/(kg bw·d)[4]。

参 考 文 献

[1] Lehmann R G, Lickly L S, Lardie T S, et al. Fate of fluroxypyr in soil. III: Significance of metabolites to plants. Weed Res, 1991, 31(6): 347-355.

[2] Lehmann R G, Miller J R, Cleveland C B. Fate of fluroxypyr in water. Weed Res, 1993, 33(3): 197-204.

[3] Brumhard B, Fuhr F. Lysimeter Studies of Pesticides in the Soil. British Crop Production Council Monograph No. 53. 1992.

[4] PPDB: Pesticide Properties DataBase. http://sitem.herts.ac.uk/aeru/ppdb/en/Reports/347.htm [2016-12-15].

[5] Lyman W J, Reehl W J, Roseblatt D H. Handbook of Chemical Property Estimation Methods. New York: McGraw-Hill, 1982.

[6] Tomlin C D S. The e-Pesticide Manual. 13th Ed. Ver. 3. 1. Surrey: British Crop Protection Council, 2004.

[7] USEPA. Estimation Program Interface (EPI) Suite. Ver. 4. 0. Jan, 2009. http://www.epa.gov/oppt/exposure/pubs/episuitedl.htm [2010-04-27].

[8] Franke C, Studinger G, Berger G, et al. The assessment of bioaccumulation. Chemosphere, 1994, 29(7): 1501-1514.

[9] Lehmann R G, Miller J R, Olberding E L, et al. Fate of fluroxypyr in soil. Weed Res, 1990, 30(5): 375-382.

[10] U. S. Department of Agriculture/Forest Service. Human Health and Ecological Risk Assessment for Fluroxypyr (69377-81-1), SERA TR-052-13-13a, p. 20 (June 12, 2009). http://www.fs.fed.us/foresthealth/pesticide/risk.shtml [2010-05-25].

[11] USEPA Office of Prevention. Pesticides and Toxic Substances, Pesticide Fact Sheet for Fluroxypyr, p. 7 (September 30, 1998). http://www.epa.gov/opprd001/factsheets [2010-05-27].

[12] PAN Pesticides Database—Chemicals. http://www.pesticideinfo.org/Detail_Chemical.jsp?Rec_Id=PC36365 [2016-12-15].

氟草隆(fluometuron)

【基本信息】

化学名称： *N,N*-二甲基-*N*-(3-三氟甲基苯基)脲

其他名称：伏草隆、棉土安、福士隆、棉草完

CAS 号：2164-17-2

分子式：$C_{10}H_{11}F_3N_2O$

相对分子质量：232.2

SMILES：O=C(Nc1cc(ccc1)C(F)(F)F)N(C)C

类别：苯基脲类除草剂

结构式：

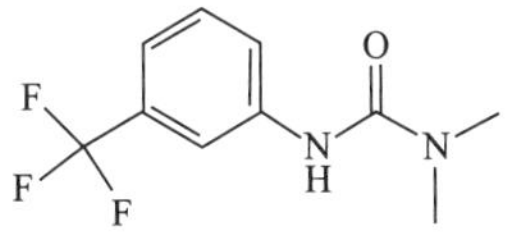

【理化性质】

白色结晶性粉末，密度 1.39g/mL，熔点 152.5℃，饱和蒸气压 0.125mPa(25℃)。水溶解度(20℃)为 111mg/L。有机溶剂溶解度(20℃)：甲醇，109000mg/L；丙酮，144000mg/L；二甲苯，1980mg/L；正辛醇，20600mg/L。辛醇/水分配系数 $\lg K_{ow}$=2.28(20℃，pH=7)，亨利常数为 2.63×10^{-4}Pa·m³/mol(25℃)。

【环境行为】

(1)环境生物降解性

土壤中降解半衰期为 63.6d(实验室，20℃)、89.8d(田间试验)[1]。

(2)环境非生物降解性

pH 为 5 和 9 时，水解半衰期分别为 2.4a 和 2.8a[2]。装有光催化反应器时，光解半衰期为 4.2h[3]，自然光光解半衰期为 1.2d[4]。

(3)环境生物蓄积性

BCF 值为 15，提示生物蓄积性较弱[5]。

(4)土壤吸附/移动性

K_{oc} 值为 29~173，提示在土壤中移动性强[6]。

【生态毒理学】

鸟类(山齿鹑)短期膳食 LD_{50}＞1597mg/(kg bw·d)，鸟类(绿头鸭)急性 LD_{50}=2974mg/kg，鱼类(虹鳟)96h LC_{50}=30mg/L、21d NOEC=4.3mg/L，大型溞 48h EC_{50}=54mg/L、21d NOEC=18mg/L，蜜蜂经口 48h LD_{50}＞34.0μg/蜜蜂，蚯蚓 14d LC_{50}＞500mg/kg[1]。

【毒理学】

(1)一般毒性

大鼠急性经口 LD_{50}＞5000mg/kg，大鼠急性经皮 LD_{50}＞2000mg/kg，大鼠急性吸入 LC_{50}＞4.62mg/L[1]。急性中毒症状为抑郁、喘息、呕吐、昏迷、死亡[7]。

以氟草隆原药经 90d 喂养，150mg/kg 以上剂量对雌、雄性 SD 大鼠有毒性作用，主要表现为对脾脏的毒性作用，导致脾功能亢进，进而影响到血液循环系统。大鼠亚慢性经口毒性试验的最大无作用剂量(NOAEL)为 50mg/kg[8]。

(2)神经毒性

无信息。

(3)生殖发育毒性

无信息。

(4)致癌性与致突变性

沙门氏菌致突变试验结果为阴性[9]。现有动物试验结果不足以评估氟草隆的致癌性[10]。

【人类健康效应】

急性中毒可导致咳嗽气短、恶心、呕吐、腹泻、头痛、意识混乱和电解液耗尽、蛋白质代谢紊乱、中度肺气肿。慢性暴露导致体重减轻[11]。农业暴露可导致胆碱酯酶抑制和工人白细胞计数增加[12]。苗圃工人暴露于 4.28~10.9mg/m³ 的氟草隆，白细胞异常率为 5.8%；拖拉机司机暴露于 0.64~7.4mg/m³ 的氟草隆，白细胞异常率由暴露前的 2.5%增加到 4.3%[10]。

【危害分类与管制情况】

序号	毒性指标	PPDB 分类	PAN 分类[1]
1	高毒	否	否
2	致癌性	可能	可能
3	致突变性	否	—
4	内分泌干扰性	无数据	无充分证据
5	生殖发育毒性	是	无充分证据
6	胆碱酯酶抑制性	疑似	否
7	神经毒性	否	—
8	呼吸道刺激性	是	—
9	皮肤刺激性	否	—
10	眼刺激性	否	—
11	地下水污染	—	潜在可能
12	国际公约或优控名录	无	

注：PPDB 数据库由英国赫特福德郡大学农业与环境研究所开发；PAN 数据库来自北美农药行动网(PANNA)；"—"表示无此项。

【限值标准】

每日允许摄入量(ADI)为 0.0005mg/(kg bw • d)，急性参考剂量(ARfD)为 0.008mg/(kg bw • d)，操作者允许接触水平(AOEL)为 0.008mg/(kg bw • d)[1]。

参 考 文 献

[1] PPDB: Pesticide Properties DataBase. http://sitem.herts.ac.uk/aeru/ppdb/en/Reports/336.htm [2016-12-20].

[2] Worthing C R. The Pesticide Manual. 8th ed. Suffolk: The Lavenham Press Ltd, 1987: 412.

[3] Tanaka F S, Wien R G, Mansager E R. Survey for surfactant effects on the photodegradation of herbicides in aqueous media. J Agric Food Chem, 1981, 29: 227-230.

[4] Humburg N E. Herbicide Handbook. 6th ed. Champaign: Weed Science Society of America, 1989: 136-137.

[5] Franke C, Studinger G, Berger G, et al. The assessment of bioaccumulation. Chemosphere, 1994, 29(7): 1501-1514.

[6] Swann R L, Laskowski D A, Mccall P J, et al. A rapid method for the estimation of the environmental parameters octanol/water partition coefficient, soil sorption constant, water to air

ratio, and water solubility. Res Rev, 1983, 85: 17-28.

[7]　Beste C E. Herbicide Handbook. 5th ed. Champaign: Weed Science Society of America, 1983: 240.

[8]　钟义红, 顾军, 张爱红, 等. 取代脲类除草剂氟草隆对大鼠的亚慢性毒性研究. 江苏预防 医学, 2007, 18(3): 68-70.

[9]　IARC. Monographs on the Evaluation of the Carcinogenic Risk of Chemicals to Humans. Geneva: World Health Organization, International Agency for Research on Cancer, 1972-PRESENT. (Multivolume work). p. 249(1983). http://monographs.iarc.fr/ENG/ Classification/index.php [2016-12-20].

[10]　IARC. Monographs on the Evaluation of the Carcinogenic Risk of Chemicals to Humans. Geneva: World Health Organization, International Agency for Research on Cancer, 1972-PRESENT.(Multivolume work). p. 251(1983). http://monographs.iarc.fr/ENG/ Classi-fication/index.php [2016-12-20].

[11]　PAN Pesticides Database—Chemicals. http://www.pesticideinfo.org/Detail_Chemical.jsp?Rec_Id= PC35072 [2016-12-20].

[12]　Gosselin R E, Smith R P, Hodge H C. Clinical Toxicology of Commercial Products. 5th ed. Baltimore: Williams and Wilkins, 1984.

氟磺胺草醚(fomesafen)

【基本信息】

化学名称：5-(2-氯-α,α,α-三氟-对甲苯氧基)-*N*-甲磺酰基-2-硝基苯甲酰胺

其他名称：虎威、龙威

CAS 号：72178-02-0

分子式：$C_{15}H_{10}ClF_3N_2O_6S$

相对分子质量：438.76

SMILES：Clc2cc(ccc2Oc1cc(C(=O)NS(=O)(=O)C)c([N+]([O–])=O)cc1)C(F)(F)F

类别：有机氯类除草剂

结构式：

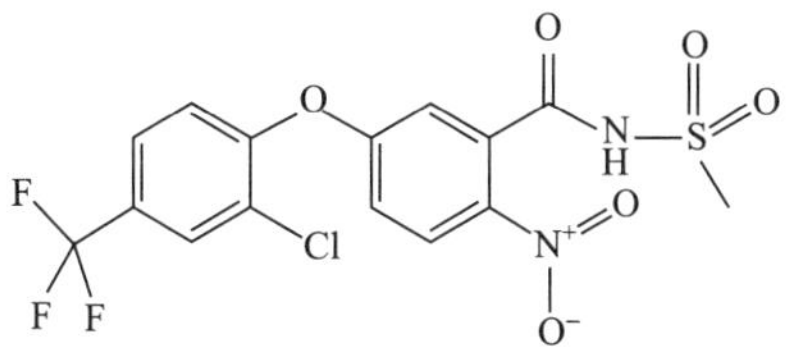

【理化性质】

白色晶体，密度 1.61g/mL，熔点 219℃，饱和蒸气压 $4× 10^{-3}$mPa(25℃)。水溶解度(20℃)为 50mg/L。有机溶剂溶解度(20℃)：丙酮，300000mg/L；甲醇，25000mg/L；二甲苯，1900mg/L；二氯甲烷，10000mg/L。辛醇/水分配系数 $\lg K_{ow}=$ −1.2(pH=7, 20℃)。

【环境行为】

(1)环境生物降解性

农田残留试验结果表明，氟磺胺草醚在土壤中的半衰期为 12～18d[1]。实验室模拟条件下，氟磺胺草醚在残留浓度为 100mg/kg 时，降解速率最快，当残留浓度为 50mg/kg、100mg/kg、150mg/kg 时，半衰期分别为100.45d、86.64d、119.50d[2]。

(2)环境非生物降解性

随着溶液 pH 的增大，氟磺胺草醚的水解反应逐渐减慢。氟磺胺草醚在 pH 为 5.0、6.0、7.0、8.0、9.0 的缓冲溶液中的水解半衰期分别为 105.74d、157.41d、183.26d、215.16d、247.40d[3]。

(3)环境生物蓄积性

蓝鳃太阳鱼 BCF 值为 6，生物蓄积性较弱[4]。

(4)土壤吸附/移动性

土壤含水量 10%、降雨量 100mm、降雨速度 23~25 滴/min 条件下，表层土中添加高剂量氟磺胺草醚 150mg/kg，淋溶深度可达 30～35cm；淋溶土壤中有机质含量为 7.4% 时，淋溶深度可达 20～25cm；土壤含水量为 20% 时，淋溶深度超过 35cm；同一时间内降雨量高达 140mm 时，土壤淋溶深度超过 35cm[5]。

【生态毒理学】

鸟类(绿头鸭)急性 LD_{50} =5000mg/kg，鱼类(虹鳟)96h LC_{50}=170mg/kg，溞类(大型溞)48h LC_{50}=330mg/L、21d NOEC=100mg/L，蜜蜂经口 48h LD_{50}=0.050mg/蜜蜂，蚯蚓 14d LC_{50}=1000mg/kg [6]。

【毒理学】

(1)一般毒性

大鼠急性经口 LD_{50}=1250mg/kg，兔子急性经皮 LD_{50}>1000mg/kg bw，大鼠急性吸入 LC_{50}>4.97mg/L[6]。

急性经口毒性试验，大、小鼠暴露剂量均为 1000mg/kg、2100mg/kg、4640mg/kg、10000mg/kg，染毒前 12h 禁食，经口一次灌胃给药。染毒 4h 内未见明显中毒症状，但在 4h 后，一些动物陆续出现不同程度的呆卧、少动、萎靡、嗜睡等症状，24h 后出现死亡，到第 5 天高剂量组雄、雌动物全部死亡，其他剂量组也有个别死亡，未死亡动物 7d 后中毒症状逐渐缓解，恢复正常。试验中用霍恩氏法求 LD_{50}：雄性大鼠为 3160mg/kg，雌性大鼠为 2870mg/kg；雄性小鼠为 4300mg/kg，雌性小鼠为 4220mg/kg。按我国农药经口毒性分级标准，氟磺胺草醚属低毒农药[7]。

大鼠 90d 亚慢性经口毒性试验，暴露剂量为对照组 0mg/kg 饲料、低剂量组 200mg/kg 饲料、中剂量组 800mg/kg 饲料、高剂量组 3200mg/kg 饲料。结果显示，中、高剂量组肝脏器系数高于对照组，组织病理学检验显示，高剂量组雄性大鼠肝脏病变率高于对照组，其差异有统计学意义。高剂量组雄性大鼠肾脏器系数高于对照组，其差异有统计学意义。雌、雄性大鼠中、高剂量组红细胞总数低于对照组,其差异有统计学意义并呈剂量-效应关系;高剂量组雄性大鼠体重总增加量、总摄食量低于对照组,雌性大鼠总食物利用率低于对照组,其差异有统计学意义。以上实验结果显示氟磺胺草醚原药对 SD 大鼠亚慢性经口毒性试验的最大无作用浓度为 200mg/kg 饲料。参照氟磺胺草醚原药大鼠样品摄入量,其最大无作用剂量(NOAEL)为:雄性,(17.14±1.43)mg/(kg·d);雌性,(19.1l±1.04)mg/(kg·d),毒作用的靶器官为肝脏[8]。

(2)神经毒性

无信息。

(3)生殖发育毒性

大鼠在孕期第 6~15 天给予氟磺胺草醚染毒,结果表明,母体 LOAEL 为 200mg/(kg·d)(基于母体体重增长下降),发育 LOAEL 为 200mg/(kg·d)(基于胚胎植入后丢失),发育 NOAEL 为 100mg/(kg·d)[9]。

(4)致癌性与致突变性

Ames 试验中鼠伤寒沙门氏菌 TA97、TA98、TA100、TA102 四株经遗传性状鉴定合格,按常规方法分别进行活化和非活化平板渗入试验,结果表明氟磺胺草醚在 40μL/皿、200μL/皿、1000μL/皿、5000μL/皿剂量下,回变菌落数基本与阴性对照(DMSO)相近,在各菌株自发回变数范围内,结果呈阴性,无致突变作用。

小鼠骨髓微核试验中暴露剂量为 200mg/kg、400mg/kg 和 800mg/kg,结果 3 个染毒组微核率分别为 1.8%、2.4%、2.0%,与阴性对照组无显著性差异,说明氟磺胺草醚对微核率无明显影响。

人淋巴细胞暴露于 0μg/mL、10μg/mL、100μg/mL、1000μg/mL 氟磺胺草醚,染色体畸变评估结果表明,1000μg/mL 浓度下,染色体损伤未显著增加[9]。

【人类健康效应】

无信息。

【危害分类与管制情况】

序号	毒性指标	PPDB 分类	PAN 分类[10]
1	高毒	否	否
2	致癌性	否	无有效证据
3	内分泌干扰性	无数据	无有效证据
4	生殖发育毒性	疑似	无有效证据
5	胆碱酯酶抑制性	否	否

续表

序号	毒性指标	PPDB 分类	PAN 分类[10]
6	神经毒性	否	—
7	呼吸道刺激性	是	—
8	皮肤刺激性	是	—
9	眼刺激性	是	—
10	地下水污染	—	无有效证据
11	国际公约或优控名录	无	

注：PPDB 数据库由英国赫特福德郡大学农业与环境研究所开发；PAN 数据库来自北美农药行动网（PANNA）；"—"表示无此项。

【限值标准】

每日允许摄入量（ADI）为 0.003mg/（kg bw · d）[6]。

参 考 文 献

[1] 陆贻通, 朱有为, 俞丹宏. 除草剂氟磺胺草醚农田残留动态研究. 上海环境科学, 1996,（1）: 39-41.

[2] 刘迎春, 王小琴, 陶波. 不同土壤条件对氟磺胺草醚降解作用的研究. 东北农业科学, 2016, 41（1）: 81-85, 112.

[3] 朱聪, 开关玲, 丁先锋, 等. pH 对氟磺胺草醚水解的影响. 农业环境科学学报, 2007, 26（S1）: 204-206.

[4] Jackson S H, Cowanellsberry C E, Thomas G. Use of quantitative structural analysis to predict fish bioconcentration factors for pesticides. J Agric Food Chem, 2009, 57（3）: 958-967.

[5] 田丽娟, 刘迎春, 陶波. 氟磺胺草醚在土壤中的淋溶及其影响因素. 农药, 2015,（10）: 740-743.

[6] PPDB: Pesticide Properties DataBase http://sitem.herts.ac.uk/aeru/ppdb/en/Reports/355.htm [2016-12-20].

[7] 于峰, 姚宝玉. 氟磺胺草醚的毒性研究. 农药, 1997,（7）: 28-29.

[8] 杨校华, 顾刘金, 黄雅丽, 等. 氟磺胺草醚的亚慢性毒性研究. 浙江省医学科学院学报, 2009,（2）: 27-28.

[9] USEPA. Fomesafen Sodium: Human Health Risk Assessment. Document ID: EPA-HQ-OPP-2010-0122-0007. p.39（February 19, 2010）. http://www.regulations.gov/#!home [2011-06-02].

[10] PAN Pesticides Database—Chemicals.http://www.pesticideinfo.org/Detail_Chemical.jsp? Rec_Id= PC36335[2016-12-20].

氟乐灵(trifluralin)

【基本信息】

化学名称：2,6-二硝基-*N,N*-二丙基-4-三氟甲基苯胺

其他名称：氟乐宁、氟特力、茄科宁、特氟力

CAS 号：1582-09-8

分子式：$C_{13}H_{16}F_3N_3O_4$

相对分子质量：335.28

SMILES：[O–][N+](=O)c1cc(cc([N+]([O–])=O)c1N(CCC)CCC)C(F)(F)F

类别：二硝基苯胺类除草剂

结构式：

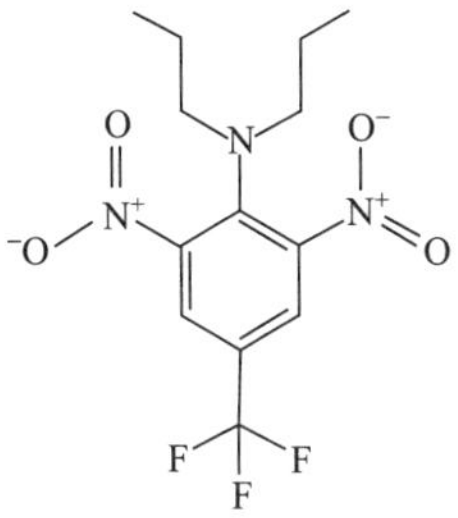

【理化性质】

橙黄色结晶固体，密度 1.36g/mL，熔点 47.2℃，沸腾前分解，饱和蒸气压 9.5mPa(25℃)。水溶解度(20℃)为 0.221mg/L；有机溶剂溶解度(20℃)：正己烷，250000mg/L；甲苯，250000mg/L；丙酮，250000mg/L；甲醇，142000mg/L。辛醇/水分配系数 lgK_{ow}= 5.27(pH=7, 20℃)。

【环境行为】

(1)环境生物降解性

氟乐灵在土壤中的降解主要形成脱烷基和硝基还原产物，降解物的种类和数量的分布均受土壤条件控制，氟乐灵的降解半衰期多集中于 30~90d，但在有机质

含量较高或水分含量小于等于 6%的土壤中具有较长的降解半衰期。适当增加土壤水分含量和提高土壤温度可提高微生物活性，有利于氟乐灵的生物降解[1]。在上海地区自然条件下，降解半衰期为27.8～35.6d，前期降解快，后期降解较慢[2]。

在厌氧条件的土壤中，氟乐灵降解较快，30d 有 60.2%~64.2%降解，60d 有90.0%～94.7%降解[3]。

(2)环境非生物降解性

在高压汞灯下，氟乐灵在玻片、硅胶 G、石英砂和膨润土表面的光解半衰期分别为24.78min、98.51min、106.41min 和220.42min[4]。

氟乐灵在养殖水体中具有一定的残留效应，消解半衰期在 35d 之内，养殖水体中氟乐灵的消解受氟乐灵初始浓度、水温、光照时间、pH 等因素的影响。由因子分析可知，氟乐灵的初始浓度、水温和光照时间是影响其消解的主要因素，在初始浓度为 0.05~0.5mg/L 时，30℃的水温和一定的光照（＞12h/d, 2500lx）可促进氟乐灵的消解[5]。

(3)环境生物蓄积性

在鱼组织中 BCF 分别为5421（大眼狮鲈）、2832（大鳞红马鱼）、1689（金宏马）、3261（黑头呆鱼），提示在生物体内中生物蓄积性较强[6]。

(4)土壤吸附/移动性

氟乐灵在土壤中的吸附性很强，在不同土壤中的吸附率为 73.89%~90.66%。土壤有机质含量对吸附有重要影响，氟乐灵在有机质丰富、黏粒含量较高的草甸黑土中淋溶作用很弱，而在砂土中淋溶作用较强，易向下迁移[3]。

【生态毒理学】

鸟类（山齿鹑）急性 LD$_{50}$＞2250mg/kg，鱼类（虹鳟）96h LC$_{50}$=0.088mg/kg、鱼类（黑头呆鱼）慢性 21d NOEC=10mg/L，溞类（大型溞）急性 48h EC$_{50}$=0.245mg/L、21d NOEC=0.051mg/L，蜜蜂经口 48h LD$_{50}$＞100μg/蜜蜂，蚯蚓 14d LC$_{50}$＞500mg/kg[7]。

【毒理学】

(1)一般毒性

大鼠急性经口 LD$_{50}$＞5000mg/kg，大鼠急性经皮 LD$_{50}$＞2000mg/kg，大鼠急性吸入 LC$_{50}$＞1.252mg/L，大鼠短期喂食 NOAEL=2.4mg/kg[7]。

(2)神经毒性

急性迟发性神经毒性研究中，白来航鸡灌服 0mg/kg、5000mg/kg 的氟乐灵。

结果表明,急性经口 LD$_{50}$>5000mg/kg。暴露组母鸡在 9~11d 出现肌肉协调障碍,从 12d 起,未出现其他异常表现。大脑的组织病理学评估显示,脊髓和坐骨神经并没有表现出任何的神经毒性作用的证据。在本研究条件下,5000mg/kg 氟乐灵未产生急性迟发神经毒性[8]。

(3)生殖发育毒性

对孕小鼠灌胃氟乐灵,活胎数显著减少,死胎和异常幼仔(发育不全、鼻子出血、肢体瘫痪、翻正反射缺陷、盆骨狭窄)数目增加[9]。

(4)致癌性与致突变性

哺乳细胞致突变试验、非程序 DNA 合成试验、显性致死性试验、骨髓微核试验结果均为阴性[8]。

【人类健康效应】

34 例氟乐灵中毒的农场工人,主要中毒症状表现为头晕(27 例,占 79.4%)、无力(29 例,占 85.3%)、肌肉酸痛(24 例,占 70.60%)、腹痛(24 例,占 70.6%)、恶心(28 例,占 82.4%)、呕吐(17 例,占 50%)、尿急尿频(22 例,占 64.7%)。另外,尚有胸闷、气短、视物模糊等症状。体征:发绀(25 例,占 73.5%)、多汗(29 例,占 85.3%)。此外,尚有肾区叩痛、排肠肌压痛等[10]。

【危害分类与管制情况】

序号	毒性指标	PPDB 分类	PAN 分类
1	高毒	否	否
2	致癌性	可能	可能
3	致突变性	否	—
4	内分泌干扰性	是	可疑
5	生殖发育毒性	是	无充分证据
6	胆碱酯酶抑制性	否	否
7	呼吸道刺激性	是	—
8	皮肤刺激性	疑似	—
9	眼刺激性	否	—
10	地下水污染	—	无充分证据
11	国际公约或优控名录	无	

注: PPDB 数据库由英国赫特福德郡大学农业与环境研究所开发;PAN 数据库来自北美农药行动网(PANNA);"—"表示无此项。

【限值标准】

每日允许摄入量(ADI)为 0.015mg/(kg bw·d),操作者允许接触水平(AOEL)为 0.026mg/(kg bw·d)[7]。

参 考 文 献

[1] 安琼. 氟乐灵在土壤中的降解及其影响因素的研究. 应用生态学报, 1993, 4(4): 418-422.

[2] 张大弟, 张晓红, 徐正泰. 除草剂氟乐灵在土壤中的残留降解. 上海环境科学, 1988, (6): 12-16.

[3] 郑麟, 王福钧. ^{14}C-氟乐灵在土壤中的迁移和降解. 核农学报, 1993, 7(1): 37-44.

[4] 陶庆会. 氟乐灵的光稳定化研究. 合肥: 安徽农业大学, 2001.

[5] 季丽, 张骞月, 晏涛, 等. 氟乐灵在养殖水体环境中消解动态的模拟研究. 农业环境科学学报, 2015, 34(1): 182-189.

[6] TOXNET(Toxicology Data Network).https://toxnet.nlm.nih.gov/cgi-bin/sis/search2/f?./temp/~peOyQM:3:enex [2016-12-28].

[7] PPDB: Pesticide Properties DataBase.http://sitem.herts.ac.uk/aeru/ppdb/en/Reports/667.htm [2016-12-28].

[8] USEPA, Office of Prevention, Pesticides, and Toxic Substances. TRIFLURALIN (PC Code: 036101) Toxicology Disciplinary Chapter for the Tolerance Reassessment Eligibility Decision Document (1582-09-8) (October 2, 2003). EPA Docket No.: EPA-HQ-OPP-2004-0142-0012. http://www.regulations.gov/#!home [2012-02-05].

[9] IARC. Monographs on the Evaluation of the Carcinogenic Risk of Chemicals to Humans. Geneva: World Health Organization, International Agency for Research on Cancer, 1991.

[10] 陶国利. 氟乐灵农药急性中毒34例报告. 中国农村医学, 1985, (2): 4.

氟硫草定(dithiopyr)

【基本信息】

化学名称：S,S'-二甲基-2-二氟甲基-4-异丁基-6-三氟甲基吡啶-3,5-二硫代甲酸酯

其他名称：无

CAS 号：97886-45-8

分子式：$C_{15}H_{16}F_5NO_2S_2$

相对分子质量：401.4

SMILES：FC(F)(F)c1nc(c(c(c1C(=O)SC)CC(C)C)C(=O)SC)C(F)F

类别：吡啶羧酸类除草剂

结构式：

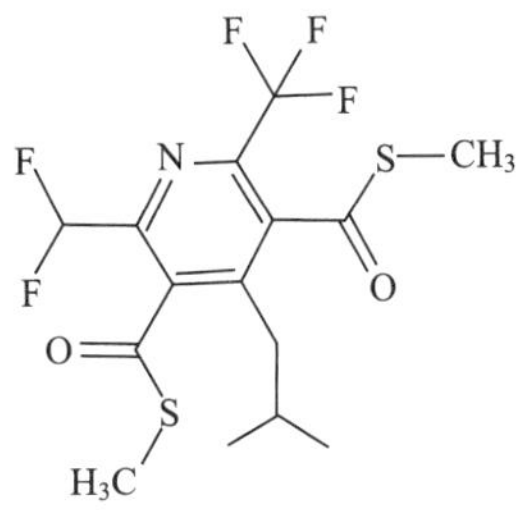

【理化性质】

含有硫黄气味的米白色粉末，密度 1.413g/mL，熔点 65℃。水溶解度(20℃)为 1.38mg/L，有机溶剂溶解度：正己烷，33000mg/L；甲苯，250000mg/L；乙醚，500000mg/L；乙醇，120000mg/L。辛醇/水分配系数 $\lg K_{ow}$=5.88。

【环境行为】

(1)环境生物降解性

有氧：在土壤中具有中等持久性，实验室、20℃条件下土壤中降解半衰期(DT_{50})为 39d，田间试验条件下为 39d，其他文献报道 DT_{50} 为 17~61d[1]。

厌氧：土壤中厌氧降解半衰期为 21700d[2]。

(2)环境非生物降解性

水溶液光解半衰期为 19.1d(pH=7)；在 20℃、pH 为 7 的条件下，在水中保持稳定[1]。

(3)环境生物蓄积性

无信息。

(4)土壤吸附/移动性

K_{oc} 值为 801[1]、1040[2]，提示在土壤中具有轻微移动性[1]。

【生态毒理学】

鸟类(绿头鸭)急性 LD_{50}＞5620mg/kg，鱼类(虹鳟)96h LC_{50}=0.36mg/L、慢性 21d NOEC=0.052mg/L，溞类(大型溞)48h EC_{50}=14mg/L，藻类(月牙藻)72h EC_{50}=0.02mg/L，蜜蜂 48h LD_{50}＞53μg/蜜蜂，蚯蚓 14d LC_{50}＞1000mg/kg[1]。

【毒理学】

(1)一般毒性

对哺乳动物低毒，大鼠急性经口 LD_{50}＞5000mg/kg，大鼠急性经皮 LD_{50}＞5000mg/kg，大鼠急性吸入(4h) LC_{50}＞5.98mg/L[1]。

(2)神经毒性

无信息。

(3)生殖发育毒性

无信息。

(4) 致癌性与致突变性

无信息。

【人类健康效应】

可能具有血液、肾脏和肝脏毒性[1]。

【危害分类与管制情况】

序号	毒性指标	PPDB 分类	PAN 分类[2]
1	高毒	否	否
2	致癌性	否	否(USEPA，E 类)

续表

序号	毒性指标	PPDB 分类	PAN 分类[2]
3	致突变性	否	—
4	内分泌干扰性	—	无充分证据
5	生殖发育毒性	否	无充分证据
6	胆碱酯酶抑制性	否	否
7	神经毒性	否	—
8	呼吸道刺激性	是	—
9	皮肤刺激性	是	—
10	眼刺激性	是	—
11	地下水污染	—	潜在可能
12	国际公约或优控名录	无	

注：PPDB 数据库由英国赫特福德郡大学农业与环境研究所开发；PAN 数据库来自北美农药行动网(PANNA)；
"—"表示无此项。

【限值标准】

操作者允许接触水平（AOEL）为 0.25mg/(kg bw・d)（时间加权平均值）、0.75mg/(kg bw・d)（短时间接触容许浓度）[1]。

参 考 文 献

[1] PPDB: Pesticide Properties DataBase.http://sitem.herts.ac.uk/aeru/ppdb/en/Reports/259.htm [2016-12-13].

[2] PAN Pesticides Database—Chemicals.http://www.pesticideinfo.org/Detail_Chemical.jsp?Rec_Id= PC33292[2016-12-13].

氟烯草酸(flumiclorac-pentyl)

【基本信息】

化学名称：[2-氯-5-(环己-1-烯-1,2-二羧酰亚氨基)-4-氟苯氧基]乙酸戊酯

其他名称：氟胺草酯、利收、氟亚胺草酯、阔氟胺

CAS 号： 87546-18-7

分子式：$C_{21}H_{23}ClFNO_5$

相对分子质量：423.9

SMILES： O=C(OCCCCC)COc1cc(c(F)cc1Cl)N2C(=O)\C3=C(/C2=O)CCCC3

类别：甲酰亚胺类除草剂

结构式：

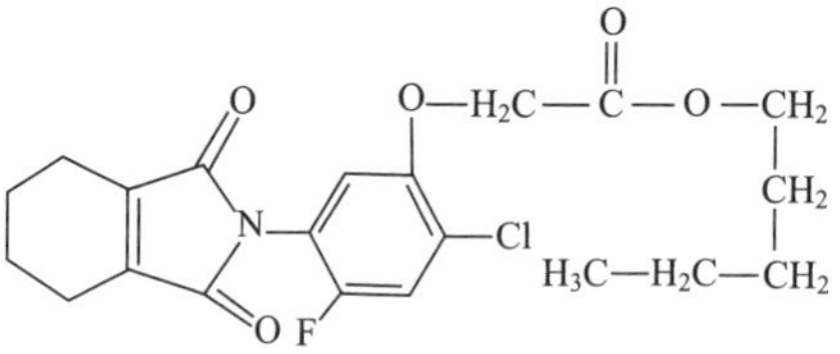

【理化性质】

灰棕色固体，密度 1.33g/mL，熔点 89℃，饱和蒸气压 0.01mPa(25℃)。水溶解度(20℃)为 0.189mg/L，有机溶剂溶解度：甲醇，47800mg/L；正己烷，3280mg/L；正辛醇，16000mg/L；丙酮，590000mg/L。辛醇/水分配系数 $\lg K_{ow}$=4.99，亨利常数为 9.21×10^{-6} Pa·m^3/mol(25℃)。

【环境行为】

(1)环境生物降解性

土壤中降解半衰期为 2.5d(田间和实验室条件下的平均值)，田间试验条件下为 10d，其他文献报道，土壤中降解半衰期为 0.45~4.5d[1]。

(2)环境非生物降解性

pH 为 7 时，20℃水中光解半衰期为 0.8d；20℃，pH 为 7 的条件下，水解半

衰期为 0.8d；pH 为 5 和 9 的条件下，水解半衰期分别为 4.2d 和 6min[1]。

(3) 环境生物蓄积性

无信息。

(4) 土壤吸附/移动性

K_{oc}=30，提示在土壤中具有强移动性[1]。

【生态毒理学】

鸟类(山齿鹑)急性 LD_{50}＞2250mg/kg，鱼类(虹鳟)96h LC_{50}=1.1mg/L，溞类(大型溞) 48h EC_{50}=38.0mg/L，水生甲壳动物(糠虾) 96h LC_{50}=0.46mg/L，蜜蜂急性接触 48h LD_{50}＞196μg/蜜蜂 [1]。

【毒理学】

(1) 一般毒性

大鼠急性经口 LD_{50}＞5000mg/kg，大鼠急性经皮 LD_{50}＞2000mg/kg，大鼠急性吸入 LC_{50} =5.51mg/L [1]。

(2) 神经毒性

无信息。

(3) 生殖发育毒性

无信息。

(4) 致癌性与致突变性

无信息。

【人类健康效应】

对人为低毒，对皮肤和眼睛有中等刺激。

【危害分类与管制情况】

序号	毒性指标	PPDB 分类	PAN 分类[2]
1	高毒	否	否
2	致癌性	否	否(USEPA，E 类)
3	致突变性	无数据	—
4	内分泌干扰性	无数据	无充分证据
5	生殖发育毒性	否	无充分证据

续表

序号	毒性指标	PPDB 分类	PAN 分类[2]
6	胆碱酯酶抑制性	否	否
7	神经毒性	否	—
8	呼吸道刺激性	疑似	—
9	皮肤刺激性	是	—
10	眼刺激性	是	—
11	地下水污染	—	无充分证据
12	国际公约或优控名录	无	

注：PPDB 数据库由英国赫特福德郡大学农业与环境研究所开发；PAN 数据库来自北美农药行动网（PANNA）；"—"表示无此项。

【限值标准】

无信息。

参 考 文 献

[1]　PPDB: Pesticide Properties DataBase. http://sitem.herts.ac.uk/aeru/ppdb/en/Reports/ 1161.htm [2017-08-27].

[2]　PAN Pesticides Database—Chemicals.http://www.pesticideinfo.org/Detail_Chemical.jsp?Rec_Id= PC35968[2017-08-27].

氟唑磺隆(flucarbazone-sodium)

【基本信息】

化学名称：1H-1,2,4-三唑-1-氨甲酰-4,5-2H-3-甲氧基-4-甲基-5-氧-N-{[2-(三氟甲氧)苯]磺酰}钠盐

其他名称：无

CAS 号：181274-17-9

分子式：$C_{12}H_{10}F_3N_4NaO_6S$

相对分子质量：418.28

SMILES：[Na+].O=S(=O)(/N=C(\[O–])N1/N=C(/OC)N(C1=O)C)c2ccccc2OC(F)(F)F

类别：三唑酮类除草剂

结构式：

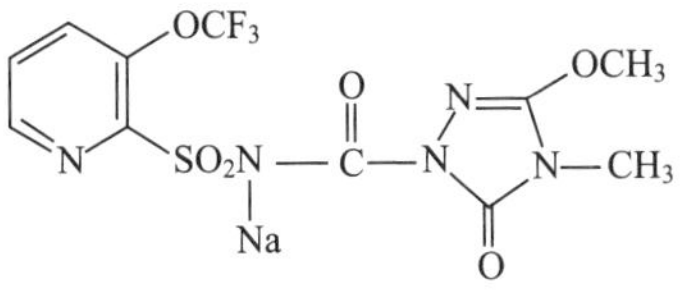

【理化性质】

无色结晶粉末，密度 1.59g/mL，熔点 200℃，饱和蒸气压 $1.0×10^{-6}$mPa(25℃)，水溶解度 44000mg/L(20℃)。辛醇/水分配系数 $lgK_{ow}=-1.84$，亨利常数为 $1.0×10^{-11}$ Pa·m³/mol(25℃)。

【环境行为】

(1)环境生物降解性

好氧：土壤中氟唑磺隆的好氧生物降解半衰期是 64~76d，代谢产物包括磺胺类、磺酸(耐降解)和去甲基氟唑磺隆[1]；厌氧：水中厌氧生物降解半衰期范围为 66~104d，代谢产物包括磺胺类和 N-甲基三唑，它们都具有耐厌氧降解性[1]。

(2)环境非生物降解性

氟唑磺隆在 pH 为 4、7、9 时水中稳定，在水和土壤中对光稳定[1]。

(3)环境生物蓄积性

氟唑磺隆在鱼体中 BCF=3 [2]，生物蓄积性弱。

(4)土壤吸附/移动性

K_{oc}=36[3]，在土壤中移动性强[4]。

【生态毒理学】

鸟类(山齿鹑)急性 LD_{50}=2000mg/kg，鱼类(虹鳟)96h LC_{50}=96.7mg/L、21d NOEC=2.75mg/L，溞类(大型溞)48h EC_{50}=109mg/L，蜜蜂 48h LD_{50}＞200μg/蜜蜂[5]。

【毒理学】

大鼠急性经口 LD_{50}＞5000mg/kg，大鼠急性经皮 LD_{50}＞5000mg/kg，大鼠急性吸入 LC_{50}＞5.13mg/L[5]。

【人类健康效应】

无信息。

【危害分类与管制情况】

序号	毒性指标	PPDB 分类	PAN 分类[6]
1	高毒	否	否
2	致癌性	否	否
3	致突变性	否	—
4	内分泌干扰性	否	无充分证据
5	生殖发育毒性	否	无充分证据
6	胆碱酯酶抑制性	否	是
7	神经毒性	否	—
8	皮肤刺激性	否	—
9	眼刺激性	是	—
10	地下水污染	—	无充分证据
11	国际公约或优控名录	无	

注:PPDB 数据库由英国赫特福德郡大学农业与环境研究所开发;PAN 数据库来自北美农药行动网(PANNA);"—"表示无此项。

【限值标准】

无信息。

参 考 文 献

[1] USEPA Office of Prevention, Pesticides and Toxic Substances. Pesticide Fact Sheet for Flucarbazone-sodium. 2006.

[2] MacBean C. e-Pesticide Manual. 15th ed. Ver. 5.1. Alton: British Crop Protection Council, 2008—2010.

[3] Franke C, Studinger G, Berger G, et al. The assessment of bioaccumulation. Chemosphere, 1994, 29: 1501-1514.

[4] USEPA. Estimation Program Interface（EPI）Suite. Ver. 4.1. 2011.

[5] PPDB: Pesticide Properties DataBase.http://sitem.herts.ac.uk/aeru/ppdb/en/Reports/1157.htm [2016-12-05].

[6] PAN Pesticides Database—Chemicals. http://www.pesticideinfo.org/Detail_Chemical.jsp?Rec_Id= PC37354 [2016-12-05].

格草净(methoprotryne)

【基本信息】

化学名称：*N*-3-甲氧基丙基-*N′*-(1-甲基乙基)-6-甲硫基-1,3,5-三嗪-2,4-二胺

其他名称：盖草津、甲氧丙净

CAS 号：841-06-5

分子式：$C_{11}H_{21}N_5OS$

相对分子质量：271.39

SMILES：c1(nc(nc(n1)SC)NCCCOC)NC(C)C

类别：三嗪类除草剂

结构式：

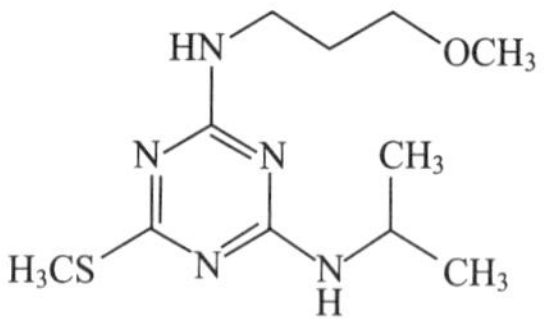

【理化性质】

白色结晶性粉末，熔点 69℃，饱和蒸气压 0.038mPa(25℃)。水溶解度(20℃)为 320mg/L。有机溶剂溶解度(20℃)：丙酮,450000mg/L；二氯甲烷,650000mg/L；正己烷,5000mg/L；甲苯,380000mg/L。辛醇/水分配系数 $\lg K_{ow}$=2.82，亨利常数为 $3.22×10^{-5}$ Pa·m³/mol(25℃)。

【环境行为】

(1)环境生物降解性

三嗪类不易被土壤微生物降解，也不容易从土壤中浸出，在土壤中可存在相当长的时间[1]。

(2)环境非生物降解性

格草净在土壤和水中水解缓慢[2]，水中加入催化剂可增加其水解速率[3]。

(3)环境生物蓄积性

BCF=24，提示在水生生物中富集性较低[4]。

(4)土壤吸附/移动性

K_{oc}=180，提示在土壤中具有中等移动性[5]。

【生态毒理学】

鱼类(虹鳟)96h LC_{50}=8.0mg/L，溞类(大型溞)48h EC_{50}=42.0mg/L，对蜜蜂无毒性[6]。

【毒理学】

大鼠急性经口 LD_{50}＞5000mg/kg，大鼠急性经皮 LD_{50}＞150mg/kg[6]。

【人类健康效应】

可能具有肾脏和肝脏毒性[6]。误食可导致恶心、呕吐和腹泻[7]。为避免职业暴露诱发的疾病，需定期开展中枢神经系统、肝脏、心脏、肾脏、肺、皮肤以及内分泌或免疫体检[8]。

【危害分类与管制情况】

序号	毒性指标	PPDB 分类	PAN 分类[9]
1	高毒	否	否
2	致癌性	无数据	无充分证据
3	致突变性	无数据	无充分证据
4	内分泌干扰性	无数据	无充分证据
5	生殖发育毒性	无数据	无充分证据
6	胆碱酯酶抑制性	否	否
7	神经毒性	无数据	—
8	呼吸道刺激性	是	—
9	皮肤刺激性	是	—
10	眼刺激性	是	—
11	地下水污染	—	无充分证据
12	国际公约或优控名录	引入欧盟内分泌干扰物质名单	

注：PPDB 数据库由英国赫特福德郡大学农业与环境研究所开发；PAN 数据库来自北美农药行动网(PANNA)；"—"表示无此项。

【限值标准】

无数据。

参 考 文 献

[1]　White-Stevens R. Pesticides in the environment. Trends Anal Chem, 1972, 114(6): 499.

[2]　Kaufman D D, Kearney P C. Microbial degradation of *s*-triazine herbicides. Res Rev, 1970, 32: 235-265.

[3]　Armstrong D E, Chesters G, Harris R F. Atrazine hydrolysis in soil. Soil Science Soc Amer Proc, 1967, 31: 61-66.

[4]　Worthing C R. The Pesticide Manual. 8th ed. Suffolk: Lavenham Press Ltd, 1987: 553.

[5]　Kenaga E E. Predicted bioconcentration factors and soil sorption coefficients of pesticides and other chemicals. Ecotox Environ Safety, 1980, 4(1): 26-38.

[6]　PPDB: Pesticide Properties DataBase. http://sitem.herts.ac.uk/aeru/ppdb/en/Reports/1549.htm [2016-12-08].

[7]　Morgan D P. Recognition and Management of Pesticide Poisonings. 2nd ed. Washington DC: U. S. Government Printing Office, 1976: 28.

[8]　International Labour Office. Encyclopedia of Occupational Health and Safety. Vol. I, II. Geneva: International Labour Office, 1983: 1039.

[9]　PAN Pesticides Database—Chemicals. http://www.pesticideinfo.org/Detail_Chemical.jsp?Rec_Id= PC38039 [2016-12-08].

禾草丹（thiobencarb）

【基本信息】

化学名称：*S*-(4-氯苄基)-*N*,*N*-二乙基硫代氨基甲酸酯

其他名称：杀草丹、灭草丹、稻草完

CAS 号： 28249-77-6

分子式：$C_{12}H_{16}ClNOS$

相对分子质量：257.8

SMILES： CCN(CC)C(=O)SCC1=CC=C(C=C1)Cl

类别：硫代氨基甲酸酯除草剂

结构式：

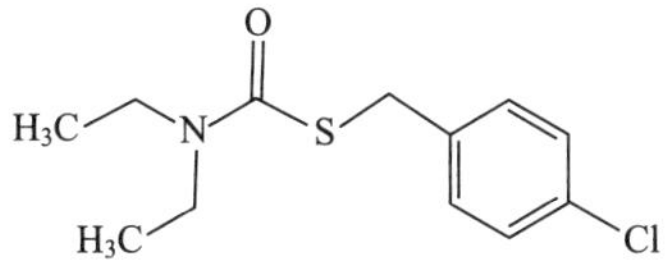

【理化性质】

无色透明黏稠液体，密度 1.16g/mL，沸点 326.6℃，饱和蒸气压 2.39mPa(25℃)。水溶解度(20℃)为 16.7mg/L。有机溶剂溶解度(20℃)：正己烷，500000mg/L；甲苯，500000mg/L；甲醇，500000mg/L；丙酮，500000mg/L。辛醇/水分配系数 $\lg K_{ow}=$ 4.23(pH=7, 20℃)。亨利常数为 3.68×10^{-2} Pa·m³/mol(25℃)。

【环境行为】

(1)环境生物降解性

好氧：实验室条件下，土壤中降解半衰期为 79d(20℃)；田间条件下，土壤中降解半衰期为 4d[1]。间歇式接种活性污泥，28d 生物降解半衰期为 12d[2]。另有研究表明，好氧条件下，在河水或泥浆水中的降解半衰期为 12~42d[3]；非无菌沉积物中的降解半衰期为 6.4d，无菌沉积物中的降解半衰期大于 28d[4]。

厌氧条件下，在沉积物、非无菌水和无菌水中的降解半衰期分别为 9~517d、

31d 和 82d[5]。

(2)环境非生物降解性

气态禾草丹与光化学反应产生的羟基自由基反应的速率常数约为 $2.5\times10^{-11}cm^3/(mol\cdot s)$(25℃),大气中羟基自由基的浓度为 $5\times10^5cm^{-3}$,间接光解半衰期约为 15h[6]。在无菌缓冲水溶液中(pH=7, 25℃)的光解半衰期为 190d[5];在 pH 为 5~9 条件下不水解[1]。在砂质壤土中,在自然光照射下的光解半衰期为 168d,在黑暗条件下的光解半衰期为 280d[5]。禾草丹在太阳光或紫外光(365nm)照射下的直接光解产物为对氯苯甲醇和对氯苯甲醛[7]。

(3)环境生物蓄积性

麦穗鱼 BCF 为 170[8],暗色颌须鮈 BCF 为 66[9],宽鳍鱲和香鱼的平均 BCF 值分别为 209 和 523[10],白鲢鱼、香鱼和黑鲢鱼的 BCF 值分别为 68、56 和 248[11],生物富集性为中等到高。

(4)土壤吸附/移动

吸附系数 K_{oc} 值为 309~5000[12-14],在土壤中具有轻微到中等移动性。

【生态毒理学】

鸟类(山齿鹑)急性 LD_{50}>2000mg/kg、短期摄食 LD_{50}>5000mg/kg,鱼类(鲤科)96h LC_{50}=0.98mg/L、21d NOEC>0.026mg/L,溞类(大型溞)48h EC_{50}=1.1mg/L、21d NOEC=0.072mg/L,甲壳类(糠虾)96h LC_{50}=0.37mg/L,藻类(绿藻)72h EC_{50}>0.017mg/L,蜜蜂接触 48h LD_{50}>100mg、经口 48h LD_{50}>100mg,蚯蚓(赤子爱胜蚓)14d LC_{50}=437mg/kg[1]。

【毒理学】

(1)一般毒性

大鼠急性经口 LD_{50}=560mg/kg,大鼠急性经皮 LD_{50}>5000mg/kg,大鼠急性吸入 LC_{50}>2.43mg/m³,大鼠短期膳食暴露 NOAEL>8mg/kg[1]。

(2)神经毒性

给予大鼠 0mg/kg、100mg/kg、500mg/kg、1000mg/kg 剂量的禾草丹暴露,出现步态异常、行动不便和感官反应降低的症状,雄性 100mg/kg、500mg/kg、1000mg/kg 剂量组和雌性 500mg/kg、1000mg/kg 剂量组的平均体温降低,500mg/kg、1000mg/kg 剂量组的大鼠运动活性降低。基于以上症状,大鼠 NOAEL=100mg/(kg·d)、LOAEL=500mg/(kg·d)[15]。

(3)生殖发育毒性

兔子灌胃暴露 0mg/(kg・d)、2mg/(kg・d)、20mg/(kg・d)、100mg/(kg・d)的禾草丹，中、高剂量组母休休重降低，高剂量组早产率增加，母体毒性的 NOAEL 为 2mg/kg；中、高剂量组胎兔平均体重较低，胎兔毒性的 NOAEL 为 2mg/kg[16]。

大鼠灌胃暴露剂量为 0mg/(kg・d)、2mg/(kg・d)、10mg/(kg・d)、40mg/(kg・d)，高剂量组胎鼠的存活率、体重下降，大鼠生育率下降[16]。

(4)致癌性与致突变性

无致突变性。

【人类健康效应】

可能的肝、肾毒物[1]。对人类无致癌性(USEPA 分类：D 类)[18]。

禾草丹对人体眼睛和皮肤有刺激性[17]；可抑制胆碱酯酶活性，可致头痛、头晕、恶心[18]；禾草丹职业暴露方式为吸入和皮肤接触[5]。

【危害分类与管制情况】

序号	毒性指标	PPDB 分类	PAN 分类[18]
1	高毒	否	否
2	致癌性	否	未分类
3	致突变性	无数据	—
4	内分泌干扰性	无数据	无有效证据
5	生殖发育毒性	疑似	疑似
6	胆碱酯酶抑制性	是	是
7	神经毒性	是	—
8	呼吸道刺激性	无数据	—
9	皮肤刺激性	疑似	—
10	眼刺激性	无数据	—
11	国际公约或优控名录	列入 PAN 名录	

注：PPDB 数据库由英国赫特福德郡大学农业与环境研究所开发；PAN 数据库来自北美农药行动网(PANNA)；"—"表示无此项。

【限值标准】

每日允许摄入量(ADI)为 0.01mg/(kg bw・d)，急性参考剂量(ARfD)为

0.25mg/（kg bw · d），操作者允许接触水平（AOEL）为 0.25mg/（kg bw · d）[1]。

参 考 文 献

[1] PPDB: Pesticide Properties DataBase. http://sitem.herts.ac.uk/aeru/ppdb/en/Reports/636.htm [2016-05-02].

[2] Kawamoto K, Urano K. Parameters for predicting fate of organochlorine pesticides in the environment. III. Biodegradation rate constants. Chemosphere, 1990, 21 (10-11): 1141-1152.

[3] Walker W W, Cripe C R, Pritchard P H, et al. Biological and abiotic degradation of xenobiotic compounds in invitro estaurine water and sediment water-systems. Chemosphere, 1988, 17 (12): 2255-2270.

[4] Schimmel S C, Garnas R L, Patrick J M, et al. Acute toxicity, bioconcentration, and persistence of AC222, 705, benthiocarb, chlorpyrifos, fenvalerate, methyl parathion, and permethrin in the estuarine environment. J Agric Food Chem, 1983, 31 (1): 104-113.

[5] USEPA/OPPTS. Reregistration Eligibility Decisions (REDs) Database on Thiobencarb (28249-77-6). EPA738-R-97-014. http://www.epa.gov/pesticides/reregistration/status.htm [2012-11-15].

[6] USEPA. Estimation Program Interface (EPI) Suite. Ver. 4. 1. http://www.epa.gov/oppt/exposure/pubs/episuitedl.htm [2012-11-15].

[7] TOXNET (Toxicology Data Network). https://toxnet.nlm.nih.gov/cgi-bin/sis/search2/f?./temp/~OdsNfc:1 [2016-05-01].

[8] Kanazawa J. Measurement of the bioconcentration factors of pesticides by fresh-water fish and their correlation with physiochemical properties or acute toxicities. Pestic Sci, 1981, 12 (4): 417-424.

[9] Tsuda T, Aoki S, Kojima M, et al. Bioconcentration and excretion of benthiocarb and simetryne by willow shiner. Toxicol Environ Chem, 1988, 18 (1): 31-36.

[10] Tsuda T, Aoki S, Kojima M, et al. Pesticides in water and fish from rivers flowing into Lake Biwa. Toxicol Environ Chem, 1991, 34 (1): 39-55.

[11] Tsuda T, Inoue T, Kojima M, et al. Pesticides in water and fish from rivers flowing into Lake Biwa. Bull Environ Contam Toxicol, 1996, 57 (3): 442-449.

[12] Kanazawa J. Relationship between the soil sorption constants for pesticides and their physicochemical properties. Environ Toxicol Chem, 1989, 8 (6): 477-484.

[13] USDA, Agricultural Research Service. ARS Pesticide Properties Database on Thiobencarb (28249-77-6). http://www.ars.usda.gov/services/docs.htm?docid=14199 [2012-11-15].

[14] Kawamoto K, Urano K. Parameters for predicting fate of organochlorine pesticides in the environment. II. Adsorption constant to soil. Chemosphere, 1989, 19 (8-9): 1223-1231.

[15] USEPA/Office of Pesticide Programs. Reregistration Eligibility Decision Document — Thiobencarb. p.12, EPA738-R-97-013 (December 1997). http://www.epa.gov/pesticides/reregistration/status.htm [2012-10-10].

[16] California Environmental Protection Agency/Department of Pesticide Regulation. Summary of Toxicology Data for Thiobencarb (28249-77-6). p. 11 (January 12, 1996). http://www.cdpr.ca. gov/ docs/risk/toxsums/toxsumlist. htm [2012-10-08].

[17] Beste C E. Herbicide Handbook. 5th ed. Champaign: Weed Science Society of America, 1983: 463.

[18] PAN Pesticides Database—Chemicals. http://www.pesticideinfo.org/Detail_Chemical.jsp?Rec_Id= PC34584 [2016-05-01].

禾草克（quizalofop-ethyl）

【基本信息】

化学名称：2-[4-(6-氯-2-喹噁啉氧基)-苯氧基]丙酸乙酯

其他名称：精禾草克、喹禾灵（乙酯）

CAS 号：76578-14-8

分子式：$C_{19}H_{17}ClN_2O_4$

相对分子质量：372.8

SMILES：O=C(OCC)C(Oc3ccc(Oc1nc2ccc(Cl)cc2nc1)cc3)C

类别：苯氧羧酸类除草剂

结构式：

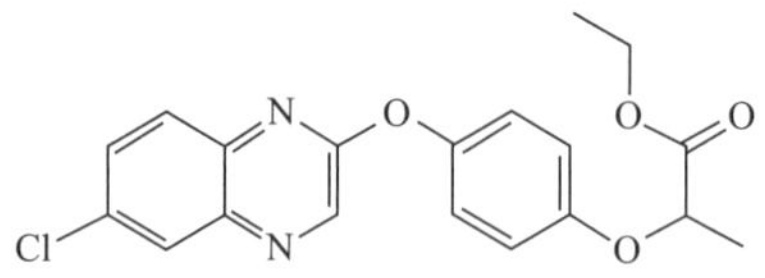

【理化性质】

无色晶体，密度 1.35g/mL，熔点 91.9℃，饱和蒸气压 0.04mPa（25℃）。水溶解度（20℃）为 0.31mg/L。有机溶剂溶解度（20℃）：丙酮，650000mg/L；苯，680000mg/L；正己烷，5000mg/L；甲醇，2200mg/L。辛醇/水分配系数 $\lg K_{ow}$=4.28（pH=7, 20℃）。

【环境行为】

（1）环境生物降解性

好氧条件下，土壤中降解半衰期为 45d（20℃，实验室）、60d（田间）[1,2]。有研究结果显示土壤中降解半衰期小于 1d，喹禾灵为其降解产物[3]。

（2）环境非生物降解性

碱催化的二级水解反应，pH 为 7 和 8 条件下，水解半衰期分别为 1.8a 和 67a[4]。20℃、pH 为 7 条件下的水解半衰期为 2d。pH 为 7 时，水中光解半衰期为 0.01d[2]。

（3）环境生物蓄积性

BCF 预测值为 400[5]、867[2]，提示潜在生物蓄积性较强。

（4）土壤吸附/移动性

吸附系数 K_{oc} 值为 510~570，提示在土壤中具有轻微移动性[1,2]。

【生态毒理学】

鸟类（山齿鹑）急性 LD_{50}＞2000mg/kg、短期摄食 LC_{50}/LD_{50}＞1123mg/（kg bw·d），鱼类（蓝鳃太阳鱼）96h LC_{50}=2.8mg/L，溞类（大型溞）48h EC_{50}=2.1mg/L，藻类（栅藻）72h EC_{50}=3.57mg/L、96h NOEC=1mg/L，蜜蜂经口急性 48h LD_{50}=10μg/蜜蜂，蚯蚓（赤子爱胜蚓）14d LC_{50}=1000mg/kg[2]。

【毒理学】

（1）一般毒性

大鼠急性经口 LD_{50}=1460mg/kg，大鼠短期饲喂暴露 NOAEL =0.9mg/kg[2]。

（2）神经毒性

无数据。

（3）生殖发育毒性

具有发育与生殖毒性[2]。

（4）致癌性与致突变性

红细胞微核试验研究表明[6]，禾草克能显著诱导红细胞微核及核异常的发生，与对照组相比，差异显著或极显著（$P<0.05$ 或 $P<0.01$），且微核发生率和核异常率与浓度呈正相关。针对红细胞微核和核异常、染色体数目和结构畸变，研究了除草剂禾草克对黄鳝细胞的遗传毒性[7]。结果显示，以不同浓度的禾草克作用 30h，红细胞微核率没有明显变化，核异常率和总核异常率均有所上升，暴露组与对照组差异显著。染色体数目畸变率均有所上升，有的试验组甚至与对照组差异极显著，染色体结构畸变率也明显上升，各组与对照组差异显著或极显著。表明一定浓度范围内的禾草克作用一定时间对黄鳝有明显的遗传学毒性。

【人类健康效应】

一般人群可能会通过摄食和饮用水暴露于禾草克，职业暴露可通过生产或使用场所中吸入扬尘、皮肤接触发生[8]。肝毒性物质[2]，对人类不太可能具有致癌性[9]。

【危害分类与管制情况】

序号	毒性指标	PPDB 分类	PAN 分类[9]
1	高毒	—	是
2	致癌性	—	不太可能(USEPA：D 类)
3	内分泌干扰性	—	疑似
4	生殖发育毒性	是	是
5	胆碱酯酶抑制性	否	否
6	呼吸刺激性	是	—
7	皮肤刺激性	是	—
8	眼刺激性	是	—
9	国际公约或优控名录	列入美国有毒物质排放清单(生殖发育毒性物质)、加州 65 种已知生殖毒性物质名录、PAN 名录	

注：PPDB 数据库由英国赫特福德郡大学农业与环境研究所开发；PAN 数据库来自北美农药行动网(PANNA)；"—"表示无此项。

【限值标准】

每日允许摄入量(ADI)为 0.009mg/(kg bw · d) [2]。

参 考 文 献

[1] USDA. Agricultural Research Service. ARS Pesticide Properties Database on Quizalofop-ethyl (76578-14-8). http://www.ars.usda.gov/Services/docs.htm?docid=14199 [2001-12-19].

[2] PPDB: Pesticide Properties DataBase. http://sitem.herts.ac.uk/aeru/ppdb/en/Reports/582.htm [2016-11-28].

[3] Tomlin C D S. The Pesticide Manual. 11th ed. Surrey: British Crop Protection Council, 1994.

[4] Mill T, Haag W, Penwell P, et al. Environmental fate and exposure studies. Development of a PC-SAR for hydrolysis: esters, alkyl halides and epoxides. EPA Contract No. 68-02-4254. Menlo Park: SRI International, 1987.

[5] Hansch C, Leo A, Hoekman D. Exploring QSAR: Hydrophobic, Electronic, and Steric Constants. Washington DC: American Chemical Society, 1995: 161.

[6] 王旭英, 张贵生. 除草剂精禾草克对鲫鲦红细胞微核及核异常的影响. 曲阜师范大学学报(自然科学版), 2006, 32(4): 104-106.

[7] 陈刚, 韩燕. 除草剂精禾草克对黄鳝细胞遗传毒性的研究. 动物学杂志, 2000, 35(5): 15-19.

[8] TOXNET（Toxicology Data Network）. https://toxnet.nlm.nih.gov/ cgi-bin/sis/search2/f?./temp/ ~ J9K37y:2 [2016-11-28].

[9] PAN Pesticides Database—Chemicals. http://www. pesticideinfo.org/Detail_Chemical.jsp?Rec_Id= PC33613 [2016-11-28].

禾草灵(diclofop-methyl)

【基本信息】

化学名称：(RS)-2-[4-(2,4-二氯苯氧基)苯氧基]丙酸甲酯

其他名称：伊洛克桑

CAS 号：51338-27-3

分子式：$C_{16}H_{14}Cl_2O_4$

相对分子质量：341.19

SMILES：Clc2cc(Cl)ccc2Oc1ccc(OC(C(=O)OC)C)cc1

类别：苯氧羧酸类除草剂

结构式：

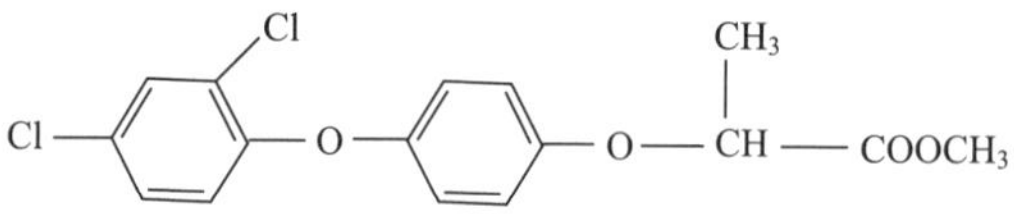

【理化性质】

白色晶状粉末，密度 1.4g/mL，熔点 370℃，沸点 44℃，饱和蒸气压 0.025mPa (25℃)。水溶解度(20℃)为 0.39mg/L。有机溶剂溶解度(20℃)：丙酮，500000mg/L；甲苯，500000mg/L；二氯甲烷，500000mg/L；正己烷，49700mg/L。辛醇/水分配系数 $\lg K_{ow}$=4.8(pH=7, 20℃)[1]。

【环境行为】

(1)环境生物降解性

好氧条件下，土壤中降解半衰期为 0.31d(实验室，20℃)、19.0d(田间)[1]，降解最终产物为 CO_2；厌氧条件下，降解产物为 4-(2,4-二氯苯氧基)苯酚[2]。在水/沉积物体系中快速降解，半衰期为 0.06d[1]，沉积物中的降解速率比水中快[3]。

(2)环境非生物降解性

禾草灵与羟基自由基反应的速率常数是 $1.8×10^{-11}cm^3/(mol·s)$，大气中间接光解半衰期为 21h(羟基自由基浓度为 $5×10^5cm^{-3}$)[4]，水中光解半衰期为 22d (pH=7)[1]。25℃、pH 分别为 5、7 和 9 的条件下，水解半衰期分别为 363d、31.7d 和 0.52d[1,5]。

(3)环境生物蓄积性

BCF 估测值为 300[6]，潜在生物蓄积性中等。

(4)土壤吸附/移动性

吸附系数 K_{oc} 值为 1600~2400[7-9]；另有研究报道，K_{oc} 为 20869[1]。在土壤中具有轻微移动性或难移动性[10]。

【生态毒理学】

鸟类(鹌鹑)急性 LD_{50}＞2250mg/kg、短期摄食 LD_{50}＞1104mg/(kg・d)，鱼类(虹鳟)96h LC_{50}=0.31mg/L、21d NOEC=0.083mg/L，溞类(大型溞)48h EC_{50}=0.23mg/L、21d NOEC=0.081mg/L，藻类(鱼腥藻)72h EC_{50}=2.23mg/L，蜜蜂接触48h LD_{50}＞100μg/蜜蜂、经口 48h LD_{50}＞131μg/蜜蜂，蚯蚓(赤子爱胜蚓)14d LC_{50}＞500mg/kg[1]。

【毒理学】

(1)一般毒性

大鼠急性经口 LD_{50}＞512mg/kg、急性经皮 LD_{50}＞2000mg/kg bw、急性吸入 LC_{50}＞1.36mg/L，大鼠短期膳食暴露 NOAEL=6mg/kg[1]。

(2)神经毒性

无信息。

(3)生殖发育毒性

无信息。

(4)致癌性与致突变性

无信息。

【人类健康效应】

致癌性：2B 类，人类可能致癌物(IARC 分类)。对皮肤和黏膜有刺激作用，具有肾脏和肝脏毒性，可引起肺炎或肺水肿[1]。

摄入高浓度的禾草灵可能会刺激口腔、咽喉及肠胃，发生胸痛、腹痛、腹泻、肌肉抽搐、肌肉压痛等现象。大量摄入禾草灵后代谢产生的酸中毒症状为：发热、心跳加速、换气过度、血管扩张、出汗，严重者出现昏迷和抽搐[11]。吸入禾草灵喷雾剂可能引起鼻、咽部和胸腔的灼烧感，并引起咳嗽[12]。

【危害分类与管制情况】

序号	毒性指标	PPDB 分类	PAN 分类
1	高毒	否	否
2	致癌性	可能	是（California Prop 65，致癌物；USEPA，可能致癌物）
3	致突变性	否	—
4	内分泌干扰性	无数据	无有效证据
5	生殖发育毒性	可能	是（California Prop 65，发育毒性物质；USEPA，发育毒性物质）
6	胆碱酯酶抑制性	否	否
7	神经毒性	否	—
8	呼吸道刺激性	是	—
9	皮肤刺激性	否	—
10	眼刺激性	否	—
11	地下水污染	—	无有效证据
12	国际公约或优控名录	列入 PAN 名录、美国有毒物质（发育毒性）排放清单、加州 65 种已知致癌物名录、加州 65 种发育毒性物质名录	

注：PPDB 数据库由英国赫特福德郡大学农业与环境研究所开发；PAN 数据库来自北美农药行动网（PANNA）；"—"表示无此项。

【限值标准】

每日允许摄入量（ADI）为 0.001mg/(kg bw·d)，急性参考剂量（ARfD）为 0.03mg/(kg bw·d)，操作者允许接触水平（AOEL）为 0.003mg/(kg bw·d)[11]。

参 考 文 献

[1] PPDB: Pesticide Properties DataBase. http://sitem.herts.ac.uk/aeru/ppdb/en/Reports/221.htm [2016-05-08].

[2] Martens R. Degradation of herbicide [diclofop-methyl-C-14] in soil under different conditions. Pestic Sci, 1978, 9(2): 127-134.

[3] Walker W W, Cripe C R, Pritchard P H, et al. Biological and abiotic degradation of xenobiotic compounds in *in vitro* estaurine water and sediment water-systems. Chemosphere, 1988,

17(12): 2255-2270.

[4]　Meylan W M, Howard P H. Computer estimation of the atmospheric gas-phase reaction-rate of organic-compounds with hydroxyl radicals and ozone. Chemosphere, 1993, 26(12): 2293-2299.

[5]　USEPA. PCGEMS Graphical Exposure Modeling System. PCHYDRO. 1991.

[6]　Lyman W J, Reehl W J, Roseblatt D H. Handbook of Chemical Property Estimation Methods. Washington DC: American Chemical Society, 1990: 5-10.

[7]　Budavari S, O' Neil M J, Smith A, et al. The Merck Index—An Encyclopedia of Chemicals, Drugs, and Biologicals. 11th ed. Rahway: Merck and Co Inc, 1989: 486.

[8]　TOXNET(Toxicology Data Network). https://toxnet.nlm.nih.gov/cgi-bin/sis/search2/f?./temp/~ 5iRwbF:1[2016-05-06].

[9]　Lohninger H. Estimation of soil partition-coefficients of pesticides from their chemical-structure. Chemosphere, 1994, 29(8): 1611-1626.

[10]　Swann R L, Laskowski D A, Mccall P J, et al. A rapid method for the estimation of the environmental parameters octanol water partition-coefficient, soil sorption constant, water to air ratio, and water solubility. Res Rev, 1983, 85: 17-28.

[11]　Morgan D P. Recognition and Management of Pesticide Poisonings. 3rd ed. Washington DC: U. S. Government Printing Office, 1982: 29.

[12]　Morgan D P. Recognition and Management of Pesticide Poisonings. 4th ed. EPA 540/9-88-001. Washington DC: U. S. Government Printing Office, 1989: 65.

环嗪酮(hexazinone)

【基本信息】

化学名称：3-环己基-6-二甲氨基-1-甲基-1,3,5-三嗪-2,4-二酮

其他名称：林草净、威尔柏

CAS 号：51235-04-2

分子式：$C_{12}H_{20}N_4O_2$

相对分子质量：252.31

SMILES：O=C1/N=C(\N(C(=O)N1C2CCCCC2)C)N(C)C

类别：三嗪酮类除草剂

结构式：

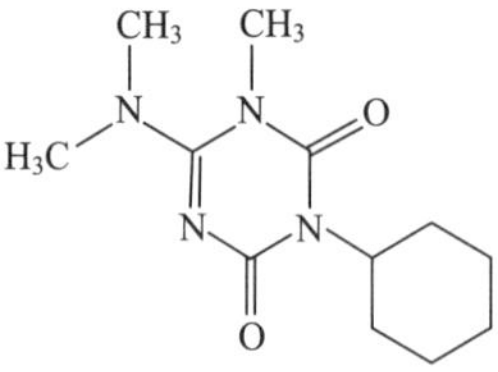

【理化性质】

无色晶体，密度 1.25g/mL，熔点 113.5℃，沸腾前分解，饱和蒸气压 0.03mPa (25℃)。水溶解度(20℃)为 33000mg/L。有机溶剂溶解度(20℃)：丙酮，626000mg/L；甲苯，334000mg/L；甲醇，2146500mg/L；苯，837000mg/L。辛醇/水分配系数 $\lg K_{ow}=1.17$。

【环境行为】

(1)环境生物降解性

好氧条件下，土壤中降解半衰期为 90d(20℃，实验室)[1]。另有报道，好氧条件下，在粉质壤土和砂质壤土中的降解半衰期小于 4 个月[2]。在 Taloka 和 Mountainberg 的土壤中降解半衰期分别为 77d 和 76d(30℃)、502d 和 426d(10℃)[2]。在溪水中，10℃条件下无明显降解发生；30℃条件下，200d 降解率为 2.2%，提

示难降解[3]。

厌氧条件下,在福尔辛顿砂质壤土和弗拉纳根粉质壤土中60d内未发生降解[4]。

(2)环境非生物降解性

根据结构估算,气态环嗪酮与光化学反应产生的羟基自由基反应的速率常数约为 $9.02×10^{-11}cm^3/(mol·s)(25℃)$,大气中羟基自由基的浓度为 $5×10^5 cm^{-3}$ 时,间接光解半衰期约为 1.4 为 h[5-7]。水中光解半衰期为 56d(pH=7)[2]。

环嗪酮水溶液在黑暗中 5~8 周内稳定(pH=5、7、9,37℃),pH 为 7、20℃ 时的水解半衰期为 56d[2]。在模拟太阳光下,蒸馏水中的环嗪酮 5 周内降解 10%[2]。

(3)环境生物蓄积性

蓝鳃太阳鱼暴露于浓度为 0.01mg/L 和 1.0mg/L 环嗪酮水溶液,持续 4 周,全鱼 BCF 值分别为 2 和 1,躯体、肝脏和内脏中 BCF 最大值分别为 2、3~5 和 5~7[2],提示生物蓄积性较弱。

(4)土壤吸附/移动性

吸附系数 K_{oc} 为 54[2];在福尔辛顿砂质壤土(1.40%有机质)和弗拉纳根粉质壤土(4.02%有机质)中的 Freundlich 吸附常数(K_f)分别为 0.2 和 1.0[3],K_{oc} 值分别为 25 和 43[8];尤斯蒂斯砂土 K_{oc} 值为 10[9],提示在土壤中具有较强的移动性。

【生态毒理学】

鸟类(山齿鹑)急性 $LD_{50}>2258mg/kg$,鱼类(虹鳟)96h $LC_{50}>320mg/L$,溞类(大型溞)48h $EC_{50}>85mg/L$、21d $NOEC>50mg/L$,藻类(月牙藻)72h $EC_{50}=0.0145mg/L$[1]。

【毒理学】

(1)一般毒性

大鼠急性经口 $LD_{50}=1690mg/kg$,兔子急性经皮 $LD_{50}>5000mg/kg$,大鼠急性吸入 $LD_{50}=7.48mg/kg$,大鼠短期膳食暴露 NOAEL$>200mg/kg$[1]。

(2)神经毒性

无信息。

(3)生殖发育毒性

大鼠两代繁殖试验结果:F1 代雄鼠交配前体重下降(5000mg/kg),P1 代雌鼠交配前体重下降、食物摄入量下降,孕期和哺乳期体重下降(5000mg/kg);F1 代雌鼠体重下降出现在交配前、孕期($>2000mg/kg$)以及哺乳期(5000mg/kg),F1 代雌鼠饮食量下降(5000mg/kg),P1 和 F1 代雄鼠睾丸质量下降(5000mg/kg)[10]。

对孕期雌鼠进行灌胃暴露[0mg/(kg·d)、40mg/(kg·d)、100mg/(kg·d)、400mg/(kg·d)、900mg/(kg·d)]，母体 NOAEL 为 100mg/(kg·d)，发育 NOAEL=400 mg/(kg·d)。900mg/(kg·d)剂量组出现 1 例死亡，体重明显下降（17%~37%）。400mg/(kg·d)以上剂量组食物摄入量下降、相对肝脏质量明显增加。900mg/(kg·d)剂量组胎儿体重显著下降，胎儿畸形率显著增加[10]。

(4)致癌性与致突变性

大鼠灌胃暴露 0mg/kg、100mg/kg、300mg/kg、1000mg/kg 剂量的环嗪酮，未观察到染色体畸变。鼠伤寒沙门氏菌 TA1535、TA1537、TA1538、TA98 和 TA100 致突变性试验，添加 S9 活化或不添加 S9 活化均没有发现致突变效应[11]。

【人类健康效应】

致癌性：D 类，对人无致癌性（USEPA 分类）。

一名 26 岁女性吸入环嗪酮粉尘，24h 内发生呕吐现象[11]。职业暴露方式主要为生产和使用过程中的皮肤接触。

【危害分类与管制情况】

序号	毒性指标	PPDB 分类	PAN 分类
1	高毒	是	是（USEPA 分类）
2	致癌性	否	未分类
3	致突变性	否	—
4	内分泌干扰性	无数据	无有效证据
5	生殖发育毒性	可能	无有效证据
6	胆碱酯酶抑制性	否	否
7	神经毒性	否	—
8	呼吸道刺激性	无数据	—
9	皮肤刺激性	是	—
10	眼刺激性	是	—
11	地下水污染	—	是
12	国际公约或优控名录	列入 PAN 名录	

注：PPDB 数据库由英国赫特福德郡大学农业与环境研究所开发；PAN 数据库来自北美农药行动网（PANNA）；"—"表示无此项。

【限值标准】

每日允许摄入量(ADI)为 0.05mg/(kg bw · d)[1]。

参 考 文 献

[1] PPDB: Pesticide Properties DataBase. http://sitem.herts.ac.uk/aeru/ppdb/en/Reports/384.htm [2016-05-14].

[2] Rhodes R C. Studies with ^{14}C-labeled hexazinone in water and bluegill sunfish. J Agric Food Chem, 1980, 28(2): 306-310.

[3] Bouchard D C, Lavy L T, Lawson E R. Mobility and persistence of hexazinone in a forest watershed. J Environ Qual, 1985, 14(2): 229-233.

[4] Rhodes R C. Soil studies with ^{14}C-labeled hexazinone. J Agric Food Chem, 1980, 28(2): 311-315.

[5] Meylan W M, Howard P H. Computer estimation of the atmospheric gas-phase reaction-rate of organic-compounds with hydroxyl radicals and ozone. Chemosphere, 1993, 26(12): 2293-2299.

[6] Solomon K R, Bowhey C S, Liber K, et al. Persistence of hexazinone (Velpar), triclopyr (Garlon), and 2, 4-D in a northern Ontario aquatic environment. J Agric Food Chem, 1988, 36(6): 1314-1318.

[7] Thompson D G, Macdonald L M, Staznik B. Persistence of hexazinone and metsulfuron-methyl in a mixed-wood/boreal forest lake. J Agric Food Chem, 1992, 40(8): 1444-1449.

[8] Lyman W J, Reehl W J, Roseblatt D H. Handbook of Chemical Property Estimation Methods. Washington DC: American Chemical Society, 1993.

[9] Bouchard D C, Wood A L. Pesticide sorption on geologic material of varying organic carbon content. Toxicol Ind Health, 1988, 4(3): 341-349.

[10] California Environmental Protection Agency/Department of Pesticide Regulation. Toxicology Data Review Summaries. http://www.cdpr.ca.gov/docs/toxsums/toxsumlist.htm [2005-09-28].

[11] USEPA/ODW. Health Advisories for 50 Pesticides. 1988: 518.

磺草灵(asulam)

【基本信息】

化学名称：*O*-甲基-*N*-(4-氨基苯磺酰基)氨酸甲酸酯

其他名称：黄草灵

CAS 号：3337-71-1

分子式：$C_8H_{10}N_2O_4S$

相对分子质量：230.24

SMILES：c1(S(NC(OC)=O)(=O)=O)ccc(N)cc1

类别：氨基甲酸酯类除草剂

结构式：

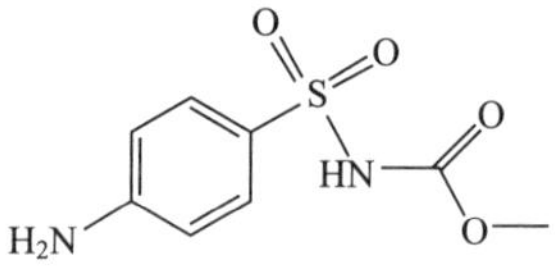

【理化性质】

无色晶体，熔点 230℃，沸腾前分解，饱和蒸气压 $5.0×10^{-4}$mPa(25℃)。水溶解度(20℃)为 962000mg/L。有机溶剂溶解度(20℃)：丙酮，1100mg/L；二甲苯，98.0mg/L；乙酸乙酯，500mg/L；正辛醇，300mg/L。辛醇/水分配系数 lgK_{ow}=0.15(pH=7, 20℃)。

【环境行为】

(1)环境生物降解性

好氧条件下，土壤中降解半衰期 DT_{50} 为 2.1~4.2d，DT_{90} 为 7.0~30.9d；有文献报道的 DT_{50} 为 6~14d [1]。

(2)环境非生物降解性

在 pH 为 7、20℃条件下，水中稳定[1]。

(3) 环境生物蓄积性

基于 lg K_{ow} < 3，潜在生物蓄积性弱[1]。

(4) 土壤吸附/移动性

Freundlich 吸附系数 K_f 为 0.1~2.6，K_{foc} 为 15.4~149.7[1]，提示在土壤中具有移动性。

【生态毒理学】

鸟类(山齿鹑)急性 LD_{50} > 1827mg/kg、短期摄食 LD_{50} > 100000mg/kg，鱼类(蓝鳃太阳鱼)96h LC_{50} > 91.3mg/L、鱼类(虹鳟)21d NOEC > 119.1mg/L，溞类(大型溞)48h EC_{50} > 57.9mg/L、21d NOEC=6.4mg/L，蜜蜂接触 48h LD_{50} > 100mg/蜜蜂、经口 48h LD_{50} > 123.7mg/蜜蜂，蚯蚓(赤子爱胜蚓)14d LC_{50}=1000mg/kg[1]。

【毒理学】

(1) 一般毒性

大鼠急性经口 LD_{50} > 5000mg/kg，大鼠急性经皮 LD_{50} > 2000mg/kg，大鼠急性吸入 LC_{50} > 5.46mg/m^3[1]。

(2) 神经毒性

无信息。

(3) 生殖发育毒性

无信息。

(4) 致癌性与致突变性

无信息。

【人类健康效应】

具有肾、甲状腺和血液毒性[1]，对皮肤、眼睛和呼吸道具有刺激性[2]。

【危害分类与管制情况】

序号	毒性指标	PPDB 分类	PAN 分类[2]
1	高毒	否	否
2	致癌性	可能	可能(C 类，USEPA 分类)
3	致突变性	无数据	—
4	内分泌干扰性	无数据	无有效证据

续表

序号	毒性指标	PPDB 分类	PAN 分类[2]
5	生殖发育毒性	是	无有效证据
6	胆碱酯酶抑制性	无数据	否
7	神经毒性	无数据	—
8	呼吸道刺激性	是	—
9	皮肤刺激性	是	—
10	眼刺激性	是	—
11	地下水污染	—	无有效证据
12	国际公约或优控名录	无	

注：PPDB 数据库由英国赫特福德郡大学农业与环境研究所开发；PAN 数据库来自北美农药行动网（PANNA）；"—"表示无此项。

【限值标准】

每日允许摄入量（ADI）为 0.36mg/（kg bw·d），急性参考剂量（ARfD）为 1.0mg/（kg bw·d），操作者允许接触水平（AOEL）为 0.46mg/（kg bw·d）[1]。

参 考 文 献

[1] PPDB: Pesticide Properties DataBase.http://sitem.herts.ac.uk/aeru/ppdb/en/Reports/1551.htm [2016-05-18].

[2] PAN Pesticides Database—Chemicals. http://www.pesticideinfo.org/Detail_Chemical.jsp?Rec_Id= PC35953[2016-05-18].

磺酰磺隆(sulfosulfuron)

【基本信息】

化学名称：1-(4,6-二甲氧嘧啶-2-基)-3-[(2-乙基磺酰基咪唑[1,2-a]吡啶-3-基)磺酰]脲

其他名称：无

CAS 号：141776-32-1

分子式：$C_{16}H_{18}N_6O_7S_2$

相对分子质量：470.48

SMILES：COc1nc(nc(OC)c1)NC(=O)NS(=O)(=O)c2c(nc3ccccn23)S(=O)(=O)CC

类别：磺酰脲类除草剂

结构式：

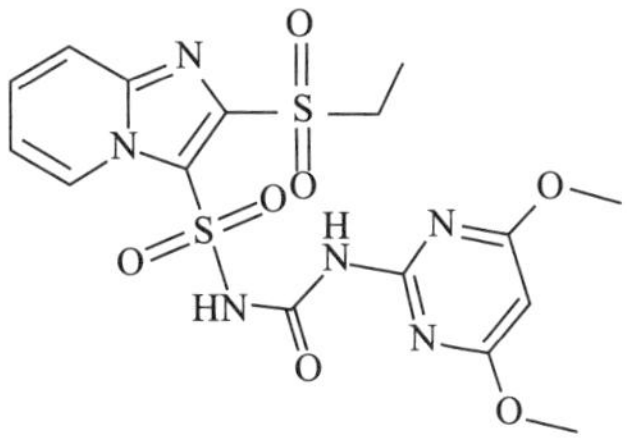

【理化性质】

白色固体，密度 1.52g/mL，熔点 201.5℃，饱和蒸气压 3.05×10⁻⁵mPa(25℃)。水溶解度(20℃)为 1627mg/L。有机溶剂溶解度(20℃)：正庚烷，1mg/L；二甲苯，160mg/L；甲醇，330mg/L；丙酮，710mg/L。正辛醇/水分配系数 lg K_{ow}= −0.77(pH =7,20℃)，亨利常数为 8.83×10⁻⁹ Pa·m³/mol(25℃)。

【环境行为】

(1)环境生物降解性

好氧条件下，土壤中降解半衰期为 63.8d(20℃，实验室)[1]。另有报道，在 5

种土壤中的降解半衰期分别为：江西红壤，14.5d；太湖水稻土，30.0d；陕西潮土，39.4d；东北黑土，42.5d；南京黄棕壤，46.8d[2]。

(2)环境非生物降解性

在25℃、pH分别为4、5、7和9的条件下，水解半衰期分别为7d、48d、168d和156d。在酸性条件下水解产物为1-(2-乙基磺酰咪唑[1,2-a]吡啶-3-磺酰胺)和4,6-二甲氧基-2-氨基嘧啶[3]。太阳光条件下可直接光解，半衰期为9.1d(磺酰脲键断裂)[4]。

(3)环境生物蓄积性

基于$\lg K_{ow}$的鱼类BCF预测值为3，在水生生物体内富集性弱[5]。

(4)土壤吸附/移动性

吸附系数K_{oc}预测值为33，提示在土壤中具有很强的移动性。其中，在环境中以阴离子形式存在(pK_a为3.51)，提示碱性土壤和低有机质含量土壤中移动性更强[6,7]。

【生态毒理学】

鸟类(绿头鸭)急性$LD_{50}>2250mg/kg$，鱼类(虹鳟)96h $LC_{50}>91mg/L$、21d NOEC=100mg/L，溞类48h $EC_{50}>96mg/L$、溞类(大型溞)21d NOEC=102mg/L，甲壳类(糠虾)96h $LC_{50}=106mg/L$，藻类72h $EC_{50}=0.221mg/L$，蜜蜂经口48h $LD_{50}>25\mu g/$蜜蜂，蚯蚓(赤子爱胜蚓)14d $LC_{50}>848mg/kg$[1]。

【毒理学】

(1)一般毒性

大鼠急性经口$LD_{50}>5000mg/kg$，急性经皮$LD_{50}>5000mg/kg\ bw$，急性吸入$LC_{50}>3.0mg/L$，大鼠短期膳食暴露NOAEL>370mg/kg[1]。

(2)神经毒性

大鼠亚慢性经口毒性：暴露剂量为0mg/L、200 mg/L、2000 mg/L、20000mg/L[雄鼠给药量为0mg/(kg·d)、12mg/(kg·d)、122mg/(kg·d)、1211mg/(kg·d)，雌鼠给药量为0mg/(kg·d)、14mg/(kg·d)、141mg/(kg·d)、1467mg/(kg·d)]，暴露组摄食量、行为动作、肌动活动、神经病理都没有观察到显著的剂量-反应关系[8]。

(3)生殖发育毒性

大鼠两代繁殖试验：器官质量发生变化、体重发生变化、摄食量减少，出现尿路微观病理损伤(包括结石、肾积水、肾盆腔上皮增生)。生殖毒性

NOAEL=20000mg/L，LOAEL＞20000mg/L[8]。

(4)致癌性与致突变性

Ames 试验、CHO/HGPRT 突变试验、中国仓鼠离休染色休畸变试验、人体淋巴细胞离体培养试验及小鼠骨髓微核试验均呈阴性，结果提示无致畸和致突变的作用[8]。

【人类健康效应】

可能的肾脏、膀胱、泌尿系统毒物，可导致体重减轻、肾和膀胱损害[7]。急性暴露刺激眼、皮肤、黏膜，可引起咳嗽、气促、恶心、呕吐、腹泻、头痛、电解质紊乱等症状。慢性暴露可致蛋白质代谢受干扰、中度肺气肿及体重减轻(同其他脲类除草剂)[9]。

人类高剂量暴露可能致癌(USEPA)[8]。体外细胞研究发现，1000μg/L 磺酰磺隆未诱导人类淋巴细胞染色体发生断裂[8]。

【危害分类与管制情况】

序号	毒性指标	PPDB 分类	PAN 分类[9]
1	高毒	否	否
2	致癌性	可能	否
3	内分泌干扰性	—	无有效证据
4	生殖发育毒性	可能	无有效证据
5	胆碱酯酶抑制性	否	否
6	神经毒性	否	—
7	呼吸道刺激性	否	—
8	皮肤刺激性	否	—
9	眼刺激性	是	—
10	地下水污染	—	潜在可能
11	国际公约或优控名录	无	

注：PPDB 数据库由英国赫特福德郡大学农业与环境研究所开发；PAN 数据库来自北美农药行动网(PANNA)；"—"表示无此项。

【限值标准】

每日允许摄入量(ADI)为 0.24mg/(kg bw·d)，操作者允许接触水平(AOEL)为 0.4mg/(kg bw·d)[1]。

参 考 文 献

[1] PPDB: Pesticide Properties DataBase. http://sitem.herts.ac.uk/aeru/ppdb/en/Reports/603.htm [2016-06-10].

[2] 张静, 宋宁慧, 李辉信, 等. 磺酰磺隆在土壤中的环境行为. 农药, 2012, 51 (12): 890-893.

[3] MacBean C. The e-Pesticide Manual. 15th ed. Ver. 5.1. Alton: British Crop Protection Council, 2008—2010.

[4] TOXNET (Toxicology Data Network). http://toxnet.nlm.nih.gov/newtoxnet/hsdb.htm. [2016-06-10].

[5] Franke C, Studinger G, Berger G, et al. The assessment of bioaccumulation. Chemosphere,1994, 29: 1501-1514.

[6] Ahrens W H. Herbicide Handbook. 7th ed. Champaign: Weed Science Society of America, 1994.

[7] Boethling R S, Mackay D. Handbook of Property Estimation Methods for Chemicals. Boca Raton: Lewis Publ, 2000: 141-188.

[8] California Environmental Protection Agency/Department of Pesticide Regulation. Toxicology Data Review Summary for Sulfosulfuron (141776-32-1). p.15 http://www.cdpr.ca.gov/ docs/ risk/toxsums/toxsumlist.htm[2011-05-31].

[9] PAN Pesticides Database—Chemicals. http://www.pesticideinfo.org/Detail_Chemical.jsp?Rec_Id= PC36021 [2016-06-10].

甲草胺(alachlor)

【基本信息】

化学名称：2-氯-2',6'-二乙基-N-甲氧甲基乙酰替苯胺

其他名称：拉索、草甲胺、灭草胺

CAS 号：15972-60-8

分子式：$C_{14}H_{20}ClNO_2$

相对分子质量：269.77

SMILES：ClCC(=O)N(c1c(cccc1CC)CC)COC

类别：氯乙酰胺类除草剂

结构式：

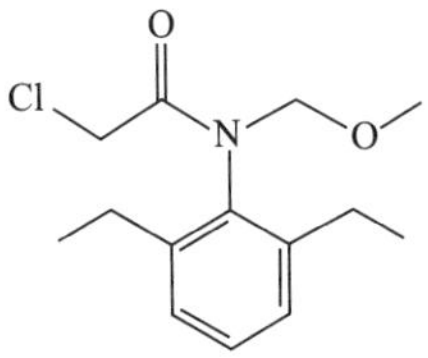

【理化性质】

无色或黄色晶体，密度 1.13g/mL，熔点 41℃，沸点 100℃，饱和蒸气压 2.9mPa (25℃)。水溶解度(20℃)为 240mg/L，溶于乙醚、丙酮、苯、乙醇、乙酸乙酯。辛醇/水分配系数 $\lg K_{ow}$=3.09(pH=7, 20℃)。

【环境行为】

(1)环境生物降解性

好氧条件下，在未灭菌土壤中的降解半衰期为 7.8d，在无菌土壤中降解半衰期为 469d[1]。降解产物包括 2-氯-2',6'-二乙基乙酰苯胺和 1-氯乙酰基-2,3-二氢-7-乙基吲哚[2]。20℃、实验室条件下土壤中降解半衰期为 35d[3]。在淤泥、壤质砂土和粉砂壤土(25℃、75%田间持水量)中降解半衰期为 2~3 周[4]。

厌氧条件下，100mg/L 的甲草胺在查默斯粉壤土和斯特吉斯砂质壤土两种土

壤中，30d 降解率分别为 80% 和 50%[5]。接种厌氧污泥，降解半衰期约为 5d[5]。

（2）环境非生物降解性

根据结构估算，气态甲草胺与光化学反应产生的羟基自由基反应的速率常数约为 $1.85×10^{-10}$cm^3/(mol·s)（25℃），大气中羟基自由基的浓度为 $5×10^5$cm^{-3} 时，大气中间接光解半衰期约为 8.5h。在 pH 为 3、6 和 9 的缓冲溶液、天然湖水和去离子水中培养（黑暗）30d 相对稳定[6]。另有报道，20℃、pH 为 7 条件下的水解半衰期为 0.5d[3]。在阳光下，玻璃表面或土壤表面的甲草胺在 8h 后完全降解，光降解产物有 2-氯-2',6'-二乙基乙酰苯胺、2,6-二甲氨基苯胺、2',6'-二乙基乙酰苯胺、氯乙酸、2',6'-二乙基-N-甲氧基甲基苯胺和 1-氯乙酰基-2,3-二氢-7-乙基吲哚[6]。

（3）环境生物蓄积性

鱼体 BCF 为 6（黑头呆鱼）[7]、39[3]，提示生物蓄积性弱[8]。

（4）土壤吸附/移动性

吸附系数 K_{oc} 值为 120~2138[3, 9,10]，提示在土壤中具有弱到强的移动性。

【生态毒理学】

鸟类（山齿鹑）急性 LD_{50}=1536mg/kg，鱼类（虹鳟）96h LC_{50}=1.8mg/L、鱼类 21d NOEC＞0.19mg/L，溞类（大型溞）48h EC_{50}=10mg/L、溞类 21d NOEC=0.22mg/L，藻类（月牙藻）72h EC_{50}=0.966mg/L、藻类（小球藻）72h EC_{50}=0.02mg/L，蜜蜂接触 48h LD_{50}=16mg/蜜蜂，蚯蚓 14d LC_{50}=386.8mg/kg[3]。

【毒理学】

（1）一般毒性

大鼠急性经口 LD_{50}=930mg/kg，兔子急性经皮 LD_{50}＞13300mg/kg，大鼠急性吸入 LC_{50}=1.04mg/m^3，大鼠短期膳食暴露 NOAEL=10mg/kg[3]。

（2）神经毒性

无信息。

（3）生殖发育毒性

大鼠三代繁殖试验，暴露剂量为 0mg/(kg·d)、3mg/(kg·d)、10mg/(kg·d)、30mg/(kg·d)。亲代和子代高剂量组发生肾脏变色和肾脏质量减少。组织病理学检查显示高剂量组雄性出现慢性肾炎，亲代雌性和 F3b 代雌性卵巢质量下降。亲代或子代全身毒性 NOAEL 为 10mg/(kg·d)，LOAEL 为 30mg/(kg·d)。发育毒性 NOAEL＞30mg/(kg·d)、LOAEL＞30mg/(kg·d)[11]。

对孕期大鼠进行 0mg/(kg·d)、50mg/(kg·d)、150mg/(kg·d)、400mg/(kg·d)

的灌胃暴露，母体全身毒性表现为高剂量组孕鼠死亡、鼻子和嘴巴周围出现红色物质、生殖器变色、体重减少。发育毒性表现为高剂量组胎鼠存活率降低。发育毒性 NOAEL=150mg/(kg·d)、LOAEL=400mg/(kg·d)[12]。

(4)致癌性与致突变性

对大鼠进行为期两年的饮食暴露[0mg/(kg·d)、14mg/(kg·d)、42mg/(kg·d)、126mg/(kg·d)]，研究发现，42mg/(kg·d) 和 126mg/(kg·d) 剂量组雄鼠鼻腔呼吸道上皮细胞腺瘤的发生率增加；126mg/(kg·d) 剂量组大鼠甲状腺滤泡细胞腺瘤发生率增加[13]。

【人类健康效应】

致癌性：高剂量可能对人类具有致癌性(USEPA)[6]。可能的肺、肾毒物，可致不可逆的眼损伤,可能具有基因毒性与内分泌干扰毒性(竞争结合雌激素和孕激素受体)[3]。

具有腐蚀性，对眼睛造成损害，引起皮肤刺激[14]。进行甲草胺和代森锰锌在人类淋巴细胞中的体外试验研究，浓度为1mg/L、2mg/L、4mg/L、10mg/L、20mg/L、40mg/L，研究发现淋巴细胞发生明显的染色体畸变[15]。

一项包含 49980 名农药施用工人的前瞻性队列研究发现，甲草胺暴露可增加淋巴造血系统肿瘤、白血病及多发性骨髓瘤的发病风险[16]。

【危害分类与管制情况】

序号	毒性指标	PPDB 分类	PAN 分类[17]
1	高毒	否	否
2	致癌性	可能	是
3	致突变性	否	—
4	内分泌干扰性	疑似	疑似
5	生殖发育毒性	疑似	是
6	胆碱酯酶抑制性	否	否
7	神经毒性	否	—
8	呼吸道刺激性	否	—
9	皮肤刺激性	疑似	—
10	眼刺激性	是	—
11	地下水污染	—	是

序号	毒性指标	PPDB 分类	PAN 分类[17]
12	国际公约或优控名录	列入 PAN 名录、加州 65 种已知致癌物名录、美国有毒物质排放清单(致癌物、发育毒性物质)、欧盟内分泌干扰物清单	

注：PPDB 数据库由英国赫特福德郡大学农业与环境研究所开发；PAN 数据库来自北美农药行动网（PANNA）；"—"表示无此项。

【限值标准】

每日允许摄入量（ADI）为 0.01mg/（kg bw·d）[10]。美国国家饮用水标准与健康基准最大污染限值（MCL）2.0mg/L，WHO 水质基准为 20mg/L[17]。

参 考 文 献

[1] Beestman G B, Deming J M. Dissipation of acetanilide herbicides from soils. Agron J, 1974, 66(2): 308-311.

[2] Chesters G, Simsiman G V, Levy J, et al. Environmental fate of alachlor and metolachlor. Rev Environ Contam Toxicol, 1989, 110(1): 1-74.

[3] PPDB: Pesticide Properties DataBase. http://sitem.herts.ac.uk/aeru/ppdb/en/Reports/17.htm [2016-05-26].

[4] USEPA. Reregistration Eligibility Decisions (REDs) Database on Alachlor (15972-60-8). USEPA 738-R-98-020. Dec 1998. http://www.epa.gov/oppsrrd1/REDs/0063.pdf [2007-03-21].

[5] Konopka A. Anaerobic degradation of chloroacetanilide herbicides. Appl Microbiol Biotechnol, 1994, 42: 440-445.

[6] TOXNET (Toxicology Data Network). https://toxnet.nlm.nih.gov/cgi-bin/sis/search2/f?./temp/~u0uDnl:3 [2016-05-26].

[7] Call D J, Brooke L T, Kent R J, et al. Toxicity, uptake, and elimination of the herbicides alachlor and dinoseb in freshwater fish. J Environ Qual, 1984, 13(3): 493-498.

[8] Franke C, Studinger G, Berger G, et al. The assessment of bioaccumulation. Chemosphere, 1994, 29(7): 1501-1514.

[9] Wauchope R D, Buttler T M, Hornsby A G, et al. The SCS/ARS/CES pesticide properties database for environmental decision-making. Rev Environ Contam Toxicol, 1992, 123(6): 1-155.

[10] Aga D S, Thurman E M. Formation and transport of the sulfonic acid metabolites of alachlor and metolachlor in soil. Environ Sci Technol, 2001, 35(12): 2455-2460.

[11] USEPA/Office of Pesticide Programs. Reregistration Eligibility Decision Document—Alachlor. p. 17 (December 1998). http://www.epa.gov/pesticides/reregistration/status.htm [2007-01-30].

[12] USEPA/Office of Pesticide Programs. Reregistration Eligibility Decision Document—Alachlor.

p.13-14 （December 1998）. http://www.epa.gov/pesticides/reregistration/status.htm [2007-01-30].

[13] USEPA/Office of Pesticide Programs. Reregistration Eligibility Decision Document Alachlor. p.16 （December 1998）. http://www.epa.gov/pesticides/reregistration/status.htm [2007-01-30].

[14] Monsanto US Ag Products. Product Label for INTRRO Preemergent Herbicide, EPA Reg. No. 524-314, p. 14 （2005）. http://www.monsanto.com/monsanto/ag_products/pdf/labels_msds/ intrro_label. pdf [2007-08-15].

[15] Georgian L, Moraru I, Draghicescu T, et al. Cytogenetic effects of alachlor and mancozeb. Mutat Res, 1983, 116(3-4): 341-348.

[16] Lee W J, Hoppin J A, Blair A, et al. Cancer incidence among pesticide applicators exposed to alachlor in the Agricultural Health Study. Am J Epidemiol, 2004: 159(4): 373-380.

[17] PAN Pesticides Database—Chemicals. http://www.pesticideinfo.org/Detail_Chemical.jsp?Rec_Id= PC35160 [2016-05-26].

甲磺隆(metsulfuron-methyl)

【基本信息】

化学名称：2-[(4-甲氧基-6-甲基-1,3,5-三嗪基-2-基)脲基磺酰基]苯甲酸甲酯

其他名称：无

CAS 号：74223-64-6

分子式：$C_{14}H_{15}N_5O_6S$

相对分子质量：381.36

SMILES：O=C(OC)c1ccccc1S(=O)(=O)NC(=O)Nc2nc(nc(OC)n2)C

类别：磺酰脲类除草剂

结构式：

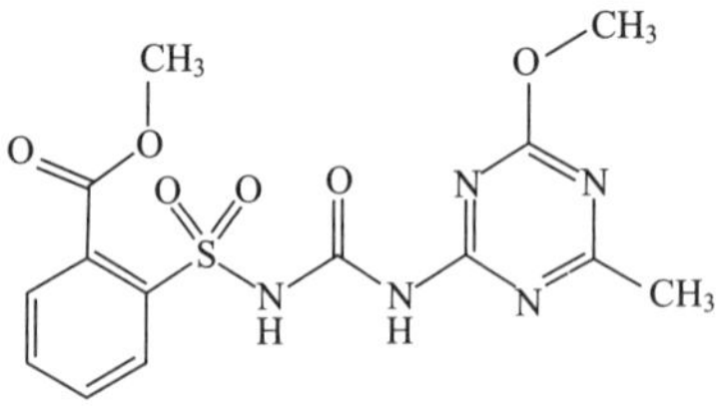

【理化性质】

具有特殊气味的白色至淡黄色固体，密度 1.45g/mL，熔点 162℃，饱和蒸气压 $1.40×10^{-8}$mPa(25℃)。水溶解度(20℃)为 2790mg/L。有机溶剂溶解度(20℃)：正己烷，0.058mg/L；丙酮，37000mg/L；甲醇，763mg/L；甲苯，124mg/L。辛醇/水分配系数 $\lg K_{ow}= -1.87$(pH=7, 20℃)。

【环境行为】

(1)环境生物降解性

好氧条件下，土壤中降解半衰期为 23.2d(20℃，实验室)[1]。初始浓度为 20mg/kg 时，在 pH 为 6.7，含有机质 2%、黏土 22%、砂 24.3%的无菌和非无菌土壤中降解半衰期分别为 54d 和 27d；在 pH 为 7.8，含有机质 1.5%、黏土 19.6%、

砂 19%的无菌和非无菌土壤中降解半衰期分别为 108d 和 60d[2]。将 23mg 甲磺隆添加到 40g 碱性土壤(pH=8.1)中，非无菌状态下降解半衰期为 17~69d，无菌状态下降解半衰期为 99~139d[3]。将 23mg 甲磺隆添加到 40g 酸性土壤(pH–5.2)中，非无菌状态下降解半衰期为 5~17d，无菌状态下降解半衰期为 4~5d[3]。

厌氧条件下，在自然沉积物中降解半衰期为 122d，在无菌沉积物中降解半衰期为 365d[4]。

(2)环境非生物降解性

25℃、pH 为 5 时的水解半衰期为 22d，pH 为 7、9 时水解稳定[1]。另有报道，pH 为 5.2、6.2、7.1、8.2、9.4 和 10.2 时水解半衰期分别为 9.6d、63d、116d、139d、99d 和 87d[5]。pH 为 4，20℃、25℃、35℃、45℃和 55℃时，水解半衰期分别为 4.98d、1.87d、0.64d、0.22d 和 0.08d[6]。28℃时，在无菌土壤中的降解半衰期为 139d(pH=8.1, 90%含水率)、99d(pH=8.1, 50%含水率)、5d(pH=5.2, 90%含水率) 和 4d(pH=5.2, 50%含水率)[3]。

(3)环境生物蓄积性

BCF 值为 1~17[1,7]，表明在水生生物体内蓄积性较弱[8]。

(4)土壤吸附/移动性

K_{oc} 值为 4~345[9,10]，表明在土壤中具有中等到较强的移动性[11]，Freundlich 吸附系数 K_{foc} 为 12.0，表明土壤中移动性极强[1]。

【生态毒理学】

鸟类(绿头鸭)急性 LD_{50}＞2510mg/kg、短期摄食 LD_{50}＞5620mg/kg，鱼类(虹鳟)96h LC_{50}＞113mg/L、21d NOEC=68.0mg/L，溞类(大型溞)48h EC_{50}＞120mg/L、21d NOEC =150mg/L，藻类(月牙藻)72h EC_{50}=0.875mg/L、96h NOEC= 0.02mg/L，蜜蜂接触 48h LD_{50}＞50μg/蜜蜂、经口 48h LD_{50}＞44.3μg/蜜蜂，蚯蚓 14d LC_{50}＞1000mg/kg[1]。

【毒理学】

(1)一般毒性

大鼠急性经口 LD_{50}＞5000mg/kg，大鼠急性经皮 LD_{50}＞2000mg/kg，大鼠急性吸入 LC_{50}= 6.2mg/m³，大鼠短期膳食暴露 NOAEL＞500mg/kg[1]。

(2)神经毒性

无信息。

（3）生殖发育毒性

雌兔在妊娠期 6~18d 灌胃暴露 25mg/(kg·d)、100mg/(kg·d)、300mg/(kg·d)、700mg/(kg·d) 的甲磺隆，未发现生殖发育毒性。母体毒性表现为 100mg/(kg·d) 以上剂量组死亡率增加、体重下降[12]。

（4）致癌性与致突变性

小鼠骨髓细胞微核试验结果为阴性。

【人类健康效应】

除大量摄入外，一般不会出现全身中毒。急性暴露刺激眼、皮肤、黏膜，可引起咳嗽、气促、恶心、呕吐、腹泻、头痛、电解质紊乱等症状。慢性暴露可致蛋白质代谢受干扰、中度肺气肿及体重减轻(同其他脲类除草剂)[13]。

【危害分类与管制情况】

序号	毒性指标	PPDB 分类	PAN 分类[13]
1	高毒	否	否
2	致癌性	否	否
3	致突变性	否	—
4	内分泌干扰性	否	无有效证据
5	生殖发育毒性	疑似	无有效证据
6	胆碱酯酶抑制性	否	否
7	神经毒性	否	—
8	呼吸道刺激性	是	—
9	皮肤刺激性	否	—
10	眼刺激性	否	—
11	地下水污染	—	潜在可能
12	国际公约或优控名录	无	

注：PPDB 数据库由英国赫特福德郡大学农业与环境研究所开发；PAN 数据库来自北美农药行动网(PANNA)；"—"表示无此项。

【限值标准】

每日允许摄入量(ADI)为 0.22mg/(kg bw·d)，操作者允许接触水平(AOEL)为 0.7mg/(kg bw·d)[1]。

参 考 文 献

[1] PPDB: Pesticide Properties DataBase. http://sitem.herts.ac.uk/aeru/ppdb/en/Reports/470.htm [2016-05-30].

[2] Bastide J, Badon R, Cambon J P, et al. Transformation rates of ortho-substituted thiophene and benzene carboxylic esters: Application to thifensulfuron-methyl and metsulfuron-methyl herbicides. Pestic Sci, 1994, 40(4): 293-297.

[3] Pons N, Barriuso E. Fate of metsulfuron-methyl in soils in relation to pedo-climatic conditions. Pestic Sci, 1998, 53(4): 311-323.

[4] Berger B M, Wolfe N L. Hydrolysis and biodegradation of sulfonylurea herbicides in aqueous buffers and anaerobic water-sediment systems: Assessing fate pathways using molecular descriptors. Environ Toxicol Chem, 1996, 15(9): 1500-1507.

[5] Sarmah A K, Kookana R S, Duffy M J, et al. Hydrolysis of triasulfuron, metsulfuron-methyl and chlorsulfuron in alkaline soil and aqueous solutions. Pest Manag Sci, 2000, 56(5): 463-471.

[6] Sarmah A K, Sabadie J. Hydrolysis of sulfonylurea herbicides in soils and aqueous solutions: A review. J Agric Food Chem, 2002, 50(22): 6253-6265.

[7] Fahl G M, Kreft L, Altenburger R, et al. pH-Dependent sorption, bioconcentration and algal toxicity of sulfonylurea herbicides. Aquat Toxicol, 1995, 31(2): 175-187.

[8] Franke C, Studinger G, Berger G, et al. The assessment of bioaccumulation. Chemosphere, 1994, 29(7): 1501-1514.

[9] USDA. Agricultural Research Service. ARS Pesticide Properties Database on Metsulfuron methyl (74223-64-6). http://www.ars.usda.gov/Services/docs.htm?docid=14199 [2005-10-12].

[10] Abdullah A R, Sinnakkannu S, Tahir N M. Adsorption, desorption, and mobility of metsulfuron methyl in Malaysian agricultural soils. Bull Environ Contam Toxicol, 2001, 66(6): 762-769.

[11] Swann R L, Laskowski D A, Mccall P J, et al. A rapid method for the estimation of the environmental parameters octanol water partition-coefficient, soil sorption constant, water to air ratio, and water solubility. Res Rev, 1983, 85: 17-28.

[12] USEPA. U. S. Environmental Protection Agency's Integrated Risk Information System (IRIS) on Metsulfuron-methyl. http://www.epa.gov/iris/index.html [2005-09-27].

[13] PAN Pesticides Database—Chemicals. http://www.pesticideinfo.org/Detail_Chemical.jsp?Rec_Id= PC32809 [2016-05-30].

甲基二磺隆(mesosulfuron-methyl)

【基本信息】

化学名称：[2-[3-(4,6-二甲氧基嘧啶-2-基)脲磺酰]-4-甲磺酰胺甲基苯甲酸甲酯

其他名称：无

CAS 号：208465-21-8

分子式：$C_{17}H_{21}N_5O_9S_2$

相对分子质量：503.51

SMILES：O=C(Nc1nc(cc(OC)n1)OC)NS(=O)(=O)c2cc(CNS(C)(=O)=O)ccc2C(=O)OC

类别：磺酰脲类除草剂

结构式：

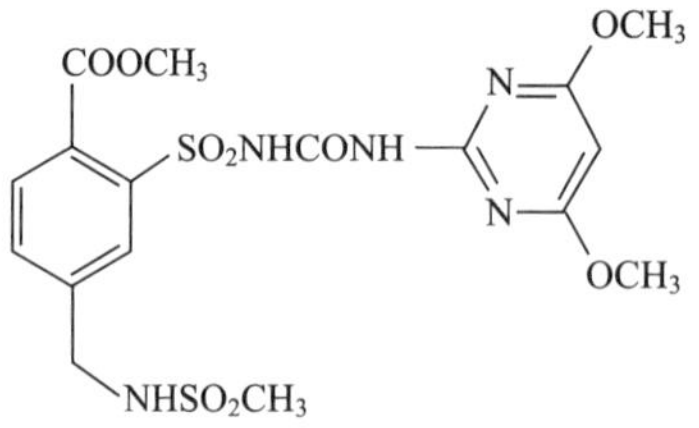

【理化性质】

具有特殊气味的白色至米黄色固体，密度 1.48g/mL，熔点 195.4℃，沸腾前分解，饱和蒸气压 $1.10×10^{-5}$mPa(25℃)。水溶解度(20℃)为 483mg/L。有机溶剂溶解度(20℃)：己烷，200mg/L；丙酮，13660mg/L；乙酸乙酯，2000mg/L；甲苯，130mg/L。辛醇/水分配系数 $\lg K_{ow}=-0.48$(pH=7, 20℃)。

【环境行为】

(1)环境生物降解性

好氧条件下，土壤中降解半衰期(DT_{50})为 7.6~140.1d，降解产物为 2-氨基-4,6-二甲氧基嘧啶、4,6-二甲氧基嘧啶-2-乙内酰脲和二磺隆[1]。厌氧条件下，甲基二

磺隆在土壤中可快速生物降解[2]。

(2)环境非生物降解性

25℃，pH 为 4、7 和 9 时，水解半衰期分别为 319d、253d 和 3.5d。光照条件下稳定[2]。

(3)环境生物蓄积性

BCF 预测值为 3[1]，提示潜在生物蓄积性弱[3]。

(4)土壤吸附/移动性

吸附系数 K_{oc} 为 11，提示在土壤中具有很强的移动性[4]。

【生态毒理学】

鸟类（绿头鸭）急性 $LD_{50}>2000mg/kg$、鸟类（山齿鹑）短期摄食 $LD_{50}>5000mg/kg$，鱼类（虹鳟）96h $LC_{50}>100mg/L$、21d $NOEC=32mg/L$，潘类（大型潘）48h $EC_{50}>100mg/L$、21d $NOEC=1.8mg/L$，藻类（月牙藻）72h $EC_{50}=0.2mg/L$，蜜蜂接触 48h $LD_{50}>13\mu g/蜜蜂$、经口 48h $LD_{50}=5.6\mu g/蜜蜂$，蚯蚓（赤子爱胜蚓）14d $LC_{50}>1000mg/kg$[1]。

【毒理学】

(1)一般毒性

大鼠急性经口 $LD_{50}>5000mg/kg$，大鼠急性经皮 $LD_{50}>5000mg/kg\ bw$，大鼠急性吸入 $LC_{50}>1.33mg/L$[1]。

(2)神经毒性

无信息。

(3)生殖发育毒性

对 15 只交配后的雌性兔子和 23 只交配后的雌性大鼠灌胃暴露 0mg/(kg·d)、100mg/(kg·d)、315mg/(kg·d)、1000mg/(kg·d) 的甲基二磺隆，母体未出现死亡，平均体重、食物摄入量及胎儿发育均未受影响[5]。

(4)致癌性与致突变性

无致癌、致突变性[5]。

【人类健康效应】

除大量摄入外，一般不会出现全身中毒。急性暴露刺激眼、皮肤、黏膜，可引起咳嗽、气促、恶心、呕吐、腹泻、头痛、电解质紊乱等症状。慢性暴露可致蛋白质代谢受干扰、中度肺气肿及体重减轻(同其他脲类除草剂)[6]。

【危害分类与管制情况】

序号	毒性指标	PPDB 分类	PAN 分类[6]
1	高毒	否	否
2	致癌性	否	否
3	致突变性	—	—
4	内分泌干扰性	否	无有效证据
5	生殖发育毒性	否	无有效证据
6	胆碱酯酶抑制性	否	否
7	神经毒性	疑似	—
8	呼吸道刺激性	是	—
9	皮肤刺激性	是	—
10	眼刺激性	是	—
11	地下水污染	—	潜在可能
12	国际公约或优控名录	无	

注:PPDB 数据库由英国赫特福德郡大学农业与环境研究所开发;PAN 数据库来自北美农药行动网(PANNA);"—"表示无此项。

【限值标准】

每日允许摄入量(ADI)为 1.0mg/(kg bw · d),操作者允许接触水平(AOEL)为 0.2mg/(kg bw · d) [1]。

参 考 文 献

[1] PPDB: Pesticide Properties DataBase.http://sitem.herts.ac.uk/aeru/ppdb/en/Reports/441.htm [2016-06-03].

[2] MacBean C. The e-Pesticide Manual. 15th ed. Ver. 5.1. Alton: British Crop Protection Council, 2008—2010.

[3] Franke C, Studinger G, Berger G, et al. The assessment of bioaccumulation. Chemosphere, 1994, 29(7): 1501-1514.

[4] USEPA. Estimation Program Interface (EPI) Suite. Ver. 4.1. Jan, 2011. http://www.epa.gov/

oppt/exposure/pubs/episuitedl.htm [2011-02-24].

[5] California Environmental Protection Agency/Department of Pesticide Regulation. Summary of Toxicology Data on Mesosulfuron-Methyl. p.4（2004）. http://www.cdpr.ca.gov/docs/risk/toxsums/ toxsumlist.htm [2011-02-07].

[6] PAN Pesticides Database—Chemicals. http://www.pesticideinfo.org/Detail_Chemical.jsp?Rec_Id= PC37425 [2016-06-03].

甲咪唑烟酸（imazapic）

【基本信息】

化学名称：(RS)-2-(4-异丙基-4-甲基-5-氧-2-咪唑啉-2-基)-5-甲基烟酸

其他名称：甲基咪草烟

CAS 号：104098-48-8

分子式：$C_{14}H_{17}N_3O_3$

相对分子质量：275.3

SMILES：O=C(O)c1c(ncc(c1)C)/C2=N/C(C(=O)N2)(C(C)C)C

类别：咪唑啉酮类除草剂

结构式：

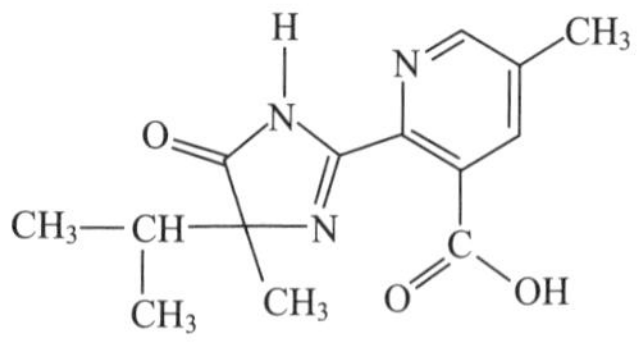

【理化性质】

淡棕褐色固体，密度 1.31g/mL，熔点 205℃，饱和蒸气压 0.01mPa(25℃)。水溶解度(20℃)为 2230mg/L。有机溶剂溶解度(20℃)：丙酮，18.9mg/L。辛醇/水分配系数 lgK_{ow}=2.47(pH=7, 20℃)。

【环境行为】

(1)环境生物降解性

好氧条件下，土壤中降解半衰期为 31~410d，主要降解过程为微生物作用；土壤中降解半衰期典型值为 120d，田间条件下为 232d，在土壤中具有持久性[1]。

(2)环境非生物降解性

由于缺少可水解的官能团，在环境中不会发生水解[2]。吸收波长大于 290nm，可在阳光下直接分解[3]。在波长大于 290nm 的光照条件下，甲咪唑烟酸水溶液

(10mg/L)2h 光解率为 2%，24h 光解率为 22%[3]。

（3）环境生物蓄积性

基于 lgK_{ow} 的 BCF 估测值为 3[1]；使用模型方法估算的 BCF 值大于 1[4]，提示潜在生物蓄积性较弱[5,6]。

（4）土壤吸附/移动性

吸附系数 K_{oc} 为 137，提示在土壤中移动性中等[7]。

【生态毒理学】

鸟类(绿头鸭)急性 LD_{50}＞2150mg/kg，鱼类(虹鳟)96h LC_{50}＞100mg/L，溞类(大型溞)48h EC_{50}＞100mg/L，甲壳类(糠虾)96h LD_{50} 97.7mg/L，藻类(月牙藻)72h EC_{50}=0.051mg/L，蜜蜂接触 48h LD_{50}＞100000μg/蜜蜂[7]。

【毒理学】

（1）一般毒性

大鼠急性经口 LD_{50}＞5000mg/kg，兔子急性经皮 LD_{50}＞2000mg/kg，大鼠急性吸入 LC_{50}＞4.83mg/L[7]。

（2）神经毒性

无信息。

（3）生殖发育毒性

20 只人工受孕的雌兔灌胃暴露 0mg/(kg•d)、175mg/(kg•d)、350mg/(kg•d)、500mg/(kg•d)、700mg/(kg•d)的甲咪唑烟酸，分别出现 1 只、2 只、4 只、4 只、11 只死亡现象，死亡症状包括口腔和鼻孔流出异物、气管和肺部充液、气管变红和胃部病变。没有观察到胎兔外部异常、软组织异常和骨骼畸形[8]。

25 只交配后的雌性大鼠灌胃暴露 0mg/(kg•d)、10mg/(kg•d)、250mg/(kg•d)、500mg/(kg•d)、1000mg/(kg•d)的甲咪唑烟酸，未发现母体死亡或中毒症状。母体外观、行为、体重和食物摄入量与对照组没有差异，无胚胎毒性，无致畸性[8]。

（4）致癌性与致突变性

15 只 SD 大鼠灌胃暴露 0mg/(kg•d)、500mg/(kg•d)、1667mg/(kg•d)、5000mg/(kg•d)的甲咪唑烟酸，无染色体畸变[9]。仓鼠卵巢细胞在 S9 活化和非 S9 活化条件下暴露于 0mg/mL、0.25mg/mL、1.0mg/mL、2.5mg/mL、3.0mg/mL 的甲咪唑烟酸，无染色体畸变[9]。鼠伤寒沙门氏菌菌株 TA98、TA100、TA1535，TA1537 和 TA1538 和大肠杆菌 WP2 *uvrA* 暴露(平板掺入)突变频率未增加[9]。

【人类健康效应】

无信息。

【危害分类与管制情况】

序号	毒性指标	PPDB 分类	PAN 分类
1	高毒	否	否
2	致癌性	否	否
3	致突变性	否	—
4	内分泌干扰性	否	无有效证据
5	生殖发育毒性	否	无有效证据
6	胆碱酯酶抑制性	否	否
7	神经毒性	否	—
8	呼吸道刺激性	否	—
9	皮肤刺激性	可能	—
10	眼刺激性	是	—
11	地下水污染	—	潜在可能
12	国际公约或优控名录	无	

注:PPDB 数据库由英国赫特福德郡大学农业与环境研究所开发;PAN 数据库来自北美农药行动网(PANNA); "—"表示无此项。

【限值标准】

每日允许摄入量(ADI)为 0.5mg/(kg bw · d)[7]。

参 考 文 献

[1] MacBean C. The e-Pesticide Manual. 15th ed. Ver. 5.1. Alton: British Crop Protection Council, 2008—2010.

[2] Lyman W J, Reehl W J, Roseblatt D H. Handbook of Chemical Property Estimation Methods. Washington DC: American Chemical Society, 1990: 7-4, 7-5.

[3] Harir M, Gaspar A, Frommberger M, et al. Photolysis pathway of imazapic in aqueous solution: Ultrahigh resolution mass spectrometry analysis of intermediates. J Agric Food Chem, 2007, 55(24): 9936-9943.

[4] Jackson S H, Cowanellsberry C E, Thomas G. Use of quantitative structural analysis to predict fish bioconcentration factors for pesticides. J Agric Food Chem, 2009, 57(3): 958-967.

[5] Franke C, Studinger G, Berger G, et al. The assessment of bioaccumulation. Chemosphere, 1994, 29(7): 1501-1514.

[6] Swann R L, Laskowski D A, Mccall P J, et al. A rapid method for the estimation of the environmental parameters octanol water partition-coefficient, soil sorption constant, water to air ratio, and water solubility. Res Rev, 1983, 85: 17-28.

[7] PPDB: Pesticide Properties DataBase. http: //sitem.herts.ac.uk/aeru/ppdb/en/Reports/1152.htm [2016-06-06].

[8] California Environmental Protection Agency/Department of Pesticide Regulation. Toxicology Data Review Summary for Imazapic (104098-48-8). p. 5(June 15, 2005). http://www.cdpr.ca. gov/docs/risk/toxsums/toxsumlist.htm [2011-05-17].

[9] California Environmental Protection Agency/Department of Pesticide Regulation. Toxicology Data Review Summary for Imazapic (104098-48-8). p. 4 (June 15, 2005). http: //www.cdpr.ca. gov/ docs/risk/toxsums/toxsumlist.htm [2011-05-17].

甲羧除草醚(bifenox)

【基本信息】

化学名称：5-(2,4-二氯苯氧基)-2-硝基苯甲酸甲酯

其他名称：甲酯除草醚、治草醚

CAS 号：42576-02-3

分子式：$C_{14}H_9Cl_2NO_5$

相对分子质量：342.13

SMILES：Clc2cc(Cl)ccc2Oc1cc(C(=O)OC)c([N+]([O–])=O)cc1

类别：二苯醚类除草剂

结构式：

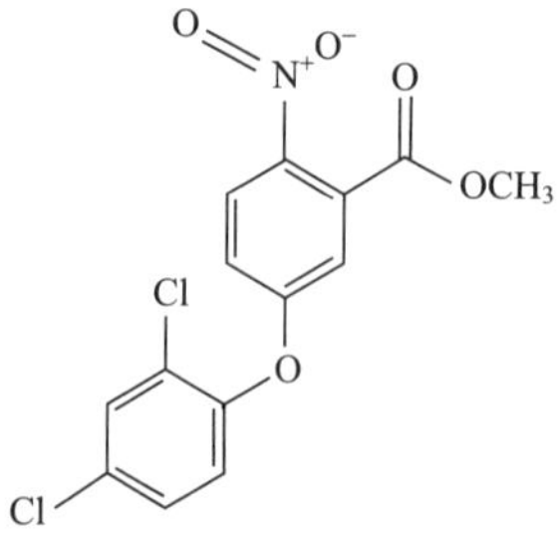

【理化性质】

黄色或浅褐色晶体，密度 0.65g/mL，熔点 87℃，沸腾前分解，饱和蒸气压 0.162mPa(25℃)。水溶解度(20℃)为 0.1mg/L。有机溶剂溶解度(20℃)：二甲苯，261000mg/L；甲醇，23000mg/L；二氯甲烷，1000000mg/L；甲苯，320000mg/L。辛醇/水分配系数 $\lg K_{ow}=3.64$(pH=7, 20℃)。

【环境行为】

(1)环境生物降解性

好氧条件下，土壤中降解半衰期为 8.3d(20℃，实验室)[1]；在温室土壤中的降解半衰期为 3~7d，代谢产物包括 5-(2,4-二氯苯氧基)-2-硝基苯甲酸、除草醚、

5-(2,4-二氯苯氧基)苯甲酸[2]。在非淹水稻田土壤中迅速降解，半衰期为6d，主要降解产物为游离酸[3]。

厌氧条件下，在淹水条件下的稻田土壤中迅速降解，半衰期为4d，代谢产物包括游离酸、酯的氨基酸衍生物和游离酸形式、酯的乙酰基、甲酰氨基衍生物和游离酸形式、水杨酸衍生物[3]。

(2)环境非生物降解性

根据结构估算，气态甲羧除草醚与光化学反应产生的羟基自由基反应的速率常数约为 $1.1×10^{-12}cm^3/(mol \cdot s)$ (25℃)，大气中羟基自由基的浓度为 $5×10^5 cm^{-3}$ 时，间接光解半衰期约为15d[4]。pH 为 7 时，水中光解半衰期为2.2d[1]。碱催化二级水解速率常数为 $1.3×10^{-1}L/(mol \cdot s)$，pH 为 7 和 8 时，水解半衰期分别为 1.6a 和 60d[5]。20℃、pH 为 7 时的水解半衰期为265d[1]。野外条件下，光解半衰期为7~14d，光解产物包括2,4-二氯-3′-羧基-4′-硝基二苯醚、除草醚、对硝基苯酚和对氨基苯酚[6]。

(3)环境生物蓄积性

BCF 为 1500[1]。另外，基于 lgK_{ow} 的 BCF 估测值为 560[7]，提示生物蓄积性较高[8]。

(4)土壤吸附/移动性

吸附系数 K_{oc} 值为 2658~3107[9]，Freundlich 吸附系数 K_{foc} 为 6475[1]，说明在土壤中具有轻微移动性或无移动性[10]。

【生态毒理学】

鸟类(山齿鹑)急性 $LD_{50}>2000mg/kg$、短期摄食 $LD_{50}>677mg/kg$，鱼类(虹鳟)96h $LC_{50}=0.67mg/L$、21d NOEC $=0.009mg/L$，溞类(大型溞)48h $EC_{50}=0.66mg/L$、21d NOEC$=0.00015mg/L$，甲壳类(糠虾)96h $LD_{50}=0.033mg/L$，藻类(栅藻)72h $EC_{50}=0.00018mg/L$、96h NOEC $=0.000175mg/L$，蜜蜂接触 48h $LD_{50}>200μg/$蜜蜂、经口 48h $LD_{50}>200μg/$蜜蜂，蚯蚓(赤子爱胜蚓)14d $LC_{50}>1000mg/kg$[1]。

【毒理学】

(1)一般毒性

大鼠急性经口 $LD_{50}>5000mg/kg$，大鼠急性经皮 $LD_{50}>2000mg/kg bw$，大鼠急性吸入 $LC_{50}=0.91mg/L$，大鼠短期膳食暴露 NOAEL$>80mg/kg$[1]。

(2)神经毒性

兔子在妊娠期 6~19d 给予 $0mg/(kg \cdot d)$、$5mg/(kg \cdot d)$、$50mg/(kg \cdot d)$、

160mg/(kg·d)、500mg/(kg·d)、1000mg/(kg·d)的灌胃暴露，500mg/(kg·d)和 1000mg/(kg·d)剂量组兔子出现活动过少、全身震颤、共济失调、体重减轻、食物摄入量下降等现象[11]。

兔子在妊娠期 6~19d 给予 0mg/(kg·d)、12.5mg/(kg·d)、25mg/(kg·d)、50mg/(kg·d)的灌胃暴露，12.5mg/(kg·d)以上剂量组兔子出现的中毒症状包括萎靡不振、虚弱、震颤、呼吸困难、共济失调[11]。

(3) 生殖发育毒性

大鼠在妊娠期 6~15d 给予 0mg/(kg·d)、225mg/(kg·d)、900mg/(kg·d)、3600mg/(kg·d)的灌胃暴露，无不良影响[11]。大鼠在妊娠期 5~14d 给予 10mg/kg 或 100mg/kg 的暴露，子代出现少量畸形现象，包括舌头凸起和露脑畸形[12]，提示具有潜在致畸性。

(4) 致癌性与致突变性

小鼠暴露于 1440mg/kg、960mg/kg、480mg/kg 的甲羧除草醚 24h，未发现染色体突变现象[13]。

【人类健康效应】

两名树苗圃工作人员的工作服中检测出的甲羧除草醚的平均浓度分别为 34mg/kg 和 55mg/kg，喷头中检测出的浓度分别为 109mg/kg 和 53mg/kg。工人尿液中检测出甲羧除草醚的浓度范围为 0.0066~0.0287mg/kg[14]。

【危害分类与管制情况】

序号	毒性指标	PPDB 分类	PAN 分类
1	高毒	否	否
2	致癌性	无数据	无有效证据
3	致突变性	无数据	—
4	内分泌干扰性	无数据	无有效证据
5	生殖发育毒性	无数据	无有效证据
6	胆碱酯酶抑制性	否	否
7	神经毒性	无数据	—
8	呼吸道刺激性	无数据	—
9	皮肤刺激性	无数据	—
10	眼刺激性	无数据	—
11	地下水污染	—	潜在影响

续表

序号	毒性指标	PPDB 分类	PAN 分类
12	国际公约或优控名录	无	

注：PPDB 数据库由英国赫特福德郡大学农业与环境研究所开发；PAN 数据库来自北美农药行动网（PANNA）；"—"表示无此项。

【限值标准】

每日允许摄入量（ADI）为 0.3mg/（kg bw · d），急性参考剂量（ARfD）为 0.5mg/（kg bw · d），操作者允许接触水平（AOEL）为 0.125mg/（kg bw · d）[1]。

参 考 文 献

[1] PPDB: Pesticide Properties DataBase. http://sitem.herts.ac.uk/aeru/ppdb/en/Reports/77.htm [2016-06-12].

[2] Leather G R, Foy C L. Metabolism of bifenox in soil and plants. Pest Biochem Physiol, 1977, 7（5）：437-442.

[3] Ohyama H, Kuwatsuka S. Degradation of bifenox, a diphenyl ether herbicide, methyl 5-（2, 4-dichlorophenoxy）-2-nitrobenzoate, in soils. J Pest Sci, 1978, 3（4）：401-410.

[4] Meylan W M, Howard P H. Computer estimation of the atmospheric gas-phase reaction-rate of organic-compounds with hydroxyl radicals and ozone. Chemosphere, 1993, 26（12）：2293-2299.

[5] Mill T Haag W, Penwell P, et al. Environmental Fate and Exposure Studies Development of a PC-SAR for Hydrolysis: Esters, Alkyl Halides and Epoxides. EPA Contract No. 68-02-4254. Menlo Park: SRI International, 1987.

[6] TOXNET（Toxicology Data Network）. https://toxnet.nlm.nih.gov/cgi-bin/sis/search2/f?./temp/~CnqERX: 1[2016-06-10].

[7] Hansch C, Leo A, Hoekman D. Exploring QSAR: Hydrophobic, Electronic, and Steric Constants. Washington DC: American Chemical Society, 1995: 118.

[8] Franke C, Studinger G, Berger G, et al. The assessment of bioaccumulation. Chemosphere, 1994, 29（7）：1501-1514.

[9] Gao J P, Maguhn J, Spitzauer P, et al. Distribution of pesticides in the sediment of the small Teufelsweiher pond（southern Germany）. Water Res, 1997, 31（11）：2811-2819.

[10] Swann R L, Laskowski D A, Mccall P J, et al. A rapid method for the estimation of the environmental parameters octanol water partition-coefficient, soil sorption constant, water to air ratio, and water solubility. Res Rev, 1983, 85: 17-28.

[11] California Environmental Protection Agency/Department of Pesticide Regulation. Toxicology Data Review Summaries. http://www.cdpr.ca.gov235/docs/toxsums/toxsumlist.htm [2003-03-13].

[12] Francis B M. Teratogenicity of bifenox and nitrofen in rodents. J Environ Sci Health, Part B, 1986, 21(4): 303-317.

[13] Šiviková K, Dianovský J. Genotoxic activity of the commercial herbicide containing bifenox in bovine peripheral lymphocytes. Mutat Res, 1999, 439(2): 129-135.

[14] Lavy T L, Mattice J D, Massey J H, et al. Measurements of year-long exposure to tree nursery workers using multiple pesticides. Arch Environ Contam Toxicol, 1993, 24(2): 123-144.

甲酰氨基嘧磺隆(foramsulfuron)

【基本信息】

化学名称：1-(4,6-二甲氧基嘧啶-2-基)-3-(2-二甲氨基羰基-5-甲酰氨基苯基磺酰基)脲

其他名称：酰胺磺隆

CAS 号：173159-57-4

分子式：$C_{17}H_{20}N_6O_7S$

相对分子质量：452.44

SMILES：O=C(Nc1nc(cc(OC)n1)OC)NS(=O)(=O)c2cc(NC=O)ccc2C(=O)N(C)C

类别：嘧啶磺酰脲类除草剂

结构式：

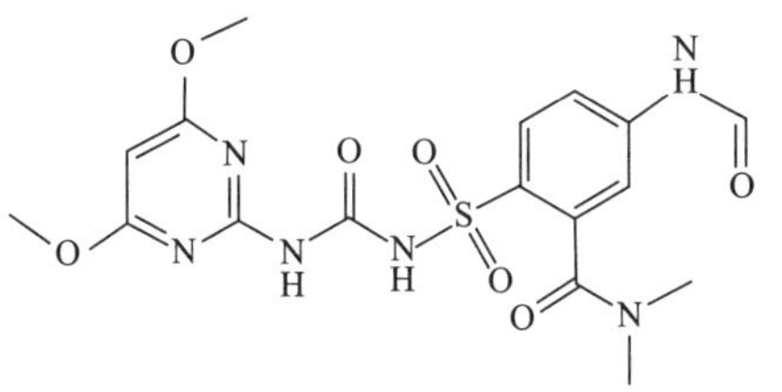

【理化性质】

白色粉末，密度 1.44g/mL，熔点 194.5℃，沸腾前分解，饱和蒸气压 $4.2×10^{-9}$ mPa(25℃)。水溶解度(20℃)为 3293mg/L，有机溶剂溶解度(20℃)：乙酸乙酯，362mg/L；庚烷，10mg/L；甲醇，1660mg/L；丙酮，1925mg/L。辛醇/水分配系数 $\lg K_{ow}=-0.78$。

【环境行为】

(1)环境生物降解性

好氧条件下，土壤中降解半衰期为 1.8~82.0d；20℃、实验室条件下，土壤中降解半衰期为 25.3d[1]。在江西红壤、太湖水稻土和东北黑土中的降解半衰期分别为 10.8d、16.6d、31.5d，在酸性土壤中降解较快，主要影响因素为土壤 pH[2]。

厌氧条件下，土壤降解半衰期为 31.0d[3]。

(2)环境非生物降解性

在光照强度 4000lx，紫外强度 $25\mu W/cm^2$ 的人工光源氙灯条件下，光解半衰期为 1.72h。20℃、pH 为 7 时水解半衰期为 128d[1]；25℃，pH 为 4、7 和 9 条件下水解半衰期分别为 4.17d、91.2d、97.6d；50℃，pH 为 4、7 和 9 时的水解半衰期分别为<1d、4.75d 和 14.5d，温度和 pH 对水解速率具有较大影响[2]。

(3)环境生物蓄积性

基于 $lgK_{ow}<3$，潜在生物蓄积性弱[1]。

(4)土壤吸附/移动性

Freundlich 吸附系数 K_{foc} 为 78.4[1]，吸附系数 K_{oc} 为 78[3]，提示土壤中移动性中等。

【生态毒理学】

鸟类(日本鹌鹑)急性 $LD_{50}>2000mg/kg$，鱼类(虹鳟)96h $LC_{50}>100mg/L$、21d NOEC=100mg/L，溞类(大型溞)48h $EC_{50}=100mg/L$、21d NOEC>100mg/L，藻类(月牙藻)72h $EC_{50}=3.3mg/L$，蜜蜂接触 48h $LD_{50}>392.2\mu g/$蜜蜂、经口 48h $LD_{50}=226.3mg/L$，蚯蚓(赤子爱胜蚓)14d $LC_{50}=453mg/L$、繁殖 14d NOEC =3.24mg/L[1]。

【毒理学】

(1)一般毒性

大鼠急性经口 $LD_{50}>5000mg/kg$，大鼠急性经皮 $LD_{50}>2000mg/kg\ bw$，大鼠急性吸入 $LC_{50}=5.04mg/L$[1]。

(2)神经毒性

无信息。

(3)生殖发育毒性

23 只怀孕雌鼠连续 9d 给药 0mg/kg、5mg/kg、71mg/kg 和 1000mg/kg，高浓度组怀孕雌鼠没有出现临床症状，高剂量浓度(1000mg/kg)未引起食物消耗、母体体重、子宫质量、窝大小、胎儿性别比例、胎儿体重和畸形学方面的效应，NOAEL 为 1000mg/(kg·d)[4]。

15 只怀孕兔子连续 12d 给药 1mg/kg、5mg/kg、50mg/kg 和 500mg/kg，高剂量组出现食物消耗减少，体重减轻，NOAEL 为 500mg/(kg·d)[4]。

(4)致癌性与致突变性

基于小鼠慢性毒性和肿瘤性的连续 80 周试验结果显示，暴露浓度为 40mg/L、

800mg/L 和 8000mg/L 时，未检测到毒性效应和肿瘤[5]。男性淋巴细胞体外试验研究中，暴露浓度为 18.8μg/L、37.5μg/L、75.0μg/L、150μg/L、300μg/L、600μg/L、1200μg/L、2400μg/L 时，2400μg/L 浓度组的异常细胞数量增加[5]。

【人类健康效应】

除大量摄入外，一般不会出现全身中毒。急性暴露刺激眼、皮肤、黏膜，可引起咳嗽、气促、恶心、呕吐、腹泻、头痛、电解质紊乱等症状。慢性暴露可致蛋白质代谢受干扰、中度肺气肿及体重减轻(同其他脲类除草剂)[3]。

对人体眼睛具有刺激性，避免接触到眼睛、皮肤和衣服，频繁或长时间接触会引起过敏反应[6]。

【危害分类与管制情况】

序号	毒性指标	PPDB 分类	PAN 分类[3]
1	高毒	否	否
2	致癌性	否	否
3	内分泌干扰性	无数据	无有效证据
4	生殖发育毒性	否	无有效证据
5	胆碱酯酶抑制性	是	是
6	神经毒性	否	—
7	皮肤刺激性	否	—
8	眼刺激性	可疑	—
9	地下水污染	—	可能
10	国际公约或优控名录	列入 PAN 名录	

注：PPDB 数据库由英国赫特福德郡大学农业与环境研究所开发；PAN 数据库来自北美农药行动网(PANNA)；"—"表示无此项。

【限值标准】

每日允许摄入量（ADI）为 0.03mg/（kg bw·d），急性参考剂量（ARfD）为 1.0mg/（kg bw·d）[1]。

参 考 文 献

[1] PPDB: Pesticide Properties DataBase. http://sitem.herts.ac.uk/aeru/ppdb/en/Reports/538.htm

　　[2016-08-17].

[2] 吴文铸, 孔德洋, 何健, 等.甲酰氨基嘧磺隆在模拟环境中的降解特性. 环境化学, 2016, 35（3）: 439-444.

[3] PAN Pesticides Database—Chemicals. http://www.pesticideinfo.org/Detail_Chemical.jsp?Rec_Id= PC39680 [2016-08-17].

[4] California Environmental Protection Agency/Department of Pesticide Regulation. Summary of Toxicology Data on Foramsulfuron. p. 3（2003）. http://www.cdpr.ca.gov/docs/risk/toxsumlist.htm [2011-05-17].

[5] California Environmental Protection Agency/Department of Pesticide Regulation. Summary of Toxicology Data on Foramsulfuron. p.4（2003）. http://www.cdpr.ca.gov/docs/risk/toxsumlist.htm [2011-05-17].

[6] Bayer Crop Science. Product Label for Option Corn Herbicide. 2008.

甲氧咪草烟(imazamox)

【基本信息】

化学名称：(RS)-2-(4-异丙基-4-甲基-5-氧代-2-咪唑啉-2-基)-5-甲氧甲基吡啶-3-羧酸

其他名称：甲氧咪草酸

CAS 号：114311-32-9

分子式：$C_{15}H_{19}N_3O_4$

相对分子质量：305.34

SMILES：O=C(O)c1c(ncc(c1)COC)/C2=N/C(C(=O)N2)(C(C)C)C

类别：咪唑啉酮类除草剂

结构式：

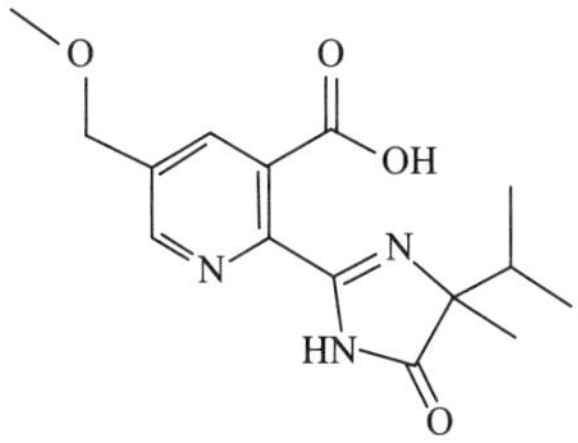

【理化性质】

类白色固体，密度 1.39g/mL，熔点 166.3℃，沸腾前分解，饱和蒸气压 0.0133mPa(25℃)。水溶解度(20℃)为 626000mg/L。有机溶剂溶解度(20℃)：正己烷，7mg/L；甲醇，67000mg/L；甲苯，2200mg/L；乙酸乙酯，10000mg/L。辛醇/水分配系数 $\lg K_{ow}$=5.36(pH=7, 20℃)。

【环境行为】

(1)环境生物降解性

在土壤中主要被微生物降解，厌氧条件下基本不发生降解[1]。在好氧条件下发生代谢[2]；降解半衰期为 106~295d，20℃时为 200.2d(实验室)，在土壤中具有持久性[3]。

(2)环境非生物降解性

在氙灯下，蒸馏水中的光解半衰期约为 7h[4]。在水中的光解很快，半衰期为 6.8h[2]、0.2d(pH=7)[3]，但是在土壤表面光解缓慢[2]。在 pH 为 5、7、9 条件下不水解[2,3]。

(3)环境生物蓄积性

BCF 测定值为 0.1[3]，BCF 估测值为 3.16[5]，提示生物富集性弱。

(4)土壤吸附/移动性

吸附系数 K_{oc} 为 67.0[6]、K_{foc} 为 11.6[3]，提示在土壤中移动性强。

【生态毒理学】

鸟类(山齿鹑)急性 LD_{50}＞1846mg/kg，鱼类(虹鳟)96h LC_{50}＞122mg/L、21d NOEC＞122mg/L，溞类(大型溞)48h EC_{50}＞100mg/L、21d NOEC=137mg/L，藻类(月牙藻)72h EC_{50}＞29.1mg/L，蜜蜂接触 48h LD_{50}＞58μg/蜜蜂、经口 48h LD_{50}＞40μg/蜜蜂，蚯蚓(赤子爱胜蚓)14d LC_{50}＞901mg/kg[3]。

【毒理学】

(1)一般毒性

大鼠急性经口 LD_{50}＞5000mg/kg[3]。

(2)神经毒性

无神经毒性[3]。

(3)生殖发育毒性

具有发育与生殖毒性[3]。

(4)致癌性与致突变性

无致癌、致突变性[3]。

【人类健康效应】

职业暴露主要通过生产或使用场所中吸入扬尘、皮肤接触发生[7]。

【危害分类与管制情况】

序号	毒性指标	PPDB 分类	PAN 分类[6]
1	高毒	—	否
2	致癌性	否	不太可能

续表

序号	毒性指标	PPDB 分类	PAN 分类[6]
3	致突变性	否	—
4	内分泌干扰性	否	疑似
5	生殖发育毒性	是	疑似
6	胆碱酯酶抑制性	否	否
7	神经毒性	否	—
8	呼吸道刺激性	—	—
9	皮肤刺激性	是	—
10	眼刺激性	是	—
11	国际公约或优控名录	无	

注：PPDB 数据库由英国赫特福德郡大学农业与环境研究所开发；PAN 数据库来自北美农药行动网(PANNA)；"—"表示无此项。

【限值标准】

每日允许摄入量(ADI)为 9mg/(kg bw・d)，操作者允许接触水平(AOEL)为 14mg/(kg bw・d)[3]。

参 考 文 献

[1] Hatzios K K. Herbicide Handbook of the Weed Science Society of America. 7th ed. Suppl. Champaign: Weed Science Society of America, 1998.

[2] USEPA. Pesticide Fact Sheet—Imazamox（Raptor Herbicide）. http://www.epa.gov/opprd001/factsheets/ [2002-02-27].

[3] PPDB: Pesticide Properties DataBase. http://sitem.herts.ac.uk/aeru/ppdb/en/Reports/392.htm [2016-11-28].

[4] Meylan W M, Howard P H. Computer estimation of the atmospheric gas-phase reaction rate of organic compounds with hydroxyl radicals and ozone. Chemosphere, 1993, 26: 2293-2299.

[5] Tomlin C D S. The Pesticide Manual—A World Compendium. 11th ed. Surrey: British Crop Protection Council, 1997.

[6] PAN Pesticides Database—Chemicals. http://www.pesticideinfo.org/Detail_Chemical.jsp?Rec_Id= PC36310 [2016-11-28].

[7] TOXNET（Toxicology Data Network）. https://toxnet.nlm.nih.gov/cgi-bin/sis/search2/f?./temp/~5ItA2a: 1 [2016-11-28].

噁唑禾草灵(fenoxaprop-P-ethyl)

【基本信息】

化学名称：2-[4-(6-氯-2-苯并噁唑氧基)苯氧基]丙酸乙酯

其他名称：高噁唑禾草灵

CAS 号：71283-80-2

分子式：$C_{18}H_{16}ClNO_5$

相对分子质量：361.78

SMILES：O=C(OCC)[C@H](Oc3ccc(Oc1nc2ccc(Cl)cc2o1)cc3)C

类别：芳氧苯氧丙酸酯类除草剂

结构式：

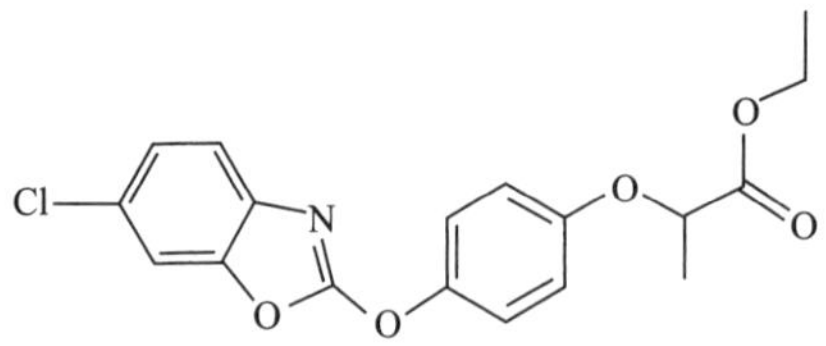

【理化性质】

纯品为白色无臭固体，密度 1.32g/mL，熔点 86.5℃，饱和蒸气压 5.30×10^{-4}mPa (25℃)。水溶解度(20℃)为 0.7mg/L。有机溶剂溶解度(20℃)：正己烷，7000mg/L；丙酮，400000mg/L；甲醇，43100mg/L；乙酸乙酯，380000mg/L。辛醇/水分配系数 lgK_{ow}=4.58(pH=7, 20℃)，亨利常数为 2.74×10^{-4} Pa·m^3/mol(25℃)。

【环境行为】

(1)环境生物降解性

好氧条件下，土壤中降解半衰期为 0.43d(20℃)[1]、10d[2]；在小麦田土壤中的降解半衰期为 1.5d[3]。采用 ^{14}C 标记法对土壤中噁唑禾草灵的降解进行研究，20℃、85%含水量条件下，6d 后 10%~15%转化成 CO_2、14%~19%转化成噁唑禾草灵酸、2%~5%转化成苯并噁唑酮，59%~66%与土壤有机质结合，并作为微生物的 C、N 营养源，被微生物分解[4,5]。

(2)环境非生物降解性

25℃，pH 为 4、5、9 条件下，水解半衰期分别为 2.8d、19.2d、0.7d；20℃、pH 为 7 时水解半衰期为 23.2d[1]。对光稳定，无菌蒸馏水中光解半衰期为 11.2d，光解形成羧基自由基和烷基自由基[6]。pH 为 7 时水中光解半衰期为 105d，在 pH 为 5 的灭菌缓冲溶液中光解半衰期为 57.5d，pH 为 9 的自然水中光解半衰期为 7.2d[1]。

(3)环境生物蓄积性

鱼体 BCF 测定值为 338，提示生物蓄积性为中等偏高[1]。

(4)土壤吸附/移动性

吸附系数 K_{oc} 为 1135.4[1]，提示在土壤中不移动。淋溶试验结果为，噁唑禾草灵酸不易淋溶至地下水[7]。

【生态毒理学】

鸟类(鹌鹑)急性 LD_{50}＞2000mg/kg，鱼类(蓝鳃太阳鱼)96h LC_{50} = 0.19mg/L、鱼类(虹鳟)21d NOEC=0.036mg/L，溞类(大型溞)48h EC_{50}＞1.06mg/L、21d NOEC=0.22mg/L，藻类(栅藻)72h EC_{50}=0.54mg/L、藻类 96h NOEC=0.32mg/L，底栖类(摇蚊)28d NOEC=0.2mg/L，蜜蜂接触 48h LD_{50}＞36.4μg/蜜蜂、经口 48h LD_{50}＞200μg/蜜蜂，蚯蚓(赤子爱胜蚓)14d LC_{50}＞500mg/kg[1]。

【毒理学】

(1)一般毒性

大鼠急性经口 LD_{50}＞3150mg/kg，大鼠急性经皮 LD_{50}＞2000mg/kg bw，大鼠急性吸入 LC_{50}＞1.22mg/L，大鼠短期膳食暴露 NOAEL＞0.7mg/kg[1]。

对兔眼睛及皮肤无刺激性。亚慢性(90d)试验中，对大鼠、小鼠和狗的口服无作用剂量分别为 0.75mg/(kg·d)、1.4mg/(kg·d)和 15.9mg/(kg·d)。对大鼠和田鼠的亚慢性试验表明，能降低血脂和胆固醇，增加肝重，但这些变化都是适应性的并且可逆[2]。

(2)神经毒性

无信息。

(3)生殖发育毒性

无信息。

（4）致癌性与致突变性

无致突变、致癌作用[8]。

【人类健康效应】

无信息。

【危害分类与管制情况】

序号	毒性指标	PPDB 分类	PAN 分类[2]
1	高毒	否	否
2	致癌性	无数据	否
3	内分泌干扰性	无数据	无有效证据
4	生殖发育毒性	疑似	无有效证据
5	胆碱酯酶抑制性	否	否
6	神经毒性	无数据	—
7	呼吸道刺激性	是	—
8	皮肤刺激性	是	—
9	眼刺激性	是	—
10	国际公约或优控名录	无	

注：PPDB 数据库由英国赫特福德郡大学农业与环境研究所开发；PAN 数据库来自北美农药行动网（PANNA）；"—"表示无此项。

【限值标准】

每日允许摄入量（ADI）为 0.01mg/（kg bw·d）；急性参考剂量（ARfD）为 0.1mg/（kg bw·d），操作者允许接触水平（AOEL）为 0.014mg/（kg bw·d）[1]。

参 考 文 献

[1] PPDB: Pesticide Properties DataBase. http://sitem.herts.ac.uk/aeru/ppdb/en/Reports/303.htm [2016-08-19].

[2] PAN Pesticides Database—Chemicals.http://www.pesticideinfo.org/Detail_Chemical. jsp?Rec_Id= PC36002 [2016-08-19].

[3] 朱国念, 刘惠君, 朱金文. 噁唑禾草灵在小麦及土壤环境中的残留与降解研究. 农药, 2000, 39（5）：

[4] Gennari M, Vincenti M, Negre M.Microbial metabolism of fenoxaprop-ethyl. Pestic Sci, 1995,

44: 299-303.

[5]　Smith A E, Aubin A J. Degradation studies with ^{14}C-fenoxaprop in prairie soils. Can J Soil Sci, 1990, 70: 343-350.

[6]　Toole A P, Crosby D G. Environmental persistence and fate of fenoxaprop-ethyl. Environ Toxicol Chem, 1989, 8(12): 1171-1176.

[7]　Zhang C, Miller J J, Hill B D, et al. Estimating the relative leaching potential of herbicides in Alberta soils. Water Qual Res J Can, 2000, 35(4): 693-710.

[8]　Material Safety Data Sheet. http://www.chemblink.com/MSDS/MSDSFiles/66441-23-4_Sigma-Aldrich.pdf [2017-8-19].

利谷隆(linuron)

【基本信息】

化学名称：1-甲氧基-1-甲基-3-(3,4-二氯苯基)脲

其他名称：*N*-(3,4-二氯苯基)-*N'*-甲氧基-*N'*-甲基脲

CAS 号：330-55-2

分子式：$C_9H_{10}Cl_2N_2O_2$

相对分子质量：249.09

SMILES：Clc1ccc(NC(=O)N(OC)C)cc1Cl

类别：脲类除草剂

结构式：

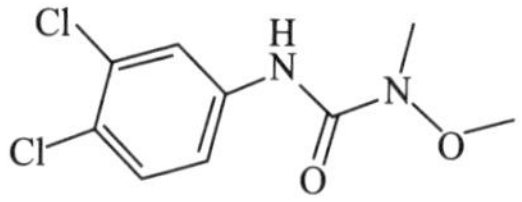

【理化性质】

白色晶状固体，密度 1.49g/mL，熔点 93℃，沸腾前分解，饱和蒸气压 0.051mPa(25℃)。水溶解度(20℃)为 63.8mg/L。有机溶剂溶解度(20℃)：丙酮，395000mg/L；乙酸乙酯，292000mg/L；甲醇，170000mg/L；甲苯，75000mg/L。辛醇/水分配系数 $\lg K_{ow}=3.0$(pH=7，20℃)。

【环境行为】

(1)环境生物降解性

好氧：在土壤中的生物降解与温度或者加入的化学物质关系不大[1]，但与土壤中微生物的呼吸作用有关[2]。降解速率同时也受到土壤中有机碳含量、土壤吸附性和黏土含量影响[1,2]。生物降解的速率随着土壤中利谷隆浓度的下降而增加[3]。土壤湿度和温度更高时，降解速率更快[1,4]。对于在大多数土壤中，常见的施用条件下，在 3~4 个月降解完全[1]。25℃条件下，在 18 种矿物土壤中培养，降解半衰期为 22~86d[4]。20℃条件下，在砂壤土中的降解半衰期为 87d[2]。欧洲登记资料

显示，土壤中降解半衰期为 10.1~168.4d，典型值为 57.6d，提示在土壤中具有中等持久性[5]。

厌氧：在未灭菌的粉砂壤土和砂壤土：水(1：1)系统中，24℃条件卜避光培养，苯环上经 ^{14}C 标记的利谷隆降解半衰期小于 3 周，主要降解产物为去甲基利谷隆和二氯苯胺[6]。

(2)环境非生物降解性

pH 为 7 时水中利谷隆对光稳定[5]。经太阳光暴露数月后，利谷隆光解生成 3,4-二氯苯脲、去甲基利谷隆及 3-(3-氯-4-羟苯基)-1-甲氧基-1-甲基脲[7]。22℃、pH 为 5~9 条件下难水解，20℃、pH 为 7 条件下水解半衰期为 1460d[5]；在 pH 为 5、7、9 的缓冲溶液中，4 个月后利谷隆无水解[8]。只有在强碱性条件下，才能检测到水解作用。将较高温度下开展的水解试验结果外推到 20℃条件下，水解半衰期约为 6.3a[9,10]。

(3)环境生物蓄积性

BCF 估测值为 13~49，提示生物蓄积性为弱至中等[5,11,12]。

(4)土壤吸附/移动性

吸附性随着土壤黏土含量和有机质含量增加而增强，高阳离子交换量的黏土比低阳离子交换量的黏土吸附性更强，对于大多数土壤而言，淋溶不是利谷隆在土壤环境中消失的重要途径。吸附系数 K_{oc} 值为 538~2440[2,5]，提示利谷隆在土壤中具有轻微移动性或不移动。

【生态毒理学】

鸟类(山齿鹑)急性 LD_{50} =314mg/kg，短期膳食 LC_{50}=1250mg/kg，鱼类(虹鳟)96h LC_{50}=3.15mg/L、21d NOEC=0.1mg/L，溞类(大型溞)48h EC_{50}=0.31mg/L、21d NOEC=0.18mg/L，藻类(月牙藻)72h EC_{50} 为=0.016mg/L、藻类 96h NOEC=0.01mg/L，底栖类(摇蚊)96h LC_{50}=10.0mg/L，蜜蜂经口 48h LD_{50}＞160μg/蜜蜂，蚯蚓(赤子爱胜蚓)14d LC_{50}＞1000mg/kg[5]。

【毒理学】

(1)一般毒性

大鼠急性经口 LD_{50}=1146mg/kg，大鼠短期膳食暴露 NOAEL =2mg/kg[5]。

(2)神经毒性

与对照组相比，雌、雄性大鼠高剂量给药组[40mg/(kg bw·d)、54mg/(kg bw·d)]出现精神萎靡等神经、精神中毒症状，体重增长速度呈显著性降低

$(P<0.05)^{[13]}$。

(3)生殖发育毒性

分别于 SD 大鼠孕期 12~17d 连续 6d 灌服花生油和利谷隆，于 SD 大鼠孕期第 20 天解剖取胎鼠获得每组 40 只胎鼠，提取睾丸组织中 RNA 进行基因芯片分析。结果表明，胎鼠睾丸中有 168 个差异表达基因。利谷隆对 SD 雄性子代大鼠的生殖发育影响，可能是通过对睾丸发育相关基因及睾酮合成相关基因的异常表达进行的[14]。

(4)致癌性与致突变性

毒性试验结果表明，利谷隆原药急性毒性属低毒，为弱蓄积作用，无致畸性，但有胚胎毒性和致突变性。最小有作用剂量：雄性，125mg/kg；雌性，625mg/kg。最大无作用剂量：雄性，25mg/kg；雌性，125mg/kg[15]。

3 个致突变性试验结果均为阴性。一个 50%利谷隆制剂在鼠伤寒沙门氏菌的 Ames 试验中的结果也是阴性[16]。

【人类健康效应】

USEPA 致癌性分类：可能的人类致癌物(C 类)。摄入可导致恶心、呕吐、腹泻；具有内分泌干扰效应——竞争结合雄激素受体、甲状腺素受体激动剂[12]。

人体淋巴细胞体外暴露于 1μg/mL 利谷隆或 0.001μg/mL 阿特拉津时，未见染色体损伤，而在 0.5μg/mL 利谷隆和 0.0005μg/mL 阿特拉津共同存在时，淋巴细胞表现出严重的染色体损伤[17]。可能刺激眼睛、鼻子、喉咙和皮肤[18]。

【危害分类与管制情况】

序号	毒性指标	PPDB 分类	PAN 分类[19]
1	高毒	否	是
2	致癌性	可能	可能
3	致突变性	否	—
4	内分泌干扰性	可能	疑似
5	生殖发育毒性	是	是
6	胆碱酯酶抑制性	否	否
7	神经毒性	否	—
8	呼吸道刺激性	可能	—
9	皮肤刺激性	是	—
10	眼刺激性	是	—

续表

序号	毒性指标	PPDB 分类	PAN 分类[19]
11	国际公约或优控名录	列入 PAN 名录、欧盟内分泌干扰物名录、美国有毒物质(生殖/发育毒性)排放清单、加州 65 种发育毒性物质名录	

注：PPDB 数据库由英国赫特福德郡大学农业与环境研究所开发；PAN 数据库来自北美农药行动网(PANNA)；"—"表示无此项。

【限值标准】

每日允许摄入量(ADI)为 0.003mg/(kg bw·d)，急性参考剂量(ARfD)为 0.03mg/(kg bw·d)[14]。

参 考 文 献

[1] Maier-Bode H, Hartel K. Linuron and monolinuron. Residue Rev, 1981, 77: 1-364.

[2] Walker A, Thompson J A. The degradation of simazine, linuron, and propyzamide in different soils. Weed Res, 1977, 17: 399-405.

[3] Hance R J, McKone C E. Effect of the concentration on the decomposition rates in soil of atracine, linuron and picloram. Pest Sci, 1971, 2: 31-34.

[4] Walker A, Zimdahl R I. Simulation of the persistence of atrazine, linuron and metolachlor in soil at different sites in the USA. Weed Res, 1981, 21: 255-265.

[5] PPDB: Pesticide Properties DataBase. http://sitem.herts.ac.uk/aeru/ppdb/en/Reports/419.htm [2016-12-07].

[6] USEPA. Pesticide Reregistration Eligibility Decisions (REDs) Database on Linuron (330-55-2). http://www.epa.gov/REDs/ [2016-12-07].

[7] Menzie C M. Metabolism of Pesticides, An Update. U. S. Department of the Interior, Fish, Wildlife Service, Special Scientific Report—Wildlife No. 184. Washington DC: U. S. Government Printing Office, 1974.

[8] El-Dib M A, Aly O A. Persistence of some phenylamide pesticides in the aquatic environment. I. Hydrolysis. Water Res, 1976, 10: 1047-1050.

[9] Hance R J. Decomposition of herbicides in the soil by non-biological chemical processes. J Sci Food Agric, 1967, 18: 544-547.

[10] Hance R J. Further observations of the decomposition of herbicides in soil. J Sci Food Agric, 1969, 20: 144-145.

[11] Chem Inspect Test Inst. Biodegradation and Bioaccumulation Data of Existing Chemicals Based on the CSCL Japan. Tokyo: Japan Chemical Industry Ecology-Toxicology and Information Center, 1992: 3-112.

[12] Franke C, Studinger G, Berger G, et al. The assessment of bioaccumulation. Chemosphere,

　　　1994, 29(7): 1501-1514.

[13] 高耘, 邢彩虹, 戴宇飞, 等. 利谷隆原药对大鼠亚慢性经口毒性试验的研究. 卫生研究,
　　　2002, 31(4): 287-289.

[14] 白建伟, 李岩. 利谷隆致雄性子代大鼠睾丸毒性的基因差异表达. 遵义医学院学报, 2013,
　　　36(4): 319-322.

[15] 陈炳卿, 孙智湧, 吴坤, 等. 化学除草剂利谷隆动物毒性实验研究. 中国食品卫生杂志,
　　　1990(1): 37-41.

[16] Andersen K J, Leighty E G, Takahashi M T. Evaluation of herbicides for possible mutagenic
　　　properties. J Agric Food Chem, 1972, 20(3): 649-656.

[17] Roloff B D, Belluck D A, Meisner L F. Cytogenetic studies of herbicide interactions *in vitro* and
　　　in vivo using atrazine and linuron. Arch Environ Contam Toxicol, 1992, 22(3): 267-271.

[18] Beste C E. Herbicide Handbook. 5th ed. Champaign: Weed Science Society of America, 1983.

[19] PAN Pesticides Database—Chemicals. http://www.pesticideinfo.org/Detail_Chemical.jsp?Rec_Id=
　　　PC32874 [2016-12-07].

绿麦隆(chlorotoluron)

【基本信息】

化学名称：3-(3-氯-4-甲苯基)-*N,N*-二甲基脲

其他名称：*N*'-(3-氯-4-甲基苯基)-*N,N*-二甲基脲、*N,N*-二甲基-*N*-(3-氯-4-甲苯基)脲

CAS 号：15545-48-9

分子式：$C_{10}H_{13}ClN_2O$

相对分子质量：212.68

SMILES：Clc1cc(NC(=O)N(C)C)ccc1C

类别：脲类除草剂

结构式：

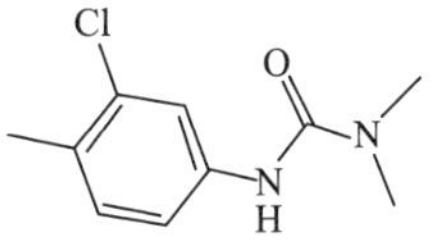

【理化性质】

无色晶体，密度 1.34g/mL，熔点 148.1℃，饱和蒸气压 0.005mPa(25℃)。水溶解度(20℃)为 74mg/L。有机溶剂溶解度(20℃)：乙酸乙酯，21000mg/L；丙酮，54000mg/L；乙醇，48000mg/L；甲苯，3000mg/L。辛醇/水分配系数 $\lg K_{ow}$= 2.5(pH=7, 20℃)。

【环境行为】

(1)环境生物降解性

土壤中微生物降解主要是由于 C—N 键的断裂[1]。土壤中降解半衰期为 4~6 周，主要代谢产物为单甲绿麦隆[2]。另有研究报道，田间试验降解半衰期为6~18周[3]。在粉砂土和粉砂壤土中的降解半衰期分别为 93d 和 40d，主要代谢产物为 *N*-二甲基绿麦隆[4]。欧洲登记资料显示，好氧条件下，土壤中降解半衰期为52~66d，

20℃时土壤中降解半衰期为 59d(实验室)[5]。

(2)环境非生物降解性

pH 为 7 时，水中光解半衰期为 0.12d[5]。20~30℃，pH 为 5~9 条件下难水解；50℃，pH 为 5 与 pH 为 9 时水解半衰期分别为 22d、69d；70℃，pH 为 5 与 pH 为 9 时水解半衰期均为 2~3d[5]。

(3)环境生物蓄积性

BCF 估测值为 40[6]，提示潜在生物蓄积性为弱至中等[7]。

(4)土壤吸附/移动性

土壤吸附系数 K_{oc} 为 196[5]。在有机质含量范围为 0.19%~6.62%，pH 为 4.8~8.4 的土壤中，K_{oc} 值为 1~3467[8]，在 8 种捷克斯洛伐克土壤(有机质含量较高)中，K_{oc} 值范围为 146~346(平均值为 228)[9]，提示在土壤中移动性中等[10, 11]。

【生态毒理学】

鸟类(山齿鹑)急性 $LD_{50}=272mg/kg$，短期膳食 $LC_{50}/LD_{50}>2150mg/(kg\ bw\cdot d)$，鱼类(虹鳟)96h $LC_{50}=20mg/L$、鱼类(黑头呆鱼)21d $NOEC=0.4mg/L$，溞类(大型溞)48h $EC_{50}=67mg/L$、21d $NOEC=16.7mg/L$，藻类(栅藻)72h $EC_{50}=0.024mg/L$、藻类(绿藻)96h $NOEC=0.001mg/L$，蜜蜂接触 48h $LD_{50}>200\mu g/蜜蜂$、经口 48h $LD_{50}=177.4\mu g/蜜蜂$，蚯蚓(赤子爱胜蚓)14d $LC_{50}>1000mg/kg$[5]。

【毒理学】

(1)一般毒性

大鼠急性经口 $LD_{50}>10000mg/kg$，大鼠短期膳食暴露 $NOAEL>5mg/kg$[5]。

饲喂剂量为 166mg/kg 时，染毒大鼠在最后一次饲喂后 24h 死亡；用示差光谱检测了细胞色素 P450 和细胞色素 b5 含量，表明绿麦隆与肝脏相对质量的增加有关，也与尿苷二磷酸葡萄糖醛酸转移酶和谷胱甘肽硫基转移酶的活性增加有关[11]。

(2)神经毒性

不具有神经毒性[11]。

(3)生殖发育毒性

为了研究绿麦隆和阿特拉津单体系及联合作用对小鼠睾丸形态及结构的影响，将昆明种小鼠按灌胃农药种类和剂量随机分为 20 组：1 个对照组，4 个绿麦隆染毒组(321.5mg/kg、1250mg/kg、2500mg/kg、5000mg/kg)，3 个阿特拉津染毒组(218.75mg/kg、875mg/kg、1750mg/kg)，12 个联合染毒组。每组 10 只小鼠，连续 25d 经口灌胃。结果表明，单一染毒体系及联合染毒体系各剂量组小鼠的睾丸均有不同程度的损伤。与对照组比较，各剂量组出现不同程度生精上皮细胞排列疏松、紊乱，生精细胞脱落、层次减少、病变严重；不同程度的生精细胞线粒体呈空泡样改变，核膜肿胀、弯曲，支持细胞功能低下；随染毒剂量增加，上述病理学变化有加重趋势。联合染毒组病理学变化比单体系染毒组更明显。绿麦隆和阿特拉津对小鼠睾丸的毒性与染毒剂量相关，联合作用体系加重了对小鼠睾丸的毒性效应[12]。

(4)致癌性与致突变性

大鼠高剂量摄入可致肾、肝肿瘤[5]。

【人类健康效应】

绿麦隆系统性毒性较低。眼睛接触可能会导致眼部过敏。刺激呼吸道黏膜的影响经长期重接触后可能会观察到。暴露后对皮肤会产生刺激性[11]。

摄入会产生严重毒性，导致恶心、呕吐、腹痛、腹泻的现象。大量摄入后，患者可能产生头痛、疲劳、虚弱、头晕、晕厥、心动过速等，高铁血红蛋白浓度超过 60%后，患者可能出现昏迷、癫痫、心律失常、心肺衰竭[11]。

【危害分类与管制情况】

序号	毒性指标	PPDB 分类	PAN 分类[13]
1	高毒	否	否
2	致癌性	是	可能
3	内分泌干扰性	否	疑似
4	生殖发育毒性	疑似	疑似
5	胆碱酯酶抑制性	否	否
6	神经毒性	否	—
7	呼吸道刺激性	否	—
8	皮肤刺激性	否	—
9	眼刺激性	否	—
10	国际公约或优控名录	无	

注：PPDB 数据库由英国赫特福德郡大学农业与环境研究所开发；PAN 数据库来自北美农药行动网（PANNA）；"—"表示无此项。

【限值标准】

每日允许摄入量（ADI）=0.04mg/（kg bw · d），操作者允许接触水平（AOEL）= 0.215mg/（kg bw · d）[5]。WHO 水质基准为 30.0mg/L[13]。

参 考 文 献

[1] Alexander M. Biodegradation of chemicals of environmental concern. Science, 1981, 211(4478): 132-138.

[2] Smith A E, Briggs G G. The fate of the herbicide chlortoluron and its possible degradation products in soils. Weed Res, 1978, 18(1): 1-7.

[3] Blume H P, Ahlsdorf B. Prediction of pesticide behavior in soil by means of simple field tests. Ecotoxicol Environ Saf, 1993, 26(3): 313-332.

[4] Rüdel H, Schmidt S, Kördel W, et al. Degradation of pesticides in soil: Comparison of laboratory experiments in a biometer system and outdoor lysimeter experiments. Sci Total Environ, 1993, 132(2-3): 181-200.

[5] PPDB: Pesticide Properties DataBase. http://sitem.herts.ac.uk/aeru/ppdb/en/Reports/151.htm [2016-12-13].

[6] Skark C, Obermann P. Transport of pesticides under aquifer conditions. J Environ Anal Chem, 1995, 58(1-4): 163-171.

[7] Hansch C, Leo A, Hoekman D. Exploring QSAR: Hydrophobic, Electronic, and Steric Constants. Washington DC: American Chemical Society, 1995.

[8] Briggs G G. Adsorption of pesticides by some Australian soils. J Soil Res, 1981, 19(1): 61-68.

[9] Kozak J, Weber J B. Adsorption of five phenylurea herbicides by selected soils of Czechoslovakia. Weed Sci, 1983: 368-372.

[10] Swann R L, Laskowski D A，Mccall P J, et al. A rapid method for the estimation of the environmental parameters octanol/water partition coefficient, soil sorption constant, water to air ratio, and water solubility. Res Rev, 1983, 85: 17-28.

[11] TOXNET(Toxicology Data Network). https://toxnet.nlm.nih.gov/cgi-bin/sis/search2/f?./temp/~XyqjwY:1 [2016-12-13].

[12] 穆洪, 张平, 徐建, 等. 绿麦隆和阿特拉津联合染毒对小鼠睾丸的影响. 环境与健康杂志, 2007, 24(1): 43-44.

[13] PAN Pesticides Database—Chemicals. http://www.pesticideinfo.org/Detail_Chemical.jsp?Rec_Id=PC37686 [2016-12-13].

氯苯胺灵(chlorpropham)

【基本信息】

化学名称：3-氯苯氨基甲酸异丙基酯

其他名称：间氯苯氨基甲酸异丙酯、*N*-(3-氯苯基)氨基甲酸异丙酯

CAS 号：101-21-3

分子式：$C_{10}H_{12}ClNO_2$

相对分子质量：213.66

SMILES：Clc1cc(NC(=O)OC(C)C)ccc1

类别：氨基甲酸酯类除草剂

结构式：

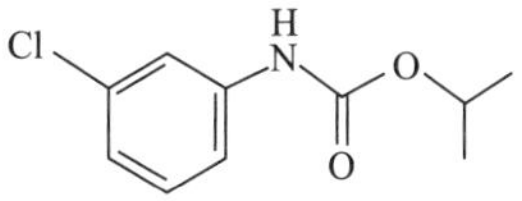

【理化性质】

白色或棕色晶体，密度 1.18g/mL，熔点 36℃，沸点 256℃，闪点 435℃，饱和蒸气压 24mPa(25℃)。水溶解度(20℃)为 110mg/L。有机溶剂溶解度(20℃)：正庚烷，1000000mg/L；丙酮，1000000mg/L；二甲苯，1000000mg/L；二氯甲烷，1000000mg/L。辛醇/水分配系数 $\lg K_{ow}$=3.76(pH=7, 20℃)。

【环境行为】

(1)环境生物降解性

好氧条件下，土壤中降解半衰期为 2.8~23.9d，20℃时为 7.3d[1]。一些纯培养的微生物，包括假单胞菌、黄杆菌、土壤杆菌、无色菌和组囊藻等均可降解氯苯胺灵[2-5]。从土壤中分离的微生物混合菌株也可降解氯苯胺灵[2,6]。接种土壤后，生物降解前有 4d 的停滞期[2]。生物降解可能是土壤中最主要的降解机制[7]。

(2)环境非生物降解性

在 20℃，pH 为 4、7、9 的缓冲溶液中不水解[1,8]。太阳光照射下，在清洁水

体表层的光解半衰期最小值为 121d[9]。在 20℃、pH 为 4～9 的水中光照稳定[1]。

(3)环境生物蓄积性

BCF 测定值为 144[1]、估测值为 100，提示生物蓄积性中等 [1, 10,11]。

(4)土壤吸附/移动性

吸附系数 K_{oc} 值为 245~816[1, 12-15]，提示在土壤中具有弱至中等移动性。

【生态毒理学】

鸟类(山齿鹑)急性 LD_{50}＞2000mg/kg、短期膳食暴露 LC_{50}/LD_{50}＞5170mg/kg，鱼类(虹鳟)96h LC_{50}=7.5mg/L、鱼类(斑马鱼)21d NOEC=0.32mg/L、溞类(大型溞)48h EC_{50}=2.6mg/L、21d NOEC=1mg/L，藻类 72h EC_{50}=1mg/L、96h NOEC=0.32mg/L，蜜蜂接触 48h LD_{50}=86μg/蜜蜂、经口 48h LD_{50}=466μg/蜜蜂，蚯蚓 14d LC_{50}= 132mg/kg[1]。

【毒理学】

(1)一般毒性

大鼠急性经口 LD_{50}=4200mg/kg，大鼠短期膳食暴露 NOAEL＞2000mg/kg[1]。

(2)神经毒性

急性延迟神经毒性测试结果：成年母鸡饲喂浓度为 0mg/kg、125mg/kg、2500mg/kg、5000mg/kg，未显示任何产生延迟神经毒性的现象。所有剂量组未出现死亡率、临床现象或组织病理学的变化[16]。

(3)生殖发育毒性

对孕期 6~19d 的 SD 大鼠饲喂剂量为 0mg/(kg·d)、100mg/(kg·d)、350mg/(kg·d)、1000mg/(kg·d)的氯苯胺灵。孕期 20d 处死，剂量为 350mg/(kg·d)和 1000mg/(kg·d)产生母体毒性，并出现临床症状、体重增量下降、肝脏肿大等现象。临床症状包括流涎，泌尿生殖器染色，嘴、鼻孔和眼睛周围红色染色。最高剂量组胎鼠出现毒性效应，胎鼠第 14 根肋骨发病率增加。母体毒性的 NOAEL 为 100mg/(kg·d)，LOAEL 为 350mg/(kg·d)；发育毒性的 NOAEL 为 350mg/(kg·d)，LOAEL 为 1000mg/(kg·d)[16]。

(4) 致癌性与致突变性

以肿瘤内皮标志物组氨酸依赖菌株测试氯苯胺灵的致点突变能力，结果表明未诱发突变[17]。

【人类健康效应】

IRAC 分类为 3 类致癌物,是可能的脾脏、骨髓和血红细胞毒物[1]。对皮肤、眼睛和呼吸道有过敏/轻度刺激性。中毒症状包括中枢神经系统抑郁、癫痫、锥体束外的影响、神经病变,以及恶心、呕吐和腹泻[18]。

【危害分类与管制情况】

序号	毒性指标	PPDB 分类	PAN 分类[18]
1	高毒	—	否
2	致癌性	否	未分类
3	致突变性	否	—
4	内分泌干扰性	—	无有效证据
5	生殖发育毒性	可能	无有效证据
6	胆碱酯酶抑制性	可能	否
7	神经毒性	可能	—
8	呼吸道刺激性	否	—
9	皮肤刺激性	否	—
10	眼刺激性	否	—
11	国际公约或优控名录	无	

注:PPDB 数据库由英国赫特福德郡大学农业与环境研究所开发;PAN 数据库来自北美农药行动网(PANNA);"—"表示无此项。

【限值标准】

每日允许摄入量(ADI)为 0.05mg/(kg bw·d),急性参考剂量(ARfD)为 0.5mg/(kg bw·d),操作者允许接触水平(AOEL)为 0.05mg/(kg bw·d)[1]。

参 考 文 献

[1] PPDB: Pesticide Properties DataBase. http://sitem.herts.ac.uk/aeru/ppdb/en/Reports/153.htm [2016-12-13].

[2] Kaufmann D D, Kearney P C. Microbial degradation of isopropyl N-3-chlorophenylcarbonate and 2-chloroethil N-3-chlorophenilcarbonate. Appl Microb, 1965, 13: 443-446.

[3] Kaufman D D. Biodegradation and persistence of several acetamide, acylanilide, azide,

carbamate, and organophosphate pesticide combinations. Soil Biol Biochem, 1977, 9(1): 49-57.

[4] Clark C G, Wright S J L. Degradation of the herbicide isopropyl *N*-phenylcarbamate by *Arthrobacter* and *Achromobacter* spp. from soil. Soil Biol Biochem, 1970, 2(4): 217-226.

[5] Macrae I C. Microbial metabolism of pesticides and structurally related compounds. Rev Environ Contam Toxicol, 1989: 1-87.

[6] Mcclure G W. Degradation of phenylcarbamates in soil by mixed suspension of IPC-adapted microorganisms. J Environ Qual, 1972, 1(2): 177-180.

[7] Kearney P C, Kaufman D D. Herbicides. 2nd ed. New York: Marcel Dekker Inc, 1976, 2: 635-642.

[8] USEPA. Reregistration Eligibility Decision (RED) for Chlorpropham. EPA 738-R-96-023. October 1996. http://www.epa.gov/pesticides/reregistration/status.htm [2005-03-07].

[9] Wolfe N L, Zepp R G, Paris D F. Carbaryl, propham and chlorpropham: a comparison of the rates of hydrolysis and photolysis with the rate of biolysis. Water Res, 1978, 12(8): 565-571.

[10] Hansch C, Leo A, Hoekman D. Exploring QSAR: Hydrophobic, Electronic, and Steric Constants. Washington DC: American Chemical Society, 1995.

[11] Meylan W M, Howard P H, Boethling R S, et al. Improved method for estimating bioconcentration/bioaccumulation factor from octanol/water partition coefficient. Environ Toxicol Chem, 1999, 18(4): 664-672.

[12] USDA. Agricultural Research Service. ARS Pesticide Properties Database on Chlorpropham (101-21-3). http://www.ars.usda.gov/Services/docs.htm?docid=14199 [2005-03-07].

[13] Kenaga E E, Goring C A I. Aquatic Toxicology. Philadelphia: Proceedings of the Third Annual Symposium on Aquatic Toxicology, American Society for Testing and Materials, 1980.

[14] Meylan W, Howard P H, Boethling R S. Molecular topology/fragment contribution method for predicting soil sorption coefficients. Environ Sci Technol, 1992, 26(8): 1560-1567.

[15] Reddy K N, Locke M A. Prediction of soil sorption of herbicides using semiempirical molecular properties. Weed Sci, 1994: 453-461.

[16] USEPA Office of Pesticide Programs. Reregistration Eligibility Decision Document—Chlorpropham. EPA 738-R-96-023. http://www.epa.gov/pesticides/reregistration/status.htm [2005-02-18].

[17] WHO. Environ Health Criteria 64: Carbamate Pesticides—A General Introduction. 1986. http://www.inchem.org/documents/ehc/ehc/ehc64.htm[2005-02-17].

[18] PAN Pesticides Database—Chemicals. http://www.pesticideinfo.org/Detail_Chemical.jsp?Rec_Id= PC35064[2016-12-13].

氯草敏(chloridazon)

【基本信息】

化学名称：5-氨基-4-氯-2-苯基-3(2H)-哒嗪酮

其他名称：杀草敏、甜菜灵、氯草哒

CAS 号：1698-60-8

分子式：$C_{10}H_8ClN_3O$

相对分子质量：221.6

SMILES：C1=CC=C(C=C1)N2C(=O)C(=C(C=N2)N)Cl

类别：哒嗪类除草剂

结构式：

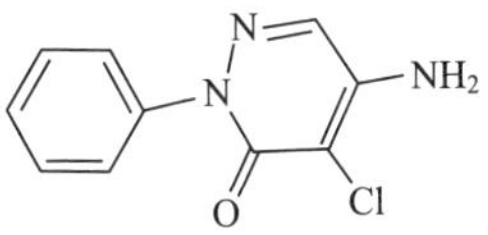

【理化性质】

无色晶状固体，密度 1.51g/mL，熔点 206℃，沸腾前分解，饱和蒸气压 $1.0×10^{-6}$mPa (25℃)。水溶解度(20℃)为 422mg/L。有机溶剂溶解度(20℃)：甲醇，15100mg/L；乙酸乙酯，3700mg/L；甲苯，100mg/L；二氯甲烷，190mg/L。辛醇/水分配系数 lgK_{ow}=1.19(pH=7,20℃)。

【环境行为】

(1)环境生物降解性

好氧：使用土壤悬浮液作为接种物时，可生物降解[1,2]。在土壤细菌作用下致苯环部分降解，降解产物为 5-氨基-4-氯哒嗪-3(2H)-酮[3-5]。实验室条件下，土壤中降解半衰期为 8.6~173.9d，20℃时为 43.1d[6]。

厌氧：土壤中降解半衰期为 489d[7]。实验室条件下，在轻质壤土(pH=6.7)中一年降解率为 80%[2]。在花园土壤中，于 16%湿度、25℃条件下培养，3 个月降解率约 75%[2]。同样的土壤中加入 10%的氯草敏，第一个月几乎没有降解，但是随后的 45d 几乎降解完全[2]。再次加入氯草敏后，15d 后几乎降解完全[2]。

（2）环境非生物降解性

pH 为 5、7、9 条件下不水解；pH 为 7 时，水中氯草敏在模拟太阳光下的半衰期为 150h[8]。pH 为 7 时水中光解半衰期为 40d，对光稳定[6]。土壤中光解半衰期为 69d[9]。

（3）环境生物蓄积性

鱼类 BCF 值为 2~23[6, 10]，提示生物蓄积性弱。

（4）土壤吸附/移动性

文献报道，吸附系数 K_{oc} 值为 120[6,11]、110[10]、89~340[3]、33[12]，提示在土壤中具有中等至强移动性。

【生态毒理学】

鸟类（山齿鹑）急性 LD_{50}＞2000mg/kg、短期摄食 LC_{50}＞1318mg/kg，鱼类（虹鳟）96h LC_{50}=41.3mg/L、21d NOEC=3.16mg/L，溞类（大型溞）48h EC_{50}=132.0mg/L、21d NOEC=6.23mg/L，藻类（月牙藻）72h EC_{50}＞3.0mg/L、藻类 96h NOEC=0.73mg/L，蜜蜂接触 48h LD_{50}＞200μg/蜜蜂、经口 48h LD_{50}＞200μg/蜜蜂，蚯蚓（赤子爱胜蚓）14d LC_{50}＞1000mg/kg[6]。

【毒理学】

（1）一般毒性

大鼠急性经口 LD_{50}=2140mg/kg，大鼠短期膳食暴露 NOAEL=16mg/kg[6]。

（2）神经毒性

高剂量的氯草敏对大鼠有神经毒性，但毒性作用主要表现为体重减少和总体的不良状况[13]。

（3）生殖发育毒性

大鼠喂食暴露 0mg/（kg·d）、10mg/（kg·d）、50mg/（kg·d）、250mg/（kg·d）的氯草敏，基于体重增长降低或食物消耗量减少，母体 NOAEL=10mg/（kg·d），LOAEL=50mg/（kg·d），发育毒性的 NOAEL 和 LOAEL 均大于 250mg/（kg·d），最高剂量组未见毒性效应[14]。

（4）致癌性与致突变性

小鼠喂食暴露剂量为 0mg/kg bw、150mg/kg bw、300mg/kg bw 或 600mg/kg bw 氯草敏（纯度 95.3%），以评估其对骨髓细胞的致突变性。结果表明，暴露组小鼠微核化骨髓嗜多染红细胞的数量并未增加[9]。

【人类健康效应】

反复暴露后会出现皮疹[9]。4 例氯草敏摄入患者，其中 3 例未见任何症状，1 例患者表现为恶心，这被认为是一种不良反应[15]。

【危害分类与管制情况】

序号	毒性指标	PPDB 分类	PAN 分类[7]
1	高毒	否	否
2	致癌性	否	不太可能
3	内分泌干扰性	—	无有效证据
4	生殖发育毒性	—	无有效证据
5	胆碱酯酶抑制性	可能	否
6	神经毒性	可能	—
7	呼吸道刺激性	否	—
8	皮肤刺激性	是	—
9	眼刺激性	是	—
10	国际公约或优控名录	无	

注：PPDB 数据库由英国赫特福德郡大学农业与环境研究所开发；PAN 数据库来自北美农药行动网(PANNA)；"—"表示无此项。

【限值标准】

每日允许摄入量(ADI)为 0.1mg/(kg bw · d)，操作者允许接触水平(AOEL)为 0.2mg/(kg bw · d) [6]。

参 考 文 献

[1] Fournier J C, Catroux G, Soulas G. Laboratory studies of the biodegradability of herbicides. Spec Publ Agric Res Organ Volcani Cent Div Sci Publ, 1977, 82: 5-13.

[2] Engvild K C, Jensen H L. Microbiological decomposition of the herbicide pyrazon. Soil Biol Biochem, 1969, 1(4): 295-300.

[3] Tomlin C D S. The Pesticide Manual. 10th ed. Surrey: British Crop Protection Publications, 1994: 179-180.

[4] Smith D T, Meggitt W F. Persistence and degradation of pyrazon in soil. Weed Sci, 1970:

260-264.

[5] Eberspacher J, Lingens F. FEMS Symposium 12（Microbial degradation of xenobiotics and recalcitrant compounds）. 1981: 271-284.

[6] PPDB: Pesticide Properties DataBase. http://sitem.herts.ac.uk/aeru/ppdb/en/Reports/141.htm [2016-12-13].

[7] PAN Pesticides Database — Chemicals. http://www.pesticideinfo.org/Detail_Chemical.jsp? Rec_Id=PC34290 [2016-12-13].

[8] Tomlin C D S. The e-Pesticide Manual. 13th Ed. Ver. 3. 1. Surrey: British Crop Protection Council, 2004.

[9] USEPA/OPPTS. Pesticide Fact Sheet: Pyrazon. （1698-60-8）. EPA 738-F-05-014. Sept, 2005. Washington DC: Environmental Protection Agency, Off Prevent Pest Tox Sub, 2003. http://www.epa.gov/oppsrrd1/REDs/factsheets/pyrazon_factsheet.pdf[2007-03-05].

[10] Canton J H, Linders J, Luttik R, et al. Catch-up operation on old pesticides: An integration. RIVM-678801002（NTIS PB92-105063）. Bilthoven: Rijkinst Volksgeondh Milieuhyg, 1991.

[11] Wauchope R D, Buttler T M, Hornsby A G, et al. The SCS/ARS/CES pesticide properties database for environmental decision-making. Rev Environ Contam Toxicol, 1992: 1-155.

[12] Traub-Eberhard U, Kördel W, Klein W. Pesticide movement into subsurface drains on a loamy silt soil. Chemosphere, 1994, 28（2）: 273-284.

[13] California Environmental Protection Agency/Department of Pesticide Regulation. Pyrazon Summary of Toxicological Data, 1990. http://www.cdpr.ca.gov/docs/toxsums/pdfs/509.pdf [2007-02-01].

[14] Gosselin R E, Smith R P, Hodge H C. Clinical Toxicology of Commercial Products. 5th ed. Baltimore: Williams and Wilkins, 1984.

[15] USEPA Office of Pesticide Programs. Review of Pyrazon Incident Reports. p. 3. EPA-HQ-OPP-2004-0381-0010 （July 5, 2005）. http://www.regulations.gov/fdmspublic/component/main [2007-02-21].

氯磺隆(chlorsulfuron)

【基本信息】

化学名称：1-(2-氯苯基磺酰)-3-(4-甲氧基-6-甲基-1,3,5-三嗪-2-基)脲

其他名称：绿黄隆、2-氯-N-(4-甲氧基-6-甲基-1,3,5-均三嗪-2-基氨基羰基)苯磺酰胺

CAS 号：64902-72-3

分子式：$C_{12}H_{12}ClN_5O_4S$

相对分子质量：357.77

SMILES：Clc1ccccc1S(=O)(=O)NC(=O)Nc2nc(nc(OC)n2)C

类别：磺酰脲类除草剂

结构式：

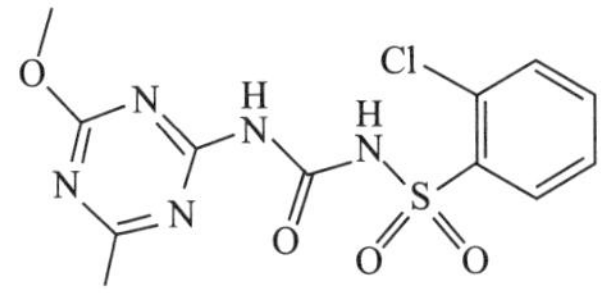

【理化性质】

白色晶状固体，熔点 173℃，沸腾前分解，饱和蒸气压 $3.07×10^{-6}$mPa(25℃)。水溶解度(20℃)为 12500mg/L。有机溶剂溶解度(20℃)：丙酮，37000mg/L；二氯甲烷，140000mg/L；甲苯，2800mg/L。辛醇/水分配系数 $\lg K_{ow}$= –0.99(pH=7, 20℃)。

【环境行为】

(1)环境生物降解性

好氧：土壤中降解半衰期为 51.4d(20℃)[1]。30℃条件下，在两种未灭菌土壤中的降解半衰期分别为 5d 和 15d，而在灭菌土壤中对应的半衰期分别为 21d 和 28d[2]。

厌氧：土壤中降解半衰期为 162d[3]。

(2)环境非生物降解性

低 pH、高温条件下，在水溶液和湿润土壤中水解更快[2,4]。在 20℃、pH 为

5.7 和 pH 为 8 水溶液中，水解半衰期分别为 28d 和 56d[5]。25℃、pH 为 5 时水解半衰期为 2.23d，pH 为 7 和 9 时难水解[1]。pH 为 7 时水中光解半衰期为 18.8d，对光稳定[1]。在人工太阳光下，水溶液中半衰期为 1 个月，在玻璃表面，1 个月降解率为 15%[6]。

(3)环境生物蓄积性

鱼体 BCF 值为 20[1]、估测值为 3[4,7]，提示生物蓄积性弱。

(4)土壤吸附/移动性

吸附系数 K_{oc} 值为 6~110[6,8-11]，提示在土壤中移动性强。

【生态毒理学】

鸟类(绿头鸭)急性 LD_{50} > 5000mg/kg、短期膳食暴露 LC_{50}/LD_{50} > 634mg/(kg bw・d)，鱼类(虹鳟)96h LC_{50} > 122mg/L，21d NOEC=32mg/L，溞类(大型溞)48h EC_{50} > 112mg/L，21d NOEC=12mg/L，藻类(月牙藻)72h EC_{50}=0.068mg/L，蜜蜂接触 48h LD_{50} > 100μg/蜜蜂、经口 48h LD_{50} > 130μg/蜜蜂，蚯蚓(赤子爱胜蚓)14d LC_{50} > 750mg/kg[1]。

【毒理学】

(1)一般毒性

大鼠急性经口 LD_{50} > 5000mg/kg，大鼠短期膳食暴露 NOAEL > 100mg/kg[1]。

(2)神经毒性

无神经毒性[1]。

(3)生殖发育毒性

孕期 6~15d 的大鼠喂食暴露 0mg/kg、100mg/kg、500mg/kg、2500mg/kg 的氯磺隆(纯度 97.2%)，基于母体毒性(体重增长降低，食物摄入减少)的 NOAEL=500mg/kg；未见发育毒性[12]。兔子发育毒性研究结果表明，短期经皮和呼吸暴露后，母体毒性(体重增长降低)的 NOAEL = 75mg/(kg・d)，LOAEL = 200mg/(kg・d)[13]。

(4)致癌性与致突变性

鼠伤寒沙门氏菌(菌株 TA98、TA100、TA1535、TA1537)以氯磺隆处理 48h，剂量为 0μg/皿、0.001μg/皿、0.005μg/皿、0.01μg/皿、0.1μg/皿、0.5μg/皿，未见有害效应[12]。中国仓鼠卵巢(CHO)细胞暴露于氯磺隆 2h，浓度分别为 0μg/mL、16.7μg/mL、50.0μg/mL、167.0μg/mL、500.0μg/mL、1670μg/mL、5000μg/mL，未见有害效应[12]。

【人类健康效应】

除大量摄入外，一般不会出现全身中毒。急性暴露刺激眼、皮肤、黏膜，可引起咳嗽、气促、恶心、呕吐、腹泻、头痛、电解质紊乱等症状。慢性暴露可致蛋白质代谢受干扰、中度肺气肿及体重减轻(同其他脲类除草剂)[3]。

【危害分类与管制情况】

序号	毒性指标	PPDB 分类	PAN 分类[3]
1	高毒	否	否
2	致癌性	否	不太可能(E 类)
3	内分泌干扰性	可能	无有效证据
4	生殖发育毒性	可能	是
5	胆碱酯酶抑制性	否	否
6	神经毒性	否	—
7	呼吸道刺激性	否	—
8	皮肤刺激性	否	—
9	眼刺激性	是	—
10	国际公约或优控名录	列入加州 65 种生殖毒性物质名录、美国有毒物质(生殖、发育毒性)排放清单、PAN 名录	

注:PPDB 数据库由英国赫特福德郡大学农业与环境研究所开发;PAN 数据库来自北美农药行动网(PANNA);"—"表示无此项。

【限值标准】

每日允许摄入量(ADI)为 0.2mg/(kg bw·d)，操作者允许接触水平(AOEL)为 0.43mg/(kg bw·d)[1]。

参 考 文 献

[1] PPDB: Pesticide Properties DataBase. http://sitem.herts.ac.uk/aeru/ppdb/en/Reports/156.htm [2016-12-16].

[2] Joshi M M, Brown H M, Romesser J A. Degradation of chlorsulfuron by soil microorganisms. Weed Sci, 1985: 888-893.

[3] PAN Pesticides Database—Chemicals. http://www.pesticideinfo.org/Detail_Chemical.jsp? Rec_Id = PC35428 [2016-12-16].

[4] Beyer E M, Duffy M S, Hay J V, et al. Chemistry, degradation and mode of action. Kearney P C,

Kaufman D D. Herbicides. Vol. 3. New York: Marcel Dekker, 1988: 117-189.

[5] Worthing C R. The Pesticide Manual. 8th ed. Suffolk: Lavenham Press Ltd, 1987.

[6] Ahrens W H. Herbicide Handbook of the Weed Society of America. 7th ed. Champaign: Weed Science Society of America, 1994.

[7] Meylan W M, Howard P H, Boethling R S, et al. Improved method for estimating bioconcentration/bioaccumulation factor from octanol/water partition coefficient. Environ Toxicol Chem, 1999, 18(4): 664-672.

[8] Álvarez-Benedí J, Cartón A, Fernández J C. Sorption of tribenuron-methyl, chlorsulfuron, and imazamethabenz-methyl by soils. J Agric Food Chem, 1998, 46(7): 2840-2844.

[9] Thirunarayanan K, Zimdahl R L, Smika D E. Chlorsulfuron adsorption and degradation in soil. Weed Sci, 1985: 558-563.

[10] Weber J B, Miller C T. SSSA Special Publication. NO. 22. Madison: Weed Science Society of America, 1989: 305-333.

[11] Iivanainen E, Heinonen-Tanski H. Degradation and leaching of chlorsulfuron in three different soils. Acta Agric Scand, 1991, 41(1): 85-92.

[12] California Environmental Protection Agency/Department of Pesticide Regulation. Toxicology Data Review Summaries. http://www.cdpr.ca.gov/docs/toxsums/toxsumlist.htm[2006-07-18].

[13] USEPA Office of Pesticide Programs. Reregistration Eligibility Decision Document—Chlorsulfuron. Case No. 0631. May 20, 2005. http://www.epa.gov/pesticides/reregistration/status.htm[2006-07-19].

氯硫酰草胺(chlorthiamid)

【基本信息】

化学名称：2,6-二氯硫代苯甲酰胺

其他名称：草克乐、chlortiamide

CAS 号：1918-13-4

分子式：$C_7H_5Cl_2NS$

相对分子质量：206.09

SMILES：NC(=S)c1c(Cl)cccc1Cl

类别：苯甲腈类除草剂

结构式：

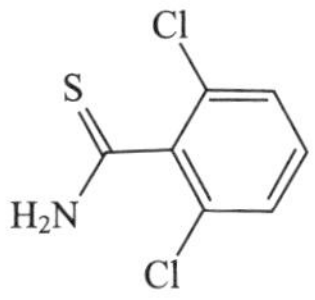

【理化性质】

类白色固体，密度 1.47mg/L，熔点 151℃，饱和蒸气压 0.13mPa(25℃)。水溶解度(20℃)为 950mg/L，溶于芳烃与卤代烃(50~100g/L)。辛醇/水分配系数 $\lg K_{ow}=1.77$(pH=7, 20℃)。

【环境行为】

(1)环境生物降解性

好氧条件下，土壤中降解半衰期为25d[1]。

(2)环境非生物降解性

20℃、pH 为 7 条件下不水解[1]。

(3)环境生物蓄积性

基于 $\lg K_{ow}<3$，生物蓄积性弱[1]。

(4) 土壤吸附/移动性

吸附系数 K_{oc} 值为 241，提示在土壤中具有中等移动性[1]。

【生态毒理学】

鸟类(原鸡)急性 LD_{50}=500mg/kg，鱼类(丑角波鱼)96h LC_{50}=41mg/L，溞类(大型溞)48h EC_{50}=56.0mg/L，藻类 72h EC_{50}=17.0mg/L，蜜蜂接触 48h LD_{50}=77.3μg/蜜蜂[1]。

【毒理学】

(1) 一般毒性

大鼠急性经口 LD_{50}>2000mg/kg，大鼠短期膳食暴露 NOAEL=100mg/kg[1]。

(2) 神经毒性

无数据。

(3) 生殖发育毒性

无数据。

(4) 致癌性与致突变性

鼠伤寒沙门氏菌 Ames 试验，菌株为 TA97，在标准皿条件下，剂量为 0~100μg/皿，未见致突变效应[2]。

【人类健康效应】

吞食有害[1]。

【危害分类与管制情况】

序号	毒性指标	PPDB 分类	PAN 分类
1	高毒	否	否
2	致癌性	—	无有效数据
3	内分泌干扰性	—	无有效数据
4	生殖发育毒性	—	无有效数据
5	胆碱酯酶抑制性	否	否
6	国际公约或优控名录	WHO 淘汰农药	

注:PPDB 数据库由英国赫特福德郡大学农业与环境研究所开发;PAN 数据库来自北美农药行动网(PANNA);"—"表示无此项。

【限值标准】

暂无相关数据。

参 考 文 献

[1] PPDB: Pesticide Properties DataBase. http://sitem.herts.ac.uk/aeru/ppdb/en/Reports/158.htm [2016-12-16].

[2] TOXNET（Toxicology Data Network）. https://toxnet.nlm.nih.gov/cgi-bin/sis/search2/f?./temp/~ UJvYjk: 4 [2016-12-16].

氯嘧磺隆(chlorimuron-ethyl)

【基本信息】

化学名称：2-(4-氯-6-甲氧基嘧啶-2-基氨基甲酰氨基磺酰基)苯甲酸乙酯

其他名称：豆磺隆、乙磺隆

CAS 号：90982-32-4

分子式：$C_{15}H_{15}ClN_4O_6S$

相对分子质量：414.82

SMILES：O=C(Nc1nc(OC)cc(Cl)n1)NS(=O)(=O)c2ccccc2C(=O)OCC

类别：磺酰脲类除草剂

结构式：

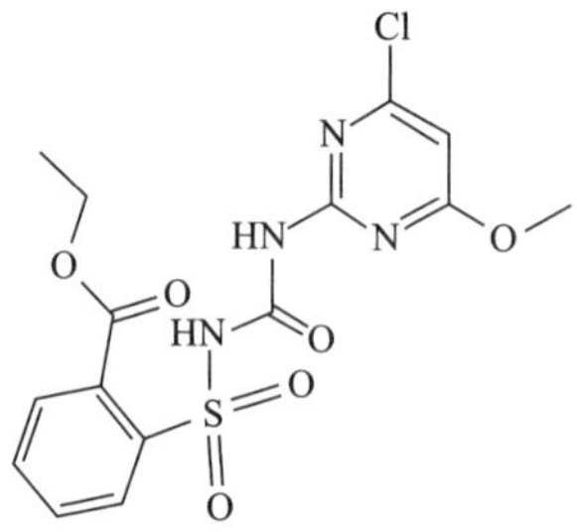

【理化性质】

无色至类白色晶体，密度 1.51mg/L，熔点 181℃，饱和蒸气压 4.9×10^{-7}mPa (25℃)。水溶解度(20℃)为 1200mg/L。有机溶剂溶解度(20℃)：丙酮,70500mg/L；苯，8150mg/L；正己烷，60mg/L；二甲苯，2830mg/L。辛醇/水分配系数 $\lg K_{ow}$=0.11(pH=7, 20℃)。

【环境行为】

(1)环境生物降解性

好氧：土壤中降解半衰期为 40d(实验室)、14~42d(田间)[1]。

厌氧：在粉砂壤土中的降解半衰期为 53d[2]。

(2)环境非生物降解性

在 pH 为 5、7、9 条件下水解半衰期分别为 17d、<3.5d、<3.5d[2]。25℃、pH 为 5 条件下,水解半衰期为 12d[2];20℃、pH 为 7 条件下,水解半衰期为 21d[1]。土壤表面(pH=5.8)光解半衰期约为 36d。

(3)环境生物蓄积性

BCF 估测值为 17,提示潜在生物蓄积性弱[3]。

(4)土壤吸附/移动性

吸附系数 K_{oc} 值为 30~170,提示在土壤中移动性为中等至强[1,2]。

【生态毒理学】

鸟类(绿头鸭)急性 LD_{50}>5620mg/kg,鱼类(虹鳟)96h LC_{50}>8.4mg/L,溞类(大型溞)48h EC_{50}>10mg/L,蜜蜂接触 48h LD_{50}=12.5μg/蜜蜂,蚯蚓(赤子爱胜蚓)14d LC_{50}=4050mg/kg[1]。

【毒理学】

(1)一般毒性

大鼠急性经口 LD_{50}>4102mg/kg,短期膳食暴露 NOAEL=250mg/kg[1]。

(2)神经毒性

无神经毒性[1]。

(3)生殖发育毒性

胚胎致畸试验研究结果显示不具有致畸性[4]。

发育毒性研究显示,在 150mg/(kg·d)暴露剂量下,大鼠母体体重增量下降且胎鼠生长受抑制,在更低的剂量条件[48mg/(kg·d)]下兔子胎儿生长受抑制,300mg/(kg·d)剂量下出现兔子母体体重增量下降。对于子代毒性,兔子比大鼠更敏感。两代生殖毒性研究未见大鼠生殖毒性效应[5]。

(4)致癌性与致突变性

微核试验结果显示,氯嘧磺隆处理组血细胞微核率与对照组差异不显著,无统计学意义;通过彗星试验检测对蝌蚪血细胞 DNA 的损伤作用,结果显示氯嘧磺隆不引起染色体损伤[4]。

Ames 致突变试验、体内骨髓染色体畸变试验(6h、12h、24h、48h)、体外哺乳动物基因突变(CHO 细胞)等试验的结果均为阴性[5]。

【人类健康效应】

可能的肝毒物[1]。对眼睛和皮肤的刺激较为温和，无致敏性[6]。

【危害分类与管制情况】

序号	毒性指标	PPDB 分类	PAN 分类
1	高毒	否	否
2	致癌性	否	不太可能
3	内分泌干扰性	可能	无有效证据
4	生殖发育毒性	可能	无有效证据
5	胆碱酯酶抑制性	否	否
6	神经毒性	否	—
7	皮肤刺激性	可能	—
8	眼刺激性	可能	—
9	国际公约或优控名录	无	

注：PPDB 数据库由英国赫特福德郡大学农业与环境研究所开发；PAN 数据库来自北美农药行动网（PANNA）；"—"表示无此项。

【限值标准】

每日允许摄入量（ADI）为 0.02mg/（kg bw·d）[1]。

参 考 文 献

[1] PPDB: Pesticide Properties DataBase. http://sitem.herts.ac.uk/aeru/ppdb/en/Reports/1145.htm [2016-12-16].

[2] USDA. Agricultural Research Service. ARS Pesticide Properties Database on Chlorimuron-ethyl （90982-32-4）. http://www.ars.usda.gov/Services/docs.htm?docid=14199 [2006-11-13].

[3] Hay J V. Chemistry of sulfonylurea herbicides. Pestic Sci, 1990, 29（3）: 247-261.

[4] 尹晓辉. 几种农药对中华蟾蜍的生态毒理效应及分子毒性研究. 上海: 东华大学, 2008.

[5] USEPA/Health Effects Division. Chlorimuron-Ethyl Human Health Risk Assessment （August 2004）. http://www.regulations.gov/fdmspublic/component/main[2006-11-09].

[6] EPA/OPPTS. Report of the Food Quality Protection Act （FQPA） Tolerance Reassessment Progress and Risk Management Decision （TRED） for Chlorimuron Ethyl. http://www.epa.gov/pesticides/reregistration/status.htm [2006-11-09].

氯酸钠(sodium chlorate)

【基本信息】

化学名称：氯酸钠

其他名称：白药钠、氯酸碱

CAS 号：7775-09-9

分子式：$NaClO_3$

相对分子质量：106.44

SMILES：[Na+].[O–]Cl(=O)=O

类别：无机盐类除草剂

结构式：

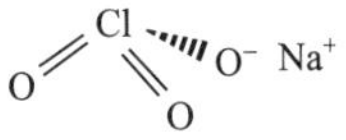

【理化性质】

白色粉末，密度 2.499g/mL，熔点 255℃，沸腾前分解，饱和蒸气压 $5.2×10^{-6}$mPa（25℃）。水溶解度(20℃)为 650000mg/L，不溶于有机溶剂。

【环境行为】

(1)环境生物降解性

好氧：土壤中降解半衰期为 200d(典型值)、46.7~314.6d(实验室)、143.3d(20℃，实验室)[1]。

(2)环境非生物降解性

常温、pH 为 7 条件下，难水解；对光不敏感[1]。

(3)环境生物蓄积性

基于 lgK_{ow}<3，潜在生物蓄积性弱[1]。

(4)土壤吸附/移动性

吸附系数 K_{oc} 为 10，提示土壤中移动性强[1]。

【生态毒理学】

鸟类(鹌鹑)急性 LD_{50} = 2510mg/kg，鱼类(虹鳟)96h LC_{50} =10000mg/L、21d NOEC=500mg/L，溞类(大型溞)48h EC_{50} =919.3mg/L、21d NOEC =500mg/L，藻类(月牙藻)72h EC_{50}= 1595mg/L，蜜蜂经口 48h LD_{50}＞75µg/蜜蜂、接触 48h LD_{50}＞116µg/蜜蜂，蚯蚓 14d LC_{50}＞750mg/L[1]。

【毒理学】

(1)一般毒性

大鼠急性经口 LD_{50}＞5000mg/kg、急性经皮 LD_{50}＞2000mg/kg bw、急性吸入 LC_{50}=3.9mg/L[1]。

(2)神经毒性

无信息。

(3)生殖发育毒性

500mg/kg 剂量氯酸钠对大鼠无生殖毒性，NOAEL=500mg/kg bw[2]。

(4)致癌性与致突变性

50 只雄鼠和 50 只雌鼠给予 0mg/L、500mg/L、1000mg/L 和 2000mg/L 的氯酸钠暴露两年，结果显示雄鼠无致癌现象，雌鼠胰岛肿瘤的发病率略有增加[3]。

给予大鼠 10mg/L 和 100mg/L 的氯酸钠 9 个月，结果显示，10mg/L 剂量组大鼠体重减少，红细胞渗透性，血液谷胱甘肽、红细胞、血红蛋白浓度和红细胞比容降低[4]。

【人类健康效应】

可能的血液与肾脏毒物[1]。摄食氯酸钠后的中毒现象包括恶心、呕吐、腹痛、腹泻、发绀、呼吸困难、高铁血红蛋白血症[5]。摄食氯酸钠导致死亡的报道很多，一名 13 岁男孩误食氯酸钠，经过 15d 的强化治疗后恢复[6]。

【危害分类与管制情况】

序号	毒性指标	PPDB 分类	PAN 分类[7]
1	高毒	否	否
2	致癌性	否	是(高剂量，可能；低剂量，不太可能)
3	内分泌干扰性	否	无有效证据

续表

序号	毒性指标	PPDB 分类	PAN 分类[7]
4	生殖发育毒性	—	无有效证据
5	胆碱酯酶抑制性	否	否
6	呼吸道刺激性	是	无数据
7	皮肤刺激性	是	无数据
8	眼刺激性	是	无数据
9	国际公约或优控名录	列入 PAN 名录	

注:PPDB 数据库由英国赫特福德郡大学农业与环境研究所开发;PAN 数据库来自北美农药行动网(PANNA);"—"表示无此项。

【限值标准】

操作者允许接触水平(AOEL)为 0.35mg/(kg bw · d)[1]。

参 考 文 献

[1] PPDB: Pesticide Properties DataBase. http://sitem.herts.ac.uk/aeru/ppdb/en/Reports/397.htm [2016-11-12].

[2] USEPA/OPPTS. Environmental Fate and Effects Division Ecological Risk Assessment for Reregistration of Sodium chlorate. 2006: 49.

[3] DHHS/NTP. Toxicology and Carcinogenesis Studies of Sodium Chlorate (CAS No. 7775-09-9) in F344/N Rats and B6C3F1 Mice (Drinking Water Studies). 2005: 5.

[4] European Chemicals Bureau. IUCLID Dataset, Sodium Chlorate (7775-09-9). 2000: 21.

[5] European Chemicals Bureau. IUCLID Dataset, Sodium Chlorate (7775-09-9). 2000: 11.

[6] USEPA Office of Pesticide Programs. Reregistration Eligibility Decision Document for Inorganic Chlorates.2005.

[7] PAN Pesticides Database—Chemicals. http://www.pesticideinfo.org/Detail_Chemical.jsp?Rec_Id= PC35730 [2016-11-12].

氯乙氟灵(fluchloralin)

【基本信息】

化学名称：*N*-(2-氯乙基)-2,6-二硝基-*N*-丙基-4-(三氟甲基)苯胺

其他名称：氟消草

CAS 号：33245-39-5

分子式：$C_{12}H_{13}ClF_3N_3O_4$

相对分子质量：355.69800

SMILES：[O–][N+](=O)c1cc(cc([N+]([O–])=O)c1N(CCCl)CCC)C(F)(F)F

类别：氯苯胺类除草剂

结构式：

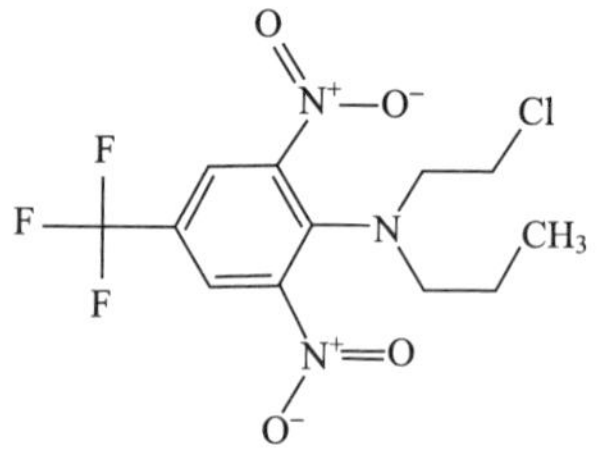

【理化性质】

黄色结晶固体，熔点 42℃，饱和蒸气压 4.0mPa(25℃)。水溶解度(20℃)为 0.9mg/L。有机溶剂溶解度(20℃)：苯，1000000mg/L；丙酮，1000000mg/L；环己烷，1000000mg/L；乙酸乙酯，1000000mg/L。辛醇/水分配系数 $\lg K_{ow}$= 5.07。

【环境行为】

(1)环境生物降解性

好氧条件下，土壤中降解半衰期为 76d[1]。另有研究表明，好氧条件下，肥沃的砂质土中的降解快于贫瘠土壤中，半衰期为 60~75d，平均半衰期为 67d[2]。

(2)环境非生物降解性

氯乙氟灵与大气中羟基自由基反应的速率常数为 $1.6\times10^{-11}cm^3/(mol \cdot s)$，间

接光解半衰期为 25h(25℃)[3]；常温、pH 为 5~9 的条件下，不发生水解[4]。

(3) 环境生物蓄积性

基于 $\lg K_{ow}$ 为 5.07，BCF 估测值为 733，提示潜在生物蓄积性强[5]。

(4) 土壤吸附/移动性

吸附系数 K_{oc} 平均值为 1900(数据范围为 200~3600)，提示土壤中移动性弱[1]。另有报道，K_{oc} 为 150~550，提示土壤中移动性中等[6]。

【生态毒理学】

鸟类(绿头鸭)急性 LD_{50} = 1300mg/kg，鱼类(虹鳟)96h LC_{50} =0.012mg/L，溞类(大型溞)48h EC_{50} =0.56mg/L，蜜蜂接触 48h LD_{50} = 96.0μg/蜜蜂[1]。

【毒理学】

(1) 一般毒性

大鼠急性经口 LD_{50} =1550mg/kg，大鼠急性经皮 LD_{50}＞10000mg/kg bw，大鼠急性吸入 LC_{50}=8.4mg/L[1]。

(2) 神经毒性

羊经口给予 5mg/kg 的氯乙氟灵，引起中枢神经系统不良反应和运动改变。小鸡喂食暴露 50mg/kg、100mg/kg 和 150mg/kg 的氯乙氟灵，2 周后血浆乙酰胆碱酯酶活性抑制，3 周后小鸡的步态改变[7]。

(3) 生殖发育毒性

无信息。

(4) 致癌性与致突变性

人淋巴细胞 48h 体外暴露试验(2.5μg/mL、5.0μg/mL 和 10.0μg/mL)结果显示，染色单体畸变率与剂量相关，48h 后观察到多个畸变。骨髓微核试验结果表明，低浓度 (2.5~10.0μg/mL) 下微核诱导不明显，高浓度 (20μg/mL、40μg/mL 和 50μg/mL) 暴露时微核细胞数目与剂量呈正相关[8]。

【人类健康效应】

无信息。

【危害分类与管制情况】

序号	毒性指标	PPDB 分类	PAN 分类[9]
1	高毒	否	否
2	致癌性	无数据	无有效证据
3	内分泌干扰性	无数据	无有效证据
4	生殖发育毒性	无数据	无有效证据
5	胆碱酯酶抑制性	否	否
6	皮肤刺激性	是	—
7	眼刺激性	是	—
8	地下水污染	—	无有效证据
9	国际公约或优控名录	无	

注：PPDB 数据库由英国赫特福德郡大学农业与环境研究所开发；PAN 数据库来自北美农药行动网（PANNA），"—"表示无此项。

【限值标准】

无信息。

参 考 文 献

[1] PPDB: Pesticide Properties DataBase. http://sitem.herts.ac.uk/aeru/ppdb/en/Reports/397.htm [2016-11-15].

[2] Weber J B. Behaviour of dinitroaniline herbicides in soils. Weed Technol, 1990, 4: 394-406.

[3] Meylan W M, Howard P H. Computer estimation of the atmospheric gas-phase reaction rate of organic compounds with hydroxyl radicals and ozone. Chemosphere, 1993, 26(12): 2293-2299.

[4] Cornell U. PMEP. Chemical Fact Sheet for Fluchloralin. 1985.

[5] Meylan W M, Howard P H. Atom/fragment contribution method for estimating octanol-water partition coefficients. J Pharm Sci, 1995, 84: 83-92.

[6] Swann R L, Laskowski D A, McCall P J, et al. A rapid method for the estimation of the environmental parameters octanol water partition-coefficient, soil sorption constant, water to air ratio, and water solubility. Res Rev, 1983, 85: 17-28.

[7] Rishi S, Arora U. Basalin induced neurotoxic effects in broiler chicks. Toxicol Lett, 1998, 95: 144-145.

[8] Panneerselvam N, Sinha S, Shanmugam G et al. Genotoxicity of the herbicide fluchloralin on human lymphocytes *in vitro*: Chromosomal aberration and micronucleus tests. Mutat Res, 1995, 344 (1-2): 69-72.

[9] PAN Pesticides Database—Chemicals. http://www.pesticideinfo.org/Detail_Chemical.jsp?Rec_Id= PC35730 [2016-11-12].

麦草畏(dicamba)

【基本信息】

化学名称：3,6-二氯-2-甲氧基苯甲酸

其他名称：麦草威

CAS 号：1918-00-9

分子式：$C_8H_6Cl_2O_3$

相对分子质量：221.04

SMILES：Clc1ccc(Cl)c(c1OC)C(=O)O

类别：苯甲酸类除草剂

结构式：

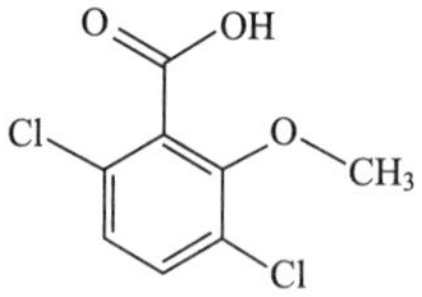

【理化性质】

白色颗粒，密度 1.484g/mL，熔点 115℃，沸腾前分解，饱和蒸气压 1.67mPa(25℃)。水溶解度(20℃)为 250000mg/L。有机溶剂溶解度(20℃)：甲醇，500000mg/L；丙酮，500000mg/L；正己烷，2800mg/L；乙酸乙酯，500000mg/L。辛醇/水分配系数 $\lg K_{ow}=-1.88$。

【环境行为】

(1)环境生物降解性

好氧条件下，土壤中降解半衰期平均值为 4.0d(实验室，降解半衰期范围为 2.1~10.5d)，田间土壤中降解半衰期为 3.2~4.9d；其他来源，降解半衰期为 14~25d[1]。

(2)环境非生物降解性

与大气中羟基自由基反应的速率常数为 $2.98×10^{-12} cm^3/(mol \cdot s)$，大气中间接光解半衰期为 5.4d(25℃)[2]，常温、pH 为 7 时，水中光解半衰期为 50.3d；pH 为

7~9 时，不水解[1]。

（3）环境生物蓄积性

BCF 值为 15，生物富集性弱[1]。

（4）土壤吸附/移动性

5 种壤质土吸附系数 K_{oc} 为 7~21，平均值为 13；6 种巴西土壤吸附系数 K_{oc} 为 7~34，土壤中移动性强[3]。

【生态毒理学】

鸟类（绿头鸭）急性 LD_{50} = 1373mg/kg、短期饲喂 LC_{50} ＞1000mg/kg，鱼类（虹鳟）96h LC_{50} ＞100mg/L、21d NOEC=180mg/L，溞类（大型溞）48h EC_{50} ＞41.0mg/L、21d NOEC =97mg/L，甲壳类（糠虾）96h LD_{50} =6.8mg/L，藻类（骨藻）72h EC_{50}= 1.8mg/L、藻类 96h NOEC= 25mg/L，蚯蚓（赤子爱胜蚓）14d LC_{50} ＞1000mg/kg，蜜蜂经口 48h LD_{50} ＞100μg/蜜蜂、接触 48h LD_{50} ＞100μg/蜜蜂[1]。

【毒理学】

（1）一般毒性

大鼠急性经口 LD_{50}=1581mg/kg，大鼠急性经皮 LD_{50}＞2000mg/kg bw，大鼠急性吸入 LC_{50}=4.46mg/L[1]。

（2）神经毒性

母鸡喂食暴露剂量为 79mg/kg、158mg/kg、316mg/kg，1~19d 期间因坐骨神经损伤导致无法站立，长时间斜靠着，体重减轻，未出现共济失调或者其他神经毒性迹象，158mg/kg 浓度组未引起神经系统的组织病理学变化，体重下降后部分恢复[4]。

（3）生殖发育毒性

大鼠低剂量组（640mg/L、1600mg/L）无中毒症状，中等剂量组（4000mg/L）在 2~6 周时，部分出现精神萎靡、活动减少。高剂量组（10000mg/L）于第二周开始即出现食欲减退、反应迟钝；在第三周出现共济失调，个别大鼠有木僵症状；两只大鼠死亡，死前口鼻有分泌物，其他各组观察 3 个月仍全部存活，但大、小便失禁。10000mg/L 浓度组体重增长明显减慢，与对照组相比，差别非常显著（P＜0.01）。其他各组体重增长情况与对照组相比无统计学意义[5]。

（4）致癌性与致突变性

大鼠喂养 500mg/kg 的麦草畏两年，结果显示雄鼠无致癌现象[5]。另外有报道，以含 500mg/L 剂量的麦草畏喂养大鼠两年，无致癌影响[5]。

【人类健康效应】

摄食麦草畏后的中毒现象包括食欲下降、恶心、无力、呼吸急促、中枢神经系统影响(兴奋或抑制)、尿失禁、发绀、肌肉痉挛;吸入会刺激鼻腔和肺部。麦草畏具有极强的刺激性和腐蚀性,对眼睛的损害非常严重[6]。

有研究报道,接触麦草畏后引起人血浆和红细胞乙酰胆碱酯酶抑制[2]。致癌研究结果显示,麦草畏会引起肺癌和结肠癌的发生,但是,没有证据证明麦草畏的暴露和癌症风险之间有明确的关联关系[7]。

【危害分类与管制情况】

序号	毒性指标	PPDB 分类	PAN 分类[8]
1	高毒	否	是
2	致癌性	否	否
3	致突变性	否	—
4	内分泌干扰性	无数据	无有效证据
5	生殖发育毒性	可能	是
6	神经毒性	否	—
7	胆碱酯酶抑制性	否	否
8	呼吸道刺激性	否	—
9	皮肤刺激性	是	—
10	眼刺激性	是	—
11	地下水污染	—	潜在影响
12	国际公约或优控名录	列入 PAN 名录、美国有毒物质(发育毒性)排放清单	

注:PPDB 数据库由英国赫特福德郡大学农业与环境研究所开发;PAN 数据库来自北美农药行动网(PANNA);"—"表示无此项。

【限值标准】

每日允许摄入量(ADI) 为 0.3mg/(kg bw·d),急性参考剂量(ARfD)为 0.3mg/(kg bw·d),操作者允许接触水平(AOEL)为 0.3mg/(kg bw·d)[1]。

参 考 文 献

[1] PPDB: Pesticide Properties DataBase. http://sitem.herts.ac.uk/aeru/ppdb/en/Reports/397.htm [2016-11-15].

[2] Worthing C R, Walker S B. The Pesticide Manual—A World Compendium. 8th ed. Thornton Heath: The British Crop Protection Council, 1987: 251.

[3] USDA. Agricultural Research Service. ARS Pesticide Properties Database on Dicamba (1918-00-9). http://www.ars.usda.gov/services/docs.htm?docid=14199[2010-04-19].

[4] U. S. Department of Agriculture. Forest Service, Human Health and Ecological Risk Assessment for Dicamba (1918-00-9). SERA TR 04-43-17-06d, Appendix 6-3. 2004.

[5] 杨永年, 陈水锦, 翟为雷, 等. 除草剂麦草畏毒性研究简报. 农药, 1984, 5: 50-52.

[6] Pesticide Management Education Program (PMEP). Cornell University Cooperative Extension, Extoxnet Pesticide Information Profile for Dicamba. 1993.

[7] Samanic C, Rusiecki J, Dosemeci M, et al. Cancer incidence among pesticide applicators exposed to dicamba in the Agricultural Health Study. Environ Health Perspect, 2006, 114 (10): 1521-1526.

[8] PAN Pesticides Database—Chemicals. http://www.pesticideinfo.org/Detail_Chemical.jsp?Rec_Id= PC35730 [2016-11-15].

茅草枯(dalapon)

【基本信息】

化学名称：2,2-二氯丙酸

其他名称：达拉朋

CAS 号：75-99-0

分子式：$C_3H_4Cl_2O_2$

相对分子质量：142.97

SMILES：C(C(O)=O)(C)(Cl)Cl

类别：有机氯类除草剂

结构式：

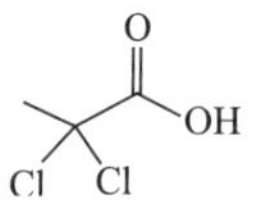

【理化性质】

无色液体，密度 1.389g/mL，沸点 185℃，饱和蒸气压 0.01mPa(25℃)，水溶解度(20℃)为 502000mg/L，辛醇/水分配系数 $\lg K_{ow}= 0.78$。

【环境行为】

(1)环境生物降解性

好氧条件下，土壤中降解半衰期平均值为 35d(实验室，降解半衰期范围为 14~56d)[1]。

厌氧条件下，在种植水稻土和河流沉积物中的降解半衰期分别为 50d 和 42d[2]。

(2)环境非生物降解性

与大气中羟基自由基反应的速率常数为 $5.5×10^{-13}cm^3/(mol·s)$，大气中间接光解半衰期为 29d(25℃)[3]；低于 25℃时，水解半衰期为几个月；25℃时，水解缓慢；50℃时水解加速，8d 水解率为 25% [4]。

(3)环境生物蓄积性

鱼类 BCF 值为 3，蜗牛 BCF 值小于 1，提示生物蓄积性弱[4]。

(4)土壤吸附/移动性

吸附系数 K_{oc} 为 1~2，提示土壤中移动性强[5]。

【生态毒理学】

鸟类(绿头鸭)急性 LD_{50} = 5000mg/kg，鱼类(蓝鳃太阳鱼)96h LC_{50} =105mg/L，蜜蜂 48h LD_{50}＞50μg/蜜蜂[1]。

【毒理学】

(1)一般毒性

大鼠急性经口 LD_{50}= 9330mg/kg，大鼠急性经皮 LD_{50}＞5000mg/kg bw[1]。

(2)神经毒性

无信息。

(3)生殖发育毒性

狗喂食暴露剂量为 50~1000mg/(kg・d)的茅草枯 80d，结果显示，除了呕吐外无其他毒性作用。100mg/(kg・d)剂量引起狗肾脏质量轻微增加，以 50mg/(kg・d)剂量喂养 1a，未观察到不良反应[6]。

(4)致癌性与致突变性

大鼠两年致癌性试验结果显示，50mg/(kg・d)引起大鼠肾脏质量轻微增加，15mg/(kg・d)浓度组未观察到不良反应[6]。

狗喂食暴露 0mg/kg、14mg/kg、45mg/kg、90mg/kg 2a，结果显示，肝脏质量增加，骨髓中出现液泡，NOAEL=45mg/kg[7]。

【人类健康效应】

非人类致癌物。摄食后中毒现象包括恶心、呕吐、腹泻、心跳减速、食欲不振[8]。长期接触会刺激眼睛，吸入会刺激上呼吸道[9]。

【危害分类与管制情况】

序号	毒性指标	PPDB 分类	PAN 分类[10]
1	高毒	否	否
2	致癌性	否	无有效证据
3	致突变性	否	—
4	内分泌干扰性	无数据	无有效证据

续表

序号	毒性指标	PPDB 分类	PAN 分类[10]
5	生殖发育毒性	否	无有效证据
6	胆碱酯酶抑制性	无数据	否
7	呼吸道刺激性	是	—
8	皮肤刺激性	是	—
9	眼刺激性	是	—
10	地下水污染	—	无有效证据
11	国际公约或优控名录	无	

注:PPDB 数据库由英国赫特福德郡大学农业与环境研究所开发;PAN 数据库来自北美农药行动网(PANNA);"—"表示无此项。

【限值标准】

参考剂量(RfD)为 30.0μg/(kg·d)[10]。

参 考 文 献

[1] PPDB: Pesticide Properties DataBase.http://sitem.herts.ac.uk/aeru/ppdb/en/Reports/397.htm [2016-11-16].

[2] Shanker R, Robinson J P. Anaerobic degradation of dalapon in waterlogged soil and river sediment. Lett Appl Microbiol, 1991, 12: 8-10.

[3] Meylan W M, Howard P H. Computer estimation of the atmospheric gas-phase reaction rate of organic compounds with hydroxyl radicals and ozone. Chemosphere, 1993, 26: 2293-2299.

[4] Kenaga E E. Predicted bioconcentration factors and soil sorption coefficients of pesticides and other chemicals. Ecotox Environ Safety, 1980, 4(1): 26-38.

[5] Weber J B, Wilkerson G G, Reinhardt C F. Calculating pesticide sorption coefficients (K_d) using selected soil properties. Chemosphere, 2004, 55(2): 157-166.

[6] Kearney P C, Kaufman D D. Herbicides: Chemistry, Degradation and Mode of Action. New York: Marcel Dekker Inc, 1975: 407.

[7] California Environmental Protection Agency/Department of Pesticide Regulation. Toxicology Data Review Summaries. http://www.cdpr.ca.gov/docs/toxsums/toxsumlist.htm [2004-07-13].

[8] Beste C E. Herbicide Handbook. 5th ed. Champaign: Weed Science Society of America, 1983: 138.

[9] Beste C E. Herbicide Handbook. 5th ed. Champaign: Weed Science Society of America, 1983: 137.

[10] PAN Pesticides Database—Chemicals. http://www.pesticideinfo.org/Detail_Chemical.jsp?Rec_Id= PC33431 [2016-11-16].

咪唑喹啉酸(imazaquin)

【基本信息】

化学名称：2-[(RS)-4-异丙基-4-甲基-5-氧代-2-咪唑啉-2-基]喹啉-3-羧酸
其他名称：灭草喹
CAS 号：81335-37-7
分子式：$C_{17}H_{17}N_3O_3$
相对分子质量：311.34
SMILES：O=C(O)c2c(nc1ccccc1c2)/C3=N/C(C(=O)N3)(C(C)C)C
类别：咪唑啉酮类除草剂
结构式：

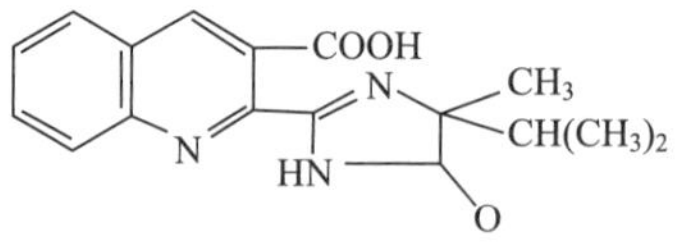

【理化性质】

灰色细晶状固体，密度 0.41g/mL，熔点 224℃，沸腾前分解，饱和蒸气压 $7.0×10^{-10}$mPa(25℃)。水溶解度(20℃)为 102000mg/L。有机溶剂溶解度(20℃)：甲苯，240mg/L；丙酮，3690mg/L；二氯甲烷，14500mg/L；乙酸乙酯，1490mg/L。辛醇/水分配系数 lgK_{ow}= −1.09。

【环境行为】

(1)环境生物降解性

好氧条件下，土壤中降解半衰期为 94.3d(实验室)、11.0d(田间)。欧盟登记资料显示，土壤中降解半衰期为1.7~31.1d(实验室)、43~223d(田间)[1]。

(2)环境非生物降解性

常温、pH 为 7 时，水中光解半衰期为 0.75d(20℃)；20℃、pH 为 4~7 时不水解，25℃、pH 为 9 时水解半衰期为 169d，50℃、pH 为 9 时，水解半衰期为 20.6d[1]。

(3)环境生物蓄积性

BCF 估测值为 0.39，提示生物蓄积性弱[1]。

(4)土壤吸附/移动性

吸附系数 K_{oc} 为 0.01~0.65，土壤中有机质含量是主要影响因素[2]。Freundlich 吸附系数 K_{foc} 为 17.96，提示土壤中移动性强[1]。

【生态毒理学】

鸟类(山齿鹑)急性 LD_{50}＞2510mg/kg、短期摄食 LD_{50}＞1166mg/(kg bw·d)，鱼类(虹鳟)96h LC_{50}＞100mg/L、21d NOEC=51.2mg/L，溞类(大型溞)48h EC_{50}＞100mg/L、21d NOEC =100mg/L，藻类(月牙藻)72h EC_{50}=21.5mg/L，浮萍 7d EC_{50}=0.031mg/L，底栖类(摇蚊)28d NOEC= 228mg/kg，蜜蜂经口 48h LD_{50}＞6.5μg/蜜蜂、接触 48h LD_{50}＞100μg/蜜蜂，蚯蚓(赤子爱胜蚓)14d LC_{50}＞23.5mg/L、繁殖 14d NOEC＞0.028mg/L[1]。

【毒理学】

(1)一般毒性

大鼠急性经口 LD_{50}＞5000mg/kg，大鼠急性经皮 LD_{50}＞5000mg/kg bw，大鼠急性吸入 LC_{50}＞5.7mg/L[1]。

(2)神经毒性

无信息。

(3)生殖发育毒性

大鼠喂养两年试验，结果显示 NOAEL=5000mg/kg[3]。

(4)致癌性与致突变性

无信息。

【人类健康效应】

摄入有害[1]。

【危害分类与管制情况】

序号	毒性指标	PPDB 分类	PAN 分类[4]
1	高毒	否	否
2	致癌性	否	否

续表

序号	毒性指标	PPDB 分类	PAN 分类[4]
3	内分泌干扰性	无数据	无有效证据
4	生殖发育毒性	无数据	无有效证据
5	胆碱酯酶抑制性	否	否
6	呼吸道刺激性	否	—
7	皮肤刺激性	否	—
8	眼刺激性	否	—
9	国际公约或优控名录	无	

注:PPDB 数据库由英国赫特福德郡大学农业与环境研究所开发;PAN 数据库来自北美农药行动网(PANNA);"—"表示无此项。

【限值标准】

每日允许摄入量(ADI)为 0.25mg/(kg bw·d),操作者允许接触水平(AOEL)为 0.25mg/(kg bw·d)[1]。

参 考 文 献

[1] PPDB: Pesticide Properties DataBase. http://sitem.herts.ac.uk/aeru/ppdb/en/Reports/397.htm [2016-11-17].

[2] 王东红. 除草剂氟噻草胺与咪唑喹啉酸在土壤中的吸附行为、残留毒性及其控制. 杭州: 浙江大学, 2015.

[3] Hartley D, Kidd H. The Agrochemicals Handbook. Lechworth: The Royal Society of Chemistry, 1987.

[4] PAN Pesticides Database—Chemicals.http://www.pesticideinfo.org/Detail_Chemical.jsp? Rec_Id= PC34257 [2016-11-17].

咪唑烟酸(imazapyr)

【基本信息】

化学名称：咪唑烟酸

其他名称：灭草烟、2-(4-异丙基-4-甲基-5-氧代-2-咪唑啉-2-基)烟酸

CAS 号：81334-34-1

分子式：$C_{13}H_{15}N_3O_3$

相对分子质量：261.28

SMILES：O=C(O)c1c(ncc(c1)COC)/C2=N/C(C(=O)N2)(C(C)C)C

类别：咪唑啉酮除草剂

结构式：

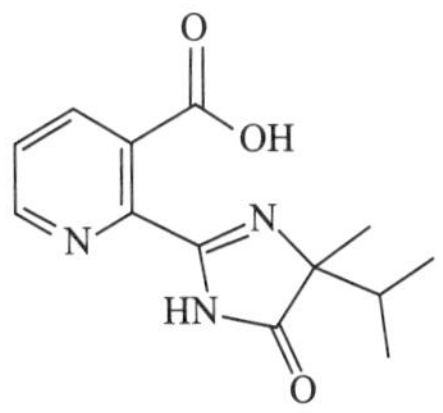

【理化性质】

白色或褐色固体，密度 1.34g/mL，熔点 171℃，饱和蒸气压 0.013mPa(25℃)。水溶解度(20℃)为 9740mg/L。有机溶剂溶解度(20℃)：甲苯，1800mg/L；丙酮，33900mg/L；环己烷，9.5mg/L；甲醇，105000mg/L。辛醇/水分配系数 $\lg K_{ow}= 0.11$。

【环境行为】

(1)环境生物降解性

好氧条件下，土壤中降解半衰期为 11d。另有研究表明，实验室研究土壤中降解半衰期为 11d；欧盟档案显示，实验室研究降解半衰期为 5.9~16.5d[1]。

有研究表明，咪唑烟酸在小粉土、黄筋泥、海涂土及黄红壤中的降解半衰期分别为 30.5d、39.6d、29.7d 和 44.1d[2]。

(2)环境非生物降解性

常温条件下，pH 为 7 时，水解半衰期为 30d [1]。咪唑烟酸在水溶液中的光解较快，而在土壤(特别是干燥土壤)中的光解则较慢。其光解是一个受光敏作用支配的自由基反应过程，在光敏剂存在的条件下，光解速度大大加快。运用高压汞灯和模拟日光灯研究了咪唑烟酸在水溶液中的光解，光解反应遵循一级动力学规律，在 pH 为 4 和 7 的缓冲液中半衰期分别为 24.67h 和 18.99h[3]。

(3)环境生物蓄积性

基于 K_{ow} 的 BCF 值为 2.54，提示生物蓄积性弱[1]。

(4)土壤吸附/移动性

进行咪唑烟酸在 8 种土壤中的吸附与解吸试验研究，其吸附过程在振荡 20h 后达到平衡，且在土壤中的吸附率随土壤 pH 下降及温度上升而增高，并与土壤中的 pH 及有机质含量呈现较强的相关性($R=0.9956$)，而影响咪唑烟酸在土壤中的吸附与解吸的最主要因子为有机质含量。田间试验表明，咪唑烟酸极易被土壤吸附，吸附后，其水平和垂直移动就非常有限。在美国新泽西州的普林斯顿一个林场内，研究了 ^{14}C 标记的咪唑烟酸在砂壤土中的消解，除了在小区内取样外，还在小区外 8cm、15cm、23cm 距离取样。当地一年内降雨量为 64cm，在处理区的 8cm 内，只检测到 7μg/L 的放射性残留，而且只在 8cm 表层土中，在这个区域外检测不到放射性残留。这些田间试验数据表明咪唑烟酸的水平移动性可被忽略不计[4]。

【生态毒理学】

鸟类(鹌鹑)急性 LD_{50} = 2510mg/kg，鱼类(虹鳟)96h LC_{50} =100mg/L，溞类(大型溞)48h EC_{50} =100mg/L，浮萍 7d EC_{50}=0.024mg/L，藻类 72h EC_{50}= 71mg/L，蚯蚓 14d LC_{50} = 133mg/L，蜜蜂急性经口 48h LD_{50} =25μg/蜜蜂[1]。

【毒理学】

(1)一般毒性

大鼠急性经口 LD_{50}＞2000mg/kg，大鼠急性经皮 LD_{50}＞2000mg/kg bw，大鼠急性吸入 LC_{50}=5.1mg/L[1]。

(2)神经毒性

无信息。

(3)生殖发育毒性

大鼠经口灌胃给予 95%咪唑烟酸原药 200mg/kg、400mg/kg、800mg/kg，中

剂量组(400mg/kg)的平均活胎数与溶媒对照组比较,在统计学上有差异;各剂量组的吸收胎发生率、死胎发生率与溶媒对照组比较无统计学差异($P>0.05$),各剂量组的黄体数和着床数与溶媒对照组比在统计学上均无差异($P>0.05$);各剂量组胎鼠平均身长、平均尾长、平均体重与溶剂对照组比较,在统计学上也无差异[5]。

（4）致癌性与致突变性

通过大鼠致畸试验知,大鼠经口灌胃给予 95%咪唑烟酸原药 200mg/kg、400mg/kg、800mg/kg,对孕鼠及胎鼠没有明显毒性作用,对孕鼠及胎鼠的最大无作用剂量为 800mg/kg[5]。

【人类健康效应】

非人类致癌物。摄食咪唑烟酸后的中毒现象包括意识障碍、呼吸窘迫、代谢性酸中毒、低血压、白细胞增多、发热、肝转氨酶和肌酸酐含量轻度升高、未结合胆红素血症、口腔溃疡、咽喉炎、角膜化学灼伤,对眼睛和皮肤具有刺激性[6]。

【危害分类与管制情况】

序号	毒性指标	PPDB 分类	PAN 分类[7]
1	高毒	否	是
2	致癌性	否	否
3	内分泌干扰性	无数据	无有效证据
4	生殖发育毒性	否	无有效证据
5	神经毒性	否	无数据
6	胆碱酯酶抑制性	否	否
7	呼吸道刺激性	是	—
8	皮肤刺激性	是	—
9	眼刺激性	是	—
10	地下水污染	—	潜在影响
11	国际公约或优控名录	列入 PAN 名录	

注:PPDB 数据库由英国赫特福德郡大学农业与环境研究所开发;PAN 数据库来自北美农药行动网(PANNA);"—"表示无此项。

【限值标准】

无信息。

参 考 文 献

[1] PPDB: Pesticide Properties DataBase. http://sitem.herts.ac.uk/aeru/ppdb/en/Reports/397.htm [2016-11-18].

[2] 王学东, 周红斌, 王慧利, 等. 咪唑烟酸在不同土壤中的降解动态及其影响因子. 农药学学报, 2004, 6(1):53-57.

[3] Azzouzi M, Mountacer H, Mansour M. Kinetics of photochemical degradation of imazapyr in aqueous solution. Fresenius Environ Bull, 1999, 8 (11): 709-717.

[4] 王学东, 欧晓明, 樊德方. 除草剂咪唑烟酸的环境行为研究进展. 世界农药, 2002, 24(6): 15-18.

[5] 黄晓宇, 顾剑, 高明伟, 等. 95%咪唑烟酸原药对大鼠致畸试验的影响分析. 农药, 2014, 53(9): 658-659.

[6] Reigart J R, Roberts J R. Recognition and Management of Pesticide Poisonings. 5th ed. Washington D C: U. S. Environmental Protection Agency/Office of Prevention, Pesticides, and Toxic Substances, 1999.

[7] PAN Pesticides Database—Chemicals. http://www.pesticideinfo.org/Detail_Chemical.jsp? ec_Id= PC35730 [2016-11-18].

咪唑乙烟酸(imazethapyr)

【基本信息】

化学名称：5-乙基-2-[(*RS*)-4-异丙基-4-甲基-5-氧代-2-咪唑啉-2-基]烟酸

其他名称：普杀特、2-[4,5-二氢-4-甲基-4-(1-甲基乙基)-5-氧代-1*H*-咪唑-2-基]-5-乙基-3-吡啶羧酸

CAS 号：81335-77-5

分子式：$C_{15}H_{19}N_3O_3$

相对分子质量：289.33

SMILES：O=C(O)c1c(ncc(c1)CC)/C2=N/C(C(=O)N2)(C(C)C)C

类别：咪唑啉酮类除草剂

结构式：

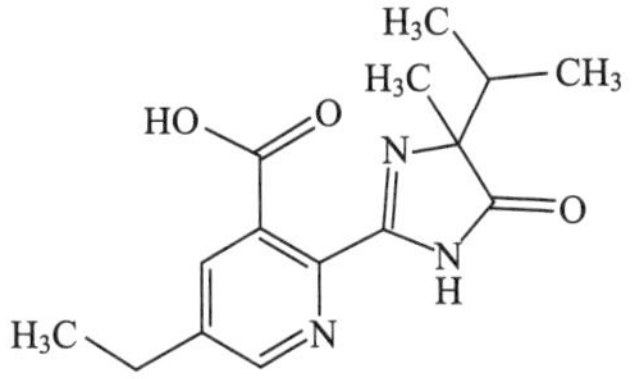

【理化性质】

无色晶体，密度 1.11g/mL，熔点 171℃，沸腾前分解，饱和蒸气压 $1.33×10^{-2}$mPa(25℃)。水溶解度(20℃)为1400mg/L。有机溶剂溶解度(20℃)：甲醇，105000mg/L；丙酮，48200mg/L；甲苯，5000mg/L；庚烷，900mg/L。辛醇/水分配系数 $\lg K_{ow}$= 1.49。

【环境行为】

(1)环境生物降解性

好氧条件下，土壤中降解半衰期为 90d[1]；厌氧条件下，土壤中降解半衰期为 568d[2]。20℃、实验室研究土壤中降解半衰期平均值为 513d(半衰期范围为126~900d)，田间试验半衰期为 14~290d(美国北部)、7~19d(美国南部)[1]。以咪唑乙烟酸为唯一碳源的无机盐培养基中，当咪唑乙烟酸初始质量浓度为100mg/L、

培养温度为 30℃、pH 为 6.0、接种量为 7% 时，菌株 P14(哈夫尼希瓦氏菌，*Shewanella hafniensis*)对咪唑乙烟酸 3d 的降解率达 92%[3]。

(2)环境非生物降解性

常温、pH 为 7 时，水中咪唑乙烟酸光解半衰期为 52d[1]。在 pH 为 3.0 或 7.0 的缓冲溶液中不易水解，在 pH 为 9.0 缓冲溶液中缓慢水解。pH 为 7.0 时，水解半衰期为 276d，光解半衰期为 9.8d[4]。

(3)环境生物蓄积性

BCF 估测值为 3，鱼内脏 BCF 测定值为 1.6，提示生物蓄积性弱[5]。

(4)土壤吸附/移动性

吸附系数 K_{oc} 为 52，土壤中移动性强[1]。在 4 种代表性土壤中的吸附能力大小顺序为：黑土＞水稻土＞盐碱土＞白浆土。吸附系数 K_{foc} 与土壤中有机质含量呈显著正相关，主要影响因素还包括 pH。在土壤中以物理吸附为主，移动性较强[6]。

【生态毒理学】

鸟类(绿头鸭)急性 LD_{50} = 2510mg/kg，鱼类(虹鳟)96h LC_{50} =340mg/L，溞类(大型溞)48h EC_{50} =1000mg/L，浮萍 7d EC_{50} =0.008mg/L，藻类(月牙藻)72h EC_{50}= 71mg/L，蜜蜂经口 48h LD_{50}＞24.6μg/蜜蜂、接触 48h LD_{50}＞100μg/蜜蜂，蚯蚓 14d LC_{50}=10000mg/L[1]。

【毒理学】

(1)一般毒性

大鼠急性经口 LD_{50}＞5000mg/kg，大鼠急性经皮 LD_{50}＞2000mg/kg bw，大鼠急性吸入 LC_{50}=3.27mg/L[1]。

(2)神经毒性

无信息。

(3)生殖发育毒性

孕兔暴露剂量为 0mg/L、100mg/L、300mg/L、1000mg/L，结果显示 NOAEL= 300mg/L，LOAEL=1000mg/L，妊娠临床症状增加，胃和胆囊黏膜溃疡发生率增加，流产和孕兔死亡的发生率增加，发育毒性 NOAEL=1000mg/L[7]。

大鼠两代繁殖毒性试验，暴露剂量为 0mg/L、1000mg/L、5000mg/L、10000mg/L，结果显示繁殖毒性 NOAEL=10000mg/L[8]。

(4)致癌性与致突变性

犬暴露剂量为 0mg/L、1000mg/L、5000mg/L、10000mg/L ，暴露一年，结果显示 NOAEL=1000mg/L，LOAEL=5000mg/L，引起细胞体积、血红蛋白含量和红细胞数目减少[8]。

大鼠暴露剂量为 0mg/L、1000mg/L、5000mg/L、10000mg/L，暴露两年，未出现致癌性，NOAEL=10000mg/L[8]。

【人类健康效应】

无信息。

【危害分类与管制情况】

序号	毒性指标	PPDB 分类	PAN 分类[2]
1	高毒	否	否
2	致癌性	否	否
3	致突变性	否	无数据
4	内分泌干扰性	无数据	无有效证据
5	生殖发育毒性	否	无有效证据
6	胆碱酯酶抑制性	否	否
7	神经毒性	否	—
8	呼吸道刺激性	是	—
9	皮肤刺激性	是	—
10	眼刺激性	是	—
11	地下水污染	无数据	潜在影响
12	国际公约或优控名录	无	

注:PPDB 数据库由英国赫特福德郡大学农业与环境研究所开发;PAN 数据库来自北美农药行动网(PANNA);"—"表示无此项。

【限值标准】

每日允许摄入量(ADI)为 0.44mg/(kg bw · d)[1]。

参 考 文 献

[1] PPDB: Pesticide Properties DataBase.http://sitem.herts.ac.uk/aeru/ppdb/en/Reports/397.htm

[2016-11-19].

[2] PAN Pesticides Database—Chemicals. http://www.pesticideinfo.org/List_Chemicals.jsp? [2016-11-19].

[3] 陈玉洁, 束长龙, 刘新刚, 等. 咪唑乙烟酸降解菌的分离、鉴定及降解特性研究. 农药学学报, 2011, 13（4）: 387-393.

[4] Mohammadkazem R, Danielle P, Rai S，et al. Abiotic degradation（photo degradation and hydrolysis）of imidazolinone herbicides. J Environ Sci Health Part B, 2008, 43（2）: 105-112.

[5] MacBean C. The e-Pesticide Manual. 15th ed. Ver. 5.1. Alton: British Crop Protection Council, 2008—2010.

[6] 单艾娜, 卢丽英, 许景钢, 等. 咪唑乙烟酸在东北地区四种代表性土壤中的吸附特征. 环境化学, 2011, 30（3）: 668-672.

[7] USEPA. Health Effects Division（HED）Risk Assessment for Imazethapyr, Document ID: EPA-HQ-OPP-2002-0189-0003, 2002. 60 FR 4091. 1995.

[8] USEPA Office of Pesticide Programs. Health Effects Division, Science Information Management Branch: Chemicals Evaluated for Carcinogenic Potential. 2006.

醚苯磺隆(triasulfuron)

【基本信息】

化学名称：1-[2-(2-氯乙氧基)苯磺酰]-3-(4-甲氧基-6-甲基-1,3,5-三嗪-2-基)脲

其他名称：3-(4-甲氧基-6-甲基-1,3,5-三嗪-2-基)-1-[2-(2-氯乙氧基苯基)磺酰脲、醚苯黄隆

CAS 号：82097-50-5

分子式：$C_{14}H_{16}ClN_5O_5S$

相对分子质量：401.83

SMILES：CC1=NC(=NC(=N1)OC)NC(=O)NS(=O)(=O)C2=CC=CC=C2OCCCl

类别：磺酰脲类除草剂

结构式：

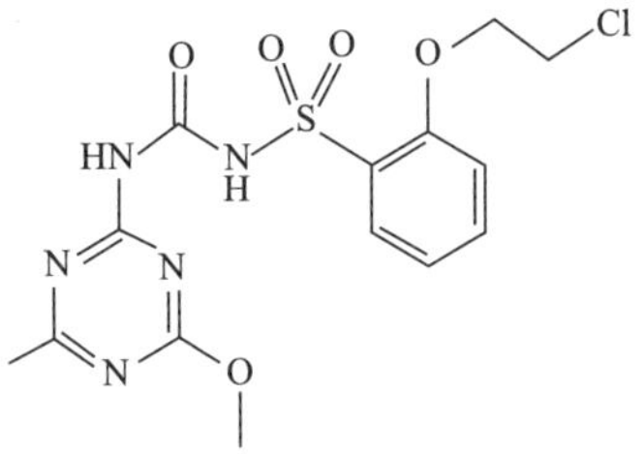

【理化性质】

白色粉末，密度 1.47g/mL，熔点 188.6℃，沸腾前分解，饱和蒸气压 0.0021mPa(25℃)。水溶解度(20℃)为 815mg/L。有机溶剂溶解度(20℃)：乙酸乙酯，4300mg/L；丙酮，14000mg/L；甲苯，300mg/L；正己烷，40mg/L。辛醇/水分配系数 $\lg K_{ow}$= 1.49。

【环境行为】

(1)环境生物降解性

好氧条件下，土壤中降解半衰期为 59.1d。实验室研究土壤中降解半衰期为 51.9d(半衰期范围为 20.7~118d)，田间试验土壤中半衰期为 38.5d(半衰期范围为

16.1~92.4d)[1]。筛选分离得到 1 株以葡萄糖为共代谢基质的醚苯磺隆降解菌 MB-1(铜绿假单胞菌, *Pseudomonas aeruginosa*)，葡萄糖质量浓度为 200mg/L，醚苯磺隆初始质量浓度为 200mg/L，接菌量为 1%，菌株在 72h 内对醚苯磺隆的降解率可达 75%[2]。

(2)环境非生物降解性

pH 为 7 时，在水中对光稳定。20℃、pH 为 7.0 或 9.0 时不水解；22℃、pH 为 5.0 时，水解半衰期为 23d[1]。

(3)环境生物蓄积性

鱼体 BCF 值为 1.3，提示生物蓄积性弱[1]。

(4)土壤吸附/移动性

吸附系数 K_{oc} 为 60[1]、16[3]，提示土壤中移动性强。

【生态毒理学】

鸟类(山齿鹑)急性 LD_{50}>2150mg/kg，鱼类(虹鳟)96h LC_{50}>100mg/L、21d NOEC=36.6mg/L，溞类(大型溞)48h EC_{50}>100mg/L、21d NOEC =10mg/L，甲壳类(糠虾)96h LC_{50} 为 17.2mg/L，浮萍 7d EC_{50}=0.000068mg/L，藻类(月牙藻)72h EC_{50}=0.035mg/L，蜜蜂经口 48h LD_{50}=100μg/蜜蜂，蚯蚓(赤子爱胜蚓)14d LC_{50}> 1000mg/L[1]。

【毒理学】

(1)一般毒性

大鼠急性经口 LD_{50}>5000mg/kg，大鼠急性经皮 LD_{50}>2000mg/kg bw，大鼠急性吸入 LC_{50}>5.2mg/L[1]。

(2)神经毒性

无信息。

(3)生殖发育毒性

无信息。

(4)致癌性与致突变性

无信息。

【人类健康效应】

可能的血液与肝毒物[1]。除大量摄入外，一般不会出现全身中毒。急性暴露刺激眼、皮肤、黏膜，可引起咳嗽、气促、恶心、呕吐、腹泻、头痛、电解质紊乱等症状。慢性暴露可致蛋白质代谢受干扰、中度肺气肿及体重减轻(同其他脲类除草剂)[3]。

【危害分类与管制情况】

序号	毒性指标	PPDB 分类	PAN 分类[3]
1	高毒	否	否
2	致癌性	否	否
3	内分泌干扰性	无数据	无有效证据
4	生殖发育毒性	无有效证据	无有效证据
5	胆碱酯酶抑制性	否	否
6	呼吸道刺激性	是	—
7	皮肤刺激性	否	—
8	眼刺激性	否	—
9	地下水污染	—	无有效证据
10	国际公约或优控名录	无	

注：PPDB 数据库由英国赫特福德郡大学农业与环境研究所开发；PAN 数据库来自北美农药行动网(PANNA)；"—"表示无此项。

【限值标准】

每日允许摄入量(ADI)为 0.02mg/(kg bw·d)，操作者允许接触水平(AOEL)为 0.3mg/(kg bw·d)[1]。

参 考 文 献

[1] PPDB: Pesticide Properties DataBase. http://sitem.herts.ac.uk/aeru/ppdb/en/Reports/397.htm [2016-11-20].

[2] 肖烜, 蔡天明, 陈立伟, 等. 一株醚苯磺隆降解菌的分离、鉴定及固定化应用研究. 环境工程, 2015, 12: 24-29.

[3] PAN Pesticides Database—Chemicals. http://www.pesticideinfo.org/List_Chemicals.jsp? [2016-11-20].

醚磺隆(cinosulfuron)

【基本信息】

化学名称：1-(4,6-二甲氧基-1,3,5-三嗪-2-基)-3-[2-(2-甲氧基乙氧基)苯磺酰]脲

其他名称：无

CAS 号：94593-91-6

分子式：$C_{15}H_{19}N_5O_7S$

相对分子质量：413.4

SMILES：O=S(=O)(c1ccccc1OCCOC)NC(=O)Nc2nc(OC)nc(OC)n2

类别：磺酰脲类除草剂

结构式：

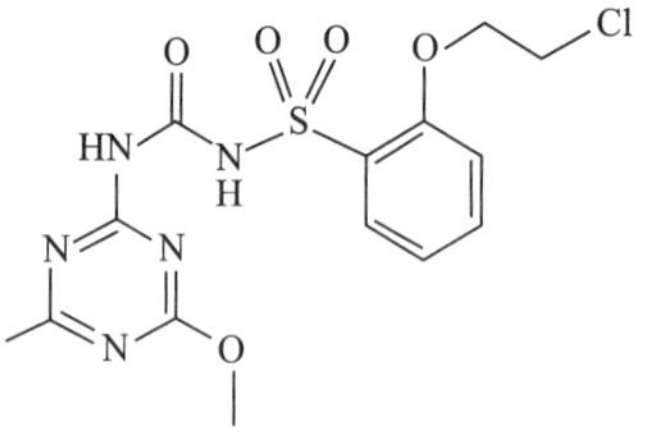

【理化性质】

无色晶状粉末，密度 1.47g/mL，熔点 131℃，饱和蒸气压 0.01mPa(25℃)。水溶解度(20℃)为 4000mg/L。有机溶剂溶解度(20℃)：乙醇，1900mg/L；丙酮，36000mg/L；甲苯，540mg/L；正辛烷，260mg/L。辛醇/水分配系数 $\lg K_{ow}$=0.2。

【环境行为】

(1)环境生物降解性

好氧条件下，土壤中降解半衰期为 20d；田间(稻田)试验，降解半衰期为 3d[1]。从规模化工程沼液中分离得到多株以醚磺隆为唯一氮源生长的降解菌株(库特氏属，*Kurthia*)，其中菌株 LAM0713 和 LAM0618 降解效率最高。土壤中 LAM0713 对醚磺隆(50mg/kg)15d 的降解率为 79.7%，主要以磺酰脲桥的水解为主[2]。

(2)环境非生物降解性

常温、pH 为 7 时，水中稳定。在 pH 为 7~10 的缓冲溶液中不水解，而在 pH 为 3.0~5.0 的缓冲溶液中快速水解[1]。

(3)环境生物蓄积性

基于 $\lg K_{ow} < 3$，潜在生物蓄积性弱[1]。

(4)土壤吸附/移动性

吸附系数 K_{oc} 为 20，提示在土壤中移动性强[1]。醚磺隆在土壤中的吸附与土壤中的有机质含量呈正相关,吸附行为受到分配作用和表面吸附作用的共同影响；温度和离子强度对醚磺隆的吸附具有一定的影响，吸附量与温度和离子强度均呈正相关[3]。

【生态毒理学】

鸟类(日本鹌鹑)急性 $LD_{50} = 2000mg/kg$，鱼类(虹鳟)96h $LC_{50} = 100mg/L$，溞类(大型溞)48h $EC_{50} = 2500mg/L$，藻类(栅藻)72h $EC_{50} = 4.8mg/L$，蚯蚓(赤子爱胜蚓)14d $LC_{50} = 1000mg/L$，蜜蜂经口 48h $LD_{50} = 100\mu g/蜜蜂$[1]。

【毒理学】

(1)一般毒性

大鼠急性经口 $LD_{50} > 5000mg/kg$，大鼠急性经皮 $LD_{50} > 2000mg/kg\ bw$，大鼠急性吸入 $LC_{50} = 5.0mg/L$[1]。

(2)神经毒性

无信息。

(3)生殖发育毒性

无信息

(4)致癌性与致突变性

无信息。

【人类健康效应】

除大量摄入外，一般不会出现全身中毒。急性暴露刺激眼、皮肤、黏膜，可引起咳嗽、气促、恶心、呕吐、腹泻、头痛、电解质紊乱等症状。慢性暴露可致蛋白质代谢受干扰制、中度肺气肿及体重减轻(同其他脲类除草剂)[4]。

【危害分类与管制情况】

序号	毒性指标	PPDB 分类	PAN 分类[4]
1	高毒	否	否
2	致癌性	否	无有效证据
3	致突变性	否	无数据
4	内分泌干扰性	无数据	无有效证据
5	生殖发育毒性	无数据	无有效证据
6	胆碱酯酶抑制性	否	否
7	地下水污染	—	无有效证据
8	国际公约或优控名录	无	

注:PPDB 数据库由英国赫特福德郡大学农业与环境研究所开发;PAN 数据库来自北美农药行动网(PANNA);
"—"表示无此项。

【限值标准】

无信息。

参 考 文 献

[1] PPDB: Pesticide Properties DataBase. http://sitem.herts.ac.uk/aeru/ppdb/en/Reports/397.htm [2016-11-22].

[2] 阮志勇. 醚磺隆降解菌的分离鉴定、基因组学分析及其降解特性研究. 武汉: 华中农业大学, 2014.

[3] 彭娟莹, 杨仁斌, 袁芳, 等. 醚磺隆在南方三种土壤中的吸附行为. 农业环境科学学报, 2006, 25(3): 737-740.

[4] PAN Pesticides Database—Chemicals. http://www.pesticideinfo.org/List_Chemicals.jsp? [2016-11-22].

嘧磺隆(sulfometuron-methyl)

【基本信息】

化学名称：2-(4,6-二甲基嘧啶-2-基氨基甲酰氨基磺酰基)苯甲酸酯

其他名称：甲嘧磺隆

CAS 号：74222-97-2

分子式：$C_{15}H_{16}N_4O_5S$

相对分子质量： 364.38

SMILES：O=C(Nc1nc(cc(n1)C)C)NS(=O)(=O)c2ccccc2C(=O)OC

类别：磺酰脲类除草剂

结构式：

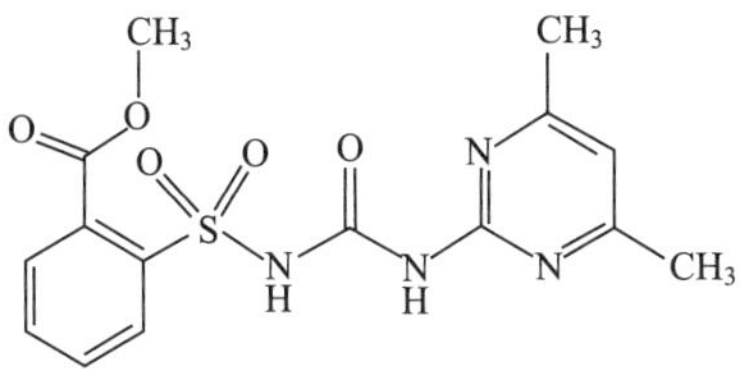

【理化性质】

白色固体，密度 1.48g/mL，熔点 204℃，饱和蒸气压 7.3×10^{-11} mPa(25℃)。水溶解度(20℃)为 244mg/L。有机溶剂溶解度(20℃)：甲苯， 240mg/L；丙酮，3300mg/L；二氯甲烷，15000mg/L；乙酸乙酯，650mg/L。辛醇/水分配系数 $\lg K_{ow}=$ 1.49。

【环境行为】

(1)环境生物降解性

好氧条件下，土壤中降解半衰期为 24d(实验室)、78.5d(田间)[1]。厌氧条件下，土壤中降解半衰期为116d[2]。从生产嘧磺隆农药厂的废水中分离得到 19 株能够降解嘧磺隆的微生物，菌株对低浓度嘧磺隆的降解率显著高于高浓度的降解率，当培养基中嘧磺隆的含量为 5mg/L 时，JH3 菌株(睾丸酮丛毛单胞菌，*Comamonas testosteroni*)的降解率为 98.9%，JH2 菌株(食酸丛毛单胞菌，*Delftia subsp*)的降解率为 95.3%[3]。

(2)环境非生物降解性

常温、pH 为 7 时，不易水解。pH 为 5.0 时，水解半衰期为 18d；pH 为 7.0~9.0 时稳定[1]。

(3)环境生物蓄积性

基于 K_{ow} 的 BCF 估测值为 99，生物蓄积性中等[4]。

(4)土壤吸附/移动性

吸附系数 K_{oc} 为 85[1]、89[2]，提示在土壤中具有移动性[1]。

【生态毒理学】

鸟类(绿头鸭)急性 LD_{50}＞5000mg/kg，鱼类(虹鳟)96h LC_{50}＞12.5mg/L，溞类(大型溞)48h EC_{50}＞12.5mg/L，甲壳类(糠虾)96h LD_{50}＞44.8mg/L，浮萍 7d EC_{50}=0.00045mg/L，蜜蜂急性接触 48h LD_{50}＞100μg/蜜蜂，蚯蚓(赤子爱胜蚓)14d LC_{50}＞1000mg/L[1]。

【毒理学】

(1)一般毒性

大鼠急性经口 LD_{50}＞5000mg/kg，大鼠急性经皮 LD_{50}＞2000mg/kg bw，大鼠急性吸入 LC_{50}=5.3mg/L[1]。

(2)神经毒性

无信息。

(3)生殖发育毒性

孕兔暴露剂量为 0mg/(kg·d)、100mg/(kg·d)、300mg/(kg·d)、750mg/(kg·d)和 1000mg/(kg·d)，结果显示对孕兔流产的 LOAEL=750mg/(kg·d)，NOAEL=300mg/(kg·d)，对胎兔牙根数量、胎兔存活率、性别比例、体重和体长、骨骼骨化没有影响，内脏和骨骼无畸形[5]。

(4)致癌性与致突变性

大鼠暴露剂量为 0mg/L、50mg/L、500mg/L、5000mg/L，暴露两年，结果显示，无致癌性，高剂量组雌性大鼠体重减轻、食量降低，雌性大鼠胆管增生和纤维化的 NOAEL=50mg/L[6]。

【人类健康效应】

可能的肝脏毒物[1]，非人类致癌物[7]。摄食后的中毒现象包括腹痛、颤抖、腹泻、关节疼痛、水肿、荨麻疹、红肿、头发脱落、指甲损伤、黄疸、眼睛发炎、呼吸道发炎、虚弱[8]。对眼睛和皮肤的刺激很小，非皮肤致敏剂[5]。

【危害分类与管制情况】

序号	毒性指标	PPDB 分类	PAN 分类[2]
1	高毒	否	否
2	致癌性	否	无有效证据
3	致突变性	否	—
4	内分泌干扰性	无数据	无有效证据
5	生殖发育毒性	否	无有效证据
6	胆碱酯酶抑制性	否	否
7	呼吸道刺激性	无有效证据	—
8	皮肤刺激性	无有效证据	—
9	眼刺激性	是	—
10	地下水污染	—	潜在影响
11	国际公约或优控名录	无	

注：PPDB 数据库由英国赫特福德郡大学农业与环境研究所开发；PAN 数据库来自北美农药行动网（PANNA）；"—"表示无此项。

【限值标准】

无信息。

参 考 文 献

[1] PPDB: Pesticide Properties DataBase. http://sitem.herts.ac.uk/aeru/ppdb/en/Reports/397.htm [2016-11-23].

[2] PAN Pesticides Database—Chemicals. http://www.pesticideinfo.org/List_Chemicals.jsp? [2016-11-23].

[3] 康占海. 甲嘧磺隆的微生物降解作用研究. 保定: 河北农业大学,2012.

[4] Tomlin C D S. The e-Pesticide Manual. 13th Ed. Ver. 3.1. Surrey: British Crop Protection Council, 2004.

[5] USEPA, Office of Prevention, Pesticides, and Toxic Substances. Revised HED Human Health

Risk Assessment for Sulfometuron-methyl（74222-97-2）.2007.

[6] California Environmental Protection Agency/Department of Pesticide Regulation. Toxicology Data Review Summary for Sulfometuron-methyl（74222-97-2）.2003.

[7] Threshold Limit Values of Chemical Substances and Biological Exposure Indices. Cincinnati: American Conference of Governmental Industrial Hygienists, 2009.

[8] USEPA. Reregistration Eligibility Decision（RED）Database for Sulfometuron-methyl（74222-97-2）. EPA-HQ-OPP-2008-0129.2008.

灭草松(bentazone)

【基本信息】

化学名称：3-异丙基-(1H)-苯并-2,1,3-噻二嗪-4-(3H)-酮-2,2-二氧化物

其他名称：苯达松

CAS 号：25057-89-0

分子式：$C_{10}H_{12}N_2O_3S$

相对分子质量：240.3

SMILES：O=C1N(C(C)C)S(=O)(=O)Nc2ccccc12

类别：苯并噻嗪酮类除草剂

结构式：

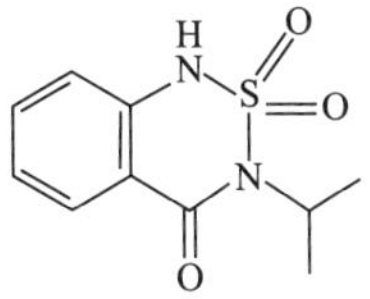

【理化性质】

白色至黄色结晶，密度 1.41g/mL，熔点 139℃，沸腾前分解，饱和蒸气压 0.17mPa(25℃)。水溶解度(20℃)为 7112mg/L。有机溶剂溶解度(20℃)：乙酸乙酯，388000mg/L；甲醇，556000mg/L；甲苯，21000mg/L；正庚烷，18.0mg/L。辛醇/水分配系数 $\lg K_{ow}$= −0.46。

【环境行为】

(1)环境生物降解性

好氧条件下，实验室研究土壤中降解半衰期平均值为 20d(半衰期范围为 8~35d)，田间试验土壤中降解半衰期平均值为 7.5d(半衰期范围为 3.0~31.3d)[1]。另有报道，在 8 种土壤中的降解半衰期为 6.7~15d[2]。

(2)环境非生物降解性

与大气中羟基自由基反应的速率常数为 $6.2 \times 10^{-11}cm^3/(mol \cdot s)$，大气中间接

光解半衰期为 6.2h(25℃)。灭草松饱和溶液在 300nm 和 335nm 光照射下 115h 内光解；0.42nmol/L 灭草松在紫外线照射下 48h 降解 50%以上[3,4]。常温、pH 为 5.0~7.0 时，不水解[1]。

(3)环境生物蓄积性

BCF 测定值为 21[1]、估测值为 79，提示生物蓄积性为弱至中等[4]。

(4)土壤吸附/移动性

吸附系数 K_{oc} 为 13.3~176，提示在土壤中移动性强[1]。研究表明，灭草松在 5 种土壤中的吸附等温线为直线，分配系数 K_d 为 0.14~0.31mL/g，主要影响因素是 pH 和土壤有机质含量。在土壤中的吸附主要是中性灭草松及其阴离子在土壤有机质中的分配[5]。

【生态毒理学】

鸟类(山齿鹑)急性 LD_{50} = 1140mg/kg，鱼类(虹鳟)96h LC_{50}＞100mg/L、21d NOEC=48mg/L，溞类(大型溞)48h EC_{50}＞100mg/L、21d NOEC＞101mg/L，甲壳类(糠虾)96h LD_{50} =132.5mg/L，浮萍 7d EC_{50}=5.4mg/L，藻类 72h EC_{50}= 10.1mg/L(鱼腥藻)、慢性 96h NOEC=25.7mg/L(藻种不详)，蜜蜂经口 48h LD_{50}＞200μg/蜜蜂、接触 48h LD_{50}＞200μg/蜜蜂，蚯蚓(赤子爱胜蚓)14d LC_{50}=870mg/L[1]。

【毒理学】

(1)一般毒性

大鼠急性经口 LD_{50}= 1400mg/kg，大鼠急性经皮 LD_{50}＞5000mg/kg bw，大鼠急性吸入 LC_{50}＞5.1mg/L[1]。

(2)神经毒性

无信息。

(3)生殖发育毒性

无信息

(4) 致癌性与致突变性

动物致癌性试验结果为阴性，为 E 类致癌物；致突变性试验结果显示不是致突变剂[6]。

【人类健康效应】

可能的血液、肝与肾毒物[1]。E 类非人类致癌物，对眼睛和黏膜具有刺激作用[7]。

【危害分类与管制情况】

序号	毒性指标	PPDB 分类	PAN 分类[8]
1	高毒	否	否
2	致癌性	否	否
3	内分泌干扰性	否	无有效证据
4	生殖发育毒性	否	无有效证据
5	胆碱酯酶抑制性	否	否
6	神经毒性	否	—
7	呼吸道刺激性	否	—
8	皮肤刺激性	否	—
9	皮肤致敏性	是	—
10	眼刺激性	是	—
11	地下水污染	—	无有效证据
12	国际公约或优控名录	无	

注：PPDB 数据库由英国赫特福德郡大学农业与环境研究所开发；PAN 数据库来自北美农药行动网（PANNA）；"—"表示无此项。

【限值标准】

每日允许摄入量（ADI）为 0.1mg/（kg bw·d），急性参考剂量（ARfD）为 0.25mg/（kg bw·d），操作者允许接触水平（AOEL）为 0.13mg/（kg bw·d）[1]。

参 考 文 献

[1] PPDB: Pesticide Properties DataBase. http://sitem.herts.ac.uk/aeru/ppdb/en/Reports/397.htm [2016-11-26].

[2] Humburg N E. Herbicide Handbook of the Weed Science Society of America. 6th ed. Champaign: Weed Science Society of America, 1989.

[3] Nilles G P, Zabick M J. Photochemistry of bioactive compounds, multiphase photodegradation on soil surfaces. J Agric Food Chem, 1975, 23: 410-415.

[4] Harrison S K, Wax L M. The effect of ajuvants and oil carrles on photocomposition of 2,4-D, bentazin and haloxyfop. Weed Sci,1986, 34: 81-87.

[5] 李克斌, 刘维屏, 周瑛, 等. 灭草松在土壤中吸附的支配因素. 环境科学, 2003, 24(1): 126-130.

[6] U. S. Environmental Protection Agency's Integrated Risk Information System（IRIS）. Summary on Bentazon（25057-89-0）http://www. epa.gov/iris/[2000-03-15].

[7] USEPA Office of Pesticide Programs. Health Effects Division, Science Information Management Branch: Chemicals Evaluated for Carcinogenic Potential.2006.

[8] PAN Pesticides Database—Chemicals. http://www.pesticideinfo.org/List_Chemicals.jsp? [2016-11-26].

哌草丹(dimepiperate)

【基本信息】

化学名称：*S*-(1-甲基-1-苯乙基)-1-哌啶-1-硫代甲酸酯

其他名称：优克稗、稗净

CAS 号：61432-55-1

分子式：$C_{15}H_{21}NOS$

相对分子质量：263.399

SMILES：O=C(SC(c1ccccc1)(C)C)N2CCCCC2

类别：硫代氨基甲酸酯类除草剂

结构式：

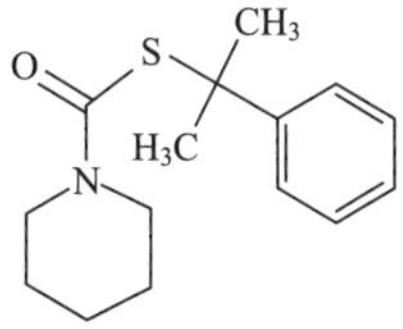

【理化性质】

蜡状固体，密度 1.08g/mL，熔点 39.1℃，沸点 164℃，饱和蒸气压 0.53mPa(25℃)。水溶解度(20℃)为 20mg/L；有机溶剂溶解度(20℃)：丙酮，6200000mg/L；氯仿，5800000mg/L；正己烷，2000000mg/L；乙醇，4100000mg/L。辛醇/水分配系数 $\lg K_{ow}$ =4.02(pH= 7, 20℃)。

【环境行为】

(1)环境生物降解性

土壤中降解半衰期为 7d[1]。

(2)环境非生物降解性

无信息。

(3)环境生物蓄积性

无信息。

(4)土壤吸附/移动性

吸附系数 K_{oc} 为3437，提示在土壤中具有轻微移动性[1]。

【生态毒理学】

鸟类(鹌鹑)急性 $LD_{50}>2000mg/kg$，鱼类(虹鳟)96h $LC_{50}=40mg/L$，溞类(大型溞)48h $EC_{50}=40mg/L$ [1]。

【毒理学】

(1)一般毒性

大鼠急性经口 LD_{50} 为946mg/kg bw，大鼠急性经皮 $LD_{50}>5000mg/kg$ bw，大鼠急性吸入 $LC_{50}=1.66mg/kg$[1]。

(2)神经毒性

无信息。

(3)生殖发育毒性

无信息。

(4)致癌性与致突变性

无信息。

【人类健康效应】

中毒症状与氨基甲酸酯类似，可能刺激皮肤、眼睛和呼吸道。可能具有弱的胆碱酯酶抑制性，引起头痛、头晕和恶心[2]。

【危害分类与管制情况】

序号	毒性指标	PPDB 分类	PAN 分类[2]
1	高毒	—	否(低毒)
2	致癌性	无数据	疑似
3	内分泌干扰性	无数据	疑似
4	生殖发育毒性	无数据	疑似
5	胆碱酯酶抑制性	否	是
6	神经毒性	无数据	—
7	呼吸道刺激性	是	—

续表

序号	毒性指标	PPDB 分类	PAN 分类[2]
8	皮肤刺激性	是	—
9	眼刺激性	是	—
10	国际公约或优控名录	列入 PAN 名录	

注:PPDB 数据库由英国赫特福德郡大学农业与环境研究所开发;PAN 数据库来自北美农药行动网(PANNA);
"—"表示无此项。

【限值标准】

每日允许摄入剂量 ADI 为 0.001mg/(kg bw·d)[1]。

参 考 文 献

[1] PPDB: Pesticide Properties DataBase. http://sitem.herts.ac.uk/aeru/ppdb/en/Reports/238.htm [2016-11-26].

[2] PAN Pesticides Database—Chemicals. http://www.pesticideinfo.org/Detail_Chemical.jsp? ec_Id= PC38510 [2016-11-26].

扑草净(prometryn)

【基本信息】

化学名称：*N,N'*-二异丙基-6-甲硫基-1,3,5-三嗪-2,4-二胺
其他名称：caparol、*N,N'*-双(异丙氨基)-6-甲硫基-1,3,5-三氮苯
CAS 号：7287-19-6
分子式：$C_{10}H_{19}N_5S$
相对分子质量：241.36
SMILES：S(c1nc(nc(n1)NC(C)C)NC(C)C)C
类别：三嗪类除草剂
结构式：

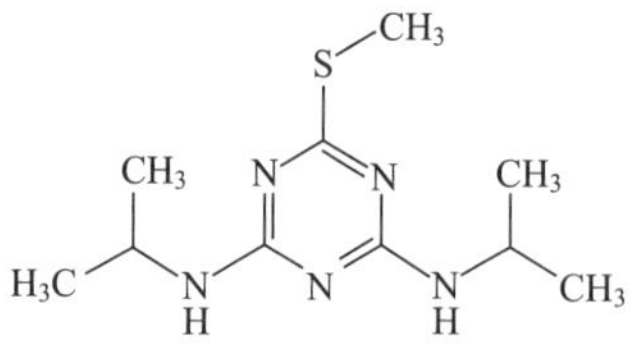

【理化性质】

无色晶状固体，密度 1.15g/mL，熔点 119℃，沸点 300℃，饱和蒸气压 0.13mPa(25℃)。水溶解度(20℃)为 33mg/L，有机溶剂溶解度(20℃)：正己烷，5500mg/L；甲醇，160000mg/L；甲苯，2000mg/L；丙酮，240000mg/L。辛醇/水分配系数 $\lg K_{ow}$ = 3.34，亨利常数为 $1.20×10^{-3}Pa \cdot m^3/mol(25℃)$。

【环境行为】

(1)环境生物降解性

好氧条件下，土壤中降解半衰期平均值为 41d(20℃，实验室)[1]。扑草净的甲硫基可由土壤微生物氧化为砜和亚砜，砜进一步水解为 2,4-双(异丙氨基)-6-羟基-1,3,5-三嗪[2]。田间条件下，土壤中降解半衰期为 120~145d[3]。另有研究表明，田间条件下降解半衰期为 58d，实验室条件下降解半衰期分别为 64d(0~25cm 表

层土壤, pH=5.3, 有机碳含量 0.53%, 砂粒含量 98%)及 141d(25~50cm 耕层土壤, pH=5.5, 有机碳含量 0.15%, 砂粒含量 98%)[4]。

厌氧条件下, 土壤中降解半衰期为 316d[5]。

(2)环境非生物降解性

光化学反应产生的自由基可与含腐殖酸的扑草净水溶液发生反应生成氧化产物[6]。扑草净与羟基自由基发生反应的速率常数估测值为 $3.8 \times 10^{-11} cm^3/(mol \cdot s)$ (25℃)。大气中羟基自由基浓度约为 $5 \times 10^5 m^{-3}$, 间接光解半衰期为 10h[4]。另有研究报道, 蒸馏水(pH=7.1, 总有机碳含量 0.8mg/L, 溶解氧含量 8mg/L)中光解半衰期为 4.6h;湖水(pH=8.7, 总有机碳含量 13.6mg/L, 溶解氧含量 6.9mg/L)中光解半衰期为 11.6h;河水(pH=8.5, 总有机碳含量 8.5mg/L, 溶解氧含量 8.2mg/L)中光解半衰期为 6.9h[6]。pH 为 4、6 及 8 时, 水解半衰期分别为 52d、78d 及 80d[7]。

(3)环境生物蓄积性

鱼体 BCF 为 85[4], 提示生物蓄积性为中等偏低。

(4)土壤吸附/移动性

吸附系数 K_{oc} 为 400[1]、277[5];pH 为 7 和 5 时, 土壤吸附系数 K_{oc} 分别为 300 及 600[8]。不同河段沉积物中的吸附系数 K_{oc} 分别为 200、320、808 及 1000, 提示移动性为中等偏高[1,2]。

【生态毒理学】

鸟类(绿头鸭)急性 LD_{50}=2150mg/kg、短期摄食 LC_{50}＞500mg/kg, 鱼类(虹鳟) LC_{50}=5.5mg/L, 溞类(大型溞)48d EC_{50}=12.66mg/L, 21d NOEC=2mg/L, 浮萍 7d EC_{50}=0.0105mg/L, 藻类(栅藻)72h EC_{50}=0.002mg/L[1]。

【毒理学】

(1)一般毒性

大鼠急性经口 LD_{50}＞2000mg/kg, 大鼠短期膳食暴露 NOAEL=750mg/kg[1]。

5 只雄性及 5 只雌性小鼠喂饲剂量分别为 0mg/L、30mg/L、100mg/L、300mg/L、600mg/L、1000mg/L、3000mg/L、10000mg/L 及 30000mg/L[相当于 0mg/(kg·d)、4.5mg/(kg·d)、15mg/(kg·d)、45mg/(kg·d)、90mg/(kg·d)、150mg/(kg·d)、450mg/(kg·d)、1500mg/(kg·d)及 4500mg/(kg·d)]的扑草净28d。高剂量组小鼠在两周试验结束前全部死亡, 可观察到的临床症状包括驼背、呼吸困难和体重显著降低。暴露浓度小于 10000mg/L 处理组未观察到毒性效应。NOAEL=

3000mg/L，LOAEL=10000mg/L[9]。

分别给予 3 只雄性及 3 只雌性比格犬饮食暴露 80%的扑草净可湿性粉剂，有效成分浓度分别为 0mg/L、15mg/L、150mg/L 及 1500mg/L［相当于 0mg/(kg·d)、0.375mg/(kg·d)、3.75mg/(kg·d) 及 37.5mg/(kg·d)］，暴露 106 周。未观察到临床症状及体重影响，也未观察到临床病理学改变及尿液参数的变化。所有的高剂量组雄性表现出轻度至中度肾小管变性，其中包括亨利环变性、皮质充血、囊基底膜增厚及肾小球细胞增生。2 只高剂量雄性犬观察到轻微的骨髓萎缩，1 只出现肝充血。NOAEL=3.75mg/(kg·d)，LOAEL=37.5mg/(kg·d)[9]。

(2)神经毒性

无信息。

(3)生殖发育毒性

在生殖发育影响研究中，对怀孕的新西兰白兔在第 6~19 天灌胃 0mg/(kg·d)、2mg/(kg·d)、12mg/(kg·d) 及 72mg/(kg·d) 的扑草净。结果表明，高剂量组可观察到明显的食物消耗减少(10%~36%)，但是未观察到相应的体重减轻，同时还可观察到轻微但不显著的流产率增加，基于体重减轻的 NOAEL=12mg/(kg·d)，LOAEL=72mg/(kg·d)。另外，可观察到高剂量组胚胎再吸收率增加，胎儿存活率降低。基于胚胎再吸收的 NOAEL=12mg/(kg·d)，LOAEL=72mg/(kg·d)[9]。

(4)致癌性与致突变性

无致癌性[4]。

【人类健康效应】

可能的肾、肝与血液毒物[1]。对眼睛、皮肤和呼吸道具有刺激作用[5]。

【危害分类与管制情况】

序号	毒性指标	PPDB 分类	PAN 分类[5]
1	高毒	—	否(低毒)
2	致癌性	否	否
3	致突变性	否	—
4	内分泌干扰性	是	疑似
5	生殖发育毒性	否	是
6	胆碱酯酶抑制性	否	否
7	神经毒性	可能	—
8	呼吸道刺激性	可能	—

序号	毒性指标	PPDB 分类	PAN 分类[5]
9	皮肤刺激性	否	—
10	眼刺激性	可能	—
11	地下水污染	—	可能
12	国际公约或优控名录	列入 PAN 名录、欧盟内分泌干扰物清单、美国有毒物质(生殖/发育毒性物质)排放清单	

注:PPDB 数据库由英国赫特福德郡大学农业与环境研究所开发;PAN 数据库来自北美农药行动网(PANNA);
"—"表示无此项。

【限值标准】

每日允许摄入剂量 ADI 为 0.01mg/(kg bw • d)[1]。

参 考 文 献

[1] PPDB: Pesticide Properties DataBase. http://sitem.herts.ac.uk/aeru/ppdb/en/Reports/542.htm [2016-12-02].

[2] Kearney P C, Kaufman D D. Herbicides: chemistry, degradation, and mode of action. New York: Marcel Dekker, 1976.

[3] Walker A. Simulation of herbicide persistence in soil. Ⅱ. Simazine and linuron in long term experiments. Pestic Sci, 1976, 7(1): 50-58.

[4] TOXNET(Toxicology Data Network). https://toxnet.nlm.nih.gov/cgi-bin/sis/search2/f?./temp/ ~eXrqc8:1[2016-12-02].

[5] PAN Pesticides Database — Chemicals. http://www.pesticideinfo.org/Detail_Chemical.jsp? Rec_Id=PC34259[2016-12-02].

[6] Evgenidou E, Fytianos K. Photodegradation of triazine herbicides in aqueous solutions and natural waters. J Agric Food Chem, 2002, 50(22): 6423-6427.

[7] Katagi T. Abiotic hydrolysis of pesticides in the aquatic environment. Rev Environ Contam Toxicol, 2002, 175(2): 79-261.

[8] Weber J B, Miller C T. Pesticides in Soil and Water. Madism. MI: Soil Science Society of America, Special Publ, 1989: 305-333.

[9] USEPA Office of Pesticide Programs. Interim Reregistration Eligibility Decision for Prometryne. p.7-10. EPA738-R-95-033 (February 1996). http://www.epa.gov/pesticides/ reregistration/ status. htm [2007-02-20].

扑灭津(propazine)

【基本信息】

化学名称：6-氯-N2,N4-二异丙基-1,3,5-三嗪-2,4-二胺

其他名称：2-氯-4,6-双(异丙氨基)-1,3,5-三嗪、灭津

CAS 号：139-40-2

分子式：$C_9H_{16}ClN_5$

相对分子质量：229.71

SMILES：Clc1nc(nc(n1)NC(C)C)NC(C)C

类别：三嗪类除草剂

结构式：

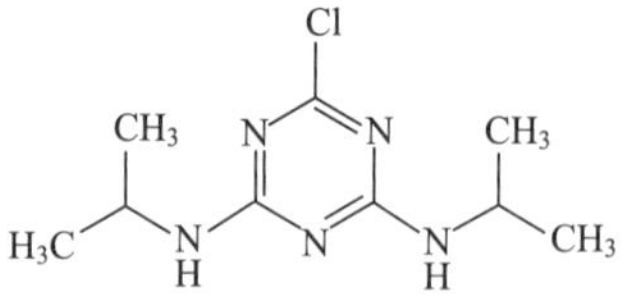

【理化性质】

无色晶状固体，密度 1.16g/mL，熔点 213℃。水溶解度(20℃)为 8.6mg/L。有机溶剂溶解度(20℃)：乙醚，5000mg/L；四氯化碳，2500mg/L；苯，6200mg/L。辛醇/水分配系数 $\lg K_{ow}$= 3.95(pH= 7, 20℃)。

【环境行为】

(1)环境生物降解性

20℃实验室条件下，土壤中降解半衰期为 135d[1]。在土壤中可以发生微生物降解，随着氯原子的水解产生扑灭津水解产物，随后取代氨基发生脱烷作用，环打开而降解。土壤中降解半衰期为 80~100d[2]。好氧条件下，在不同土壤中 378d 降解率为 36%~64%，在厌氧/好氧循环的土壤中 378d 降解率为 5.7%~75%[3]。在 Hatzenbuhl 土壤和诺伊霍芬土壤中的降解半衰期分别为 62d 及 127d(主要为催化水解)[4]。

(2)环境非生物降解性

可通过光化学反应产生的羟基自由基发生氧化[4]。25℃条件下，与光化学反应产生的羟基自由基反应的速率约为 $3.7 \times 10^{-11} cm^3/(mol \cdot s)$，大气中羟基自由基浓度约为 $5 \times 10^5 m^{-3}$，间接光解半衰期为 10h[5]。25℃、pH 为 5 时，水解半衰期为 61d；pH 为 7、9 时，水解半衰期大于 200d。

(3)环境生物蓄积性

BCF 估测值为 62[1]、17[5]，提示潜在生物蓄积性弱[5]。

(4)土壤吸附/移动性

对 33 种土壤测得平均吸附系数 K_{oc} 为 154[6]，对 54 种土壤测得平均吸附系数 K_{oc} 为 160[7]，提示在土壤中移动性中等[8]。

【生态毒理学】

鸟类(绿头鸭)急性 $LD_{50}=10000mg/kg$，鱼类(虹鳟)96h $LC_{50}=17.5mg/L$，水生植物(浮萍)7d $EC_{50}=0.88mg/L$，藻类(蓝藻)72h $EC_{50}=0.18mg/L$[1]。

【毒理学】

(1)一般毒性

大鼠急性经口 $LD_{50}=3840mg/kg$，大鼠短期膳食暴露 NOEC=13mg/kg[1]，小鼠经口 $LD_{50}=3180mg/kg$，豚鼠经口 $LD_{50}=1200mg/kg$。对家兔的皮肤具有轻微刺激性。大鼠经皮 $LD_{50}=10200mg/kg$，家兔经皮 $LD_{50}>2000mg/kg$，可引起两种动物眼睛的轻微刺激。兔子吸入 $LC_{50}>2.04mg/L$。

(2)神经毒性

无信息。

(3)生殖发育毒性

对雌性 SD 大鼠(20 只/组)在妊娠 6~15d 灌胃扑灭津，剂量分别为 0mg/(kg·d)、10mg/(kg·d)、100mg/(kg·d)、500mg/(kg·d)。500mg/(kg·d)剂量组大鼠出现明显流涎症状。100mg/(kg·d)及 500mg/(kg·d)剂量组均出现体重下降，分别在第 13 天下降了 7%及 14%，同时两处理组均出现食物消耗下降，分别在第 6 天降低了 18%及 40%。基于体重下降和食物消耗降低的 NOAEL= 10mg/(kg·d)，LOAEL=100mg/(kg·d)。不同剂量组黄体凋落发生率、胚胎再吸收率、胎儿存活率及死亡率相似。500mg/(kg·d)处理组出现明显的胎儿体重降低(6%)[9]。另一项研究表明，大鼠 18d 妊娠期间喂食 5mg/(kg·d)的扑灭津，胎鼠死亡率明显增加。在一项三代繁殖研究中，大鼠喂食 0mg/(kg·d)、0.15mg/(kg·d)、5mg/(kg·d)

或 50mg/(kg·d) 的扑灭津，繁殖力、妊娠时间、新生小鼠活性及存活率均无显著改变。根据各研究结果知，扑灭津对于生殖发育的影响是不确定的[8]。

(4) 致癌性与致突变性

小鼠暴露 450mg/(kg·d) 的剂量两年，肿瘤发病率未增加。大鼠喂食 0.15mg/(kg·d)、5mg/(kg·d) 或 50mg/(kg·d) 扑灭津两年，最高剂量组乳腺癌的发病率增加[8]。雄性大鼠喂食 0mg/L、3mg/L、100mg/L 或 1000mg/L 的扑灭津两年，1000mg/L 剂量组雌、雄大鼠体重均明显下降，雌性大鼠乳腺癌发病率显著增加。全身性作用的 NOAEL=100mg/L[5mg/(kg·d)][10]。对大鼠给予 5~50mg/kg 的扑灭津 60~120d，肝脏中的 DNA 含量显著下降，以 500mg/kg 喂食 10~60d 出现同样的症状。大鼠暴露剂量为 750mg/kg 的扑灭津 56d 产生明显的血红蛋白含量的变化，但未观察到组织病理学改变[11]。

【人类健康效应】

具有内分泌干扰效应，诱导芳香化酶活性和增加雌激素的分泌[1]。中毒症状主要包括：头晕、嗜睡、肌肉无力、流鼻涕、消瘦、腹泻、呼吸困难。可能对皮肤、眼睛和上呼吸道有轻度刺激性[8]。

有研究报道扑灭津生产工厂 124 名工人出现接触皮炎，轻症病例持续 3~4d 出现红斑和水肿，重症病例持续 7~10d 出现水疱、丘疹，有时可能会发展为肺大疱。生产过程中产生的中间产物比扑灭津母体对工人的毒性更高[12]。

【危害分类与管制情况】

序号	毒性指标	PPDB 分类	PAN 分类
1	高毒	—	低毒
2	致癌性	否	否
3	致突变性	否	—
4	内分泌干扰性	无数据	疑似
5	生殖发育毒性	可能	疑似
6	胆碱酯酶抑制性	无数据	否
7	神经毒性	无数据	—
8	呼吸道刺激性	是	—
9	皮肤刺激性	是	—
10	眼刺激性	是	—

续表

序号	毒性指标	PPDB 分类	PAN 分类
11	地下水污染	—	疑似
12	国际公约或优控名录	列入欧盟内分泌干扰物名录	

注：PPDB 数据库由英国赫特福德郡大学农业与环境研究所开发；PAN 数据库来自北美农药行动网(PANNA)；
"—"表示无此项。

【限值标准】

无信息。

参 考 文 献

[1] PPDB: Pesticide Properties DataBase. http://sitem.herts.ac.uk/aeru/ppdb/en/Reports/208.htm [2016-12-03].

[2] Tomlin C D S. The Pesticide Manual. 11th ed. Surrey: The British Crop Protection Council, 1997: 1024.

[3] Hodapp D M, Winterlin W. Pesticide degradation in model soil evaporation beds. Bull Environ ContamToxicol, 1989, 43(1): 36-44.

[4] Burkhard N, Guth J A. Photodegradation of atrazine, atraton and ametryne in aqueous solution with acetone as a sensitizer. Pestic Sci, 1976, 7(1): 65-71.

[5] TOXNET(Toxicology Data Network). https://toxnet.nlm.nih.gov/cgi-bin/sis/search2/f?./temp/~eOMdp2: 1 [2016-12-03].

[6] Rao P S C, Davidson J M. Retention and transformation of selected pesticides and phosphorus in soil-water systems: A critical review. USEPA-600/S3-82-060. 1982.

[7] Hamaker J W, Thompson J M. Adsorption//Goring C A I, Hamaker J W. Organic Chemicals in the Soil Environment. New York: Marcel Decker, 1972: 49-144.

[8] EXTOXNET. Results of Search for Propazine. EXTOXNET PIP—PROPAZINE, 13/4/1998. http://extoxnet.orst.edu/tics/ghindex.html[2007-06-11].

[9] USEPA Office of Pesticides Programs. Propazine: Revised HED Risk Assessment for the Tolerance Reassessment Eligibility Decision Document(TRED)Which Includes a New Use on Grain Sorghum. Document ID: EPA-HQ-OPP-2005-0496-0004. p. 24 (December 2005). http://www.regulations.gov[2007-06-11].

[10] USEPA. U. S. Environmental Protection Agency's Integrated Risk Information System(IRIS) on Propazine (CAS No. 139-40-2). http://www.epa.gov/iris/subst/index.html [2007-06-11].

[11] Bingham E, Cohrssen B, Powell C H. Patty's Toxicology. Vol. 1-9. 5th ed. New York: John Wiley & Sons, 2001, 4: 1250.

[12] Hayes W J. Pesticides Studied in Man. Baltimore/London: Williams and Wilkins, 1982: 564.

嗪草酮(metribuzin)

【基本信息】

化学名称：4-氨基-6-特丁基-3-甲硫基-1,2,4-三嗪-5-酮

其他名称：赛克、赛克津、赛克嗪、特丁嗪

CAS 号：21087-64-9

分子式：$C_8H_{14}N_4OS$

相对分子质量：214.29

SMILES：O=C1/C(=N\N=C(\SC)N1N)C(C)(C)C

类别：三嗪酮类除草剂

结构式：

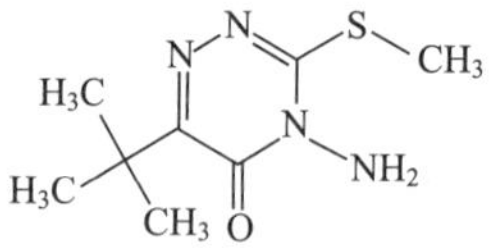

【理化性质】

白色晶状固体，密度 1.26g/mL，熔点 125℃，沸腾前分解。水溶解度(20℃)为 1165mg/L。有机溶剂溶解度(20℃)：正庚烷，820mg/L；二甲苯，60000mg/L；乙酸乙酯，250000mg/L；丙酮，449400mg/L。辛醇/水分配系数 $\lg K_{ow}$=1.65(pH=7, 20℃)。

【环境行为】

(1)环境生物降解性

20℃实验室条件下，土壤中降解半衰期为 11.5d[1]。土壤降解是嗪草酮从土壤中消解的主要方式，土壤微生物的活性、温度增加及好氧条件均可以加快嗪草酮的生物降解[2]。好氧条件下，土壤中降解半衰期为 11.5d(20℃，实验室)[1]。砂壤土中好氧和厌氧条件下的生物降解半衰期分别为 172d 及 439d。初级代谢产物包括脱氨基二酮、脱氨基和二酮代谢物。在植物生长季节正常使用频率下，田间降

解半衰期为30~60d。大部分研究报道的嗪草酮的生物降解半衰期为14~28d[3]。

(2)环境非生物降解性

25℃条件下，与光化学反应产生的羟基自由基反应的速率常数为 $1.8×10^{-11}cm^3/(mol·s)$，对应于大气中羟基自由基浓度为 $5×10^5m^{-3}$，大气中间接光解半衰期为1d[4]。pH 为7时，水中光解半衰期为0.2d[1]。在 pH 为6.6、自然光照条件下，水中光解半衰期为4.3h，光解产物为脱氨嗪草酮及其他三种未知化合物[3]。25℃时，pH 为4~9条件下34d 内稳定(不水解)；50℃时，pH 为4~7条件下稳定(不水解)，但 pH 为9时缓慢水解[1]。另有报道，水解半衰期为90d(试验条件不详)[4]。

(3)环境生物蓄积性

鱼体 BCF 为10，提示生物蓄积性弱[1,5]。

(4)土壤吸附/移动性

吸附系数 K_{oc} 为60(平均值)[6]；在砂土(0.58%有机碳)、砂壤土(0.64%有机碳)、粉壤土(1.7%有机碳)及黏壤土(1.3%有机碳)中的吸附系数分别为47、3、15及17；在阿拉斯加北极农业淤泥壤土中的 K_{oc} 为34~56。提示在土壤中移动性强[1,3]。

【生态毒理学】

鸟类(山齿鹑)急性 $LD_{50}=164mg/kg$、短期饲喂 $LD_{50}>359mg/(kg\ bw·d)$，鱼类(虹鳟)96h $LC_{50}=74.6mg/L$、21d $NOEC=5.6mg/L$，溞类(大型溞)48h $EC_{50}=49mg/L$、21d $NOEC=0.32mg/L$，藻类 72h $EC_{50}=0.02mg/L$(栅藻)、慢性 96h $NOEC=0.019mg/L$(藻种不详)，蚯蚓(赤子爱胜蚓)14d $LC_{50}=427mg/kg$[1]。

【毒理学】

(1)一般毒性

大鼠急性经口 $LD_{50}=322mg/kg$、短期膳食暴露 $NOAEL=2.2mg/kg$[1]。小鼠急性经口 $LD_{50}=698mg/kg$，豚鼠经口 $LD_{50}=250mg/kg$[7]。猫急性经口 $LD_{50}>500g/kg$[8]。

(2)神经毒性

无信息。

(3)生殖发育毒性

无信息。

(4)致癌性与致突变性

无信息。

【人类健康效应】

甲状腺毒性物质，可导致甲状腺功能亢进，生长激素水平的改变[1]。无皮肤致敏性及刺激性[9]，对人类不具有致癌性（D 类）[10]。

【危害分类与管制情况】

序号	毒性指标	PPDB 分类	PAN 分类
1	高毒	是	中毒
2	致癌性	否	否
3	致突变性	否	—
4	内分泌干扰性	疑似	疑似
5	生殖发育毒性	是	是
6	胆碱酯酶抑制性	否	否
7	神经毒性	无数据	—
8	呼吸道刺激性	否	—
9	皮肤刺激性	无数据	—
10	眼刺激性	无数据	—
11	地下水污染		可能
12	国际公约或优控名录	列入 PAN 名录、欧盟内分泌干扰物名录、美国有毒物质（生殖/发育毒性）排放清单	

注：PPDB 数据库由英国赫特福德郡大学农业与环境研究所开发；PAN 数据库来自北美农药行动网（PANNA）；"—"表示无此项。

【限值标准】

每日允许摄入量（ADI）为 0.013mg/（kg bw·d），急性参考剂量（ARfD）为 0.02mg/（kg bw·d），操作者可接受暴露水平为 0.02mg/（kg bw·d）[1]。

参 考 文 献

[1] PPDB: Pesticide Properties DataBase. http://sitem.herts.ac.uk/aeru/ppdb/en/Reports/469.htm [2016-11-18].

[2] Pavel E W, Lopez A R, Berry D F, et al. Anaerobic degradation of dicamba and metribuzin in riparian wetland soils. Wat Res, 1999, 33（1）：87-94.

[3] USEPA. Reregistration Eligibility Decision（RED）Database on Metribuzin（21087-64-9）. Washington, DC: USEPA, Office of Prevention, Pestcides and Toxic Substances. USEPA

738-R-97-006. pp. 66-70. http://www.epa.gov/REDs/[2000-10-10].

[4] Gustafson D I. Groundwater ubiquity score: A simple method for assessing pesticide leachability. Environ Tox Chem, 1989, 8(4): 339-357.

[5] TOXNET (Toxicology Data Network). https://toxnet.nlm.nih.gov/cgi-bin/sis/search2/f?./temp/~R9inHx: 3 [2016-11-18].

[6] Ahrens W H. Herbicide Handbook of the Weed Science Society of America. 7th ed. Champaign: Weed Science Society of America, 1994: 202.

[7] Lewis R J. Sax's Dangerous Properties of Industrial Materials. 9th ed. Vol. 1-3. New York: Van Nostrand Reinhold, 1996: 2330.

[8] Hartley D, Kidd H. The Agrochemicals Handbook. 2nd ed. Lechworth: The Royal Society of Chemistry, 1987: A280.

[9] American Conference of Governmental Industrial Hygienists. Documentation of the Threshold Limit Values and Biological Exposure Indices. 5th ed. Cincinnati: American Conference of Governmental Industrial Hygienists, 1986: 411.

[10] USEPA Office of Pesticide Programs, Health Effects Division, Science Information Management Branch. Chemicals Evaluated for Carcinogenic Potential. 2006.

氰草津(cyanazine)

【基本信息】

化学名称：2-{[4-氯-6-(乙氨基)-1,3,5-三嗪-2-基]氨基}-2-甲基唑菌腈

其他名称：草净津

CAS 号：21725-46-2

分子式：$C_9H_{13}ClN_6$

相对分子质量：240.69

SMILES：Clc1nc(nc(n1)NC(C#N)(C)C)NCC

类别：三嗪类除草剂

结构式：

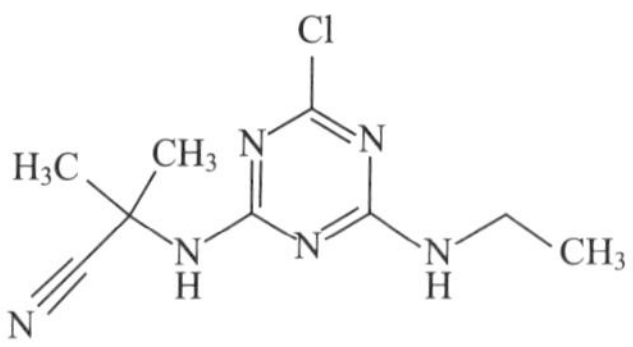

【理化性质】

白色晶体，密度 1.29g/mL，熔点 168℃，饱和蒸气压 0.000213mPa(25℃)。水溶解度(20℃)为 171mg/L。有机溶剂溶解度(20℃)：正己烷，15000mg/L；乙醇，45000mg/L；苯，15000mg/L；丙酮，195000mg/L。辛醇/水分配系数 lgK_{ow} = 2.1，亨利常数为 $1.20× 10^{-10}Pa • m^3/mol(20℃)$。

【环境行为】

(1)环境生物降解性

好氧条件下，土壤中降解半衰期为 16d(20℃)[1]、15d[2]。另有报道，在 5~30℃条件下，土壤中降解半衰期为 9~13d(土壤含水率 34%)；20℃条件下，土壤中半衰期为 200d(土壤含水率 8%)[3]。人工湿地中降解半衰期为 30~40d[4]。

厌氧条件下，土壤中降解半衰期为 108d[2]。

(2)环境非生物降解性

25℃条件下，与光化学反应产生的羟基自由基反应的速率常数为 9.3×10^{-12} cm³/(mol·s)。大气中羟基自由基浓度为 5×10^5 cm^{-3} 时，间接光解半衰期为 41h[5]。在 25℃、pH 为 5.5~9.9 条件下，水解半衰期至少为 200d。在 25℃、pH 为 4 条件下，水解半衰期为 205h。水解不是氰草津的主要去除机制，除非环境中存在某些催化剂[6]。

(3)环境生物蓄积性

基于 K_{ow} 的 BCF 估测值为 5，生物蓄积性弱[5]。生态系统模拟试验结果显示，所有生物(海藻、蛤、蟹、水蚤、藻、鱼、蚊子和蜗牛)都不蓄积[3]。另有报道，BCF 为 157，提示生物蓄积性中等[1]。

(4)土壤吸附/移动性

吸附系数 K_{oc} 为 190[1]、200[7]、182[8]、97[9]，提示在土壤中移动性为中等到强。

【生态毒理学】

鸟类(雉)LD$_{50}$ =400mg/L，鱼类(三角灯)LC$_{50}$ =10mg/L，溞类(大型溞)48d EC$_{50}$=49mg/L，藻类 72d EC$_{50}$=0.2mg/L(栅藻)、96h NOEC=0.009mg/L(绿藻)，蚯蚓 14d LC$_{50}$ =600mg/kg[1]。

【毒理学】

(1)一般毒性

大鼠急性经口 LD$_{50}$=288mg/kg，大鼠短期膳食暴露 NOAEL=12mg/kg，大鼠急性吸入 LC$_{50}$=2.46mg/L，兔子急性经皮 LD$_{50}$＞2000mg/kg[1]。

(2)神经毒性

无信息。

(3)生殖发育毒性

无信息。

(4)致癌性与致突变性

无信息。

【人类健康效应】

对眼睛、皮肤和呼吸道具有刺激作用[2]。致癌性:C 类,可能的人类致癌物[10]。

【危害分类与管制情况】

序号	毒性指标	PPDB 分类	PAN 分类
1	高毒	否	中毒
2	致癌性	疑似	可能（USEPA：C 类）
3	致突变性	否	—
4	内分泌干扰性	是	疑似
5	生殖发育毒性	是	是
6	胆碱酯酶抑制性	否	否
7	神经毒性	是	—
8	呼吸道刺激性	是	—
9	皮肤刺激性	无数据	—
10	眼刺激性	无数据	—
11	地下水污染	—	是
12	国际公约或优控名录	列入 PAN 名录、欧盟内分泌干扰物名录、加州 65 种已知致癌物名录、美国有毒物质（发育毒性物质）排放清单	

注：PPDB 数据库由英国赫特福德郡大学农业与环境研究所开发；PAN 数据库来自北美农药行动网（PANNA）；"—"表示无此项。

【限值标准】

参考剂量（RfD）为 2.0mg/（kg·d），美国国家饮用水标准与健康基准规定的最大污染限值（MCL）为 0mg/L，WHO 水质基准为 0.6mg/L[2]。

参 考 文 献

[1] PPDB: Pesticide Properties DataBase. http://sitem.herts.ac.uk/aeru/ppdb/en/Reports/185.htm [2016-12-03].

[2] PAN Pesticides Database — Chemicals. http://www.pesticideinfo.org/Detail_Chemical.jsp? Rec_Id=PC33516 [2016-12-03].

[3] Yu C C, Booth G M, Larsen J R. Fate of triazine herbicide cyanazine in a model ecosystem. J Agric Food Chem, 1975, 23 (5)：1014-1015.

[4] Fintschenko Y, Thurman E M, Denoyelles F, et al. The fate and degradation of cyanazine in wetlands. Proceedings of American Chemical Society National Meeting, 1995, 35: 274-277.

[5] TOXNET（Toxicology Data Network）. https://toxnet.nlm.nih.gov/cgi-bin/sis/search2/f?./temp/~ 8UOIDf: 1 [2016-12-03].

[6] Brown N P H, Furmidge C G L, Grayson B T. Hydrolysis of the triazine herbicide, cyanazine.

Pestic Sci, 1972, 3(6): 669-678.

[7] Kenaga E E. Predicted bioconcentration factors and soil sorption coefficients of pesticides and other chemicals. Ecotoxicol Environ Safety, 1980, 4(1): 26-38.

[8] Brown D S, Flagg E W. Empirical prediction of organic pollutant sorption in natural sediments. J Environ Qual, 1981, 10(3): 382-386.

[9] Kladivko E J, Scoyoc G E V, Monke E J, et al. Pesticide and nutrient movement into subsurface tile drains on a silt loam in indiana. J Environ Qual, 1991, 20(1): 264-270.

[10] USEPA Office of Pesticide Programs, Health Effects Division, Science Information Management Branch. Chemicals Evaluated for Carcinogenic Potential. 2006.

炔草酯(clodinafop-propargyl)

【基本信息】

化学名称：(R)-2-[4-(5-氯-3-氟-2-吡啶氧基)苯氧基]丙酸炔丙基酯

其他名称：炔草酸、炔草酸酯

CAS 号：105512-06-9

分子式：$C_{17}H_{13}ClFNO_4$

相对分子质量：349.8

SMILES：O=C(OCC#C)[C@H](Oc2ccc(Oc1ncc(Cl)cc1F)cc2)C

类别：芳氧苯氧丙酸酯类除草剂或植物生长调节剂

结构式：

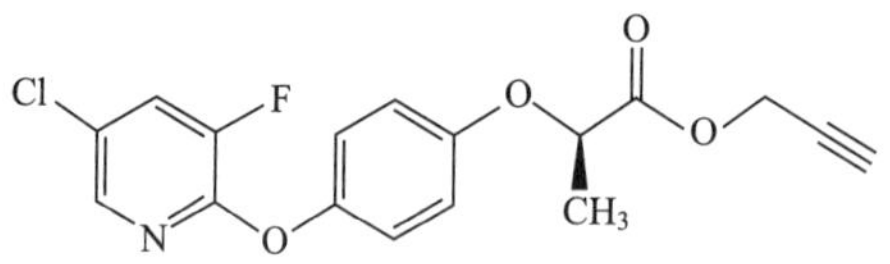

【理化性质】

无色至浅褐色晶体，密度 1.35g/mL，熔点 59.5℃，沸点 100.6℃，饱和蒸气压 3.19×10^{-3}mPa(25℃)。水溶解度(20℃)为 4mg/L。有机溶剂溶解度(20℃)：正己烷，7500mg/L；辛醇，21000mg/L；乙酸乙酯，500000mg/L；丙酮，500000mg/L。辛醇/水分配系数 $\lg K_{ow}$=3.9，亨利常数为 3.00×10^{-7}Pa·m³/mol(20℃)。

【环境行为】

(1)环境生物降解性

好氧条件下，土壤中降解半衰期为 0.7~1.5d[1]。厌氧条件下，水体中生物降解半衰期为 513d[2]。

(2)环境非生物降解性

25℃条件下，与光化学反应产生的羟基自由基反应的速率常数为 2.7×10^{-12}cm³/(mol·s)。大气中羟基自由基浓度为 5×10^5cm⁻³，间接光解半衰期为 5h[3]。在不同 pH 条件下，水解半衰期分别为 184d(pH=5)、2.7d(pH=7)、2.2h(pH=9)[2]。不含波长大于 290nm 的生色团，不能直接光解[4]。

(3)环境生物蓄积性

BCF 为 34，提示生物蓄积性弱[1]。

(4)土壤吸附/移动性

吸附系数 K_{oc} 估测值为 2000[2]，Freundlich 吸附系数 K_{foc} 为 1466[1]，在低有机质含量的土壤中具有轻微移动性，在高有机质含量的土壤中不移动[2]。

【生态毒理学】

鸟类(山齿鹑)急性 LD_{50}=1363mg/kg、短期摄食 LD_{50}＞980mg/(kg bw·d)。鱼类(蓝鳃太阳鱼)96h LC_{50}=0.21mg/L、21d NOEC=0.10mg/L，底栖类(摇蚊)28d NOEC=1.2mg/L，无脊椎动物(牡蛎)48h EC_{50}=0.77mg/L、21d NOEC(大型溞)=0.23mg/L，藻类 72h EC_{50}＞1.6mg/L(栅藻)、96h NOEC(藻种不详)=62mg/L，蚯蚓(赤子爱胜蚓)14d LC_{50}=197mg/kg[1]。

【毒理学】

(1)一般毒性

大鼠急性经口 LD_{50}=1392mg/kg，大鼠急性经皮 LD_{50}＞2000mg/kg，大鼠急性吸入 LC_{50}＞2.32mg/L，兔子急性经皮 LD_{50}＞2000mg/kg[2]。在 13 周经口毒性研究中，雄性及雌性大鼠的 NOAEL 分别为 0.9mg/(kg·d)及 8.2mg/(kg·d)，雄性及雌性大鼠基于体重下降、胸腺质量下降、肝脏质量和酶活性增加的 LOAEL 分别为 9.2mg/(kg·d)及 71.1mg/(kg·d)[2]。

(2)神经毒性

无信息。

(3)生殖发育毒性

大鼠产前发育毒性研究结果显示，母鼠 NOAEL=160mg/(kg·d)，LOAEL＞160mg/(kg·d)；发育 NOAEL=5mg/(kg·d)；基于输尿管扭转、腹胀、掌骨骨化不完全、颅骨多变率增加的 LOAEL=40mg/(kg·d)[2]。

(4)致癌性与致突变性

大鼠暴露炔草酯(750mg/L)，前列腺瘤、前列腺癌和卵巢癌发病率增加[2]。

【人类健康效应】

研究报道的 3 例炔草酯健康影响包括嗜睡及眼睛刺痛。生产工人意外暴露于炔草酯，出现皮肤化学灼伤[5]。

【危害分类与管制情况】

序号	毒性指标	PPDB 分类	PAN 分类
1	高毒	—	疑似
2	致癌性	可能	可能(提示致癌物)
3	内分泌干扰性	否	无有效数据
4	生殖发育毒性	可能	无有效数据
5	胆碱酯酶抑制性	否	否
6	神经毒性	否	—
7	呼吸道刺激性	否	
8	皮肤刺激性	是	—
9	眼刺激性	是	—
10	地下水污染	—	无有效数据
11	国际公约或优控名录	无	

注:PPDB 数据库由英国赫特福德郡大学农业与环境研究所开发;PAN 数据库来自北美农药行动网(PANNA);"—"表示无此项。

【限值标准】

每日允许摄入量(ADI)为 0.003mg/(kg bw · d)，急性参考剂量(ARfD)为 0.05mg/(kg bw · d)，操作者允许接受水平(AOEL)=0.026mg/(kg bw · d)[1]。

参 考 文 献

[1] PPDB:Pesticide Properties DataBase. http://sitem.herts.ac.uk/aeru/ppdb/en/Reports/165.htm [2016-12-04].

[2] USEPA. Pesticide Fact Sheet—Clodinafop-propargyl. Conditional Registration. June 6, 2000. Washington, DC: USEPA, Office of Prevention, Pestcides and Toxic Substances. http://www. epa.gov/opprd001/factsheets [2011-07-07].

[3] TOXNET(Toxicology Data Network). https://toxnet.nlm.nih.gov/cgi-bin/sis/search2/f?./temp/~ 5PZoMM:1[2016-12-04].

[4] Lyman W J, Reehl W F, Rosenblatt D H. Handbook of Chemical Property Estimation Methods. Washington DC: American Chemical Society, 1990: 8-12.

[5] European Food Safety Authority (EFSA), Conclusion on the Peer Review of Clodinafop. EFSA Journal, 2005, 34: 1-78. http://www.efsa.europa.eu/en/efsajournal/pub/34ar.htm[2011-06-16].

乳氟禾草灵(lactofen)

【基本信息】

化学名称：5-[2-氯-4-(三氟甲基)苯氧基]-2-硝基苯甲酸-2-乙氧基-1-甲基-2-氧代乙基酯

其他名称：克阔乐

CAS 号：77501-63-4

分子式：$C_{19}H_{15}ClF_3NO_7$

相对分子质量：461.77

SMILES：Clc2cc(ccc2Oc1cc(C(=O)OC(CC)C(=O)OCC)c(cc1)[N+]([O–])=O)C(F)(F)F

类别：二苯醚类除草剂

结构式：

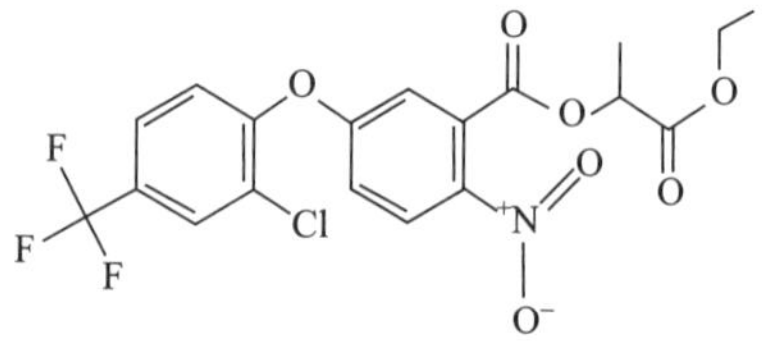

【理化性质】

棕色固体，密度 1.391g/mL，熔点 45℃，饱和蒸气压 0.0093mPa(25℃)，水溶解度(20℃)为 0.5mg/L，亨利常数为 $3.53×10^{-6}$ Pa·m³/mol(20℃)[1]。

【环境行为】

(1)环境生物降解性

好氧条件下,土壤中降解半衰期为 4d[1],田间试验土壤中降解半衰期为 3d[2]。土壤中降解半衰期为 1~7d,主要降解途径为生物降解[3]。好氧条件下，粉质壤土中添加浓度为 10mg/kg,降解半衰期为 3d,氟羧草醚及 1-(羧基)乙基-5-[2-氯-4-(三氟甲基)苯氧基]邻硝基苯甲酸甲酯是主要降解产物[4]。

(2)环境非生物降解性

25℃条件下，与光化学反应产生的羟基自由基反应的速率常数为 $3.2×10^{-12}cm^3/$ $(mol \cdot s)$。大气中羟基自由基浓度为 $5×10^5 cm^{-3}$，间接光解半衰期为 5d[5]。直接光解半衰期为 24d[6]。碱催化的二级水解常数为 $0.21L/(mol \cdot s)$，相当于 pH 为 7 或 8 时，水解半衰期为 1a 及 37d[7]。

(3)环境生物蓄积性

蓝鳃太阳鱼可食用部分、全鱼及内脏 14d BCF 分别为 52、380 及 830，提示生物蓄积性较强[1,5]。

(4)土壤吸附/移动性

吸附系数 K_{oc} 为 10000，提示在土壤中不发生移动[1,5]。

【生态毒理学】

鸟类(山齿鹑)LD$_{50}$＞2510mg/kg，鱼类(蓝鳃太阳鱼)96h LC$_{50}$＞0.10mg/L，溞类(大型溞)48h EC$_{50}$＞8.4mg/L[1]。

【毒理学】

(1)一般毒性

大鼠急性经口 LD$_{50}$＞5000mg/kg，大鼠急性经皮 LD$_{50}$＞2000mg/kg，大鼠急性吸入 LC$_{50}$=1.3mg/kg[1]。

在一项亚慢性毒性研究中，对小鼠给予 0mg/L、40(mg/L)/2000(mg/L)、200mg/L、1000mg/L、5000mg/L 或 10000mg/L 的乳氟禾草灵，第 5 周时，因 5000mg/L 或 10000mg/L 剂量组小鼠全部死亡，将 40mg/L 处理组浓度增加至 2000mg/L。除一只雌性小鼠外，2000mg/L 剂量组小鼠在 5~10 周内死亡。200mg/L 及 1000mg/L 剂量组观察到与剂量相关的血清胆固醇、总蛋白水平及肝酶(ALP、ALT 及 AST)含量增加。同时，200mg/L (雄性 43%~48%，雌性 45%~53%)及 1000mg/L(雄性 198%~221%，雌性 189%~190%)剂量组观察到绝对及相对肝脏质量增加。200mg/L、1000mg/L、2000mg/L 剂量组经肉眼检查发现肝脏肿大，1000mg/L、2000mg/L 剂量组出现脾脏增大。1000、2000mg/L 剂量组组织学检查显示肝细胞空泡化，个别肝细胞坏死，胆汁滞留、胆管上皮增生和髓外造血增加，肾脏显示病变及皮质纤维化。3 只雄性黑猩猩给予 5mg/(kg・d) 及 75mg/(kg・d) 的乳氟禾草灵，随后经过两个月的恢复期。与给药前相比，肝脏乙酰辅酶 A 氧化酶、过氧化氢酶和肉碱乙酰转移酶均未受到影响。肝活检组织病理学评价没有显示出任何核增大，胞质嗜酸性粒细胞增多或肥大的证据，肝活检中过氧化物酶含量没有变化，肝脏电镜观察也未发现任何过氧化物酶体增殖的证据[8]。

(2)神经毒性

无信息。

(3)生殖发育毒性

大鼠喂食 0mg/L、50mg/L、500mg/L 及 2000mg/L 的乳氟禾草灵{F0，雄性/雌性[mg/(kg·d)]：0、2.6/3.1、26.2/31.8、103.5/121.3；F1，雄性/雌性[mg/(kg·d)]：0、 2.7/3.3、26.732.9、115.4/138.9}。母代在高剂量组出现肝脏和脾脏质量增加，肝脏和脾脏镜下病变率增加，子代没有发现肝脏毒性[8]。

(4)致癌性与致突变性

大鼠暴露于 0mg/L、50mg/L、500mg/L、1000mg/L 或 2000mg/L[0mg/(kg·d)、2mg/(kg·d)、19mg/(kg·d)、38mg/(kg·d)、76mg/(kg·d)]乳氟禾草灵 104 周。1000mg/L 剂量组肝脏和肾脏病变率增加，天门冬氨酸氨基转移酶、丙氨酸氨基转移酶和碱性磷酸酶活性增加，胆固醇、尿素氮、总蛋白和球蛋白的含量降低，色素细胞、枯否氏(Kupffer)细胞和肾皮质肾小管细胞数量增加。2000mg/L 的效应类似于 1000mg/L，但更严重。2000mg/L 的其他毒性影响包括嗜酸性粒细胞病灶改变增加及肝结节发病率升高[8]。

【人类健康效应】

可能的人类致癌物(高剂量)，可引起过敏反应[1]。

【危害分类与管制情况】

序号	毒性指标	PPDB 分类	PAN 分类
1	高毒	否	疑似
2	致癌性	可能	是(高剂量，可能)
3	致突变性	否	—
4	内分泌干扰性	是	无有效数据
5	生殖发育毒性	是	无有效数据
6	胆碱酯酶抑制性	否	否
7	神经毒性	否	—
8	呼吸道刺激性	无数据	
9	皮肤刺激性	否	—
10	眼刺激性	是	—

续表

序号	毒性指标	PPDB 分类	PAN 分类
11	地下水污染	—	无有效数据
12	国际公约或优控名录	列入 PAN 名录	

注:PPDB 数据库由英国赫特福德郡大学农业与环境研究所开发;PAN 数据库来自北美农药行动网(PANNA);
"—"表示无此项。

【限值标准】

每日允许摄入量 ADI 为 0.0015mg/(kg bw · d)[1]。

参 考 文 献

[1] TOXNET(Toxicology Data Network). https://toxnet.nlm.nih.gov/cgi-bin/sis/search2/f?./temp/~
     5rW3Mk: 1. [2016-12-07].

[2] Reddy K N, Locke M A, Bryson C T. Foliar washoff and runoff losses of lactofen, norflurazon,
     and fluometuron under simulated rainfall. J Agric Food Chem, 1994, 42(10): 2338-2343.

[3] Extension Toxicological Network (Extoxnet). Pesticide Information Profile for Lactofen.
     http://extoxnet.orst.edu/pips/lactofen.htm[2007-01-11].

[4] USEPA. EPA Pesticide Fate Database. http://cfpub.epa.gov/pfate/home.cfm [2007-01-11].

[5] PPDB: Pesticide Properties DataBase. http://sitem.herts.ac.uk/aeru/ppdb/en/Reports/1160.htm
     [2016-12-07].

[6] Aherns W H. Herbicide Handbook of the Weed Science Society of America. 7th ed. Champaign:
     Weed Science Society of America, 1994.

[7] Mill T, Haag W, Penwell P, et al. Environmental Fate and Exposure Studies Development of a
     PC-SAR for Hydrolysis: Esters, Alkyl Halides and Epoxides. EPA Contract No. 68-02-4254.
     Menlo Park, SRI International , 1987.

[8] EPA/OPPTS Health Effects Division. LACTOFEN: Report of the Mechanism of Toxicity
     Assessment Review Committee. EPA-HQ-OPP-2003-0294-0007. p. 14 (March 2001). http://
     www. regulations.gov/fdmspublic/component/main[2007-03-01].

噻苯隆(thidiazuron)

【基本信息】

化学名称：*N*-苯基-*N*-1,2,3-噻二唑-5-脲

其他名称：脱叶灵、脱叶脲

CAS 号：51707-55-2

分子式：$C_9H_8N_4OS$

相对分子质量：220.25

SMILES：O=C(Nc1ccccc1)Nc2snnc2

类别：苯基脲类除草剂

结构式：

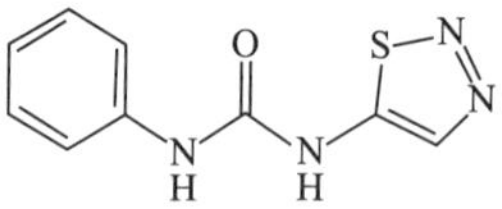

【理化性质】

无色晶体，密度 1.51g/mL，熔点 211.5℃，饱和蒸气压 $3.00×10^{-6}$mPa(25℃)。水溶解度(20℃)为 20mg/L。有机溶剂溶解度(20℃)：甲醇，4200mg/L；二氯甲烷，3mg/L；正己烷，2mg/L；甲苯，400mg/L。亨利常数为 $1.36×10^{-11}$Pa·m^3/mol(20℃)，辛醇/水分配系数 lgK_{ow} =1.77(pH =7, 20℃)。

【环境行为】

(1)环境生物降解性

好氧条件下，土壤中降解半衰期为 10d(20℃，实验室)[1]。水体中厌氧条件下稳定[2]。土壤(28d)及纯培养(42d)^{14}C-噻苯隆的残留率分别为98%及92.2%[3]。

(2)环境非生物降解性

缺少相应的水解官能团，不可水解[4]。研究也表明，在 pH 为 5~9 条件下不水解。含有波长大于 290nm 的生色团，光照后可快速转变成光学异构体 1-苯基-3-(1,2,5-噻二唑-3-基)脲。一项加速稳定性试验显示，在 54℃条件下存放 14d 稳

定[5]。

(3)环境生物蓄积性

基于 lgK_{ow} 的 BCF 估测值为 6.8，潜在生物蓄积性弱[6]。

(4)土壤吸附/移动性

吸附系数 K_{oc} 为 742，提示在土壤中具有轻微移动性[1]。pK_a 为 8.86[5]，在环境中会有一部分以阴离子形态存在，一般阴离子形式不会强烈吸附于含有机碳的土壤中[7]。

【生态毒理学】

鸟类（雄）急性 LD_{50}=16000mg/kg，鱼类（虹鳟）96h LC_{50}=19mg/L，溞类（大型溞）48h EC_{50}=10mg/L、21d NOEC=0.1mg/L，藻类（月牙藻）72h EC_{50}=0.15mg/L[1]。

【毒理学】

(1)一般毒性

大鼠急性经口 LD_{50}＞5350mg/kg，大鼠急性经皮 LD_{50}＞1000mg/kg，大鼠急性吸入 LC_{50}=2.3mg/L[1]。

在一项 90d 的亚慢性经口毒性试验中，小鼠暴露剂量分别为 0mg/L、500mg/L、1000mg/L、2000mg/L、4000mg/L（每组雌、雄各 10 只）。4000mg/L 剂量组小鼠在暴露 6d 后大部分死亡，中毒症状包括：肌肉活动减少、衰弱、竖毛、呼吸困难、触感冰冷及耸肩弓身，雄性小鼠出现步伐混乱，雌性小鼠没有粪便。第 8 天仍存活的 2 只雄性及 3 只雌性小鼠体重下降了 28%~29%，食物消耗量下降了 53%~62%。2000mg/L 剂量组雄性处理组碱性磷酸酶含量升高了 14%，白蛋白含量降低了 9%。2000mg/L 雌性处理组观察到轻微的小叶中心肝细胞肥大。1000mg/L 及以上剂量处理组，出现剂量相关的胆固醇含量降低及肾脏质量降低，但未观察到肾脏微观或宏观的变化；雌性处理组颌下唾液腺轻度弥漫性腺泡肥大发生率增加。500mg/L 剂量组没有观察到毒害效应[8]。

(2)神经毒性

无信息。

(3)生殖发育毒性

在一项生殖发育试验中，对 25 只怀孕大鼠在妊娠 6~15d 饲喂噻苯隆，剂量分别为 0mg/(kg·d)、25mg/(kg·d)、50mg/(kg·d)、100mg/(kg·d)及 300mg/(kg·d)。所有剂量组与对照组产仔数、着床率、着床前后流产率均没有差异。300mg/(kg·d)剂量组平均仔鼠质量及产仔总质量显著降低。未观察到剂量效应相关的外部、内脏或骨骼畸形。基于胎儿体重下降的生殖发育 LOAEL=300mg/(kg·d)，NOAEL=100mg/(kg·d)[8]。

(4)致癌性与致突变性

人类外周血淋巴细胞染色体畸变试验在有 S9 或没有 S9 活化的条件下（暴露剂量分别为 0μg/mL、9.4μg/mL、18.75μg/mL、37.5μg/mL、75μg/mL、150μg/mL、200μg/mL 及 250μg/mL），细胞染色体畸变率均未增加[8]。

【人类健康效应】

脲类化合物中毒症状：除大量摄入外，一般不会出现全身中毒。急性暴露刺激眼、黏膜，可引起咳嗽、气促、恶心、呕吐、腹泻、头痛、电解质紊乱等症状。慢性暴露可致蛋白质代谢紊乱、中度肺气肿及体重减轻[9]。

【危害分类与管制情况】

序号	毒性指标	PPDB 分类	PAN 分类[9]
1	高毒	—	否
2	致癌性	否	否
3	内分泌干扰性	无数据	无有效数据
4	生殖发育毒性	否	无有效数据
5	胆碱酯酶抑制性	否	否
6	神经毒性	可能	—
7	呼吸道刺激性	可能	—
8	皮肤刺激性	可能	—
9	眼刺激性	可能	—
10	地下水污染	—	无有效数据
11	国际公约或优控名录	无	

注：PPDB 数据库由英国赫特福德郡大学农业与环境研究所开发；PAN 数据库来自北美农药行动网（PANNA）；"—"表示无此项。

【限值标准】

无信息。

参 考 文 献

[1] PPDB: Pesticide Properties DataBase. http://sitem.herts.ac.uk/aeru/ppdb/en/Reports/634.htm [2016-12-01].

[2] USEPA. Reregistration Eligibility Decision of Thidiazuron for Use on Cotton, Docket ID: EPA-HQ-OPP-2004-0382, Document ID: EPA-HQ-OPP-2004-0382-0028, Posted March 6, 2006. http://www.regulations.gov/fdmspublic/ContentViewer?objectId=090000 64801 576a5& disposition=attachment&contentType=pdf [2009-06-16].

[3] Benezet H J, Knowles C O. Microbial degradation of thidiazuron and its photoproduct. Arch Environ Contam Toxicol, 1982, 11(1): 107-110.

[4] Lyman W J, Reehl W J, Roseblatt D H. Handbook of Chemical Property Estimation Methods. Washington DC: American Chemical Society, 1990: 7-4, 7-5, 8-12.

[5] Tomlin C D S. The e-Pesticide Manual. 13th ed. Ver. 3.1. Surrey: British Crop Protection Council, 2004.

[6] TOXNET (Toxicology Data Network). https://toxnet.nlm.nih.gov/cgi-bin/sis/search2/f?./temp/~ EAJkdm:1[2016-12-01].

[7] Boethling R S, Mackay D. Handbook of Property Estimation Methods for Chemicals. Boca Raton: Lewis Publ, 2000.

[8] USEPA, Office of Prevention, Pesticides, and Toxic Substances. Revised HED Human Health Risk Assessment for Thidiazuron (51707-55-2) (August 2005). EPA Docket No.: EPA-HQ-OPP-2004-0382-0017. 2005.

[9] PAN Pesticides Database—Chemicals. http://www.pesticideinfo.org/Detail_Chemical.jsp?Rec_Id= PC34583 [2016-12-01].

噻吩磺隆(thifensulfuron-methyl)

【基本信息】

化学名称：3-(4-甲氧基-6-甲基-1,3,5-三嗪-2-基氨基甲酰氨基磺酰基)噻吩-2-甲酸甲酯

其他名称：阔叶散、噻磺隆甲酯

CAS 号：79277-27-3

分子式：$C_{12}H_{13}N_5O_6S_2$

相对分子质量：387.39

SMILES：O=C(OC)c1sccc1S(=O)(=O)NC(=O)Nc2nc(nc(OC)n2)C

类别：磺酰脲类除草剂

结构式：

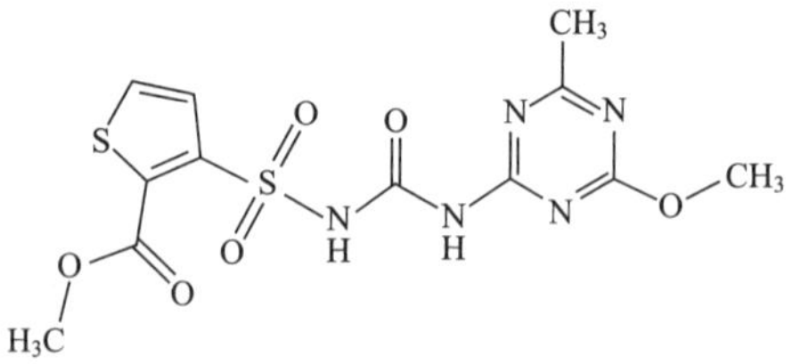

【理化性质】

白色细粉末，密度 1.49g/mL，熔点 171℃，沸腾前分解，饱和蒸气压 $5.19×10^{-6}$mPa (25℃)。水溶解度(20℃)为 54.1mg/L。有机溶剂溶解度(20℃)：丙酮，1900mg/L；甲醇，2600mg/L；乙醇，900mg/L；乙酸乙酯，2600mg/L。亨利常数为 $2.30× 10^{-8}$Pa·m^3/mol(20℃)，辛醇/水分配系数 $\lg K_{ow} = -1.65$(pH=7，20℃)。

【环境行为】

(1)环境生物降解性

好氧条件下，土壤中降解半衰期为 1.39d(20℃，实验室)[1]。灭菌、未灭菌圣纳泽尔土壤(pH=6.7、有机质 2%、黏粒 22%、砂粒 24.3%)中，降解半衰期分别

为 27d 和 1.6d；pH 为 7.8，含有机质 1.5%、黏粒 19.6%、砂粒 19%的土壤中，降解半衰期分别为 25d(灭菌)及 2d(未灭菌)[2]。pH 为 6.7、含有机质 2%、黏粒 22%、砂粒 24.3%的土壤中，降解半衰期分别为 22h、41.7h、52.8h 及 89h[3]。

厌氧条件下，土壤中降解半衰期为 27.0d[4]。

(2)环境非生物降解性

pH 为 7 的水中光解半衰期为 94d[1]。水解半衰期分别为 4~6d(pH=5)、180d(pH=7)、90d(pH=9)[1,5]。在 29℃，pH 分别为 5、6、8、9 及 10 条件下，水解半衰期分别为 346d、1950d、739d、130d 及 12d[2]。25℃、不同 pH 条件下，水解半衰期分别为 0.42d(pH=4)、1.05d(pH=5)、7.07d(pH=6.5)、4.90d(pH=7.5)、3.26d(pH=8.5)[6]。环境中噻吩磺隆可直接光解[7]。

(3)环境生物蓄积性

生物富集系数 BCF 为 0.8，提示生物蓄积性弱[2]。

(4)土壤吸附/移动性

吸附系数 K_{oc} 为 13~55，提示在土壤中移动性强[1, 8]。$pK_a=4.0$[2]，化合物分子中的氮主要以阴离子形态存在，一般阴离子形式不会强烈吸附于含有机碳的土壤中[8]。

【生态毒理学】

鸟类(绿头鸭)急性 $LD_{50}>2510mg/kg$、短期摄食 $LC_{50}>5620mg/kg$，鱼类(虹鳟)96h $LC_{50}>56.4mg/L$、21d $NOEC>250mg/L$，溞类(大型溞)48h $EC_{50}=60.7mg/L$、21d $NOEC=100mg/L$，藻类(月牙藻)72h $EC_{50}>0.8mg/L$，蜜蜂经口 48h $LD_{50}>7.1\mu g/$蜜蜂、接触 48h $LD_{50}>100\mu g/$蜜蜂，蚯蚓(赤子爱胜蚓)14d $LC_{50}>2000mg/kg$[1]。

【毒理学】

(1)一般毒性

大鼠急性经口 $LD_{50}>5000mg/kg$，大鼠急性经皮 $LD_{50}>2000mg/kg$，大鼠急性吸入 $LC_{50}>5.03mg/L$[1]。

对于啮齿类动物口服噻吩磺隆超过 90d，$NOAEL=7mg/(kg \cdot d)$(雄性)和 $9mg/(kg \cdot d)$(雌性)，基于体重降低及器官质量增加的 $LOAEL=177mg/(kg \cdot d)$(雄性)及 $216mg/(kg \cdot d)$(雌性)[9]。大鼠饲喂噻吩磺隆 24 个月，剂量分别为 0mg/L、25mg/L、500mg/L 及 2500mg/L。高剂量组观察到体重增加显著降低、血钠含量偶发降低[10]。犬慢性毒性试验显示，$NOAEL=18.75mg/(kg \cdot d)$，基于高剂量组雄性肝脏质量增加，高剂量组雌性甲状腺重/体重比值增加的 $LOAEL= 18.75mg/(kg \cdot d)$[9]。

(2)神经毒性

无信息。

(3)生殖发育毒性

啮齿类动物发育试验未观察到明显毒性，母代 NOAEL=725mg/(kg·d)，子代发育 NOAEL=159mg/(kg·d)，基于平均胎儿体重降低的 LOAEL=725mg/(kg·d)[9]。

(4)致癌性与致突变性

小鼠致癌性研究显示，NOAEL=4.3mg/(kg·d)(雌性)及 979mg/(kg·d)(雄性)，基于中、高剂量组雌性小鼠体重降低的 LOAEL=750mg/(kg·d)，未显示致癌性[9]。

【人类健康效应】

脲类化合物中毒症状：除大量摄入外，一般不会出现全身中毒。急性暴露刺激眼、皮肤、黏膜，可引起咳嗽、气促、恶心、呕吐、腹泻、头痛、电解质紊乱等症状。慢性暴露可致蛋白质代谢受干扰、中度肺气肿及体重减轻[4]。

【危害分类与管制情况】

序号	毒性指标	PPDB 分类	PAN 分类
1	高毒	—	低毒
2	致癌性	否	不太可能
3	内分泌干扰性	否	无有效数据
4	生殖发育毒性	疑似	无有效数据
5	胆碱酯酶抑制性	否	否
6	神经毒性	是	—
7	呼吸道刺激性	是	—
8	皮肤刺激性	否	—
9	眼刺激性	否	—
10	地下水污染	—	潜在影响
11	国际公约或优控名录	无	

注：PPDB 数据库由英国赫特福德郡大学农业与环境研究所开发；PAN 数据库来自北美农药行动网(PANNA)；"—"表示无此项。

【限值标准】

每日允许摄入量 ADI 为 0.0015mg/(kg bw •d)，操作者允许接触水平（AOEL）为 0.15mg/(kg bw • d)[1]。

参 考 文 献

[1] PPDB: Pesticide Properties DataBase. http://sitem.herts.ac.uk/aeru/ppdb/en/Reports/635.htm [2016-12-10].

[2] TOXNET（Toxicology Data Network）. https://toxnet.nlm.nih.gov/cgi-bin/sis/search2/f?./temp/~OmME5F:1 [2016-12-10].

[3] Cambon J P, Bastide J, Vega D. Mechanism of thifensulfuron-methyl transformation in soil. J Agric Food Chem, 1998, 46(3): 1210-1216.

[4] PAN Pesticides Database—Chemicals. http://www.pesticideinfo.org/Detail_Chemical.jsp?Rec_Id= PC35449 [2016-12-10].

[5] Tomlin C D S. The e-Pesticide Manual: A World Compendium. 13th ed. Ver. 3.0. Surrey: British Crop Protection Council, 2003.

[6] Dinelli G, Vicari A, Bonetti A, et al. Hydrolytic dissipation of four sulfonylurea herbicides. J Agric Food Chem, 1997, 45(5): 1940-1945.

[7] Samanta S, Kole R K, Chowdhury A. Photodegradation of metsulfuron methyl in aqueous solution. Chemosphere, 1999, 39(6): 873-879.

[8] Boethling R S, Mackay D. Handbook of Property Estimation Methods for Chemicals. Boca Raton: Lewis Publ, 2000.

[9] USEPA. U.S. Environmental Protection Agency's Integrated Risk Information System（IRIS）on Thifensulfuron-methyl（79277-27-3）. http://www.epa.gov/iris/index.html [2005-09-28].

三氯吡氧乙酸(triclopyr)

【基本信息】

化学名称：[(3,5,6-三氯-2-吡啶)氧基]乙酸

其他名称：盖灌能、盖灌林、定草酯、绿草定

CAS 号：55335-06-3

分子式：$C_7H_4Cl_3NO_3$

相对分子质量：256.5

SMILES：ClC1=C(OCC(O)=O)N=C(Cl)C(Cl)=C1

类别：吡啶类除草剂

结构式：

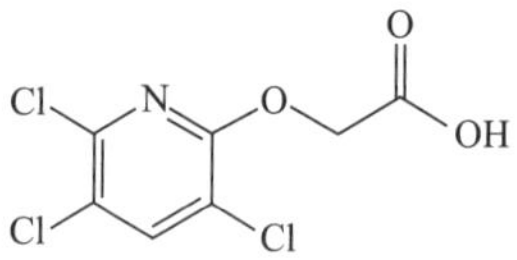

【理化性质】

白色固体，熔点150℃，沸腾前分解，饱和蒸气压0.1mPa(25℃)，密度1.3g/mL。水溶解度(20℃)为8100mg/L。有机溶剂溶解度(20℃)：正己烷，90mg/L；甲苯，19000mg/L；甲醇，665000mg/L；丙酮，582000mg/L。辛醇/水分配系数 lgK_{ow}=4.62(pH=7, 20℃)，亨利常数为$4.0×10^{-8}$Pa·m³/mol。

【环境行为】

(1)环境生物降解性

好氧条件下，土壤中降解半衰期为30d(20℃，实验室)[1]。添加浓度为1mg/kg，粉壤土和砂壤土中的降解半衰期分别为8d和18d，降解产物包括3,5,6-三氯-2-吡啶及 3,5,6-三氯-2-甲氧基吡啶，最终降解为二氧化碳[2]。阿肯色州稻田表层土及深层土中平均半衰期为138d，30℃条件下的降解速率快于15℃。在吸附最强的土壤中降解最慢[3]。

(2)环境非生物降解性

25℃条件下，与光化学反应产生的羟基自由基反应的速率常数为 $4.8×10^{-12}cm^3/$（mol·s）。大气羟基自由基浓度为 $5×10^5cm^{-3}$，间接光解半衰期为 3.3d[2]。pH 为 7 时，水中光解半衰期为 0.1d[1]。另有研究显示，光解半衰期小于 12h[3]。

温度与 pH 显著影响水解作用。20℃、pH 为 7 时，水解半衰期为 8.7d；pH 为 5 时，25℃与 35℃的水解半衰期分别为 84d、26d；pH 为 7 时，25℃与 35℃的水解半衰期分别为 8.7d、2.3d；pH 为 9 时，25℃与 35℃的水解半衰期分别为 0.3d、0.06d[1]。

(3)环境生物蓄积性

基于 lgK_{ow} 的 BCF 估测值为 3，BCF 测定值为 0.77，提示生物蓄积性弱[1,2]。

(4)土壤吸附/移动性

吸附系数 K_{oc} 为 27[1]。土壤 pH 为 5~7.7 时，K_{oc} 值为 1.5~134[4]，提示土壤中移动性强。

【生态毒理学】

鸟类(绿头鸭)急性 $LD_{50}=1698mg/kg$、短期摄食 $LC_{50}>5620mg/kg$，鱼类 96h $LC_{50}=117mg/L$（虹鳟）、21d NOEC=46.3mg/L（鱼种不详），溞类 48h $EC_{50}>131mg/L$（大型溞）、21d NOEC=48.5mg/L（溞种不详），藻类 72h $EC_{50}=75.8mg/L$（月牙藻）、96h NOEC=8mg/L（藻种不详），蜜蜂接触 48h $LD_{50}>100mg$/蜜蜂，蚯蚓（赤子爱胜蚓）14d $LC_{50}>521mg/kg$[1]。

【毒理学】

(1) 一般毒性

大鼠急性经口 $LD_{50}=630mg/kg$，大鼠短期膳食暴露 NOAEL=3mg/kg，大鼠急性经皮 $LD_{50}>2000mg/kg$，大鼠急性吸入 $LC_{50}>4.8mg/kg$[1]。

给予雄性猕猴灌胃三氯吡氧乙酸，剂量为 5mg/(kg·d)，持续 28d，然后剂量增加至 20mg/(kg·d)，持续 102d。雄性犬组分别给予口服 5mg/(kg·d)或饲喂添加量为 5mg/(kg·d)的饲料，持续 47d。在多个时间点进行以下功能和临床化学参数评估：外源酚(PSP)的排泄，菊粉和对氨基马尿酸(PAH)去除率(仅猕猴)、内生肌酐去除率、血尿素氮(BUN)去除率。结果显示：内生肌酐、BUN 及菊粉去除率均在正常范围内，连续的三氯吡氧乙酸摄入对肾小球滤过率没有影响。对于猕猴，随着暴露剂量增加，PSP 和 PAH 的排泄率明显增加，表明三氯吡氧乙酸可以竞争相同的蛋白结合位点从而提高其去除率。对于狗，三氯吡氧乙酸可显著降低 PSP 的排泄率，并且这种降低是可逆的，排泄率降低与血浆中的三氯吡氧乙酸的浓度成反比，表明三氯吡氧乙酸可有效地与 PSP 竞争狗肾近小管的活性分泌位点。相比之下，猕猴对于三氯吡氧乙酸对活性分泌过程的影响不敏感，即使在比狗[5mg/(kg·d)]高 3 倍的有效剂量下[20mg/(kg·d)][5]。

(2) 生殖发育毒性

新西兰白兔在怀孕第 6~18 天灌胃暴露剂量分别为 0mg/(kg·d)、10mg/(kg·d) 和 25mg/(kg·d)，可观察到瞬时的与剂量相关的怀孕母兔的体重增加降低现象，但是无证据表明任何与给药相关的胎儿发育毒性[6]。SD 大鼠在怀孕第 6~15 天灌胃三氯吡氧乙酸，剂量为 0mg/(kg·d)、50mg/(kg·d)、100mg/(kg·d) 和 200mg/(kg·d)。可观察到剂量相关的母体毒性，但所有剂量组均未观察到致畸效应，虽然在高剂量组[200mg/(kg·d)]观察到轻微的胚胎毒性，但其与母体毒性相比却是非常次要的[7]。

(3) 神经毒性

无信息。

(4) 致癌性与致突变性

无信息。

【人类健康效应】

高毒，为心脏、肾脏及肝脏毒物[1]。

【危害分类与管制情况】

序号	毒性指标	PPDB 分类	PAN 分类
1	高毒	是	无有效数据
2	致癌性	否	无有效数据
3	致突变性	否	—
5	内分泌干扰性	无数据	无有效数据
6	生殖发育毒性	可能	无有效数据
7	胆碱酯酶抑制性	否	否
8	神经毒性	无数据	—
9	呼吸道刺激性	无数据	—
10	皮肤刺激性	可能	—
11	眼刺激性	是	—

续表

序号	毒性指标	PPDB 分类	PAN 分类
12	地下水污染	—	疑似
13	国际公约或优控名录	无	

注：PPDB 数据库由英国赫特福德郡大学农业与环境研究所开发；PAN 数据库来自北美农药行动网(PANNA)；"—"表示无此项。

【限值标准】

每日允许摄入量（ADI）为 0.02mg/（kg bw · d），急性参考剂量（ARfD）为 0.3mg/（kg bw · d），操作者允许接受水平（AOEL）为 0.05mg/（kg bw · d）[1]。

参 考 文 献

[1] PPDB: Pesticide Properties DataBase. http://sitem.herts.ac.uk/aeru/ppdb/en/Reports/545.htm [2016-08-15].

[2] USEPA. Reregistration Eligibility Decisions（REDs）Database on Triclopyr（55335-06-3）. USEPA 738-R-98-011. http://www.epa.gov/pesticides/reregistration/status.htm[2002-09-24].

[3] TOXNET（Toxicology Data Network）. https://toxnet.nlm.nih.gov/cgi-bin/sis/search2/f?./temp/~niozgX: 3 [2016-08-15].

[4] Tomlin C D S. The Pesticide Manual: A World Compendium. 11th ed. Surrey: British Crop Protection Council, 1997: 1238.

[5] USDA, Agricultural Research Service. ARS Pesticide Properties Database on Triclopyr（55335-06-3）. http://www.ars.usda.gov/Services/docs.htm?docid=14199[2002-09-24].

[6] Timchalk C, Finco D R, Quast J F. Evaluation of renal function in rhesus monkeys and comparison to beagle dogs following oral administration of the organic acid triclopyr（3,5,6-trichloro-2-pyridinyloxyacetic acid）. Fundam Appl Toxicol, 1997, 36（1）: 47-53.

[7] Hanley T R, Calhoun L L, Yano B L, et al. Teratologic evaluation of inhaled propylene glycol monomethyl ether in rats and rabbits. Toxicol Sci, 1984, 4（5）: 784-794.

三氟羧草醚(acifluorfen)

【基本信息】

化学名称：5-(2-氯-4-三氟甲基苯氧基)-2-硝基苯甲酸

其他名称：杂草焚、杂草净

CAS 号：50594-66-6

分子式：$C_{14}H_7ClF_3NO_5$

相对分子质量：361.66

SMILES：Clc2cc(ccc2Oc1cc(C(=O)O)c([N+]([O–])=O)cc1)C(F)(F)F

类别：硝基苯类除草剂

结构式：

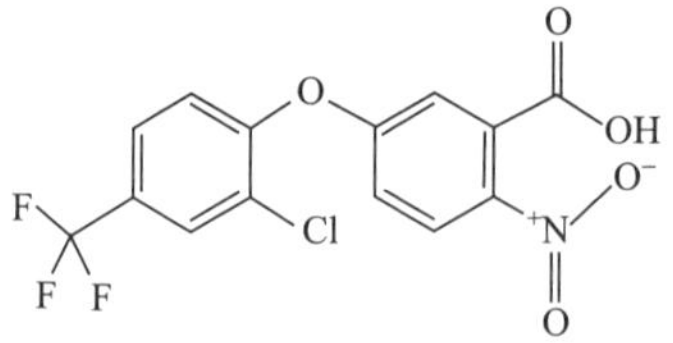

【理化性质】

白色固体，熔点 155℃，饱和蒸气压 0.133mPa(25℃)。水溶解度(20℃)为 250000mg/L。有机溶剂溶解度(20℃)：丙酮，50000mg/L；正己烷，1000mg/L。辛醇/水分配系数 lgK_{ow} =1.18(pH=7，20℃)，亨利常数为 $7.90×10^{-11}$Pa·m^3/mol (20℃)。

【环境行为】

(1)环境生物降解性

好氧条件下，土壤中降解半衰期为 54d。在粉壤土中降解半衰期为 108d、黏土中降解半衰期为 200d [1]。

(2)环境非生物降解性

pH 为 7、20℃条件下稳定，不水解。水中光解半衰期为 4d(pH=7)。在＜350nm

波长的光辐照下较快脱羧转化，光解产物较为稳定[2]。

(3)环境生物蓄积性

基于 $\lg K_{ow} < 3$，潜在生物蓄积性弱[1]。

(4)土壤吸附/移动性

吸附系数 K_{oc} 为 113，提示土壤中移动性中等[1]。

【生态毒理学】

鸟类(绿头鸭)急性 $LD_{50} = 2821mg/kg$，鱼类(虹鳟)96h $LC_{50} = 54mg/L$，溞类(大型溞)48h $EC_{50} = 28mg/L$，蚯蚓(赤子爱胜蚓)14d $LC_{50} > 1800mg/kg$[1]。

【毒理学】

(1)一般毒性

大鼠急性经口 $LD_{50} = 1370mg/kg$，兔子急性经皮 $LD_{50} > 2000mg/kg$，大鼠急性吸入 $LC_{50} = 6.9mg/L$[1]。另有报道，对雄、雌小鼠急性经口 LD_{50} 分别为 1470mg/kg 和 2330mg/kg；对雄、雌大鼠急性经口 LD_{50} 分别为 1260mg/kg 和 1710mg/kg，急性经皮 $LD_{50} > 4640mg/kg$；骨髓微核和精子畸形试验结果为阴性[3]。

SD 大鼠经饲喂染毒三氟羧草醚，连续 90d，剂量为 10mg/kg、40mg/kg 及 160mg/kg，每剂量组雌、雄大鼠各 10 只。染毒第 9～13 周，雄性高剂量组摄食量明显低于对照组；染毒第 5～13 周，雌性高剂量组摄食量明显低于对照组；雄性高剂量组大鼠第 11～13 周体重明显低于对照组，雌性高剂量组第 5～13 周及中剂量组第 13 周时体重明显低于对照组；雄性中剂量组和高剂量组大鼠的粒细胞百分数明显低于对照组，雌性高剂量组大鼠的红细胞数及血红蛋白浓度明显低于对照组；雄性大鼠的脏器系数未见明显改变，雌性高剂量组的心脏、肝脏、肾脏、大脑、卵巢、肾上腺脏器系数明显高于对照组。各组动物大体解剖及组织病理学检查未见明显改变。95%三氟羧草醚原药对大鼠 90d 亚慢性毒性作用的靶器官可能为肝脏、肾脏和血液系统，对雄性和雌性大鼠的无作用剂量(NOAEL)分别为 10.9mg/kg 和 10.8mg/kg[4]。

(2)神经毒性

无信息。

(3)生殖发育毒性

无信息。

(4)致癌性与致突变性

无信息。

【人类健康效应】

肝脏、心脏及肾脏毒物(高剂量)[1]。致癌性：USEPA 分类 B2，动物研究结果充分证明其致癌性，但人类癌症发病流行病学资料缺乏或无数据[5]。

【危害分类与管制情况】

序号	毒性指标	PPDB 分类	PAN 分类[5]
1	高毒	否	低毒
2	致癌性	可能	是(USEPA：B2 类)
3	致突变性	否	—
4	内分泌干扰性	无数据	疑似
5	生殖发育毒性	可能	疑似
6	胆碱酯酶抑制性	否	否
7	神经毒性	否	—
8	呼吸道刺激性	无数据	—
9	皮肤刺激性	是	—
10	眼刺激性	是	—
11	地下水污染	—	疑似
12	国际公约或优控名录	列入 PAN 名录、加州 65 种已知致癌物名录(三氟羧草醚钠盐)	

注：PPDB 数据库由英国赫特福德郡大学农业与环境研究所开发；PAN 数据库来自北美农药行动网(PANNA)；"—"表示无此项。

【限值标准】

每日允许摄入剂量 ADI 为 0.0125mg/(kg bw·d)[1]。

参 考 文 献

[1] PPDB: Pesticide Properties DataBase. http://sitem.herts.ac.uk/aeru/ppdb/en/Reports/819.htm [2016-04-05].

[2] 刘维屏, 方卓. 新农药环境化学行为研究(V)——三氟羧草醚(Acifluorfen)在土壤和水环境中的滞留、转化. 环境科学学报, 1995, 15(3): 295-301.

[3] 谭军, 杨泗溥, 李凤珍. 三氟羧草醚的毒性研究. 农药, 1999, (7): 11-12.

[4] 侯粉霞, 杜建雄, 鱼涛, 等. 95%三氟羧草醚原药对大鼠的亚慢性毒性. 毒理学杂志, 2007, 21 (6): 487-488.

[5] PAN Pesticides Database—Chemicals http://www.pesticideinfo.org/Detail_Chemical.jsp?Rec_Id= PC37357 [2016-04-05].

杀草强 (amitrole)

【基本信息】

化学名称：3-氨基-1,2,4-三氮唑

其他名称：甲磺比林钠、磺甲比林

CAS 号：61-82-5

分子式：$C_2H_4N_4$

相对分子质量：84.08

SMILES：n1cnnc1N

类别：三唑类除草剂

结构式：

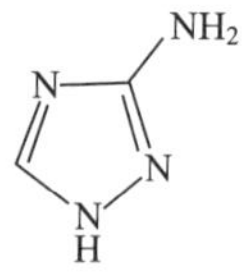

【理化性质】

白色晶体或结晶粉末，密度 1.14g/mL，熔点 155℃，沸腾前分解，饱和蒸气压 0.033mPa (25℃)。水溶解度 (20℃) 为 264000mg/L。有机溶剂溶解度 (20℃)：甲苯，20mg/L；异丙醇，27000mg/L；二氯甲烷，100mg/L；丙酮，2900mg/L。辛醇/水分配系数 $\lg K_{ow}$= −0.97 (pH=7, 20℃)，亨利常数为 $1.76×10^{-8}$Pa·m^3/mol (25℃)。

【环境行为】

(1) 环境生物降解性

在温暖潮湿的土壤中 2~3 周降解完全[1]。好氧条件下，土壤中降解半衰期 (DT_{50}) 为 4.3~17.6d，DT_{90} 为 11.2~289.7d[2]。

厌氧条件下，土壤中降解半衰期为 186d[3]。

（2）环境非生物降解性

大气中气态杀草强与羟基自由基反应的速率常数为 $5×10^5 cm^3/(mol \cdot s)$ $(25℃)$，间接光解半衰期约为 3d[1]。^{14}C 标记的杀草强在过滤灭菌的缓冲溶液中，$25℃$黑暗条件下 30d 内未发生水解。在过滤灭菌的缓冲溶液中(pH 为 5、7 和 9，$25℃$)经人工光照(紫外线经玻璃过滤后的氙弧灯)30d 内未发生光解[1]。难水解[2]。

（3）环境生物蓄积性

BCF 为 2.4[2]，鲤鱼 42d BCF$<$3[4]，提示生物蓄积性弱。

（4）土壤吸附/移动性

吸附系数 K_{oc} 为 121[3]。在粉质黏土、沙质土壤、砂土和淤泥质土中 Freundlich 吸附系数 K_f 值为 0.152~0.922，提示在土壤中可移动[1]；K_f 值为 0.152 ~ 3.79，K_{foc} 值为 20 ~ 202，提示土壤中移动性中等[2]。

【生态毒理学】

鸟类(山齿鹑)急性 $LD_{50}>2150mg/kg$、短期摄食 $LC_{50}>5000mg/kg$，鱼类(虹鳟)96h $LC_{50}>1000mg/L$、21d NOEC= 100mg/L、溞类(大型溞)48h $EC_{50}=$ 6.1mg/L、21d NOEC= 0.32mg/L，藻类(栅藻)72h $EC_{50}=$ 2.3mg/L，藻类(小球藻)96h NOEC= 1mg/L，蜜蜂接触 48h $LD_{50}>100μg/$蜜蜂、经口 48h $LD_{50}>152μg/$蜜蜂，蚯蚓(赤子爱胜蚓)14d $LC_{50}>448mg/kg$[2]。

【毒理学】

（1）一般毒性

大鼠急性经口 $LD_{50}>5000mg/kg$，大鼠急性经皮 $LD_{50}>2500mg/kg bw$，大鼠急性吸入 $LC_{50}>0.439mg/L$[2]。

雌、雄大鼠每组 5 只喂食暴露剂量为 0mg/kg、100mg/kg、1000mg/kg 和 10000mg/kg 的杀草强 63d，两个最高剂量组雌、雄大鼠体重增长均降低，食物消耗量减少，但无死亡和临床中毒症状。组织病理学检查发现，两个最高剂量组大鼠肝脏中央静脉周围肝细胞空泡增多，肾脏、小肠、脾脏和睾丸脂肪变性[5]。

Fischer-344 大鼠，每组雌、雄各 15 只暴露于 0mg/L、0.1mg/L、0.32mg/L、0.99mg/L 和 4.05mg/L 的杀草强(纯度 94.6%)气溶胶中，每天暴露 5h，每周暴露 5 次，持续 4 周。结果发现，大鼠行为和体重无明显改变。暴露 27d 时，T4 激素的含量在两个最高剂量组显著降低，暴露 14d 时，所有剂量组 T3 水平均降低，甲状腺发生增生性病例改变[5]。

（2）神经毒性

无信息。

（3）生殖发育毒性

一代和两代生殖试验研究发现，大鼠喂食暴露 25mg/kg、100mg/kg、500mg/kg 和 1000mg/kg 的杀草强，500mg/kg 和 1000mg/kg 剂量组被发现有胎儿毒性但不致畸[6]。

小鼠妊娠期皮下注射 215mg/(kg·d) 和 464mg/(kg·d) 或喂食暴露 500mg/kg、1000mg/kg、2500mg/kg 和 5000mg/kg 的杀草强；大鼠经口暴露 20~1000mg/(kg·d) 的杀草强均未引起子代畸形数显著增加[6]。

（4）致癌性与致突变性

大鼠通过饮水暴露于杀草强，可诱发甲状腺肿大，甲状腺脏器系数(与体重的比值)增加，增生性腺体胶质损失。甲状腺脏器系数增加发生于 50mg/L、250mg/L 和 1250mg/L 的暴露浓度，暴露时间为 106d[7]。

用杀草强水溶液对小鼠进行灌胃，可引起小鼠甲状腺增生[8]。经小鼠、大鼠皮下注射杀草强可引发甲状腺及肝脏肿瘤[9]，但其作用机制尚不明确。杀草强通过抑制甲状腺过氧化物酶的作用引起甲状腺的肥大和滤泡上皮细胞的增生[10]，可能通过巨蛋白的作用影响甲状腺肿瘤的发生[11]，杀草强的氧化代谢产物 AMT 介导的 DNA 损伤，也是杀草强致肿瘤的重要机制[12]。

【人类健康效应】

可能的甲状腺毒物，致癌性分类为 3 类(IARC)[2]。

健康人群和甲状腺功能亢进症患者单次口服暴露 100mg 的杀草强，可持续 24h 抑制甲状腺对 I[131] 的吸收，10mg 剂量具有轻微效应，可以作为阈剂量[6]。

一名妇女口服暴露杀草强和敌草隆混合物(相当于 20mg/kg bw 的杀草强)，未出现中毒症状。对人类志愿者进行斑贴试验，暴露杀草强 4~8h 后未出现原发性皮肤刺激作用；24h 后，6 名志愿者中有 3 名观察到轻微的刺激作用[13]。

一项在瑞典进行的人群队列研究，铁路工人每年有数周暴露于各种除草剂(2,4-D、2,4,5-T、杀草强、敌草隆、灭草隆)及无机化学品。死亡人数没有明显增加，但是恶性肿瘤死亡率明显增加。根据工人是否暴露于杀草强对队列进行分类，研究发现总的肿瘤和肺癌的发病率在杀草强和其他除草剂复合暴露组中明显增加[14]。

【危害分类与管制情况】

序号	毒性指标	PPDB 分类	PAN 分类[3]
1	高毒	否	否
2	致癌性	否	是
3	致突变性	可能	—
4	内分泌干扰性	可能	疑似
5	生殖发育毒性	是	无有效数据
6	胆碱酯酶抑制性	否	否
7	神经毒性	否	—
8	呼吸道刺激性	否	—
9	皮肤刺激性	—	—
10	眼刺激性	否	—
11	地下水污染	—	潜在可能
12	国际公约或优控名录	列入 PAN 名录、加州65种已知致癌物名录、美国有毒物质(致癌物)排放清单、欧盟内分泌干扰物名录	

注:PPDB 数据库由英国赫特福德郡大学农业与环境研究所开发;PAN 数据库来自北美农药行动网(PANNA);"—"表示无此项。

【限值标准】

每日允许摄入量(ADI)为 0.001mg/(kg bw·d),操作者允许接触水平(AOEL)为 0.001mg/(kg bw·d)[2]。

参 考 文 献

[1] USEPA. Reregistration Eligibility Decisions(REDs)Database on Amitrole, List A, Case 0095. August, 1996.(61-82-5). http://www.epa.gov/pesticides/reregistration/status.htm[2006-01-31].

[2] PPDB: Pesticide Properties DataBase. http://sitem.herts.ac.uk/aeru/ppdb/en/Reports/31.htm [2016-12-06].

[3] PAN Pesticides Database — Chemicals. http://www.pesticideinfo.org/Detail_Chemical.jsp? Rec_Id=PC34917 [2016-12-06].

[4] Chemicals Inspection and Testing Institute. Biodegradation and bioaccumulation data of existing chemicals based onthd CSCL Japan. 1992.

[5] WHO. Environmental Health Criteria Document No. 158: Amitrole(61-82-5). http://www. inchem.org/pages/ehc.htm[2006-01-30].

[6] Documentation of the TLV's and BEI's with Other World Wide Occupational Exposure Values.

CD-ROM. Cincinnati: American Conference of Governmental Industrial Hygienists, 2005: 2.

[7] Clayton G D, Clayton F E. Patty's Industrial Hygiene and Toxicology. Vol. 2A, 2B, 2C: Toxicology. 3rd ed. New York: John Wiley Sons, 1981-1982: 2703.

[8] 孙丁, 王津涛, 潘红梅, 等. 甲状腺素干扰物对甲状腺滤泡细胞分泌甲状腺球蛋白功能的影响. 环境与健康杂志, 2011, 7(4): 210-212.

[9] Abe T, Konishi T, Hirano T, et al. Possible correlation between DNA damage induced by hydrogen peroxide and translocation of heat shock 70 protein into the nucleus. Biochem Biophys Res Commun, 1995, 206(2): 548-555.

[10] Hurley P M. Mode of carcinogenic action of pesticides inducing thyroid follicular cell tumors in rodents. Environ Health Perspect, 1998, 106(8): 437-445.

[11] 张素才, 周子人, 王文冬, 等. 杀草强致甲状腺增生的量效关系初探. 现代预防医学, 2008, 7: 1353-1354.

[12] lmai T, Omose J, Hasumura M, et al. Indomethacin induces small intestinal damage and inhibits amitrole-associated thyroid carcinogenesis in rats initiated with N-bis(2-hydroxypropyl) nitrosamine. Toxicol Lett, 2006, 164(1): 71-80.

[13] IARC. Monographs on the Evaluation of the Carcinogenic Risk of Chemicals to Humans. Geneva: World Health Organization, International Agency for Research on Cancer, 1972-PRESENT. (Multivolume work). Vol. 79, p. 392(2001). http://monographs.iarc.fr/ENG/Classification/index.php[2016-12-06].

[14] Documentation of the TLV's and BEI's with Other World Wide Occupational Exposure Values. CD-ROM. Cincinnati: American Conference of Governmental Industrial Hygienists, 2005: 3.

莎稗磷(anilofos)

【基本信息】

化学名称：*O,O*-二甲基-*S*-4-氯-*N*-异丙基苯氨基甲酰基甲基二硫代磷酸酯

其他名称：阿罗津

CAS 号：64249-01-0

分子式：$C_{13}H_{19}ClNO_3PS_2$

相对分子质量：367.85

SMILES：Clc1ccc(N(C(=O)CSP(=S)(OC)OC)C(C)C)cc1

类别：有机磷类除草剂

结构式：

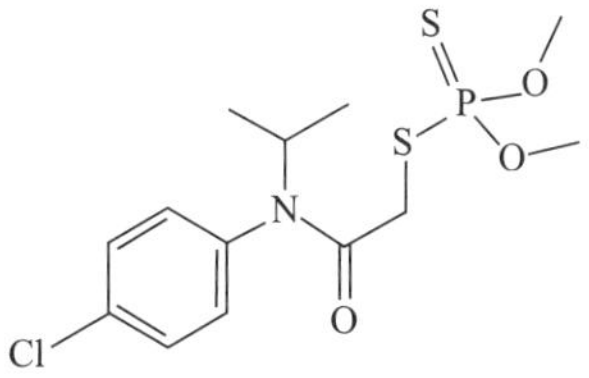

【理化性质】

无色至淡棕色晶状固体，密度 1.27g/mL，熔点 51℃，沸腾前分解，饱和蒸气压 2.2mPa(25℃)。水溶解度(20℃)为 9.4mg/L。有机溶剂溶解度(20℃)：甲苯，1000000mg/L；丙酮，1000000mg/L；乙酸乙酯，2000000mg/L；正己烷，12000mg/L。辛醇/水分配系数 $\lg K_{ow}=3.81$(pH =7, 20℃)。

【环境行为】

(1)环境生物降解性

淹水条件下，在稻田土壤中的半衰期为 2.65d[1]、1.51d[2]。好氧条件下，土壤中降解半衰期为 30~45d，典型值为 38d[3]。

(2)环境非生物降解性

对紫外光不敏感；在 20℃、pH 为 5~9 条件下水中稳定[3]。

(3)环境生物蓄积性

无信息。

(4)土壤吸附/移动性

Freundlich 吸附系数 K_f 为 3.35~11.73、K_{foc} 为 771~1288[3]，在土壤中具有轻微移动性。

【生态毒理学】

鸟类(鹌鹑)急性 $LD_{50}>3360mg/kg$，鱼类(虹鳟)96h $LC_{50}>2.8mg/L$，溞类(大型溞)48h $EC_{50}>56.0mg/L$，蜜蜂接触 48h $LD_{50}=5.9\mu g/$蜜蜂[3]。

【毒理学】

(1)一般毒性

大鼠急性经口 $LD_{50}=472mg/kg$，大鼠急性经皮 $LD_{50}>2000mg/kg\,bw$，大鼠急性吸入 $LC_{50}=26.0mg/L$[3]。

(2)神经毒性

大鼠经口暴露 50mg/kg、100mg/kg 和 200mg/kg 的莎稗磷 28d，最高剂量组(200mg/kg)大鼠体温降低并出现渐进性体重减轻，无死亡；大脑、肺和睾丸质量未改变，肝脏、脾脏、肾脏质量增加。此外，莎稗磷抑制胆碱酯酶(CHE)活性，红细胞、血浆、血液、脑和肝胆碱酯酶活性分别为对照组的 41%~67%、36%、37%~64%、63%~73%和 9%[4]。

(3)生殖发育毒性

大鼠在孕期 6~15d 暴露 100mg/(kg·d)的莎稗磷，可导致孕鼠体重增加显著降低，饲料和水的摄入量、妊娠子宫质量、活胎数和胎鼠体重显著降低，胚胎吸收增加；子代毛发、骨骼和内脏异常率显著增加。骨骼异常主要表现为肋间隙增加，而内脏异常表现为室间隔缺损[5]。

(4)致癌性与致突变性

无信息。

【人类健康效应】

具有胆碱酯酶抑制性。中毒症状同其他有机磷农药，包括：唾液分泌过多、出汗、流鼻液和泪液；肌肉抽搐、虚弱、震颤、不协调；头痛、头晕、恶心、呕吐、腹部绞痛、腹泻；胸闷气喘、排痰性咳嗽、肺部积液；瞳孔收缩，有时模糊或失明。严重时出现癫痫、尿失禁、呼吸困难、失去意识[6]。

【危害分类与管制情况】

序号	毒性指标	PPDB 分类	PAN 分类[6]
1	高毒	否	否
2	致癌性	无数据	无有效数据
3	致突变性	无数据	—
4	内分泌干扰性	无数据	无有效数据
5	生殖发育毒性	无数据	无有效数据
6	胆碱酯酶抑制性	是	是
7	神经毒性	是	—
8	呼吸道刺激性	是	—
9	皮肤刺激性	无数据	—
10	眼刺激性	否	—
11	国际公约或优控名录	列入 PAN 名录	

注：PPDB 数据库由英国赫特福德郡大学农业与环境研究所开发；PAN 数据库来自北美农药行动网(PANNA)；"—"表示无此项。

【限值标准】

每日允许摄入量(ADI)为 0.001mg/(kg bw・d)[7]。

参 考 文 献

[1] 张丽, 倪汉文. 环境条件对除草剂莎稗磷降解的影响. 农药学学报, 2000, 2(3):74-79.

[2] 吕宙明, 林永, 黄琼辉, 等. 莎稗磷在稻田系统中的残留动态及最终残留分析. 福建农林大学学报(自然版), 2007, 36(5): 466-470.

[3] PPDB: Pesticide Properties DataBase. http://sitem.herts.ac.uk/aeru/ppdb/en/Reports/1175.htm [2016-12-06].

[4] Hazarika A, Sarkar SN. Subacute toxicity of anilofos, a new organophosphorus herbicide, in male rats: Effect on some physical attributes and acetylcholinesterase activity. Indian J Exp Biol, 2001, 39(11): 1107-1112.

[5] Aggarwal M, Wangikar P B, Sarkar S N, et al. Effects of low-level arsenic exposure on the

developmental toxicity of anilofos in rats. J Appl Toxicol, 2007, 27(3): 255-261.

[6] PAN Pesticides Database—Chemicals. http://www.pesticideinfo.org/Detail_Chemical.jsp?Rec_Id=PC38858 [2016-12-06].

[7] 张丽英, 陶传江. 农药每日允许摄入量手册. 北京: 化学工业出版社, 2015.

双酰草胺(carbetamide)

【基本信息】

化学名称：*N*-乙基-2-(苯氨基羰基氧基)丙酰胺

其他名称：卡草胺、雷克拉

CAS 号：16118-49-3

分子式：$C_{12}H_{16}N_2O_3$

相对分子质量：236.27

SMILES：c1(NC(O[C@@H](C(NCC)=O)C)=O)ccccc1

类别：苯基氨基甲酸类除草剂

结构式：

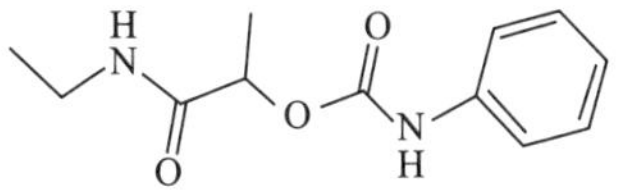

【理化性质】

无色结晶粉末，密度 1.18g/mL，熔点 109℃，沸点 235℃，饱和蒸气压 0.0003mPa(25℃)。水溶解度(20℃)为3270mg/L。有机溶剂溶解度(20℃)：丙酮，250000mg/L；二氯甲烷，250000mg/L；乙酸乙酯，250000mg/L；正庚烷，10000mg/L。辛醇/水分配系数 $\lg K_{ow}$= 1.78(pH=7, 20℃)。

【环境行为】

(1)环境生物降解性

好氧条件下，土壤中降解半衰期(DT_{50})为4.02~28.9d, DT_{90} 为11.2~133.5d[1]。

(2)环境非生物降解性

pH 为 3~6 时在水中稳定，20℃、pH 为 7 时水解半衰期为 19d；25℃、pH 为 9 时水解半衰期为 21d；35℃、pH 为 9 时水解半衰期为 7d[1]。

(3)环境生物蓄积性

基于 $\lg K_{ow}$<3，潜在生物蓄积性弱[1]。

(4)土壤吸附/移动性

Freundlich 吸附系数 K_f 为 0.67~1.86，K_{foc} 为 59.5~118.2mL/g[1]，提示在土壤中移动性中等。

【生态毒理学】

鸟类(山齿鹑)急性 LD_{50} > 2000mg/kg、短期摄食 LD_{50} > 2000mg/(kg bw·d)，鱼类(虹鳟)96h LC_{50} > 100mg/L、21d NOEC > 100mg/L，溞类(大型溞)48h EC_{50} = 81mg/L、21d NOEC = 1.0mg/L，藻类(栅藻)72h EC_{50} = 158mg/L、藻类 96h NOEC = 0.14mg/L，蜜蜂接触 48h LD_{50} > 100μg/蜜蜂、经口 48h LD_{50} > 63.22μg/蜜蜂，蚯蚓(赤子爱胜蚓)14d LC_{50} = 660mg/kg[1]。

【毒理学】

(1)一般毒性

大鼠急性经口 LD_{50} = 1718mg/kg，大鼠急性经皮 LD_{50} > 2000mg/kg bw，大鼠急性吸入 LC_{50} = 0.13mg/L[1]。

(2)神经毒性

无信息。

(3)生殖发育毒性

无信息。

(4)致癌性与致突变性

无信息。

【人类健康效应】

可能的甲状腺和肝脏毒物[1]。

【危害分类与管制情况】

序号	毒性指标	PPDB 分类	PAN 分类[2]
1	高毒	否	否
2	致癌性	可能	无有效证据
3	致突变性	—	—
4	内分泌干扰性	—	无有效证据
5	生殖发育毒性	可能	无有效证据

续表

序号	毒性指标	PPDB 分类	PAN 分类[2]
6	胆碱酯酶抑制性	否	否
7	神经毒性	否	—
8	呼吸道刺激性	—	—
9	皮肤刺激性	否	—
10	眼刺激性	否	—
11	国际公约或优控名录	无	

注：PPDB 数据库由英国赫特福德郡大学农业与环境研究所开发；PAN 数据库来自北美农药行动网(PANNA)；"—"表示无此项。

【限值标准】

每日允许摄入量（ADI）为 0.06mg/（kg bw·d），急性参考剂量为 0.3mg/（kg bw·d），操作者允许接触水平（AOEL）为 0.12mg/（kg bw·d）[1]，欧盟规定饮用水最大容许浓度（MAC）为 0.1μg/L[2]。

参 考 文 献

[1] PPDB: Pesticide Properties DataBase. http://sitem.herts.ac.uk/aeru/ppdb/en/Reports/117.htm [2016-12-06].
[2] PAN Pesticides Database—Chemicals. http://www.pesticideinfo.org/Detail_Chemical.jsp?Rec_Id= PC37770 [2016-12-06].

四唑嘧磺隆(azimsulfuron)

【基本信息】

化学名称：1-{(4,6-二甲氧基嘧啶-2-基)-3-[1-甲基-4-(2-甲基-2H-四唑-5-基)吡唑]-5-基磺酰基}脲

其他名称：康宁、康利福

CAS 号：120162-55-2

分子式：$C_{13}H_{16}N_{10}O_5S$

相对分子质量：424.40

SMILES：O=C(Nc1nc(OC)cc(OC)n1)NS(=O)(=O)c2c(cnn2C)c3nn(nn3)C

类别：磺酰脲类除草剂

结构式：

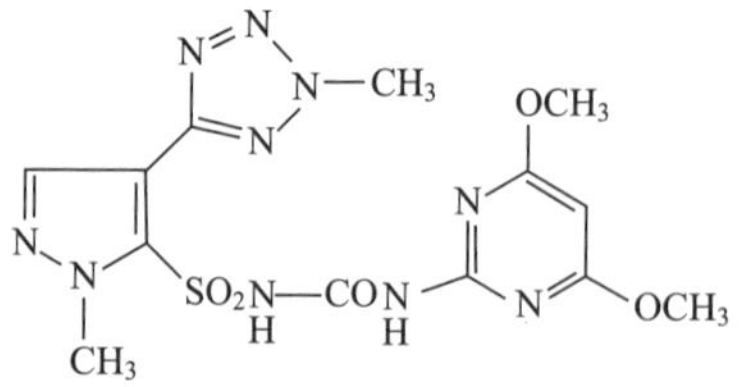

【理化性质】

白色粉末状固体，密度 1.12g/mL，熔点 170℃，沸腾前分解 273.0℃，饱和蒸气压 4.00×10^{-6}mPa(25℃)。水溶解度(20℃)为 1050mg/L。有机溶剂溶解度(20℃)：丙酮，26400mg/L；乙酸乙酯，13000mg/L；甲醇，2100mg/L；甲苯，1800mg/L。辛醇/水分配系数 $\lg K_{ow}= -1.4$(pH= 7, 20℃)。

【环境行为】

(1)环境生物降解性

淹水条件下，在土壤中可迅速代谢。在稻田土壤中的半衰期为 5.5d，田水中的半衰期为 1.9d(田间)[1]。欧盟登记资料显示，实验室非淹水条件(好氧)下，土壤中降解半衰期为 17.3~133d(20℃，平均为 64.2d)[2]。

(2)环境非生物降解性

20℃，pH 分别为 5、7 和 9 条件下，水解半衰期分别为 89d、124d 和 132d[2]。

(3)环境生物蓄积性

基于 lgK_{ow}＜3，潜在生物蓄积性弱[2]。

(4)土壤吸附/移动性

吸附系数 K_d 值为 0.69 ~ 1.65mL/g，K_{oc} 值为 48 ~ 94mL/g，提示土壤中移动性强[2]。

【生态毒理学】

鸟类(山齿鹑)急性 LD_{50}＞2250mg/kg、短期摄食 NOAEL＞1000mg/kg，鱼类(虹鳟)96h LC_{50}= 154mg/L、21d NOEC= 6.3mg/L，溞类(大型溞)48h EC_{50}=378mg/L、21d NOEC=5.4mg/L，藻类(月牙藻)72h EC_{50}=0.011mg/L、96h NOEC=0.003mg/L，蜜蜂接触 48h LD_{50}＞25μg/蜜蜂、经口 48h LD_{50}＞200μg/蜜蜂，蚯蚓(赤子爱胜蚓)14d LC_{50}＞1000mg/kg[2]。

【毒理学】

大鼠急性经口 LD_{50}＞5000mg/kg，大鼠急性经皮 LD_{50}＞2000mg/kg bw，大鼠急性吸入 LC_{50}＞5.94mg/L[2]。

基于亚急性毒性，对大鼠的 NOAEL[mg/(kg·d)]为：雄 75.3、雌 82.4；小鼠：雄 40.62、雌 46.99；犬：雄 8.81，雌 9.75[3]。

基于慢性毒性，对大鼠的 NOAEL[mg/(kg·d)]为：雄 34.3，雌 43.8；小鼠：雄 247.3，雌 69.9；犬：雄 17.9，雌 19.3[3]。

【人类健康效应】

可能的胰腺、肝脏和肾脏毒物[2]。除大量摄入外，一般不会出现全身中毒。急性暴露刺激眼、皮肤、黏膜，可引起咳嗽、气促、恶心、呕吐、腹泻、头痛、电解质紊乱等症状。慢性暴露可致蛋白质代谢受干扰、中度肺气肿及体重减轻(同其他脲类除草剂)[4]。

【危害分类与管制情况】

序号	毒性指标	PPDB 分类	PAN 分类[4]
1	高毒	否	否
2	致癌性	否	无有效证据
3	致突变性	无数据	—
4	内分泌干扰性	无数据	无有效证据
5	生殖发育毒性	疑似	无有效证据
6	胆碱酯酶抑制性	否	否
7	神经毒性	无数据	—
8	呼吸道刺激性	无数据	—
9	皮肤刺激性	否	—
10	眼刺激性	否	—
11	国际公约或优控名录	无	

注：PPDB 数据库由英国赫特福德郡大学农业与环境研究所开发；PAN 数据库来自北美农药行动网（PANNA）；"—"表示无此项。

【限值标准】

每日允许摄入量（ADI）为 0.1mg/（kg bw·d），操作者允许接触水平（AOEL）为 0.1mg/（kg bw·d）[2]。

参 考 文 献

[1] 陈莉，戴荣彩，陈家梅，等. 四唑嘧磺隆水分散粒剂在稻田环境中的残留动态. 农药，2006，45（3）:186-188.

[2] PPDB: Pesticide Properties DataBase. http://sitem.herts.ac.uk/aeru/ppdb/en/Reports/49.htm [2016-12-07].

[3] 冯化成. 磺酰脲类除草剂四唑嘧磺隆. 世界农药，2001，（01）: 55.

[4] PAN Pesticides Database—Chemicals. http://www.pesticideinfo.org/Detail_Chemical.jsp?Rec_Id= PC37570 [2016-12-07].

特丁津(terbuthylazine)

【基本信息】

化学名称：2-氯-4-特丁氨基-6-乙氨基-1,3,5-三嗪
其他名称：草净津
CAS 号：5915-41-3
分子式：$C_9H_{16}ClN_5$
相对分子质量：229.71
SMILES：Clc1nc(nc(n1)NC(C)(C)C)NCC
类别：三嗪类除草剂
结构式：

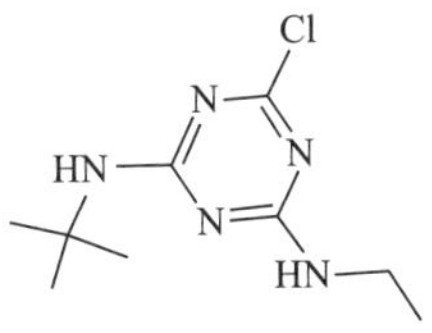

【理化性质】

白色晶状粉末，密度 1.19g/mL，熔点 176℃，沸腾前分解，饱和蒸气压 0.12mPa(25℃)。水溶解度(20℃)为 6.6mg/L。有机溶剂溶解度(20℃)：丙酮，41000mg/L；甲苯，9800mg/L；正辛醇，12000mg/L；正己烷，410mg/L。辛醇/水分配系数 $\lg K_{ow}$= 3.4(pH=7, 20℃)。

【环境行为】

(1)环境生物降解性

好氧条件下，土壤中降解半衰期为 38.2~167d(平均值 75.1d, 实验室)、10.0~35.8d(平均值 22.4d，田间)[1]。在壤质黏土、钙质黏土、高黏土中的降解半衰期分别为88d、116d 和103d[2]。

(2)环境非生物降解性

在水中比较稳定,25℃,pH 分别为 5、7 和 9 条件下,水解半衰期分别为 63d、>200d 和 >200d[3]。另有报道, 25℃, pH 分别为 5、7 和 9 条件下, 水解半衰期分别为 73d、205d 和 194d[4]。在自然光条件下, 水中光解半衰期超过 40d[4]。

(3)环境生物蓄积性

鱼体 BCF 为 34,提示生物蓄积性弱[1]。

(4)土壤吸附/移动性

Freundlich 吸附常数 K_f 为 2.1~10.49, K_{foc} 为 151~333[1],提示在土壤中移动性中等。

【生态毒理学】

鸟类(山齿鹑)急性 LD_{50} >1236mg/kg、短期摄食 NOEC>395mg/(kg bw·d),鱼类(虹鳟)96h LC_{50}= 2.2mg/L、21d NOEC = 0.09mg/L, 溞类(大型溞)48h EC_{50}= 21.2mg/L、21d NOEC= 0.019mg/L, 底栖类(摇蚊)28d NOEC=0.5mg/L, 藻类(月牙藻)72h EC_{50}= 0.012mg/L, 蜜蜂接触 48h LD_{50} >32μg/蜜蜂、经口 48h LD_{50} >22.6μg/蜜蜂, 蚯蚓(赤子爱胜蚓)14d LC_{50} >141.7mg/kg[1]。

【毒理学】

(1)一般毒性

大鼠急性经口 LD_{50} >1000mg/kg, 大鼠短期膳食暴露 NOEC>0.22mg/kg, 大鼠急性经皮 LD_{50} >2000mg/kg bw, 大鼠急性吸入 LC_{50} >5.3mg/L[1]。

亚慢性毒性试验(90d)设对照、低、中、高剂量组 (0mg/kg 饲料、167mg/kg 饲料、500mg/kg 饲料、1500mg/kg 饲料), 结果发现:中、高剂量组雌、雄性大鼠食物利用率低于对照组, 肾脏器系数高于对照组, 高剂量组雌、雄性大鼠生化指标 BUN(尿素氮,反映肾小球滤过功能的重要指标)显著高于对照组。中、高剂量组少数动物出现肝脏、肾脏炎症小灶;低剂量组雌、雄性大鼠均未见明显异常。特丁津原药 NOAEL 值, 雄性大鼠为 1180mg/(kg·d), 雌性大鼠为 1284mg/(kg·d)[5]。

(2)神经毒性

无信息。

(3)生殖发育毒性

SPF 级大鼠在孕期的第 6~15 天灌胃暴露 0mg/(kg·d)、1mg/(kg·d)、5mg/(kg·d) 和 30mg/(kg·d) 的特丁津(纯度 96.4%), 在孕期 19d 处死动物。对

于 30mg/(kg·d)组,孕鼠体重增加与对照组相比减少 60%,食物消耗量与对照组相比减少 18%;子代大鼠无骨化畸形率(30%)与对照组相比显著增高(10%)[6]。

(4)致癌性与致突变性

原药 Ames 试验、骨髓微核试验、小鼠睾丸初级精母细胞染色体畸变试验结果均为阴性,结果提示特丁津不会引起小鼠骨髓嗜多染红细胞染色体断裂或整条染色体丢失,无明显致突变作用[7]。

SPF 级大鼠喂食暴露 0mg/kg、6mg/kg 和 30mg/kg 特丁津,持续暴露两年,肿瘤发生率未明显增加[6]。

【人类健康效应】

吸入、吞食或通过皮肤吸收可能致命,具有延迟性健康损害、轻微皮肤致敏性[1]。具有轻度至中度眼睛刺激性,轻微皮肤刺激性[6]。

【危害分类与管制情况】

序号	毒性指标	PPDB 分类	PAN 分类[8]
1	高毒	是	否
2	致癌性	可能	USEPA:D 类
3	致突变性	无数据	—
4	内分泌干扰性	无数据	无有效证据
5	生殖发育毒性	可能	无有效证据
6	胆碱酯酶抑制性	是	否
7	神经毒性	无数据	—
8	呼吸道刺激性	是	—
9	皮肤刺激性	是	—
10	眼刺激性	是	—
11	国际公约或优控名录	无	

注:PPDB 数据库由英国赫特福德郡大学农业与环境研究所开发;PAN 数据库来自北美农药行动网(PANNA);"—"表示无此项。

【限值标准】

每日允许摄入量(ADI)为 0.004mg/(kg bw·d),急性参考剂量(ARfD)为 0.008mg/(kg bw·d),操作者允许接触水平(AOEL)为 0.0032mg/(kg bw·d)[1];

WHO 水质基准为 7.0mg/L[8]。

参 考 文 献

[1] PPDB: Pesticide Properties DataBase. http://sitem.herts.ac.uk/aeru/ppdb/en/Reports/623.htm [2016-12-06].

[2] Brambilla A, Rindone B, Polesello S, et al. The fate of triazine pesticides in River Po water. Sci Total Environ, 1993, 132: 339-348.

[3] USEPA. Reregistration Eligibility Decisions（REDs）Database on Terbuthylazine（5915-41-3）. EPA 738-R-95-005. p. 20. http://www.epa.gov/pesticides/reregistration/status.htm [2012-10-21].

[4] MacBean C. The e-Pesticide Manual. 15th ed. Ver. 5.1. Alton: British Crop Protection Council, 2008－2010.

[5] 顾刘金，孙建析，杨校华，等. 除草剂特丁津亚慢性毒性阈值分析. 职业与健康，2004，20（10）: 1-4.

[6] USEPA. Reregistration Eligibility Decision（RED）Database for Terbuthylazine（5915-41-3）. EPA 738-R-95-005. p.10（March 1995）. http://iaspub.epa.gov/apex/pesticides/f?p=chemicalsearch:1[2012-10-11].

[7] 陈志莲，陈坚峰，吴军，等. 特丁津原药的致突变性研究. 实用预防医学，2011，18（6）:1131-1132.

[8] PAN Pesticides Database—Chemicals. http://www.pesticideinfo.org/Detail_Chemical.jsp?Rec_Id= PC34540 [2016-12-06].

特丁净(terbutryn)

【基本信息】

化学名称：2-甲硫基-4-乙氨基-6-特丁氨基-1,3,5-三嗪

其他名称：去草净

CAS 号：886-50-0

分子式：$C_{10}H_{19}N_5S$

相对分子质量：241.36

SMILES：S(c1nc(nc(n1)NC(C)(C)C)NCC)C

类别：三嗪类除草剂

结构式：

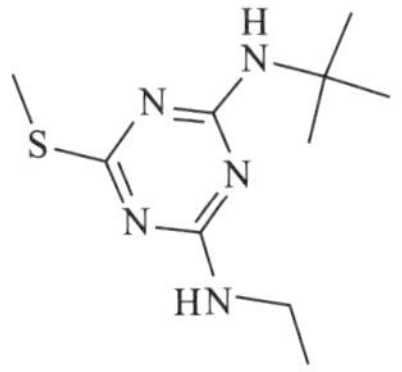

【理化性质】

白色或无色晶状粉末，密度 1.12g/mL，熔点 104℃，饱和蒸气压 1.50×10^{-3} mPa (25℃)。水溶解度(20℃)为 25mg/L。有机溶剂溶解度(20℃)：丙酮,220000mg/L；正己烷，9000mg/L；正辛醇，130000mg/L；甲醇，220000mg/L。辛醇/水分配系数 $\lg K_{ow}$= 3.66。

【环境行为】

(1)环境生物降解性

好氧：土壤中降解半衰期为 74d(20℃，实验室)[1]。不同温度和湿度条件下，在土壤中(pH=6.68、11.54%黏土、64.81%砂、1.75%有机质)的降解半衰期分别为 161d(4℃，10%水分含量)、31d(25℃，10%水分含量)、17d(32℃，10%水分含量)、36d(25℃，7%水分含量)和 17d(25℃，13%水分含量)。在另一种土壤(pH=7.69、

18.22%黏土、44.34%砂、0.97%有机质)中的降解半衰期分别为227d(4℃，10%水分含量)、19d(25℃，10%水分含量)、14d(32℃，10%水分含量)、31d(25℃，7%水分含量)和14d(25℃，13%水分含量)[2]。在池塘和河流沉积物中的降解半衰期分别为240d和180d[3]。

厌氧：土壤中降解半衰期为37d[4]。

(2)环境非生物降解性

大气中，与羟基自由基反应的速率常数为$5×10^5 cm^3/(mol·s)$，间接光解半衰期为36h[5]。pH为7时水中光解半衰期为0.5d。20℃，pH为5~9条件下水中稳定，不水解[1]。

(3)环境生物蓄积性

BCF值为25(鲶鱼)[6]、72.4[1]。生活在特丁净污染沉积物中的摇蚊幼虫，体内特丁净含量较低，提示生物蓄积性弱[2]。

(4)土壤吸附/移动性

吸附系数K_{oc}值为700~11660，平均值为2863.11[7]，提示在土壤中具有轻微移动性。

【生态毒理学】

鸟类(绿头鸭)急性$LD_{50}>4640mg/kg$，鱼类(虹鳟)96h $LC_{50}>1.1mg/L$，溞类(大型溞)48h $EC_{50}>2.66mg/L$，藻类(月牙藻)72h $EC_{50}=0.0024mg/L$，蚯蚓(赤子爱胜蚓)14d $LC_{50}>170mg/L$，蜜蜂接触48h $LD_{50}>225μg/$蜜蜂[1]。

【毒理学】

(1)一般毒性

大鼠急性经口$LD_{50}>2500mg/kg$，大鼠急性经皮$LD_{50}>2000mg/kg$ bw，大鼠急性吸入$LC_{50}=2.2mg/L$[1]。

(2)神经毒性

可影响中枢神经系统，引起共济失调、惊厥或呼吸困难。高剂量可引起动物肺部和中枢神经系统出现肿胀和积水[8]。

(3)生殖发育毒性

三代繁殖试验结果显示，大鼠母代NOAEL=50mg/(kg·d)、LOAEL= 500mg/(kg·d)(体重降低)，发育 NOAEL=50mg/(kg·d)、LOAEL=500mg/(kg·d)(体重降低、前后爪骨化减少)。兔子：母代NOAEL=10mg/(kg·d)、LOAEL= 50mg/(kg·d)(体重降低)，发育NOAEL=50mg/(kg·d)、LOAEL=75mg/(kg·d)(胸骨

骨化减少)[9]。

(4)致癌性与致突变性

原药未呈现致突变性，小鼠骨髓多染红细胞微核试验在所选剂量范围内的结果为阴性，小鼠睾丸精母细胞染色体畸变试验在所选剂量范围内的结果也为阴性[10]。

【人类健康效应】

可能的人类致癌物[1]，对皮肤、眼睛和上呼吸道具有轻微的刺激作用[11]。

【危害分类与管制情况】

序号	毒性指标	PPDB 分类	PAN 分类[4]
1	高毒	否	否
2	致癌性	可能	可能(USEPA 分类：C 类)
3	致突变性	否	—
4	内分泌干扰性	是	疑似
5	生殖发育毒性	无数据	无有效证据
6	胆碱酯酶抑制性	否	否
7	神经毒性	否	—
8	呼吸道刺激性	否	—
9	皮肤刺激性	无数据	—
10	眼刺激性	是	—
11	地下水污染	—	潜在影响
12	国际公约或优控名录	列入欧盟内分泌干扰物名录	

注：PPDB 数据库由英国赫特福德郡大学农业与环境研究所开发；PAN 数据库来自北美农药行动网(PANNA)；"—"表示无此项。

【限值标准】

每日允许摄入量(ADI)为 0.027mg/(kg bw·d)[1]。

参 考 文 献

[1] PPDB: Pesticide Properties DataBase. http://sitem.herts.ac.uk/aeru/ppdb/en/Reports/624.htm [2016-12-7].

[2] Muir D C, Yarechewski A L. Degradation of terbutryn in sediments and water under various

redox conditions. J Environ Sci Health B, 1982, 17(4): 363-380.

[3] Rejto M, Saltzman S, Acher A J et al. Identification of sensitized photooxidation products of s-triazine herbicides in water. J Agric Food Chem, 1983, 31: 138-142.

[4] PAN Pesticides Database—Chemicals. http://www.pesticideinfo.org/Detail_Chemical.jsp?Rec_Id= PC34542 [2016-12-7].

[5] Meylan W M, Howard P H. Computer estimation of the atmospheric gas-phase reaction rate of organic compounds with hydroxyl radicals and ozone. Chemosphere, 1993, 26: 2293-2299.

[6] Wang X, Harada S, Watanabe M. et al. Modelling the bioconcentration of hydrophobic organic chemicals in aquatic organisms. Chemosphere. 1996, 32 (9), 1783-1793.

[7] Helling C S, Dragun J. Test protocols for environmental fate and movement of toxicants. Proc Symp AOAC, 1981: 43-88.

[8] Extension Toxicology Network(EXTOXNET): Pesticide Information Profiles. Terbutryn. (September1995). http://extoxnet.orst.edu/pips/terbutry.htm[2007-03-07].

[9] USEPA. U. S. Environmental Protection Agency's Integrated Risk Information System (IRIS) on Terbutryne (886-50-0). http://www.epa.gov/iris/subst/index.html[2007-03-07].

[10] 杨卫超, 徐立. 特丁净致突变性与蓄积毒性实验研究. 癌变·畸变·突变, 2006, 18(6): 482-484.

[11] Morgan D P. Recognition and Management of Pesticide Poisonings. EPA 540/9-80-005. Washington DC: U. S. Government Printing Office, 1982: 85.

特乐酚(dinoterb)

【基本信息】

化学名称：2-叔丁基-4-6-二硝基苯酚

其他名称：草消酚

CAS 号：1420-07-1

分子式：$C_{10}H_{12}N_2O_5$

相对分子质量：240.21

SMILES：[O–][N+](=O)c1cc(cc(c1O)C(C)(C)C)[N+]([O–])=O

类别：二硝基苯酚类除草剂

结构式：

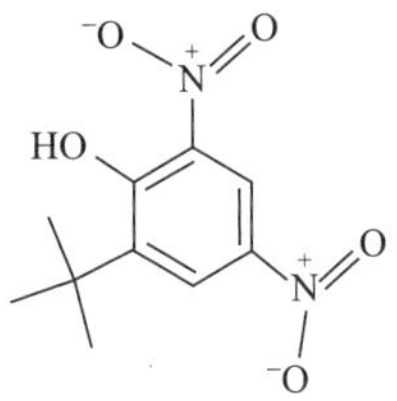

【理化性质】

淡黄色固体，密度 1.35g/mL，熔点 126℃，饱和蒸气压 20mPa(25℃)。水溶解度(20℃)为 4.5mg/L。有机溶剂溶解度(20℃)：乙酸乙酯，200000mg/L；环己烷，200000mg/L。辛醇/水分配系数 $\lg K_{ow}$=1.91(pH=7, 20℃)。

【环境行为】

(1)环境生物降解性

好氧：土壤中降解半衰期为 9.2~10.4d、10d[1,2]。另有报道，单一农药组分特乐酚起始浓度为 20mg/L 时，生物降解半衰期为 68d。当混合其他农药时，降解半衰期延长至 198d[3]。

(2)环境非生物降解性

大气中，与羟基自由基反应的速率常数为 $6.6 \times 10^{-13} cm^3/(mol \cdot s)$，间接光解半衰期为 22d[4]。含有紫外吸收基团，最大吸收波长为 271nm，可直接发生光解[5]，pH 为 7 时水中光解半衰期为 16d[1]。不含可水解的官能团，在环境中不发生水解[1,5]。

(3)环境生物蓄积性

BCF 估测值为 192，具有潜在生物蓄积性[1]。

(4)土壤吸附/移动性

吸附系数 K_{oc} 为 42[1]、98[3]，提示土壤中移动性强。

【生态毒理学】

鱼类(虹鳟)96h LC_{50}= 0.0034mg/L，溞类 48h EC_{50}= 0.47mg/L，藻类 72h EC_{50}= 7.4mg/L，对蚯蚓有高毒[1]。

【毒理学】

(1)一般毒性

大鼠急性经口 LD_{50} =25mg/kg，豚鼠急性经皮 LD_{50}=150mg/kg bw，大鼠短期膳食暴露 NOAEL＞0.375mg/kg [1]。

(2)神经毒性

无信息。

(3)生殖发育毒性

无信息。

(4)致癌性与致突变性

无信息。

【人类健康效应】

皮肤接触可能会引起皮肤脱色[6]。中毒症状包括出汗、口干、发烧、头痛、意识不清、不安和烦躁。严重情况下可引起高热、心动过速、呼吸急促。局部暴露可致皮肤和头发呈亮黄色。慢性职业暴露可以导致白内障和青光眼[2]。

【危害分类与管制情况】

序号	毒性指标	PPDB 分类	PAN 分类[2]
1	高毒	是	是
2	致癌性	无数据	无有效证据
3	致突变性	无数据	无有效证据
4	内分泌干扰性	无数据	无有效证据
5	生殖发育毒性	是	无有效证据
6	胆碱酯酶抑制性	否	否
7	神经毒性	无数据	—
8	呼吸道刺激性	无数据	—
9	皮肤刺激性	无数据	—
10	眼刺激性	无数据	—
11	国际公约或优控名录	列入 PAN 名录	

注：PPDB 数据库由英国赫特福德郡大学农业与环境研究所开发；PAN 数据库来自北美农药行动网（PANNA）；"—"表示无此项。

【限值标准】

无信息。

参 考 文 献

[1] PPDB: Pesticide Properties DataBase. http://sitem.herts.ac.uk/aeru/ppdb/en/Reports/252.htm [2016-12-15].

[2] PAN Pesticides Database—Chemicals. http://www.pesticideinfo.org/Detail_Chemical.jsp?Rec_Id= PC37748 [2016-12-15].

[3] Martins J M, Mermoud A. Sorption and degradation of four nitroaromatic herbicides in mono and multi-solute saturated/unsaturated soil batch systems.　J Contam Hydrol, 1998, 33: 187-210.

[4] Meylan W M, Howard P H. Computer estimation of the atmospheric gas-phase reaction rate of organic compounds with hydroxyl radicals and ozone.Chemosphere ,1993, 26: 2293-2299.

[5] Haderlein, S B, Weissmahr K W, Schwarzenbach R P. Specific adsorption of nitroaromatic explosives and pesticides to clay minerals. Environ Sci Technol, 1996, 30: 612-622.

[6] Sabouraud S, Testud F, Rogerie M J, et al. Occupational depigmentation from dinoterbe. Contact Dermatitis, 1997, 36(4): 227.

甜菜安(desmedipham)

【基本信息】

化学名称：3-(苯基氨基甲酰氧基)苯基氨基甲酸乙酯

其他名称：异苯敌草、甜菜胺

CAS 号：13684-56-5

分子式：$C_{16}H_{16}N_2O_4$

相对分子质量：300.31

SMILES：O=C(Oc1cccc(c1)NC(=O)OCC)Nc2ccccc2

类别：氨基甲酸酯类除草剂

结构式：

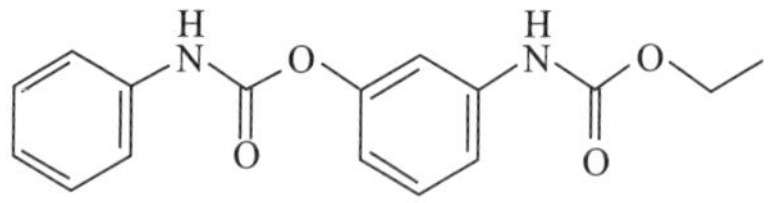

【理化性质】

无色晶体，熔点 118.5℃，沸腾前分解，饱和蒸气压 0.000041mPa(25℃)。水溶解度(20℃)为 7mg/L。有机溶剂溶解度(20℃)：正己烷,20mg/L；甲苯,1200mg/L；甲醇,187000mg/L；丙酮,285000mg/L。辛醇/水分配系数 $\lg K_{ow} = 3.39$(pH=7, 20℃)。

【环境行为】

(1)环境生物降解性

好氧条件下，土壤中降解半衰期(DT_{50})为 17d(20℃, 实验室)、4.8~9.0d(田间)[1]。

(2)环境非生物降解性

pH 和温度对水解作用有显著影响,pH 为 5、22℃条件下，水解半衰期为 70d；pH 为 5、25℃条件下，水解半衰期为 39d；pH 为 9、22℃条件下，水解半衰期为 0.2h；pH 为 9、25℃条件下，水解半衰期为 7min。pH 为 7 时，在水中对光稳定[1]。

(3)环境生物蓄积性

BCF 值为 157，提示具有潜在生物蓄积性[1]。

(4)土壤吸附/移动性

吸附系数 K_{oc} 为 10542[2]，提示在土壤中移动性弱。

【生态毒理学】

鸟类(山齿鹑)急性 LD_{50}＞2000mg/kg、短期摄食 LC_{50}/LD_{50}＞5000mg/kg，鱼类(蓝鳃太阳鱼)96h LC_{50}=0.25mg/L、鱼类(虹鳟)21d NOEC=0.2mg/L，溞类(大型溞)48h EC_{50}=0.45mg/L、21d NOEC=0.01mg/L，藻类(月牙藻)72h EC_{50}=0.01mg/L、96h NOEC=0.01mg/L，底栖类(摇蚊)28d NOEC=1.0mg/L，蜜蜂接触 48h LD_{50}＞25μg，经口 48h LD_{50}＞50μg，蚯蚓 14d LC_{50}＞79mg/kg、繁殖 14d NOEC=2.47mg/kg[1]。

【毒理学】

(1)一般毒性

大鼠急性经口 LD_{50}＞5000mg/kg，大鼠急性经皮 LD_{50}＞2000mg/kg bw，大鼠急性吸入 LC_{50}=7.4mg/L，大鼠短期膳食暴露 NOAEL＞3mg/kg[1]。

(2)神经毒性

无信息。

(3)生殖发育毒性

无信息。

(4)致癌性与致突变性

致癌性试验：大鼠经口喂食暴露 0mg/kg、60mg/kg、300mg/kg 和 1500mg/kg 的甜菜安两年，结果为阴性。小鼠经口喂食暴露 0mg/kg、30mg/kg、150mg/kg 和 750mg/kg 的甜菜安 104 周，结果也为阴性。

致突变试验：Ames 沙门氏菌(TA98)试验系统(未活化或添加 S9 活化)，暴露剂量为 0μg/皿、10μg/皿、33.3μg/皿、100μg/皿、333.3μg/皿、666.6μg/皿、1000μg/皿和 5000μg/皿，结果为阴性[3]。

【人类健康效应】

接触可能引起皮炎[1]。

【危害分类与管制情况】

序号	毒性指标	PPDB 分类	PAN 分类[2]
1	高毒	是	否
2	致癌性	否	不太可能(USEPA：E 类)
3	致突变性	无数据	无有效证据
4	内分泌干扰性	无数据	无有效证据
5	生殖发育毒性	否	无有效证据
6	胆碱酯酶抑制性	可能	否
7	神经毒性	可能	—
8	呼吸道刺激性	否	—
9	皮肤刺激性	是	—
10	眼刺激性	是	—
11	国际公约或优控名录	无	

注：PPDB 数据库由英国赫特福德郡大学农业与环境研究所开发；PAN 数据库来自北美农药行动网(PANNA)；"—"表示无此项。

【限值标准】

每日允许摄入量(ADI)为 0.03mg/(kg bw · d)，急性参考剂量(ARfD)为 0.1mg/(kg bw · d)，操作者允许接触水平(AOEL)为 0.04mg/(kg bw · d)[1]。

参 考 文 献

[1] PPDB: Pesticide Properties DataBase. http://sitem.herts.ac.uk/aeru/ppdb/en/Reports/505.htm [2016-12-16].

[2] PAN Pesticides Database—Chemicals. http://www.pesticideinfo.org/Detail_Chemical.jsp?Rec_Id= PC33201 [2016-12-16].

[3] California Environmental Protection Agency/Department of Pesticide Regulation. Summary of toxicology data for desmedipham. 2000.

甜菜宁(phenmedipham)

【基本信息】

化学名称：3-[(甲氧羰基)氨基]苯基-N-(3-甲基苯基)氨基甲酸酯

其他名称：苯敌草

CAS 号：13684-63-4

分子式：$C_{16}H_{16}N_2O_4$

相对分子质量：300.31

SMILES：O=C(Oc1cccc(c1)NC(=O)OC)Nc2cc(ccc2)C

类别：氨基甲酸酯类除草剂

结构式：

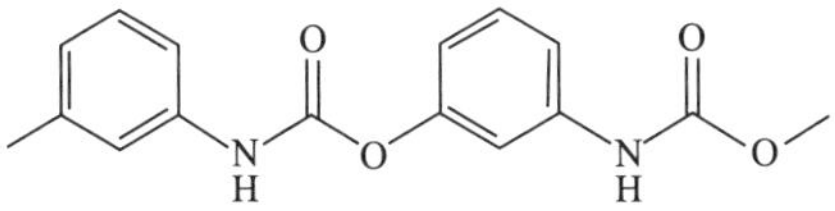

【理化性质】

无色晶体，密度 1.36g/mL，熔点 142.7℃，沸腾前分解，饱和蒸气压 $7.00×10^{-7}$mPa (25℃)。水溶解度(20℃)为 1.8mg/L。有机溶剂溶解度(20℃)：甲苯，970mg/L；甲醇，36200mg/L；丙酮，165000mg/L；乙酸乙酯，56300mg/L。辛醇/水分配系数 $\lg K_{ow}$= 3.59(pH=7, 20℃)，亨利常数为 $5.00 × 10^{-8}$ Pa · m^3/mol(25℃)。

【环境行为】

(1)环境生物降解性

好氧：实验室条件下，土壤中降解半衰期(DT_{50})为 26~43d、DT_{90} 为 85~143d，田间试验条件下，DT_{50} 为 5~40d、DT_{90} 为 30~133d[1]。在微酸的低腐殖质土壤中，降解半衰期为 28~55d[2]。

厌氧：土壤中降解半衰期平均值为 47d[3]。

(2)环境非生物降解性

pH 对水解速率有显著影响。在 25℃，pH 分别为 4、5 和 7 条件下，水解半衰期分别为 259d、47d 和 7min；20℃、pH 为 7 条件下，水解半衰期为 0.5d。在 pH 为 7 的水溶液中对光稳定[1]。大气中与羟基自由基反应的速率常数为 $1.91 \times 10^{-10} \mathrm{cm}^3 / (\mathrm{mol} \cdot \mathrm{s})$，间接光解半衰期为 2h[4]。

(3)环境生物蓄积性

鱼体 BCF 值为 165，清除半衰期为 2.7d，提示生物蓄积性强[1]。

(4)土壤吸附/移动性

吸附系数 K_{oc} 值为 657~1072[1]，提示在土壤中具有轻度移动性。土壤薄层层析 R_f 值为 0.17，提示土壤中移动性弱[5]。

【生态毒理学】

鸟类(山齿鹑)急性 $LD_{50} > 2100 \mathrm{mg/kg}$，鱼类(虹鳟)96h $LC_{50} = 1.71 \mathrm{mg/L}$、21d NOEC=0.32mg/L，溞类(大型溞)48h $EC_{50} = 0.41 \mathrm{mg/L}$、21d NOEC= 0.061mg/L，藻类(月牙藻)72h $EC_{50} = 0.086 \mathrm{mg/L}$，蜜蜂接触 48h $LD_{50} > 50 \mu\mathrm{g}/$蜜蜂、经口 48h $LD_{50} > 16 \mu\mathrm{g}/$蜜蜂，蚯蚓(赤子爱胜蚓)14d $LC_{50} = 36 \mathrm{mg/kg}$、繁殖 14d NOEC=3.33mg/kg[1]。

【毒理学】

(1)一般毒性

大鼠急性经口 $LD_{50} > 8000 \mathrm{mg/kg}$，大鼠急性经皮 $LD_{50} > 2000 \mathrm{mg/kg\ bw}$，大鼠急性吸入 $LC_{50} = 7.0 \mathrm{mg/L}$，大鼠短期膳食暴露 NOAEL $> 100 \mathrm{mg/kg}$ [1]。

将 80 只 SD 健康大鼠随机分为 4 组，每组 20 只，按照《农药登记毒理学试验方法》(GB 15670—1995)进行试验。结果发现，5000mg/kg 暴露组体重增长、食物利用率明显低于对照组，肺/体比、脾/体比、肝/体比高于对照组，15000mg/kg 暴露组总摄食量、体重增重、食物利用率明显低于对照组，脑/体比、脾/体比、肝/体比、胸腺/体比高于对照组。病理组织学检查显示 5000mg/kg、15000mg/kg 暴露组肾、肺的病变率较高。最大无作用剂量(NOAEL)为：雌性大鼠，$(133.06 \pm 13.11) \mathrm{mg/(kg \cdot d)}$；雄性大鼠，$(121.52 \pm 13.29) \mathrm{mg/(kg \cdot d)}$[6]。

(2)神经毒性

无信息。

(3)生殖发育毒性

无信息。

(4)致癌性与致突变性

大鼠两年饲喂试验，最高暴露浓度为 500mg/kg，未出现组织病理学异常。犬两年饲喂试验，最高暴露浓度为 1000mg/kg，未出现异常效应[7]。

【人类健康效应】

可诱发致敏性皮炎[1]。

【危害分类与管制情况】

序号	毒性指标	PPDB 分类	PAN 分类[2]
1	高毒	否	否
2	致癌性	否	未分类
3	致突变性	无数据	—
4	内分泌干扰性	无数据	无有效证据
5	生殖发育毒性	疑似	无有效证据
6	胆碱酯酶抑制性	否	否
7	神经毒性	否	—
8	呼吸道刺激性	无数据	—
9	皮肤刺激性	是	—
10	眼刺激性	否	—
11	地下水污染	—	潜在可能
12	国际公约或优控名录	无	

注：PPDB 数据库由英国赫特福德郡大学农业与环境研究所开发；PAN 数据库来自北美农药行动网(PANNA)；"—"表示无此项。

【限值标准】

每日允许摄入量(ADI)为 0.03mg/(kg bw·d)，操作者允许接触水平(AOEL)为 0.13mg/(kg bw·d)[1]。

参 考 文 献

[1] PPDB: Pesticide Properties DataBase. http://sitem.herts.ac.uk/aeru/ppdb/en/Reports/516.htm [2016-12-16].

[2] Menzie C M. Metabolism of Pesticides, Update Ⅱ. U.S. Department of the Interior, Fish Wildlife Service, Special Scientific Report—Wildlife No. 2l2. Washington DC: U. S. Government Printing Office, 1978: 222.

[3] PAN Pesticides Database—Chemicals. http://www.pesticideinfo.org/Detail_Chemical.jsp?Rec_Id=PC35159[2016-12-16].

[4] Meallier P, Percherancier J P. Photochemistry of bis phenyl carbamates in aqueous solutions.

Chemosphere, 1987, 16: 513-517.

[5] Helling C S, Dennison D G, Kaufman D D, et al. Fungicide movement in soils. Phytopathology, 1974, 64: 1091-1100.

[6] 杨校华, 朱丽秋, 陈秀凤, 等. 甜菜宁的最大无作用剂量. 职业与健康, 2006, 22 (13): 961-963.

[7] Beste C E. Herbicide Handbook. 4th ed. Champaign: Weed Science Society of America, 1979: 331.

五氟磺草胺（penoxsulam）

【基本信息】

化学名称：3-(2,2-二氟乙氧基)-*N*-(5,8-二甲氧基-[1,2,4]三唑并[1,5-c]嘧啶-2-基)-*α,α,α*-三氟甲苯基-2-磺酰胺

其他名称：Clipper 25 OD、Cranite GR、稻杰

CAS 号：219714-96-2

分子式：$C_{16}H_{14}F_5N_5O_5S$

相对分子质量：483.37

SMILES：FC(F)(F)c1cccc(OCC(F)F)c1S(=O)(=O)Nc2nc3c(cnc(OC)n3n2)O

类别：三唑嘧啶类除草剂

结构式：

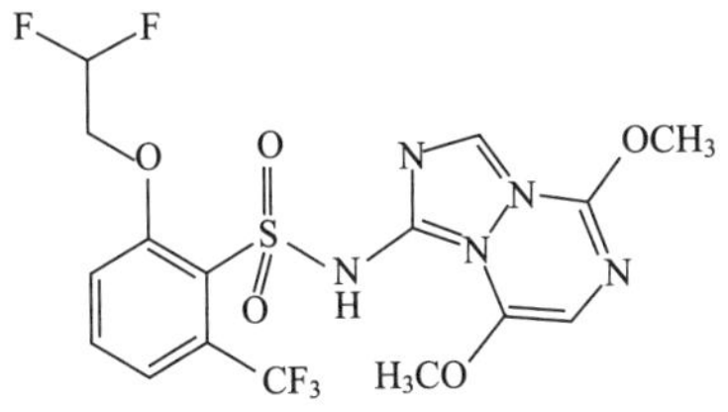

【理化性质】

白色至淡粉色固体，密度 1.61g/mL，熔点 212℃，沸腾前分解，饱和蒸气压 2.49×10^{-11}mPa（25℃）。水溶解度（20℃）为 408mg/L。有机溶剂溶解度（20℃）：丙酮，20300mg/L；甲醇，1480mg/L；正辛醇，35mg/L；乙腈，15300mg/L。辛醇/水分配系数 $\lg K_{ow}$= −0.602（pH=7, 20℃），亨利常数为 2.94×10^{-14} Pa·m^3/mol（25℃）。

【环境行为】

(1)环境生物降解性

水稻田土壤中降解半衰期（DT_{50}）平均值为 6.5d（半衰期范围 4~10d）；旱稻田

土壤中平均 DT_{50} 为 14.6d(半衰期范围 13~16d)，土壤中主要为微生物降解。另有研究报道，土壤中降解半衰期 DT_{50}(20℃，实验室)为 32d(半衰期范围 22~58d，好氧)、6.6d(厌氧)[1]。

(2)环境非生物降解性

水环境中主要通过光解和生物降解作用降解。在高压汞灯照射下，在 pH 为 5、7、9 缓冲溶液中的光解半衰期分别为 23min、20.6min、18.7min；在 1g/L、2g/L 腐殖酸溶液中的光解半衰期分别为 6.6min、4.6min[2]。20℃、pH 为 7 时及通常环境条件下不水解[3]。

(3)环境生物蓄积性

BCF 为 100，提示生物蓄积性中等[3]。

(4)土壤吸附/移动性

因饱和蒸气压较低，不易从水中蒸散[1]。吸附系数 K_{oc} 为 13~305(中位值为 73.2，17 种土壤)[3]、119[4]，提示在土壤中移动性为中等到强。

【生态毒理学】

鸟类(山齿鹑)急性 LD_{50}＞2025mg/kg、短期摄食 LD_{50}＞804mg/(kg bw·d)，鱼类(虹鳟)96h LC_{50}＞100mg/L、鱼类(黑头呆鱼)21d NOEC =10.2mg/L，溞类(大型溞)48h EC_{50}=98.3mg/L、21d NOEC=2.95mg/L，底栖类(摇蚊)28d NOEC= 61.0mg/L，藻类(鱼腥藻)72h NOEC= 0.49mg/L，蜜蜂接触 48h LD_{50}＞100μg/蜜蜂、经口 48h LD_{50}＞100μg/蜜蜂，蚯蚓(赤子爱胜蚓)14d LC_{50}＞1000mg/kg、繁殖 14d NOEC＞1000mg/kg[3]。

【毒理学】

(1)一般毒性

大鼠急性经口 LD_{50}＞5000mg/kg，大鼠急性经皮 LD_{50}＞5000mg/kg bw，大鼠急性吸入 LC_{50}=3.5mg/L[3]。对兔眼睛有轻微、短暂刺激性，对兔皮肤有轻微、短暂刺激性，对豚鼠的皮肤无致敏性[5]。

(2)神经毒性

大鼠喂食暴露 0mg/(kg·d)、50mg/(kg·d)、250mg/(kg·d)的五氟磺草胺(纯度 97.7%)，持续 12 个月，未发生死亡。神经系统功能观察组合(functional observational battery，FOB)试验发现，运动、活动评估未发现和暴露有关的异常效应，宏观和病理学检查也未发现异常[6]。

(3)生殖发育毒性

NOAEL：大鼠孕鼠为 500mg/(kg bw • d)、子代为 1000mg/(kg bw • d)[1]。

(4)致突变性

Ames 试验、基因突变试验 （CHO-HGPRT）、骨髓微核试验及小鼠淋巴瘤试验结果，均显示无致突变作用[1]。

【人类健康效应】

可能的血液、肝脏和肾脏毒物。致癌性：USEPA 分类，某些证据提示可能为人类致癌物[3]。

【危害分类与管制情况】

序号	毒性指标	PPDB 分类	PAN 分类[4]
1	高毒	否	否
2	致癌性	可能	可能(USEPA)
3	致突变性	无数据	—
4	内分泌干扰性	可能	无有效证据
5	生殖发育毒性	否	无有效证据
6	胆碱酯酶抑制性	否	否
7	神经毒性	否	—
8	呼吸道刺激性	否	—
9	皮肤刺激性	否	—
10	眼刺激性	否	—
11	地下水污染	—	潜在可能
12	国际公约或优控名录	无	

注：PPDB 数据库由英国赫特福德郡大学农业与环境研究所开发；PAN 数据库来自北美农药行动网(PANNA)；"—"表示无此项。

【限值标准】

每日允许摄入量(ADI)为 0.05mg/(kg bw • d)，操作者允许接触水平(AOEL)为 0.18mg/(kg bw • d)[2]。

参 考 文 献

[1] 顾林玲. 三唑并嘧啶磺酰胺类除草剂——五氟磺草胺. 现代农药, 2015, (2): 46-51.

[2] 王宏志, 侯志广, 赵晓峰, 等. 五氟磺草胺的光解特性研究. 环境科学与管理, 2013, 38(7): 23-25.

[3] PPDB: Pesticide Properties DataBase. http://sitem.herts.ac.uk/aeru/ppdb/en/Reports/512.htm [2016-12-22].

[4] PAN Pesticides Database—Chemicals. http://www.pesticideinfo.org/Detail_Chemical.jsp?Rec_Id= PC39672 [2016-12-22].

[5] Tomlin C D S. The e-Pesticide Manual [DB/CD]. 16th ed. Brighton: British Crop Production Council, 2012: 668.

[6] California Environmental Protection Agency/Department of Pesticide Regulation. Summary of Toxicology Data on Penoxsulam. p. 7 (2005). http://www.cdpr.ca.gov/docs/risk/toxsums/ toxsumlist. htm[2011-02-07].

西马津(simazine)

【基本信息】

化学名称：2-氯-4,6-二乙氨基-1,3,5-三嗪

其他名称：西玛嗪

CAS 号：122-34-9

分子式：$C_7H_{12}ClN_5$

相对分子质量：201.66

SMILES：Clc1nc(nc(n1)NCC)NCC

类别：三嗪类除草剂

结构式：

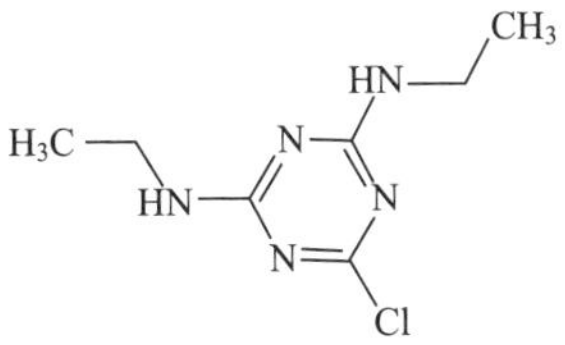

【理化性质】

无色至白色固体，密度 1.3g/mL，熔化前分解，沸腾前分解，饱和蒸气压 $8.1×10^{-4}$mPa（25℃），水溶解度（20℃）为 5mg/L。有机溶剂溶解度（20℃）：乙醇，570mg/L；丙酮，1500mg/L；甲苯，130mg/L；正己烷，3.1mg/L。辛醇/水分配系数 $\lg K_{ow}$= 2.3，亨利常数为 $5.6×10^{-5}$Pa·m³/mol。

【环境行为】

(1)环境生物降解性

好氧条件下，土壤中降解半衰期为 60d[1]，在甘蔗地土壤中的半衰期为 19.3d[2]。在连续 20 年使用西马津的玉米田土壤中，34d 降解率为 48%；经老化的西马津残留不发生生物降解[3]。接种活性污泥后 3h 和 9h 的降解率分别为 4.4%和 32.8%[4]。在粉砂壤土和砂壤土中，模拟田间条件下的半衰期分别为 77d 和 87d；田间试验

半衰期分别为 49d 和 32d[5]。

(2)环境非生物降解性

pH 为 7 时水中光解半衰期为 1.9d。20℃、pH 为 7 时水解半衰期为 96d，强酸与强碱条件下易水解[1]。25℃、pH 为 5 时水解半衰期为 70d。20℃、不同类型的土壤(经 γ 射线灭菌处理)中化学降解半衰期为 45~91d [3]。

(3)环境生物蓄积性

BCF 为 221[1]。另有报道，鲤鱼 BCF 分别为 2.3~3.2(暴露浓度为 0.1mg/L)和 9.7~14.6(暴露浓度为 0.01mg/L)。蓝鳃太阳鱼 BCF 小于 1，鲶鱼 BCF 为 2[3]，提示生物蓄积性为弱至中等。

(4)土壤吸附/移动性

吸附系数 K_{oc} 为 130[1]、330~840[2]，提示在土壤中移动性为轻微到中等。

【生态毒理学】

鸟类(绿头鸭)急性 LD_{50}=4640mg/kg，鱼类(蓝鳃太阳鱼)96h LC_{50}=90mg/L、鱼类 21d NOEC=0.7mg/L、大型溞 48h EC_{50}=1.1mg/L、21d NOEC=2.5mg/L，藻类(栅藻)72h EC_{50}=0.04mg/L、藻类 96h NOEC=0.6mg/L，蜜蜂接触 48h LD_{50} = 97μg/蜜蜂，蚯蚓(赤子爱胜蚓)14d LC_{50}=1000mg/kg [1]。

【毒理学】

(1)一般毒性

大鼠急性经口 LD_{50}＞5000mg/kg，大鼠急性经皮 LD_{50}＞2000mg/kg bw，大鼠急性吸入 LC_{50}=5.5mg/L，大鼠短期膳食暴露 NOAEL=6.9mg/kg[1]。

(2)免疫系统毒性

可诱发免疫器官质量下降。胸腺和脾脏是 T 淋巴细胞和 B 淋巴细胞分化成熟及特异性免疫应答的主要器官[6]。采用强饲法对 C57BL/6 雄性小鼠连续染毒 300mg/kg 西玛津 4 周，结果发现，小鼠免疫器官的质量下降[7]。对 BALB/c 小鼠灌胃染毒 90mg/kg、200mg/kg、400mg/kg 西玛津连续 3 周，结果发现，200mg/kg 和 400mg/kg 西玛津染毒小鼠脾脏系数和胸腺系数均明显低于对照组。600mg/kg 西玛津可引起鼠脾脏中 CD_4^+ 细胞和胸腺中 CD_8^+ 细胞百分比的增加，抑制了 IgM 空斑形成细胞的数量，使 IgG 的表达下降，B 细胞和 T 细胞增殖被抑制，脾脏 NK 细胞(自然杀伤细胞)和腹膜巨噬细胞活性明显下降[8]。将大鼠低剂量暴露西玛津 6 个月可引起 T 淋巴细胞损伤，导致二次免疫缺陷，使外周血 T 淋巴细胞明显减少，并抑制中性粒细胞的吞噬作用[9]。

(3)生殖发育毒性

对出生后22d的Wistar雌性大鼠分别灌胃染毒0mg/kg、12.5mg/kg、25mg/kg、50mg/kg、100mg/kg西玛津玉米油悬液21d，以及12.5mg/kg、25mg/kg、50mg/kg、100mg/kg、200mg/kg西玛津玉米油悬液41d，观察阴道张开时间、生殖激素水平和发情周期。结果发现，25mg/kg和100mg/kg西玛津染毒21d和25mg/kg、50mg/kg、100mg/kg、200mg/kg西玛津染毒41d，大鼠阴道张开时间均明显延迟；雌二醇和促黄体生成激素水平均未明显改变，但以50mg/kg西玛津染毒21d，大鼠催乳素水平明显降低；各剂量西玛津染毒41d大鼠均出现催乳素水平显著降低，孕酮水平未见明显变化。此外还显示，100mg/kg西玛津染毒21d大鼠的发情期明显迟于对照组，且发情天数显著减少，25mg/kg和100mg/kg西玛津染毒21d大鼠的发情周期数显著减少，这是否与阴道张开时间延迟有关尚不能确定；100mg/kg和200mg/kg西玛津染毒41d大鼠的发情期明显迟于对照组，但发情天数和发情周期数间无明显差别[10]。

采用强饲法对SD雌性大鼠和Fischer344雌性大鼠连续染毒100mg/kg、300mg/kg西玛津两周，结果发现各暴露组体重均显著降低，卵巢、子宫质量和雌二醇水平下降；SD雌性大鼠发情周期和角化上皮细胞的时间延长，导致动情期天数增加，动情间期的天数减少。这与Leah等[10]的研究结果不一致，推测与给药剂量、饲养强度及动物模型不同有关[11]。采用强饲法将大鼠连续暴露于625mg/kg西玛津6个月，发现西玛津可产生胚胎毒性，使妊娠率和窝仔数明显下降；但西玛津无致畸作用，且对仔鼠生长发育无显著影响[12]。

(4)遗传毒性

中国田鼠V79细胞暴露于2μg/mL、4μg/mL西玛津28h，结果发现，姐妹染色单体发生互换[13]。小鼠一次性腹腔注射500mg/kg、1000mg/kg、2000mg/kg西玛津24h后，采用单细胞凝胶电泳法检测粒细胞中的DNA损伤，结果显示，均未产生遗传毒性，提示环境浓度的西玛津不会诱发突变[14]。Kligerman等[15]将C57BL/6雌性小鼠腹腔注射2000mg/kg西玛津(每24h注射一次，共2次)后进行骨髓多染红细胞微核试验，未发现西玛津有遗传毒性。

【人类健康效应】

接触会引起皮炎[1]，对眼睛、皮肤和呼吸道有刺激作用[16]。中毒可致震颤、抽搐、瘫痪、发绀、呼吸变慢和腹泻。内分泌干扰性：诱导芳香化酶活性、雌激素分泌增加[1]。

美国环境保护署农药计划办公室(OPP)事故数据系统(IDS)共报道了21例中毒事件，大部分事件涉及刺激性的影响，包括眼睛、皮肤和呼吸道，同时涉及一般中枢神经系统影响(如恶心、头晕、头痛、烦躁不安)。中毒数据(1993~2001 年)提示西玛津相比其他农药的急性毒性较小,报道的绝大多数症状为皮肤、眼睛和喉咙刺激症状[17]。

一项大样本回顾性流行病学研究表明,西玛津暴露与乳腺癌发病无明显关联[18]。一项病例-对照研究结果显示,西玛津职业暴露与卵巢癌发病无显著关联[19]。

【危害分类与管制情况】

序号	毒性指标	PPDB 分类	PAN 分类[16]
1	高毒	否	否
2	致癌性	可能	未分类
3	内分泌干扰性	疑似	疑似
4	生殖发育毒性	疑似	是
5	胆碱酯酶抑制性	无数据	否
6	神经毒性	无数据	—
7	地下水污染	—	是
8	国际公约或优控名录	列入 PAN 名录、欧盟内分泌干扰物名录、美国有毒物质(生殖毒性物质)排放清单	

注:PPDB 数据库由英国赫特福德郡大学农业与环境研究所开发;PAN 数据库来自北美农药行动网(PANNA);"—"表示无此项。

【限值标准】

每日允许摄入量(ADI)为 0.005mg/(kg bw·d),操作者允许接触水平(AOEL)为0.05mg/(kg bw·d)[1]。美国国家饮用水标准与健康基准规定最高污染限值(MCL)小于 4μg/L,WHO 水质基准为 2.0μg/L[16]。

参 考 文 献

[1] PPDB: Pesticide Properties DataBase. http://sitem.herts.ac.uk/aeru/ppdb/en/Reports/338.htm [2016-08-12].

[2] 李素平, 肖怡, 刘雄伦, 等. 西玛津在甘蔗及土壤中的残留消解动态. 精细化工中间体, 2011, 41(4): 66-69.

[3] TOXNET(Toxicology Data Network). https://toxnet.nlm.nih.gov/cgi-bin/sis/search2/f?./temp/~X6UwVO:3 [2017-1-6].

[4] Leoni V, Cremisini C, Giovinazzo R, et al. Activated sludge biodegradation test as a screening method to evaluate persistence of pesticides in soil. Sci Total Environ, 1992, 123/124: 279-289.

[5] Ruedel H, Schmidt S, Kördel W, et al. Degradation of pesticides in soil: Comparison of laboratory experiments in a biometer system and outdoor lysimeter experiments. Sci Total Environ, 1993, 132: 181-200.

[6] 齐丽娟. 免疫毒理学评价方法及其研究进展. 国外医学卫生学分册, 2008, 35(3): 174-180.

[7] Kim K R, Son E W, Hee-Um S, et al. Immune alterations in mice exposed to the herbicide simazine. J Toxicol Environ Health A, 2003, 66: 1159-1173.

[8] 任锐, 王明秋, 郑晶, 等. 除草剂西玛津对小鼠的免疫毒性作用. 中华劳动卫生职业病杂志, 2009, 27(10): 601-603.

[9] Barshteĭn I, Paliĭ G K, Persidskiĭ I V, et al. Immunomorphological analysis of prolonged intoxication by low doses of herbicide simazine. Biull Eksp Biol Med, 1991, 112: 657-659.

[10] Leah M Z, Emily K G, Tammy E S. The effects of simazine, achlorotriazine herbicide, on pubertal development in the female Wistar rat. Reprod Toxicol, 2010, 29: 393-400.

[11] Eldridge J C, Fleenor-Heyser D G, Extrom P C, et al. Short -term effects of chlorotriazines on estrus in female Sprague-Dawley and Fischer 344 rats. J Toxicol Environ Health, 1994, 43: 155-167.

[12] 唐玲光, 唐爽秋. 除草剂西玛津生殖毒性的研究. 农药, 1987, (5): 37-38.

[13] Kuroda K, Yamaguchi Y, Endo G. Mitotic toxicity, sister chromatid exchange, and recassay of pesticides. Arch Environ ContamToxicol, 1992, 23: 13-18.

[14] Alan H T, Baocheng P, Andrew D K. Genotoxicity studies of three triazine herbicides: *In vivo* studies using the alkaline single cell gel (SCG) assay. Mutat Res, 2001, 493: 1-10.

[15] Kligerman A D, Doerr C L, Tennant A H, et al. Cytogenetic studies of three triazine herbicides. II. *In vivo* micronucleus studies in mouse bone marrow. Mutat Res, 2000, 471: 107-112.

[16] PAN Pesticides Database—Chemicals. http://www.pesticideinfo.org/Detail_Chemical.jsp?Rec_Id= PC34340 [2016-08-12].

[17] USEPA Office of Pesticide Programs. Reregistration Eligibility Decision Document—Simazine p. 31. EPA 738-R-06-008 (April 2006). http://www.epa.gov/pesticides/reregistration/status.htm [2007-05-29].

[18] Mills P K, Yang R. Regression analysis of pesticide use and breast cancer incidence in California Latinas. J Environ Health, 2006, 68(6): 15-22.

[19] Young H A, Mills P K, Riordan D G, et al. Triazine herbicides and epithelial ovarian cancer risk in central California. J Occup Environ Med, 2005, 47(11): 1148-1156.

烯草酮（clethodim）

【基本信息】

化学名称：（±）-2-[（*E*）-3-氯烯丙氧基亚氨基]丙基-5-[2-（乙硫基）丙基]-3-羟基环己-2-烯酮

其他名称：乐田特、赛乐特

CAS 号：99129-21-2

分子式：$C_{17}H_{26}ClNO_3S$

相对分子质量：359.92

SMILES：O=C1/C（C（=O）CC（CC（SCC）C）C1）=C（\NOCC=CCl）CC

类别：环己二酮类除草剂

结构式：

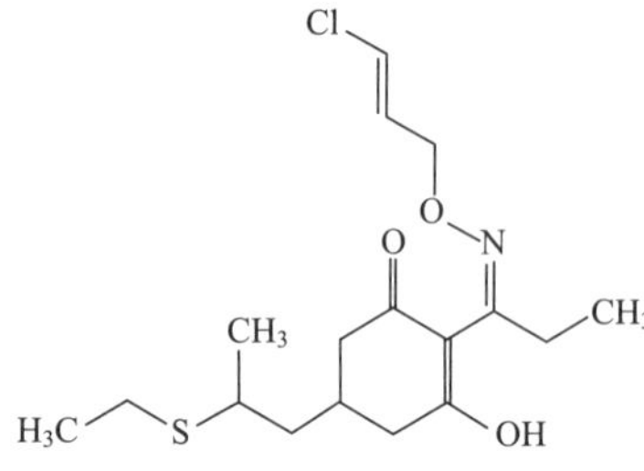

【理化性质】

黏性琥珀色至绿黄色液体（取决于纯度），密度 1.16g/mL，熔点–80℃，沸腾前分解，饱和蒸气压 $2.08×10^{-3}$mPa（25℃）。水溶解度（20℃）为 5450mg/L。有机溶剂溶解度（20℃）：二甲苯，100000mg/L；甲醇，100000mg/L；丙酮，900000mg/L；乙酸乙酯，900000mg/L。辛醇/水分配系数 $\lg K_{ow}=1.38×10^4$，亨利常数为 $1.4×10^{-7}$ Pa · m³/mol。

【环境行为】

（1）环境生物降解性

在 5 种不同类型土壤中的好氧降解半衰期是 1~3d[1]。微生物降解是主要作用。

未灭菌土壤，施药后 10h 降解率为 53.12%，施药后 72h 降解率为 93.61%；而灭菌土壤，施药后 10h 降解率为 26.63%~31.00%，施药后 72h 降解率为 50.93%~64.20%，两者差异显著[2]。另有报道，好氧条件下，土壤中降解半衰期为 0.17~3.04d(20℃、实验室条件下为 0.55d)[3]；厌氧条件下，土壤中降解半衰期为 191d[4]。

(2)环境非生物降解性

在 21℃、50mL 缓冲液中培养 20h，在 pH 为 5、6 和 7 条件下的降解率分别 37%、7%、0[5]。另有报道，pH 为 5、7 和 9 时，水解半衰期分别为 28d、300d 和 310d[1]。25℃、pH 为 5 时水解半衰期为 41d，pH 为 7、9 条件下不水解[3]。含有吸收波长大于 290nm 的生色基团[6]，可直接光解。在无菌缓冲溶液中(pH=5~7)，无光敏剂存在时的光解半衰期为 1.7~9.6d，有光敏剂时为 0.5~1.2d。25℃，pH 为 5、7、9 时，水中光解半衰期分别为 1.6d、5.45d、7.79d[3]。

(3)环境生物蓄积性

鱼体 BCF 为 2.1，代谢速率(CT_{50})为 409d，提示潜在生物蓄积性弱[3]。

(4)土壤吸附/移动性

吸附系数 K_{oc} 为 116[4]，Freundlich 吸附系数 K_{foc} 为 2.71~43.17[3]，提示在土壤中移动性强[3]。

【生态毒理学】

鸟类(山齿鹑)急性 LD_{50}＞1640mg/kg、鸟类(绿头鸭)短期饲喂 LD_{50}＞1640mg/(kg bw·d)，鱼类(虹鳟)96h LC_{50}=25mg/L、21d NOEC=3.9mg/L，溞类(大型溞)48h EC_{50}＞100mg/L、21d NOEC= 49mg/L，藻类(月牙藻)72h EC_{50}＞12mg/L，蜜蜂接触 48h LD_{50}＞51μg/蜜蜂、经口 48h LD_{50}＞43μg/蜜蜂，蚯蚓 14d LC_{50}=454mg/kg[3]。

【毒理学】

(1)一般毒性

大鼠急性经口 LD_{50}=1133mg/kg，大鼠短期膳食暴露 NOAEL=30mg/kg，兔子急性经皮 LD_{50}＞4176mg/kg bw，大鼠急性吸入 LC_{50}＜3.25mg/L[3]。

大鼠亚慢性(90d)经口毒性试验，中、高剂量组大鼠虽有部分血液生化指标、血象改变及脏器系数升高，但病理检查未见各脏器有明显特异性改变。原药对雌、雄大鼠亚慢性(90d)经口毒性最大无作用剂量(NOAEL)分别为雌性 30mg/(kg·d)，雄性 100mg/(kg·d)[7]。

根据高剂量组雌性和雄性大鼠体重减轻、肾小管上皮细胞空泡变性，高剂量组雌性大鼠尿蛋白和尿糖含量增高等结果，90%烯草酮原药对大鼠90d 亚慢性毒性作用的靶器官可能为肾脏；对雄性和雌性大鼠的 NOAEL 分别为 60mg/（kg·d）和 12mg/（kg·d）[8]。

（2）神经毒性

无信息。

（3）生殖发育毒性

通过饮食暴露给予妊娠7~15d 的大鼠 0mg/kg、10mg/kg、100mg/kg 和 700mg/kg 烯草酮，暴露 5d 后，发现高剂量下大鼠出现过度流涎；700mg/kg 剂量下母体体重增加降低；高剂量组较对照组胎儿体重显著下降。母体 NOAEL = 100mg/（kg·d）（体重增加和食物消耗减少），胎鼠 NOAEL = 100mg/（kg·d）（骨化迟缓）[9]。

（4）致癌性与致突变性

小鼠骨髓多染红细胞微核试验、小鼠睾丸精母细胞染色体畸变试验、Ames 试验结果均为阴性，未显示有遗传毒性作用[6]。通过对体外、体内实验结果的综合分析发现，烯草酮对小鼠骨髓细胞的 DNA 虽有损伤可能，但不构成明显的阳性反应[10]。

【人类健康效应】

可能的肝脏与血液毒物[3]。

【危害分类与管制情况】

序号	毒性指标	PPDB 分类	PAN 分类[4]
1	高毒	否	否
2	致癌性	否	不太可能
3	内分泌干扰性	否	无有效证据
4	生殖发育毒性	可能	无有效证据
5	胆碱酯酶抑制性	否	否
6	神经毒性	否	—
7	呼吸道刺激性	否	—
8	皮肤刺激性	是	—
9	眼刺激性	否	—
10	地下水污染	—	潜在可能
11	国际公约或优控名录	无	

注：PPDB 数据库由英国赫特福德郡大学农业与环境研究所开发；PAN 数据库来自北美农药行动网（PANNA）；"—"表示无此项。

【限值标准】

每日允许摄入量（ADI）为 0.16mg/（kg bw·d），操作者允许接触水平（AOEL）为 0.2mg/（kg bw·d），欧盟规定饮用水最大允许浓度（MAC）为 0.1mg/L[3]。

参 考 文 献

[1] MacBean C. The e-Pesticide Manual. 15th ed. Ver. 5. 1. Alton: British Crop Protection Council, 2008—2010.

[2] 张浩，张成文，刘伊玲. 影响烯草酮降解因素的研究. 农药科学与管理, 1997, （4）: 21-22.

[3] PPDB: Pesticide Properties DataBase. http://sitem.herts.ac.uk/aeru/ppdb/en/Reports/589.htm [2016-12-02].

[4] PAN Pesticides Database—Chemicals. http://www.pesticideinfo.org/Detail_Chemical.jsp?Rec_Id= PC33588 [2016-12-02].

[5] Katagi T. Abiotic hydrolysis of pesticides in the aquatic environment. Rev Environ Contam Toxicol, 2002, 175: 79-261.

[6] Lyman W J, Reehl W J, Roseblatt D H. Handbook of Chemical Property Estimation Methods. Washington DC: American Chemical Society, 1990: 8-12.

[7] 方华，上官小来，岑江杰，等. 烯草酮原药的毒性研究. 浙江化工, 2007, 38（9）: 24-26.

[8] 侯粉霞，陈巍，鱼涛，等. 90%烯草酮原药对大鼠的亚慢性毒性. 毒理学杂志, 2007, 21（5）: 432.

[9] California Environmental Protection Agency/Department of Pesticide Regulation. Toxicology Data Review Summary for Clethodim（99129-21-2）. 1993: 6.

[10] 孟雪莲，徐成斌，惠秀娟，等. 2 种除草剂对小鼠骨髓细胞 DNA 损伤作用. 中国公共卫生, 2010, 26（6）: 792-793.

烯禾啶(sethoxydim)

【基本信息】

化学名称：2-[1-(乙氧基亚氨基)丁基]-5-[2-(乙硫基)丙基]-3-羟基环己-2-烯酮

其他名称：稀禾定、拿捕净

CAS 号：74051-80-2

分子式：$C_{17}H_{29}NO_3S$

相对分子质量：327.48

SMILES：O=C1/C(C(=O)CC(CC(SCC)C)C1)=C(\NOCC)CCC

类别：环己二酮类除草剂

结构式：

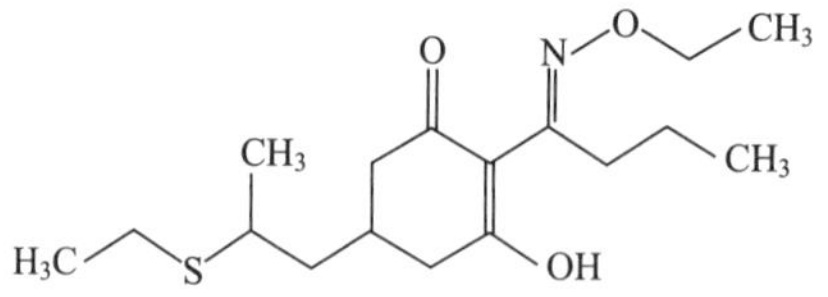

【理化性质】

油性琥珀色液体,密度1.043g/mL,沸点大于90℃,饱和蒸气压0.013mPa(25℃),水溶解度为4700g/L(20℃),可与甲醇、乙烷、乙酸乙酯、甲苯、二甲苯、辛醇互溶。辛醇/水分配系数 lgK_{ow}=1.65(pH=7, 20℃),亨利常数为 $1.39\times10^{-6}Pa\cdot m^3/mol$。

【环境行为】

(1)环境生物降解性

好氧条件下,土壤中降解半衰期为 1.2d(20℃、实验室条件下为 1d)[1]。在 20℃和 85%田间持水量的黏土和砂质土壤中,半衰期分别为 28d 和 14d[2]。棉田土壤中的降解半衰期约为 5h[3]。

(2)环境非生物降解性

大气中与光化学反应产生的羟基自由基反应的速率常数约为 $1.5\times10^{-10}cm^3$/(mol·s)(25℃),大气中羟基自由基的浓度为 $5\times10^5cm^{-3}$ 时,间接光解半衰期约为 1d[4]。在 pH 为 3、6 和 9 条件下的水解半衰期分别为 1.6d、45d 和 438d[5]。对光稳定[6]；在 25℃ 和 pH 为 8.7 时，氙灯条件下的光解半衰期为 5.5d[6]。另有报道，pH 为 7 时水中光解半衰期为 0.02d[1]。

(3) 环境生物蓄积性

全鱼 BCF 值为 22.5，提示生物蓄积性弱[1]。

(4) 土壤吸附/移动性

吸附系数 K_{oc} 为 75，提示土壤中移动性中等[1]。田间研究表明，土壤中施用烯禾啶 0d、7d、21d、73d 和 138d 后，大部分仍分布在土壤表层 15cm 内[7]。

【生态毒理学】

鸟类（鹌鹑）急性 $LD_{50}>5000mg/kg$，鱼类（虹鳟）96h $LC_{50}>170mg/L$，溞类（大型溞）48h $EC_{50}>1.5mg/L$，甲壳类（糠虾）96h $LC_{50}>0.7mg/L$，藻类 72h $EC_{50}=0.64mg/L$，蜜蜂接触 48h $LD_{50}>10\mu g/$蜜蜂，蚯蚓 14d $LC_{50}>542mg/kg$[1]。

【毒理学】

(1) 一般毒性

大鼠急性经口 $LD_{50}=2676mg/kg$，大鼠急性经皮 $LD_{50}>5000mg/kg\,bw$，大鼠急性吸入 $LC_{50}=6.28mg/L$，大鼠短期膳食暴露 NOAEL=17.2mg/kg[1]。

一头 7 岁黑白花奶牛连续 4d 食用喷撒烯禾啶的稗草后，逐渐掉奶，卧地不起，抽风，结膜充血，轻度黄染，皮肤、耳尖、角根及四肢均凉，全身肌肉震颤，颈僵直；呼吸音粗励，心音极弱，瘤胃蠕动音弱，经治疗后恢复正常[8]。

大鼠（20 只/性别/组）喂食暴露 0mg/kg、33mg/kg、100mg/kg、300mg/kg、900mg/kg 和 2700mg/kg 的烯禾啶（纯度 95.9%）14 周。结果发现，高剂量组雄鼠和雌鼠体重增加分别减少 17% 和 14%。900mg/kg 和 2700mg/kg 组大鼠总胆固醇、胆红素和肝重升高；900mg/kg 和 2700mg/kg 组雄鼠肿胀的肝细胞数增加。高剂量组雌鼠同样受到影响，但发病率低。最大无作用剂量（NOAEL）为 300mg/kg，相当于 20mg/(kg·d)（雄性）和 21mg/(kg·d)（雌性）[9]。

(2) 神经毒性

无信息。

(3) 生殖发育毒性

大鼠两代繁殖试验，暴露剂量为 0mg/kg、150mg/kg、600mg/kg 和 3000mg/kg。结果表明，生殖效应的最大无作用剂量（NOAEL）为 600mg/kg（子代体重下降）；母体 NOAEL 为 150mg/kg（肾上腺皮质出现脂肪和空泡）。3000mg/kg 剂量组，雄性大鼠体重轻微下降，雌性较严重。3000mg/kg 剂量组，雄性大鼠肝脏质量轻微升高[9]。

白兔在妊娠 6~18d 通过胃部插管给予 0mg/kg、80mg/kg、160mg/kg、320mg/kg 和 400mg/kg 烯禾啶(纯度 96.8%)，结果发现，母体 NOAEL 为 320mg/(kg·d)，饲料消耗显著减少，400mg/kg 剂量组有一只终止妊娠。子代发育 NOAEL 为 400mg/(kg bw·d)[9]。

(4) 致癌性与致突变性

小鼠喂食暴露 0mg/kg、40mg/kg、120mg/kg、360mg/kg 和 1080mg/kg 烯禾啶(纯度 95.4%)两年，结果发现，1080mg/kg 剂量组雌、雄小鼠主要表现为肝脏质量增加和肝脂肪变性，360mg/kg 剂量组雄性小鼠也出现同样的表现；1080mg/kg 剂量组雄性小鼠尽管食物消耗量增加，但体重减轻，同时血清谷草转氨酶(SGOT)和血清谷丙转氨酶(SGPT)含量增高。未发现与暴露相关的肿瘤发生[9]。

鼠伤寒沙门氏菌致突变试验、染色体畸变试验、程序外 DNA 合成试验结果均为阴性[9]。

【人类健康效应】

可能的甲状腺、肝脏和骨髓毒物，吞服可导致肺损伤[1]。对皮肤和眼睛有刺激性，吸入粉尘或气体会刺激喉咙和鼻子，中毒可致失调、视物模糊、流泪、流涎、颤抖、血尿、腹泻等症状[10]。

【危害分类与管制情况】

序号	毒性指标	PPDB 分类	PAN 分类[10]
1	高毒	否	否
2	致癌性	否	否
3	内分泌干扰性	无数据	无充分证据
4	生殖发育毒性	否	无充分证据
5	胆碱酯酶抑制性	否	否
6	神经毒性	否	—
7	呼吸道刺激性	是	—
8	皮肤刺激性	疑似	—
9	眼刺激性	是	—
10	地下水污染	—	潜在可能
11	国际公约或优控名录	否	

注：PPDB 数据库由英国赫特福德郡大学农业与环境研究所开发；PAN 数据库来自北美农药行动网(PANNA)；"—"表示无此项。

【限值标准】

每日允许摄入量（ADI）为 0.14mg/（kg bw • d）[1]。

参 考 文 献

[1] PPDB: Pesticide Properties DataBase. http://sitem.herts.ac.uk/aeru/ppdb/en/Reports/589.htm [2017-03-25].

[2] Smith A E. Environmental Behavior Pesticide Regulation Aspects. European Study Ser, 1994: 349-354.

[3] 陈智东, 尤玉珍, 麦铭. 稀禾定在棉田环境中的消解与残留. 农药, 1993, （4）: 26-27.

[4] Meylan W M, Howard P H. Computer estimation of the atmospheric gas-phase reaction rate of organic compounds with hydroxyl radicals and ozone. Chemosphere , 1993, 26: 2293-2299.

[5] Flury M. Experimental evidence of transport of pesticides through field soils. J Environ Qual, 1996, 25: 25-45.

[6] Tomlin C D S. The e-Pesticide Manual. 13th ed. PC CD-ROM, Ver 3. 0, 2003-04. Surrey: British Crop Protection Council, 2003.

[7] TOXNET （Toxicology Data Network）. https://toxnet.nlm.nih.gov/cgi-bin/sis/search2/f?./temp/~ EZs6uF: 2[2017-03-25].

[8] 卢国飞, 董才, 王朝刚. 奶牛"拿捕净"中毒一例. 黑龙江畜牧兽医, 1989, （9）: 44.

[9] California Environmental Protection Agency/Department of Pesticide Regulation. Toxicology Data Review Summaries for Sethoxydim （74051-80-2）. http://www.cdpr.ca.gov/docs/toxsums/ toxsumlist.htm [2005-04-18].

[10] PAN Pesticides Database—Chemicals. http://www.pesticideinfo.org/Detail_Chemical.jsp?Rec_Id= PC35437 [2016-12-02].

辛酰碘苯腈(ioxynil octanoate)

【基本信息】

化学名称：3,5-二碘-4-辛酰氧苯腈

其他名称：碘苯腈辛酸酯

CAS 号：3861-47-0

分子式：$C_{15}H_{17}I_2NO_2$

相对分子质量：497.11

SMILES：Ic1cc(C#N)cc(I)c1O.CCCCCCCC(O)=O

类别：羟基苯甲腈类除草剂

结构式：

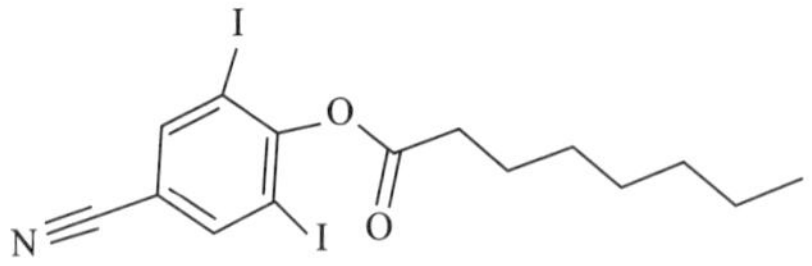

【理化性质】

白色精细粉末，密度 1.81g/mL，熔点 56.6℃，沸腾前分解，饱和蒸气压 0.00009mPa(25℃)。水溶解度(20℃)为 0.03mg/L。有机溶剂溶解度(20℃)：丙酮，1000000mg/L；乙酸乙酯，1000000mg/L；甲醇，111800mg/L；二甲苯，1000000mg/L。辛醇/水分配系数 $\lg K_{ow} = 6.0$(pH=7，20℃)，亨利常数为 6.12×10^{-7}Pa·m³/mol(20℃)。

【环境行为】

(1)环境生物降解性

好氧条件下，土壤中降解半衰期 DT_{50} 为 7d(实验室，20℃)[1]。

(2)环境非生物降解性

pH 和温度对水解速率有显著影响。在 22~25℃、pH 为 4~5 条件下稳定；在 22℃，pH 为 7、9 条件下的水解半衰期分别为 6d、16d；在 25℃，pH 为 7、9 条件下的水解半衰期分别为 52d、5.3d [1]。

(3)环境生物蓄积性

鱼体 BCF 为 188，提示生物蓄积性弱[1]。

(4)土壤吸附/移动性

吸附系数 K_{oc} = 289[2,3]，提示在土壤中具有中等移动性。但因具有较快的降解速率，对河川及地下水影响很小[3]。

【生态毒理学】

鸟类(日本鹌鹑)急性 LD_{50} = 677mg/kg、短期摄食 LC_{50}=2563mg/kg，鱼类 96h LC_{50} = 0.043mg/L、21d NOEC= 0.021mg/L，溞类(大型溞)48h EC_{50} = 0.011mg/L、21d NOEC= 0.01mg/L，底栖类(摇蚊)28d NOEC=0.01mg/L，蜜蜂经口 48h LD_{50}＞3.27μg/蜜蜂，蚯蚓 14d LC_{50}＞60mg/kg [1]。

【毒理学】

(1)急性毒性

原药对雄、雌大鼠急性经口 LD_{50} 分别为 430.1mg/kg 和 384.9mg/kg，对雌、雄小鼠 LD_{50} 分别为 509.0mg/kg 和 481.9mg/kg；原药对雄大鼠的急性经皮毒性 LD_{50} 为 3200mg/kg。乳油对雌、雄大鼠急性经口毒性 LD_{50} 分别为 419mg/kg 和 400mg/kg，对雌、雄小鼠分别为 542mg/kg 和 526mg/kg，对雌、雄大鼠急性经皮毒性 LD_{50}＞2000mg/kg，对雌、雄大鼠急性吸入毒性 LC_{50}＞2.4mg/L(4h)。亚急性毒性：对大、小鼠最大无作用剂量(NOAEL)均为 5mg/(kg·d)[4]。

(2)神经毒性

无神经毒性[4]。

(3)生殖发育毒性

无生殖发育毒性[4]。

(4)致癌性与致突变性

无致癌性、致突变性[4]。

【人类健康效应】

可能的甲状腺毒物[1]。

【危害分类与管制情况】

序号	毒性指标	PPDB 分类	PAN 分类[3]
1	高毒	否	否
2	致癌性	否	无有效证据
3	内分泌干扰性	是	无有效证据
4	生殖发育毒性	可能	无有效证据
5	胆碱酯酶抑制性	否	否
6	神经毒性	否	—
7	呼吸道刺激性	否	—
8	皮肤刺激性	—	—
9	眼刺激性	是	—
10	国际公约或优控名录	无	

注:PPDB 数据库由英国赫特福德郡大学农业与环境研究所开发;PAN 数据库来自北美农药行动网(PANNA);"—"表示无此项。

【限值标准】

　　每日允许摄入量(ADI)为 0.005mg/(kg bw·d),急性参考剂量(ARfD)为 0.04mg/(kg bw·d),操作者允许接触水平(AOEL)为 0.01mg/(kg bw·d) [1]。

参 考 文 献

[1] PPDB: Pesticide Properties DataBase. http://sitem.herts.ac.uk/aeru/ppdb/en/Reports/1063.htm [2016-8-11].

[2] TOXNET(Toxicology Data Network). http://www.pesticideinfo.org/Detail_Chemical. jsp?Rec_Id= PC37896 [2016-8-11].

[3] PAN Pesticides Database—Chemicals. http://www.pesticideinfo.org/Detail_Chemical.jsp?Rec_Id= PC37896 [2016-8-11].

[4] 张亦冰. 阔叶杂草除草剂——辛酰碘苯腈. 世界农药, 2000, (4): 53-54.

溴苯腈(bromoxynil)

【基本信息】

化学名称：3.5-二溴-4-羟基-苯甲腈

其他名称：拌地农

CAS 号：1689-84-5

分子式：$C_7H_3Br_2NO$

相对分子质量：276.9

SMILES：Oc1c(Br)cc(cc1Br)C#N

类别：羟基苯甲腈类除草剂

结构式：

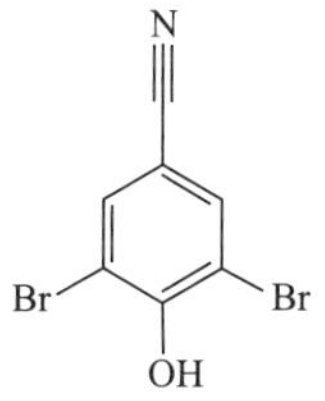

【理化性质】

白色结晶固体，密度 1.63g/mL，熔点 190.5℃，沸腾前分解，饱和蒸气压 0.12mPa(25℃)，水溶解度(20℃)为 186000g/L。有机溶剂溶解度(20℃)：丙酮，186000mg/L；甲醇，80500mg/L；正辛醇，46700mg/L；乙腈，51100mg/L。辛醇/水分配系数 $\lg K_{ow} = 0.27$，亨利常数为 $8.7 \times 10^{-7} Pa \cdot m^3/mol$。

【环境行为】

(1)环境生物降解性

溴苯腈能被土壤中的微生物迅速降解[1]。好氧条件下，实验室研究土壤中降解半衰期(DT_{50})为 0.23~1.37d，田间研究 DT_{50} 为 7~10d [2]；主要降解产物是 3,5-二溴-4-羟基苯甲酸和 3,5-二溴-4-水杨酰胺[3,4]。在有机质含量高的黏质壤土中可降解，但在灭菌土壤中不降解[4]。厌氧生物降解通过还原脱溴得到对氰基苯酚，然后降解为苯酚，最终降解为二氧化碳[5]。

(2)环境非生物降解性

在潮湿的土壤环境中，通过水解和脱溴降解为毒性较低的物质，如羟基苯甲酸[6]。在水溶液中形成 3-溴羟氰苯 (MBBP) 和 4-羟氰苯。气态溴苯腈与光化学反应产生的羟基自由基反应的速率常数约为 $2.1×10^{-13} cm^3/(mol·s)$ (25℃)，大气中间接光解半衰期约为 51d[7]。

(3)环境生物蓄积性

基于 lgK_{ow} 的 BCF 估测值为 28，提示潜在生物蓄积性弱[4]。

(4)土壤吸附/移动性

吸附系数 K_{oc} 为 302，提示在土壤中移动性中等[4]。

(5)水/土壤中挥发性

$pK_a = 3.86$，在 pH 为 5~9 时几乎完全以阴离子的形式存在，在干燥土壤表面不挥发[4]。

【生态毒理学】

鸟类(山齿鹑)急性 LD_{50}=217mg/kg、鸟类(绿头鸭)短期摄食 LC_{50}=1380mg/kg，鱼类(蓝鳃太阳鱼)96h LC_{50}=29.2mg/L、鱼类(虹鳟)21d NOEC=2mg/L、溞类(大型溞)48h EC_{50}=12.5mg/L、21d NOEC=3.1mg/L，藻类(舟形藻)72h EC50=0.12mg/L、藻类(绿藻)96h NOEC=3.13mg/L，蜜蜂经口 48h LD_{50}=5.0μg/蜜蜂、接触 48h LD_{50}=150μg/蜜蜂，蚯蚓(赤子爱胜蚓)14d LC_{50}=45mg/kg[2]。

【毒理学】

(1)一般毒性

大鼠急性经口 LD_{50}=81.2mg/kg，大鼠急性经皮 LD_{50}＞2000mg/kg bw，大鼠急性吸入 LC_{50}＞0.15mg/L[2]。

对眼睛有轻微刺激，对兔的皮肤无刺激作用。兔经口大剂量溴苯腈急性中毒首先影响呼吸，导致呼吸频率加快、呼吸困难，而严重的呼吸困难可导致动脉血氧分压下降，造成机体缺氧。小鼠经高剂量溴苯腈灌胃染毒后 2min 即出现中毒症状，表现为活动减少，呼吸急促，10min 后呼吸困难加剧，并出现兴奋不安，四肢搔扒、抽搐，伴肌无力，后抽搐反复发作至死亡。而小剂量溴苯腈染毒后小鼠表现症状轻微，仅呼吸频率加快，活动如常，30～120min 后呼吸渐平稳。组织学及生化检查结果表明，溴苯腈急性中毒可对肺脏、肝脏、骨骼肌等造成损伤，但肝功能无明显改变。溴苯腈急性中毒引起骨骼肌溶解、断裂并导致血清肌酸激酶含量增高[8]。

(2)神经毒性

可引起全身性中毒表现，中枢神经系统是其毒作用的主要靶器官之一。溴苯腈进入脑组织后，迅速抑制氧化磷酸化呼吸偶联反应，使腺苷二磷酸(ADP)生成腺苷三磷酸（ATP)的反应受阻，使氧化过程产生的能量无法以高能磷酸键形式储存而转化为热能释出，导致中枢神经系统生化代谢、病理形态和生理机能改变，引起运动失调、高热、大汗、惊厥、昏迷和呼吸停止等一系列中枢神经中毒表现。动物经口急性中毒可引起脑水肿、线粒体损害。溴苯腈经口服后首先影响呼吸系统，最终使急性中毒动物死于缺氧[9]。

(3)生殖发育毒性

对动物生殖功能无不良影响，但有致畸作用[10,11]。孕期母兔摄入溴苯腈30mg/kg 以上可导致新生兔颅骨畸形和脑积水，大鼠孕期口服 30mg/kg 以上可引起胎儿体重减轻和肋骨形成异常等先天性缺陷，且随着摄入溴苯腈剂量的增加，母鼠肝脏占机体的质量比增加，但肾上腺、胸腺、脾脏无此变化。

(4)致癌性与致突变性

无信息。

【人类健康效应】

可能的人类致癌物、肝脏毒物[2]。2 例轻度溴苯腈中毒者出现四肢乏力、多汗、头晕，呕吐、胸闷等症状。5 例重度中毒者除上述症状严重外，还表现出高热(4 例)、外周皮肤黏膜发红、大汗淋漓、呼吸困难和瞳孔缩小($<$0.25cm)、心动过速、烦躁、意识不清甚至昏迷。其中 3 例出现腱反射亢进，2 例出现腹泻，1例出现感觉平面障碍，2 例在病情好转时突发全身强直痉挛、牙关紧闭、心搏骤停而死亡[12]。Kawanishi 等[10]报道长期接触溴苯腈的工人可有消瘦、发热、呕吐、头痛及排尿困难等临床表现。

【危害分类与管制情况】

序号	毒性指标	PPDB 分类	PAN 分类
1	高毒	否	否
2	致癌性	可能	可能(C 类，USEPA)
3	致突变性	否	—
4	内分泌干扰性	是	疑似

续表

序号	毒性指标	PPDB 分类	PAN 分类
5	生殖发育毒性	是	是
6	胆碱酯酶抑制性	否	否
7	神经毒性	否	—
8	呼吸道刺激性	否	—
9	皮肤刺激性	是	—
10	皮肤致敏性	否	—
11	眼刺激性	否	—
12	地下水污染	—	潜在可能
13	国际公约或优控名录	列入 PAN 名录、欧盟内分泌干扰物名录、加州 65 种发育毒性物质名录、美国有毒物质(发育毒性物质)排放清单	

注：PPDB 数据库由英国赫特福德郡大学农业与环境研究所开发；PAN 数据库来自北美农药行动网(PANNA)；"—"表示无此项。

【限值标准】

每日允许摄入量(ADI)为 0.01mg/(kg bw·d)，急性参考剂量(ARfD)为 0.04mg/(kg bw·d)，操作者允许接触水平(AOEL)为 0.01mg/(kg bw·d)[2]。

参 考 文 献

[1] Smith A E. An analytical procedure for bromoxynil and its octanoate in soils; persistence studies with bromoxynil octanoate in combination with other herbicides in soil. Pestic Sci, 1980, 11(3): 341-346.

[2] PPDB: Pesticide Properties DataBase. http://sitem.herts.ac.uk/aeru/ppdb/en/Reports/96.htm [2016-12-06].

[3] Muir D C G, Kenny D F, Grift N P, et al. Fate and acute toxicity of bromoxynil esters in an experimental prairie wetland. Environ Toxicol Chem, 1991, 10: 395-406.

[4] TOXNET(Toxicology Data Network). https://toxnet.nlm.nih.gov/cgi-bin/sis/search2/f?./temp/~ Akzqrk: 3: enex[2016-12-06].

[5] Knight V K, Berman M H, Häggblom M M, et al. Biotransformation of 3, 5-dibromo-4-hydroxybenzonitrile under denitrifying, Fe(Ⅲ)-reducing, sulfidogenic, and methanogenic conditions. Environ Toxicol Chem, 2003, 22: 540-544.

[6] MacBean C. The e-Pesticide Manual. 15th ed. Ver. 5. 1. Alton: British Crop Protection Council, 2008—2010.

[7] Meylan W M, Howard P H. Computer estimation of the atmospheric gas-phase reaction-rate of

organic-compounds with hydroxyl radicals and ozone. Chemosphere, 1993, 26(12): 2293-2299.

[8] 梁欢, 刘晓, 卢中秋, 等. 小鼠溴苯腈中毒的毒理学实验研究. 中华劳动卫生职业病杂志, 2006, 24(8): 494- 495.

[9] 卢中秋, 刘晓, 胡国新, 等. 溴苯腈对小鼠的毒性及二巯丙磺钠对其的保护作用. 中华急诊医学杂志, 2006, 15(2): 124-127.

[10] Kawanishi C Y, Hartig P, Bobseine K L, et al. Axial skeletal and hox expression domain alterations induced by retinoic acid, valproic acid, and bromoxynil during murine development. J Biochern Mol Toxicol, 2003, 17(6): 346- 356.

[11] Rogers J M, Francis B M, Barbee B D, et al. Developmental toxicity of bromoxynil in mice and rats . Fundam Appl Toxicol, 1991, 17(3): 442- 447.

[12] 张万里, 张孚贺, 王莉敏, 等. 急性溴苯腈中毒临床救治的探讨. 中华劳动卫生职业病杂志, 2005, 23(5): 387-388.

溴苯腈庚酸酯(bromoxynil heptanoate)

【基本信息】

化学名称：无

其他名称：无

CAS 号：56634-95-8

分子式：$C_{14}H_{15}Br_2NO_2$

相对分子质量：389.08

SMILES：Brc1cc(C#N)cc(Br)c1OC(=O)CCCCCC

类别：羟基苯甲腈类除草剂

结构式：

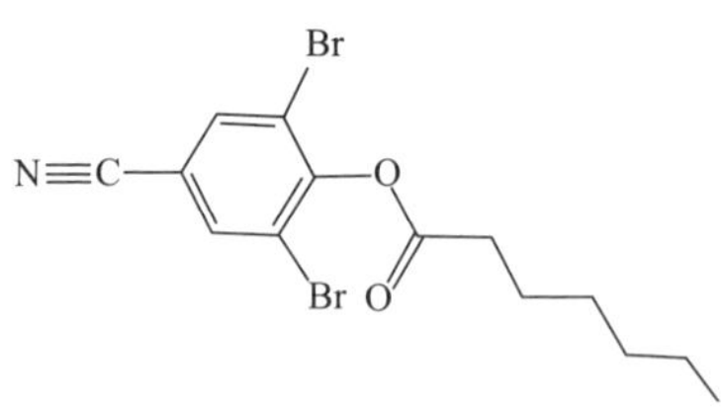

【理化性质】

白色精细粉末，密度 1.632g/mL，熔点 44.1℃，沸腾前分解，饱和蒸气压 0.078mPa(25℃)，水溶解度(20℃)为 0.16mg/L。有机溶剂溶解度(20℃)：正庚烷，562000mg/L；乙酸乙酯，811000mg/L；甲醇，553000mg/L；甲苯，838000mg/L。辛醇/水分配系数 $\lg K_{ow}$=5.7，亨利常数为 0.19Pa·m³/mol。

【环境行为】

(1)环境生物降解性

土壤中好氧降解半衰期(DT_{50})为 1d[1]。

(2)环境非生物降解性

在 pH 为 7 的条件下，水溶液光解半衰期为 0.75d。 在 20℃，pH 分别为 5 和 9 的条件下，水解半衰期分别为 11.7d 和 4.1d[1]。

(3)环境生物蓄积性

无信息。

(4)土壤吸附/移动性

K_f 为 425~1304，K_{foc} 值为 11191~51659，提示溴苯腈庚酸酯在土壤中不可移动[1]。

【生态毒理学】

鸟类(山齿鹑)急性 LD_{50}=379mg/kg，鱼类(蓝鳃太阳鱼)96h LC_{50}=0.029mg/L，溞类(大型溞)48h EC_{50}=0.031mg/L，藻类(栅藻)72h EC_{50}=2.3mg/L，藻类(月牙藻)96h NOEC=0.083mg/L，蜜蜂急性接触 48h LD_{50}＞100μg/蜜蜂、经口 48h LD_{50}＞120μg/蜜蜂，蚯蚓 14d LC_{50}=45mg/kg[1]。

【毒理学】

(1)一般毒性

大鼠急性经口 LD_{50}=292mg/kg，大鼠急性经皮 LD_{50}＞2000mg/kg bw，大鼠急性吸入 LC_{50}=1.48mg/L[1]。

(2)神经毒性

无信息。

(3)生殖发育毒性

无信息。

(4)致癌性与致突变性

无信息。

【人类健康效应】

无信息。

【危害分类与管制情况】

序号	毒性指标	PPDB 分类	PAN 分类[2]
1	高毒	否	否
2	致癌性	可能	可能(C 类，USEPA)
3	致突变性	无数据	—
4	内分泌干扰性	是	无有效证据

续表

序号	毒性指标	PPDB 分类	PAN 分类[2]
5	生殖发育毒性	疑似	无有效证据
6	胆碱酯酶抑制性	否	否
7	神经毒性	否	—
8	呼吸道刺激性	否	—
9	皮肤刺激性	否	—
10	皮肤致敏性	是	
11	眼刺激性	否	—
12	地下水污染	—	潜在可能
13	国际公约或优控名录	无	

注:PPDB 数据库由英国赫特福德郡大学农业与环境研究所开发;PAN 数据库来自北美农药行动网(PANNA);
"—"表示无此项。

【限值标准】

每日允许摄入量(ADI)为 0.01mg/(kg bw·d),急性参考剂量(ARfD)为 0.04mg/(kg bw·d),操作者允许接触水平(AOEL)为 0.01mg/(kg bw·d)[1]。

参 考 文 献

[1] PPDB: Pesticide Properties DataBase. http://sitem.herts.ac.uk/aeru/ppdb/en/Reports/338.htm [2016-12-12].

[2] PAN Pesticides Database—Chemicals. http://www.pesticideinfo.org/Detail_Chemical.jsp?Rec_Id= PC37082[2016-12-12].

溴苯腈辛酸酯(bromoxynil octanoate)

【基本信息】

化学名称：3,5-二溴-4-辛酰氧基苄腈

其他名称：辛酰溴苯腈

CAS 号：1689-99-2

分子式：$C_{15}H_{17}Br_2NO_2$

相对分子质量：403

SMILES：Brc1cc(C#N)cc(Br)c1OC(=O)CCCCCCC

类别：羟基苯甲腈类除草剂

结构式：

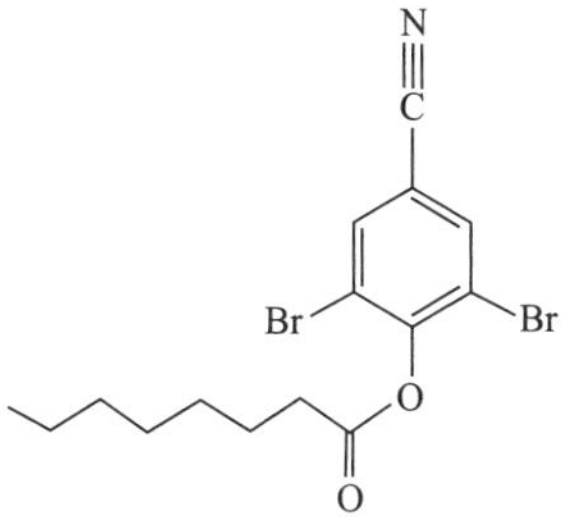

【理化性质】

白色精细粉末，密度 1.638g/mL，熔点 45.3℃，沸腾前分解，饱和蒸气压 0.02mPa(25℃)，水溶解度(20℃)为 0.05mg/L。有机溶剂溶解度(20℃)：丙酮，1215000mg/L；乙酸乙酯，847000mg/L；甲醇，207000mg/L；甲苯，813000mg/L。辛醇/水分配系数 $\lg K_{ow}$=6.2，亨利常数为 0.19Pa·m³/mol。

【环境行为】

(1)环境生物降解性

^{14}C 标记的溴苯腈辛酸酯在砂质壤土中降解半衰期(DT$_{50}$)为 2d，主要降解产物为 CO_2[1]。在土壤光解试验中，氙弧灯照射下降解半衰期是 2.6d，黑暗中是 3.6d。

添加池塘水的砂壤土中好氧培养半衰期小于 12h，田间消解半衰期为 0.5~28d[2]。4 种不同类型的土壤(砂壤土、酸砂、有机质淤泥和黏土)降解试验，在土壤灌注装置中 [14]C 标记氰基溴苯腈辛酸酯的半衰期为 7～22d[3]。在黏土和砂质壤土中 [14]C 标记苯环的溴苯腈辛酸酯半衰期为 10~12d[3]。在厌氧条件下砂壤土中溴苯腈辛酸酯降解半衰期为 3.7d[1]。

(2)环境非生物降解性

在 pH 为 5、7 和 9 时，溴苯腈辛酸酯被迅速降解为溴苯腈，水解半衰期分别为 34.1d、11~11.5d 和 1.7～1.9d；在 pH 为 5 的条件下，水溶液光解半衰期为 4~5h；溴苯腈辛酸酯的水解是碱催化过程[1,4]。

(3)环境生物蓄积性

暴露浓度为 1.3~4.6μg/L 时，蓝鳃太阳鱼全鱼测定的 BCF 值为 230，提示生物蓄积性强[1]。

(4)土壤吸附/移动性

K_{oc} 估算值为 21000，提示在土壤中不可移动。土壤浸出试验研究发现，溴苯腈辛酸酯在四种类型的土壤和沉积物中不发生移动；在有机质含量为 1.2%的土壤中 K_{oc} 为 1003[1]。

【生态毒理学】

鸟类(山齿鹑)急性 LD_{50} =170mg/kg，鱼类(虹鳟)96h LC_{50}=0.041mg/L、21d NOEC=0.0034mg/L，溞类(大型溞)48h EC_{50}= 0.046mg/L、21d NOEC=0.0025mg/L，藻类(栅藻)72h EC_{50}=2.3mg/L，藻类(舟形藻)96h NOEC= 0.043mg/L，蜜蜂接触急性 48h LD_{50}＞120μg/蜜蜂、经口 48h LD_{50}＞100μg/蜜蜂，蚯蚓 14d LC_{50} = 45mg/kg[5]。

【毒理学】

(1)一般毒性

大鼠急性经口 LD_{50}=141mg/kg，大鼠急性经皮 LD_{50}＞2000mg/kg bw，大鼠急性吸入 LC_{50}=0.72mg/L[5]。

在 13 周亚慢性喂养试验中，SD 大鼠喂食暴露 0mg/kg、20mg/kg、50mg/kg、125mg/kg、312mg/kg、781mg/kg 和 1953mg/kg 溴苯腈辛酸酯。结果发现，781mg/kg 和 1953mg/kg 剂量组雌、雄大鼠肾脏和肝脏质量增加，1953mg/kg 组血生化指标改变；雄性甲状腺和垂体的绝对质量下降。雄性和雌性的最小有作用剂量(LOAEL)分别为 125mg/kg 和 312mg/kg。矛盾的是，20mg/kg 和 50mg/kg 剂量组雌鼠甲状腺绝对质量增加，50mg/kg 剂量组雌鼠垂体绝对质量增加。由于未出现剂量效应反应,因此质量增加的结果可能为假阳性[6]。

(2)神经毒性

无信息。

(3)生殖发育毒性

大鼠繁殖试验结果显示,母体毒性 NOAEL 为 50mg/kg(体重降低,肝和肾脏质量增加);子代的影响仅限于高剂量组(250mg/kg),包括出生体重降低,延迟睁眼,断乳后幼鼠肾积水或输尿管积水发生率增加;子代影响 NOAEL 为50mg/kg[7]。

(4)致癌性与致突变性

SD 大鼠喂食暴露 0mg/kg、60mg/kg、190mg/kg、600mg/kg 的溴苯腈辛酸酯105 周,没有肿瘤发生。600mg/kg 组雄性大鼠嗜酸性细胞数目发生变化,海绵状肝细胞增多,190mg/kg 和 600mg/kg 剂量组雄性大鼠丙氨酸氨基转移酶水平升高[7]。

小鼠喂食暴露 0mg/kg、20mg/kg、75mg/kg 和 300mg/kg 的溴苯腈辛酸酯 78~80周,78 周时的存活率超过 60%。300mg/kg 组雌性小鼠在 4~42 周体重增加。在第53 周,300mg/kg 组雌、雄小鼠红细胞比容增加。在第 79 周,所有暴露组雄性小鼠红细胞计数、血红蛋白浓度和红细胞比容增加,300mg/kg 组雄性小鼠白细胞计数和中性粒细胞数目显著减少。300mg/kg 组雌、雄小鼠的肝脏、胆囊和肾脏绝对质量显著增加。处理组小鼠肝脏出现非肿瘤性和肿瘤性病变,非肿瘤性病变包括出现小叶增生、坏死、Kupffer 细胞和肝细胞色素,NOAEL(肝脏非肿瘤性病变)为 20mg/kg;腺瘤合并肿瘤的发生率在所有处理组雄性小鼠中都显著增加,300mg/kg 组雌性小鼠的发生率也增加,NOAEL(肝脏肿瘤效应)为20mg/kg[7]。

Ames 试验、骨髓微核试验和程序外 DNA 合成(UDS)试验结果均为阴性[8]。

【人类健康效应】

溴苯腈辛酸酯对皮肤和眼睛的刺激是温和的,但能引起皮肤过敏[8]。

【危害分类与管制情况】

序号	毒性指标	PPDB 分类	PAN 分类[2]
1	高毒	否	否
2	致癌性	可能	可能(C 类, USEPA)
3	致突变性	无数据	—
4	内分泌干扰性	是	无有效证据
5	生殖发育毒性	疑似	是

续表

序号	毒性指标	PPDB 分类	PAN 分类[2]
6	胆碱酯酶抑制性	否	否
7	神经毒性	否	—
8	呼吸道刺激性	否	—
9	皮肤刺激性	否	—
10	皮肤致敏性	是	
11	眼刺激性	否	—
12	地下水污染	—	潜在可能
13	国际公约或优控名录	无	

注：PPDB 数据库由英国赫特福德郡大学农业与环境研究所开发；PAN 数据库来自北美农药行动网（PANNA）；"—"表示无此项。

【限值标准】

每日允许摄入量（ADI）为 0.01mg/（kg bw·d），急性参考剂量（ARfD）为 0.04mg/（kg bw·d），操作者允许接触水平（AOEL）为 0.01mg/（kg bw·d）[5]。

参 考 文 献

[1] USEPA. Reregistration Eligibility Decision（RED）for Bromoxynil. EPA-738-R-98-013. http://www.epa.gov/pesticides/reregistration/status.htm[2005-02-08].

[2] ARS Pesticide Properties Database. Bromoxynil octanoate. http://www.ars.usda.gov/Services/ docs.htm? docid=14199 [2005-02-08].

[3] Collins R F. Perfusion studies with bromoxynil octanoate in soil. Pestic Sci, 1973, 4: 181-192.

[4] Tomlin C D S. The e-Pesticide Manual. Bromoxynil. 13th ed. Ver. 3.0. Surrey: British Crop Protection Council, 2003.

[5] PPDB: Pesticide Properties DataBase. http://sitem.herts.ac.uk/aeru/ppdb/en/Reports/746.htm [2016-12-12].

[6] California Environmental Protection Agency/Department of Pesticide Regulation. Toxicology Data Review Summaries for Bromoxynil Octanoate（1689-99-2）. http://www.cdpr.ca.gov/docs/ toxsums/toxsumlist.htm[2005-01-13].

[7] USEPA Office of Pesticide Programs. Reregistration Eligibility Decision Document—Bromoxynil. EPA 738-R-98-013. http://www.epa.gov/pesticides/reregistration/status.htm[2005-02-01].

[8] Krieger R. Handbook of Pesticide Toxicology. Vol. 2. 2nd ed. San Diego: Academic Press, 2001: 1234.

烟嘧磺隆(nicosulfuron)

【基本信息】

化学名称：1-(4,6-二甲氧基嘧啶-2-基)-3-(3-二甲基氨基甲酰吡啶-2-基磺酰)脲

其他名称：玉农乐、烟磺隆

CAS 号：111991-09-4

分子式：$C_{15}H_{18}N_6O_6S$

相对分子质量：410.41

SMILES：O=C(Nc1nc(OC)cc(OC)n1)NS(=O)(=O)c2ncccc2C(=O)N(C)C

类别：磺酰脲类除草剂

结构式：

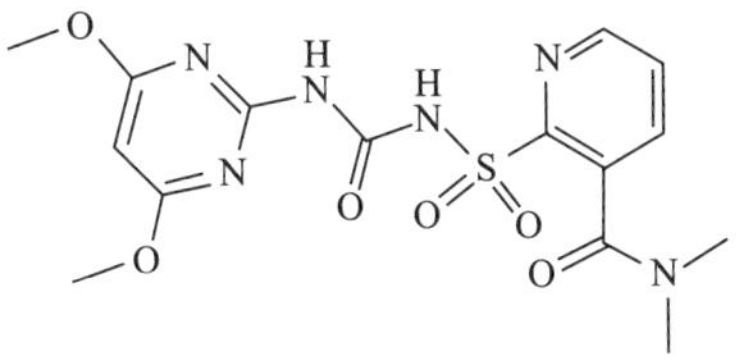

【理化性质】

白色粉末或无色结晶，密度 0.31g/mL，熔点 145℃，沸腾前分解，饱和蒸气压 $8.00×10^{-7}$mPa(25℃)。水溶解度(20℃)为 7500g/L。有机溶剂溶解度(20℃)：丙酮，8900mg/L；二氯甲烷，21300mg/L；甲醇，400mg/L；乙酸乙酯，2400mg/L。辛醇/水分配系数 $\lg K_{ow}=0.61$，亨利常数为 $1.48×10^{-11}$ Pa·m^3/mol。

【环境行为】

(1)环境生物降解性

烟嘧磺隆在玉米和土壤中的残留分析和消解动态研究结果表明，施药后 5d，烟嘧磺隆在北京和沈阳两地玉米植株上的消解率均达 90%以上，半衰期分别为 1.62d 和 1.84d；施药后 15d，在北京和沈阳两地土壤中的消解率达 80%以上，半衰期分别为 6.36d 和 13.46d[1]。吴绪金等[2]在 2009~2010 年在河南省和黑龙江省两

地开展的田间残留试验的结果表明，烟嘧磺隆在玉米植株中的消解半衰期为
0.58～1.45 d，在土壤中的消解半衰期为9.63～13.59d。

(2)环境非生物降解性

万丽[3]对烟嘧磺隆的光解与水解特性的研究发现，烟嘧磺隆在酸性环境中光
解速率最慢，在中性条件下光解速率最快。经高压汞灯光照后，烟嘧磺隆在缓冲
溶液中的光解速率为pH5＜pH9＜pH7，半衰期分别为56.5d、13.2d和10.3min。
水解满足一级动力学方程，在中性(pH=7)条件下水解最快，25℃经过7d，水解
反应速率呈直线下降趋势，接下来的水解相对比较缓慢，半衰期为5.2d；随着酸
性的加强(pH=5)，烟嘧磺隆水解减缓，半衰期由5d增至7.7d；而在弱碱性(pH=9)
条件下烟嘧磺隆水解最慢，经过5d的水解反应只降解了10%，半衰期为22.5d。

(3)环境生物蓄积性

BCF值为3，提示水生生物中生物蓄积性弱。

(4)土壤吸附/移动性

张伟等[4]采用平衡振荡法研究了烟嘧磺隆在8种不同类型土壤中的吸附，结
果表明，其吸附过程均符合经典的Freundlich模型，最大吸附系数为6.891，最小
吸附系数为0.798。根据土壤有机吸附系数和吸附自由能的大小对该除草剂的移动
性能进行了评价，认为其在8种土壤中均以物理吸附为主，且具有中等或较高的
移动性能。

【生态毒理学】

鸟类(山齿鹑)急性 LD_{50}＞2000mg/kg，鱼类(虹鳟)96h LC_{50}=65.7mg/L、21d
NOEC=10.0mg/L，大型溞 48h EC_{50}=90.0mg/L，21d NOEC=5.2mg/L，蜜蜂经口48h
LD_{50}=5.24μg/蜜蜂，蚯蚓 14d LC_{50}＞1000mg/kg[5]。

【毒理学】

(1)一般毒性

大鼠急性经口 LD_{50}＞5000mg/kg，大鼠短期膳食暴露 NOAEL＞358mg/kg，
大鼠急性经皮 LD_{50}＞2000mg/kg bw，大鼠急性吸入 LC_{50}＞5.47mg/L[5]。

通过喂食给予大鼠(15只/性别/剂量)0mg/kg、300mg/kg、1500mg/kg、
7500mg/kg 和 10000mg/kg[平均浓度：雄鼠，0mg/(kg·d)、43.9mg/(kg·d)、
234mg/(kg·d)、1164mg/(kg·d)、1509mg/(kg·d)，雌鼠，0mg/(kg·d)、
62mg/(kg·d)、323mg/(kg·d)，1537mg/(kg·d)，2016mg/(kg·d)]烟嘧磺隆暴
露 90d。结果发现，体重和体重增长率未受到影响，食物摄入量也未受到影响；

白细胞、特异性中性粒细胞、淋巴细胞、单核细胞和嗜酸性粒细胞数目减少。最显著的效应发生在1500mg/kg以上剂量组。10000mg/kg剂量组脾脏绝对质量下降，脾脏相对质量也有所降低，但无统计学差异。LOAEL（血液指标改变）=1500mg/kg［雄鼠，234.0mg/(kg·d)；雌鼠，323.0mg/(kg·d)］，NOAEL=300mg/kg［雄鼠，43.9mg/(kg·d)；雌鼠，62mg/(kg·d)］[6]。

（2）神经毒性

无信息。

（3）生殖发育毒性

通过喂食给予妊娠7~16d的大鼠0mg/kg、200mg/kg、1000mg/kg、2500mg/kg和6000mg/kg烟嘧磺隆。结果发现，大鼠无死亡；母体体重和饲料消耗未受影响，组织病理学检查无异常；未发现与暴露相关的生殖效应，胎鼠体重和畸形的发生率未受影响；胎鼠总变异(无特定变化)数增加。母体NOAEL = 6000mg/kg，发育NOAEL = 2500mg/kg(基于6000mg/kg组胎鼠总变异数增加)[7]。

（4）致癌性与致突变性

骨髓细胞染色体畸变试验(剂量分别为250mg/kg、500mg/kg和1000mg/kg)、睾丸细胞染色体畸变试验(剂量分别为300mg/kg、1500mg/kg和3000mg/kg)、鼠伤寒沙门氏菌回复突变(Ames)试验（剂量分别为0.032μg/皿、0.16μg/皿、0.8μg/皿、4.0μg/皿)结果均为阴性[8]。

【人类健康效应】

除大量摄入外，一般不会出现急性全身中毒。中毒症状包括咳嗽气短、恶心、呕吐、腹泻、头痛、意识混乱、电解质耗竭、蛋白质代谢紊乱、中度肺气肿，慢性暴露时体重减轻[9]。

【危害分类与管制情况】

序号	毒性指标	PPDB 分类	PAN 分类[9]
1	高毒	否	否
2	致癌性	否	否
3	致突变性	否	—
4	内分泌干扰性	无数据	无有效证据
5	生殖发育毒性	无数据	无有效证据
6	胆碱酯酶抑制性	否	否
7	神经毒性	否	—

续表

序号	毒性指标	PPDB 分类	PAN 分类[9]
8	呼吸道刺激性	是	—
9	皮肤刺激性	是	—
10	皮肤致敏性	无数据	—
11	眼刺激性	是	—
12	地下水污染	—	潜在可能
13	国际公约或优控名录	无	

注：PPDB 数据库由英国赫特福德郡大学农业与环境研究所开发；PAN 数据库来自北美农药行动网（PANNA）；"—"表示无此项。

【限值标准】

每日允许摄入量（ADI）为 2.0mg/（kg bw·d），操作者允许接触水平（AOEL）为 0.8mg/（kg bw·d）[5]。

参 考 文 献

[1] 杨培苏, 江树人, 赵洪波. 烟嘧磺隆在玉米和土壤中的残留分析和消解动态研究. 农药, 1998,（1）: 31-33.

[2] 吴绪金, 钟红剑, 马朝旺, 等. 烟嘧磺隆在玉米和土壤中的残留及消解动态研究. 河南农业科学, 2012, 41（1）: 87-94.

[3] 万丽. 烟嘧磺隆的光解与水解特性研究. 长春: 吉林农业大学, 2011.

[4] 张伟, 王进军, 张忠明, 等. 烟嘧磺隆在土壤中的吸附及与土壤性质的相关性研究. 农药学学报, 2006, 8（3）: 265-271.

[5] PPDB: Pesticide Properties DataBase. http://sitem.herts.ac.uk/aeru/ppdb/en/Reports/484.htm [2016-12-12].

[6] USEPA. Nicosulfuron Aggregate Human Health Risk Assesment. Document ID: EPA-HQ-OPP-2004-0308-0005. p. 28. http://www.regulations.gov/#!home [2011-01-12].

[7] California Environmental Protection Agency/Department of Pesticide Regulation. Toxicology Data Review Summary for Nicosulfuron （111991-09-4）. p.3（April 15, 1994）. http://www.cdpr.ca.gov/docs/risk/toxsums/toxsumlist.htm[2011-05-18].

[8] 刘永霞, 张振玲, 史岩, 等. 烟嘧磺隆原药致突变实验研究. 中国职业医学, 2003, 30（1）: 23-25.

[9] PAN Pesticides Database. http://www.pesticideinfo.org/Detail_Chemical.jsp?Rec_Id=PC35727 [2016-12-12].

野麦畏(triallate)

【基本信息】

化学名称：*S*-2,3,3-三氯烯丙基二异丙基硫代氨基甲酸酯

其他名称：野麦威、阿畏达、野燕畏、燕麦畏、三氯烯丹

CAS 号：2303-17-5

分子式：$C_{10}H_{16}Cl_3NOS$

相对分子质量：304.7

SMILES：CC(C)N(C(C)C)C(=O)SCC(Cl)=C(Cl)Cl

类别：硫代氨基甲酸酯类除草剂

结构式：

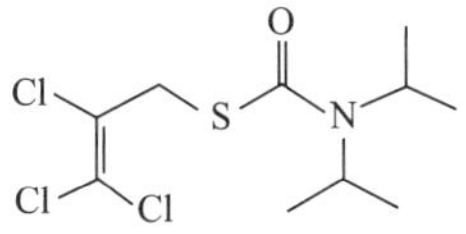

【理化性质】

白色结晶固体，密度 1.27g/mL，熔点 33.5℃，沸点 279℃，饱和蒸气压 12mPa(25℃)，水溶解度(20℃)为 4.1mg/L。有机溶剂溶解度(20℃)：丙酮，500000mg/L；乙醇，500000mg/L；甲醇，500000mg/L；二甲苯，500000mg/L。辛醇/水分配系数 $\lg K_{ow}$= 4.06，亨利常数为 0.89Pa·m^3/mol。

【环境行为】

(1)环境生物降解性

生物降解的研究表明[1]，野麦畏在重黏土(pH=7.5，有机质 4%)和砂土(pH=7，有机质 6.5%)中 16 周后分别降解 65%和 75%，而在贫瘠的黏土和砂土中的降解小于 5%[1]。在含水量分别为 40%、35%、30%和 20%的重黏土中，12 周之后，野麦畏分别残留 51%、54%、63%和 85%[2]。在水分含量分别为 40%、35%、30%和 20%的壤土中，12 周之后，野麦畏分别残留 43%、47%、48%和 60%。野麦畏在

重黏土和壤土中生物降解的半衰期为 8~11 周。这些数据表明，潮湿的土壤中微生物降解是主要降解途径。

(2) 环境非生物降解性

根据结构估算，气态野麦畏与光化学反应产生的羟基自由基反应的速率常数约为 $1.078 \times 10^{-10} cm^3/(mol \cdot s)$ (25℃)，大气中羟基自由基的浓度为 $5 \times 10^5 cm^{-3}$ 时，光解半衰期约为 0.05d。野麦畏在 pH 为 4、6、7 和 8 的水溶液中培养 24 周相对稳定，分别残留 85%、85%、90% 和 85%，因此，水解不是野麦畏重要的降解途径。在有机质含量分别为 0.53%、2.2% 和 6.3% 的 3 种土壤中，暴晒 16d 后分别降解了 23%、14% 和 22%[1]。

(3) 环境生物蓄积性

根据 lgK_{ow} 估算的 BCF 值为 1800，提示野麦畏在水生生物中蓄积性强[1]。

(4) 土壤吸附/移动性

吸附系数 K_{oc} 为 2220，提示在土壤中具有轻微移动性[1]。

【生态毒理学】

鸟类 (山齿鹑) 急性 $LD_{50} = 1560mg/kg$，鱼类 (虹鳟) 96h $LC_{50} = 0.95mg/L$、21d NOEC=0.038mg/L，大型溞 48h $EC_{50} = 0.091mg/L$、21d NOEC=0.013mg/L，水生甲壳动物 (糠虾) 96h $LC_{50} = 1.0mg/L$，蜜蜂经口 48h $LD_{50} > 111.5 \mu g$/蜜蜂，蚯蚓 14d $LC_{50} > 274.5mg/kg$ [2]。

【毒理学】

(1) 一般毒性

大鼠急性经口 $LD_{50} = 1100mg/kg$，大鼠急性经皮 $LD_{50} > 5000mg/kg$ bw，大鼠急性吸入 $LC_{50} > 5.3mg/L$，大鼠短期膳食暴露 NOAEL=3.9mg/kg[2]。

大鼠亚慢性毒性试验结果表明，野麦畏在 1/20 LD_{50} (83.75mg/kg)、1/25 LD_{50} (67mg/kg)、1/30 LD_{50} (55.83mg/kg) 三种剂量作用下，对大鼠生长发育、体重、血象、血清酶类 (谷草转氨酶、谷丙转氨酶、γ-谷氨酰转肽酶) 尿素氮、总胆固醇及心、肝、肾、睾丸器官组织无影响，病理组织学检查结果显示无明显病理改变[3]。大鼠两年喂养试验 (暴露剂量为 200mg/kg) 未发现有害效应[4]。

(2) 神经毒性

在第一个实验中，母鸡在第 1 天和第 21 天单次暴露剂量为 312.5~2500mg/kg 的野麦畏、750mg/kg 三磷酸盐 (阳性对照) 或空胶囊，第 42 天处死。在第二个实验中，母鸡通过饮食连续暴露 25~300mg/kg 野麦畏、10mg/kg 三邻甲苯基磷酸酯

90d。在第三个实验中，母鸡单次暴露剂量为 2500mg/kg 的野麦畏、750mg/kg 三邻甲苯基磷酸酯或空胶囊，24h 后处死。结果发现，只有在三磷酸盐处理组观察到迟发神经毒性。300mg/kg 连续暴露组在暴露 30d 后濒临死亡，组织学检查未见有机磷诱导的迟发性神经毒性病变[1]。

(3)生殖发育毒性

野麦畏有可能破坏生殖或内分泌功能，有报道称野麦畏引起母羊输卵管上皮囊肿[5]。

(4)致癌性与致突变性

精子畸形试验结果证实了野麦畏无潜在性致突变作用[3]。

【人类健康效应】

中毒症状类似氨基甲酸酯和硫代氨基甲酸酯类除草剂，可能刺激皮肤、眼睛和呼吸道。有些可能是胆碱酯酶的弱抑制剂，引起头痛、头晕和恶心[6]。

【危害分类与管制情况】

序号	毒性指标	PPDB 分类	PAN 分类[6]
1	高毒	否	否
2	致癌性	可能	可能(C 类，USEPA)
3	致突变性	否	—
4	内分泌干扰性	无数据	无有效证据
5	生殖发育毒性	疑似	无有效证据
6	胆碱酯酶抑制性	否	是
7	神经毒性	否	—
8	呼吸道刺激性	疑似	—
9	皮肤刺激性	疑似	—
10	皮肤致敏性	是	—
11	眼刺激性	否	—
12	地下水污染	—	潜在可能
13	国际公约或优控名录	列入 PAN 名录	

注：PPDB 数据库由英国赫特福德郡大学农业与环境研究所开发；PAN 数据库来自北美农药行动网(PANNA)；"—"表示无此项。

【限值标准】

每日允许摄入量（ADI）为 0.025mg/（kg bw·d），急性参考剂量（ARfD）为 0.6mg/（kg bw·d），操作者允许接触水平（AOEL）为 0.032mg/（kg bw·d）[1]。

参 考 文 献

[1] TOXNET（Toxicology Data Network）. https://toxnet.nlm.nih.gov/cgi-bin/sis/search2/f?./temp/~ 1jCX5n: 3: enex[2016-12-24].

[2] PPDB: Pesticide Properties DataBase. http://sitem.herts.ac.uk/aeru/ppdb/en/Reports/650.htm [2016-12-24].

[3] 吴炳英, 宋建军, 朱芳麟. 除草剂"野麦畏"的亚慢性毒性研究. 青海医药杂志, 1991, (6): 46-48.

[4] Worthing C R, Walker S B. The Pesticide Manual—A World Compendium. 8th ed. Thornton Heath: The British Crop Protection Council, 1987: 816.

[5] Rawlings N C, Cook S J, Waldbillig D. Effects of the pesticides carbofuran, chlorpyrifos, dimethoate, lindane, triallate, trifluralin, 2,4-D, and pentachlorophenol on the metabolic endocrine and reproductive endocrine system in ewes. J Toxicol Environ Health A, 1998, 54(1): 21-36.

[6] PAN Pesticides Database—Chemicals. http://www.pesticideinfo.org/Detail_Chemical.jsp?Rec_Id= PC34627[2016-12-24].

野燕枯(difenzoquat)

【基本信息】

化学名称：1,2-二甲基-3,5-二苯基-1H-吡唑阳离子

其他名称：野麦枯、草吡唑、燕麦枯、双苯唑快

CAS 号：49866-87-7

分子式：$C_{17}H_{17}N_2^+$

相对分子质量：249.33

SMILES：c1(c2ccccc2)cc([n+](n1C)C)c1ccccc1

类别：吡唑类除草剂

结构式：

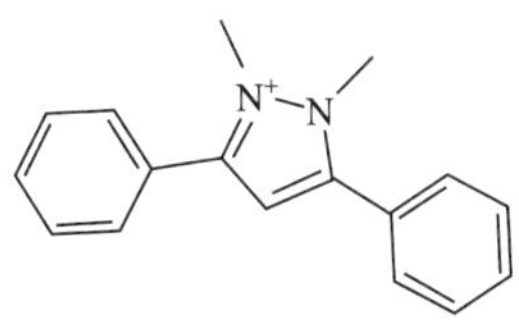

【理化性质】

无色结晶，熔点33.5℃，沸点155℃，沸腾前分解，水溶解度(25℃)为765g/L。有机溶剂溶解度(20℃)：二氯甲烷，360g/L；氯仿，500g/L；甲醇，588g/L；二氯乙烷，71g/L；异丙醇，23g/L；丙酮，9.8g/L；二甲苯、己烷，<0.01g/L。辛醇/水分配系数 $\lg K_{ow}$=0.71。

【环境行为】

(1)环境生物降解性

野燕枯进入土壤后很快分解，其在第1、4、9天的相对分解率分别为21.2%、46.9%及71.4%，半衰期为2.52d[1]。

(2)环境非生物降解性

不同浓度的野燕枯水溶液，在光照处理2、4、6d后的相对分解率和时间呈正相关，以100mg/L的浓度处理，在第6天的相对分解率最大，为3.35%。分析

结果发现，不同浓度野燕枯在不同时间的相对分解率无明显差异，说明光照对野燕枯没有明显影响[1]。

(3) 环境生物蓄积性

无信息。

(4) 土壤吸附/移动性

文献报道 8 种土壤的 K_f 为 29~664mL/g，K_{foc} 为 1740~33200mL/g，提示在土壤中移动性弱[2]。另有研究报道，在施药后第 2 天进行人工模拟降雨，降雨量为 33.78mm，7d 后 95.68% 的野燕枯分布于 0～35cm 的耕作层，其中以 0～5cm 的表层土中含量最高，检出量为 26.6%，依次向下三个测试层各占 23% 左右，35～50cm 的深土层仅含 4.35%，50～70cm 土层处未检测到野燕枯。这说明野燕枯在土壤中的淋溶作用较强，可以随降水及土壤水分的移动向地下扩散[1]。

【生态毒理学】

鸟类(山齿鹑)急性 LD_{50}=10338mg/kg，鱼类(虹鳟)96h LC_{50}=76mg/L，大型溞 48h EC_{50}=2.6mg/L[2]。

【毒理学】

(1) 一般毒性

大鼠急性经口 LD_{50}=470mg/kg[2]，兔子经皮 LD_{50} = 3540mg/kg[3]。

大鼠喂食暴露 100mg/kg、500mg/kg 和 2500mg/kg[相当于 5mg/(kg·d)、25mg/(kg·d) 和 125mg/(kg·d)]野燕枯，暴露 30 周以后将 2500mg/kg 剂量增加至 5000mg/kg。结果发现，在 52、78 和 104 周期间，2500mg/kg 和 5000mg/kg 组大鼠体重增长率降低。基于体重增长率降低的 NOAEL 为 500mg/kg[3]。

(2) 神经毒性

无信息。

(3) 生殖发育毒性

大鼠三代繁殖试验结果显示，全身和生殖 NOAEL=2500mg/kg [125mg/(kg·d)](幼仔出生体重降低)；胚胎毒性 NOAEL=500mg/kg[25mg/(kg·d)]；胚胎毒性 LOAEL(最低有效应水平)=2500mg/kg[125mg/(kg·d)][3]。

(4) 致癌性与致突变性

无信息。

【人类健康效应】

无信息。

【危害分类与管制情况】

序号	毒性指标	PPDB 分类	PAN 分类[4]
1	高毒	否	否
2	致癌性	否	否
3	致突变性	无数据	—
4	内分泌干扰性	无数据	无有效证据
5	生殖发育毒性	否	无有效证据
6	胆碱酯酶抑制性	否	否
7	神经毒性	否	—
8	呼吸道刺激性	无数据	—
9	皮肤刺激性	否	—
10	皮肤致敏性	无数据	—
11	眼刺激性	是	—
12	地下水污染	—	无有效证据
13	国际公约或优控名录	无	

注:PPDB 数据库由英国赫特福德郡大学农业与环境研究所开发;PAN 数据库来自北美农药行动网(PANNA);"—"表示无此项。

【限值标准】

每日允许摄入量(ADI) 为 0.25mg/(kg bw · d)[5]。

参 考 文 献

[1] 王兴林, 张兴. 野燕枯的几种环境行为动态研究. 农药科学与管理, 1998,65(1):15-17.

[2] PPDB: Pesticide Properties DataBase. http://sitem.herts.ac.uk/aeru/ppdb/en/Reports/232.htm [2016-11-12].

[3] TOXNET(Toxicology Data Network). https://toxnet.nlm.nih.gov/cgi-bin/sis/search2/f?./temp/~ohmHaD:3:XI[2016-11-12].

[4] PAN Pesticides Database—Chemicals. http://www.pesticideinfo.org/Detail_Chemical.jsp?Rec_Id= PC37305 [2016-11-12].

[5] 张丽英, 陶传江. 农药每日允许摄入量手册. 北京: 化学工业出版社, 2015.

乙草胺（acetochlor）

【基本信息】

化学名称：2′-乙基-6′-甲基-N-（乙氧甲基）-2-氯代乙酰替苯胺

其他名称：禾耐斯、草必净、消草安

CAS 号：34256-82-1

分子式：$C_{14}H_{20}ClNO_2$

相对分子质量：269.77

SMILES：CCC1=CC=CC(=C1N(COCC)C(=O)CCl)C

类别：酰胺类除草剂

结构式：

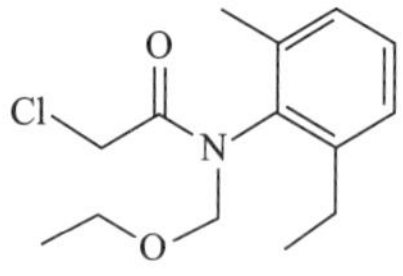

【理化性质】

无色晶体，密度 1.5g/mL，熔点 172℃，沸腾前分解，饱和蒸气压 $8.9× 10^{-4}$ mPa（25℃），水溶解度为 7300mg/L（20℃）。有机溶剂溶解度（20℃）：丙酮，14800mg/L；二氯甲烷，35500mg/L；乙酸乙酯，2850mg/L；甲醇，1550mg/L。辛醇/水分配系数 $\lg K_{ow}=-1.46$，亨利常数为 $8.3×10^{-8}$Pa · m^3/mol。

【环境行为】

（1）环境生物降解性

盛莉莎[1]研究了乙草胺可湿性粉剂在长沙、浏阳、杭州、富阳四地水稻植株、稻田土壤及稻田水中的消解动态。试验结果表明，乙草胺在稻田自然环境下消解较快，四地植株中的半衰期为 1.06~1.47d；土壤中半衰期为 2.01~2.42d；稻田水中半衰期为 0.91~1.81d；在自然条件下的稻田土壤、稻草、稻米残留试验中，施药后的 21d 均未检测出乙草胺的残留。

　　在未灭菌的土壤中，乙草胺 3 种添加浓度(1.25mg/kg、2.5mg/kg 和 5.0mg/kg)处理的半衰期为 2.8～5.1d，远远小于在灭菌土壤中 3 种添加浓度处理的半衰期(20.0～25.1d)；乙草胺在偏碱的华北褐土中降解较快，2.5mg/kg 处理的半衰期为 4.2d，而在偏酸的东北黑土和湖南红土中降解较慢，半衰期为 6.5～10.7d；土壤相对含水量由 13%增至 27%，乙草胺降解半衰期由 7.3d 缩短至 3.0d；随着环境温度增高(20℃上升至 30℃)，乙草胺降解速度加快(半衰期由 5.7d 缩短至 3.3d)；乙草胺在黑暗条件下降解半衰期为 3.8d，而在光照条件下的半衰期为 5.2～6.5d。可见，5 种试验因子对土壤中乙草胺的降解均有不同程度的影响，其中土壤微生物是影响乙草胺降解的主要因素，有利于土壤中微生物生长的环境因素，如偏碱的土壤、较高的环境温度和土壤湿度等，对土壤中乙草胺的降解有促进作用[2]。

(2) 环境非生物降解性

　　于建垒等[3]研究发现，乙草胺在 pH 为 5、7、9 溶液中的半衰期为 21.2d、18.4d、16.5d，说明乙草胺有一定的水解能力，而且其水解速率随 pH 的增加而加快。

　　郑和辉和叶常明[4]研究了乙草胺的水解及动力学，结果显示，乙草胺的水解符合一级动力学方程，在 pH 为 7、温度为 25℃、灭菌的环境条件下，乙草胺很难水解；在 pH 为 4 的水中，乙草胺水解半衰期是 1386d，在 pH 为 7～10 的水中，乙草胺水解半衰期为 2310d。同时发现乙草胺在河水中的水解速率与其在蒸馏水中的水解速率相似，说明河水中的腐殖酸和其他无机离子对乙草胺的水解影响很小。

　　乙草胺的浓度为 200g/L 时，在去离子水、河水和稻田水中的光解半衰期分别为 8.06min、10.11min、12.46min，主要光解产物是羟化乙草胺，脱氯可能是乙草胺光解速率的决定步骤[5]。

(3) 环境生物蓄积性

　　基于 $\lg K_{ow}$ 估算乙草胺在水生生物中生物蓄积性弱[6]。

(4) 土壤吸附/移动性

　　对乙草胺在不同土壤中吸附行为的研究表明，乙草胺易于被各种土壤吸附，土壤的吸附规律能够较好地符合 Freundlich 方程，拟合方程均有良好的线性关系。微生物的作用并没有显著改变乙草胺的吸附规律，乙草胺的吸附受到土壤有机质和矿物组成的显著影响[7]。

　　郑和辉和叶常明[8]利用土壤薄层层析法研究乙草胺在土壤中的移动性，得到乙草胺在北京海淀壤土中的相对移动值 R_f 的平均值为 0.121，在河北白洋淀砂壤土中的相对移动值 R_f 的平均值为 0.147，结果说明丁草胺属于移动性很弱的农药品种，移动等级为Ⅰ级。

【生态毒理学】

鸟类(山齿鹑)急性 LD_{50} > 2250mg/kg，鱼类(虹鳟)96h LC_{50} > 390mg/L、21d NOEC=125mg/L，大型溞 48h EC_{50} > 360mg/L、21d NOEC=1mg/L，水生甲壳动物(糠虾)96h LC_{50}=110mg/L，藻类(月牙藻)72h EC_{50}= 1.2mg/L，蜜蜂经口 48h LD_5 = 41.1μg/蜜蜂，蚯蚓 14d LC_{50} > 1000mg/kg [6]。

【毒理学】

(1)一般毒性

大鼠急性经口 LD_{50} > 5000mg/kg，大鼠急性经皮 LD_{50} > 2000mg/kg bw，大鼠急性吸入 LC_{50} > 5.4mg/L，大鼠短期膳食暴露 NOAEL > 3.4mg/kg[6]。

对大鼠分别以含 200mg/kg、800mg/kg、3200mg/kg 96%乙草胺原药的饲料喂饲 90d，阴性对照组动物喂饲标准饲料。结果显示，高剂量组动物各周体重明显低于对照组，肝脏、肾脏脏器系数及该组雄鼠睾丸脏器系数明显高于对照组；中、低剂量组动物各项指标与对照组比较差异无统计学或生物学意义。结果提示，乙草胺原药对动物体重增长有抑制作用，其靶器官可能是肝脏、肾脏；雌、雄大鼠亚慢性经口毒性试验最大无作用剂量 (NOAEL) 分别为 65.1mg/(kg・d) 和 59.6mg/(kg・d) [9]。

(2)神经毒性

无信息。

(3)生殖发育毒性

胡伟军[10]利用低剂量乙草胺对雄性昆明小鼠进行染毒，结果发现，长期接触环境激素乙草胺能够引起雄性小鼠睾丸组织病理损伤、精子畸形率增高、睾丸细胞酶 LDH、SDH 活性下降、睾丸细胞周期紊乱和细胞凋亡率的升高。提示乙草胺对雄性小鼠具有一定的生殖毒性。

(4)致癌性与致突变性

孟雪莲等[11]应用彗星试验检测在体外、体内两种条件下不同剂量的乙草胺对小鼠骨髓细胞 DNA 的损伤作用，结果发现体外给予 5mg/L、10mg/L 和 20mg/L 乙草胺，小鼠骨髓细胞尾部 DNA 含量分别明显高于空白对照组；体内给予100mg/L、200mg/L 和 400mg/kg 乙草胺，小鼠骨髓细胞尾部 DNA 含量明显高于空白对照组，差异有统计学意义，说明乙草胺对小鼠骨髓细胞 DNA 具有损伤作用。

【人类健康效应】

乙草胺中毒后可出现消化道症状，表现为恶心、呕吐、腹痛、腹泻；口腔黏膜损害，可出现糜烂、溃疡；严重者可出现肝肾功能损害、肾功能衰竭和心肌损害。神经系统方面可出现头昏、头痛。酰胺类除草剂中毒可导致高铁血红蛋白血症，从而出现化学性青紫，严重者可致血压下降、呼吸抑制、大小便失禁、肢体抽搐及意识障碍[12]。

孙雪照等[13]和谈立峰等[14]研究发现职业性接触乙草胺对男工精液质量和心血管系统有一定影响。

【危害分类与管制情况】

序号	毒性指标	PPDB 分类	PAN 分类[15]
1	高毒	否	否
2	致癌性	否	否
3	致突变性	无数据	—
4	内分泌干扰性	无数据	无有效证据
5	生殖发育毒性	否	无有效证据
6	胆碱酯酶抑制性	否	否
7	神经毒性	否	—
8	呼吸道刺激性	否	—
9	皮肤刺激性	疑似	—
10	皮肤致敏性	无数据	—
11	眼刺激性	疑似	—
12	地下水污染	—	潜在可能
13	国际公约或优控名录	无	

注：PPDB 数据库由英国赫特福德郡大学农业与环境研究所开发；PAN 数据库来自北美农药行动网(PANNA)；"—"表示无此项。

【限值标准】

每日允许摄入量(ADI)为 0.1mg/(kg bw・d)，操作者允许接触水平(AOEL)为 0.07mg/(kg bw・d)[8]。

参 考 文 献

[1] 盛莉莎. 乙草胺在稻田生态系统中的消解规律及环境毒理研究. 长沙：湖南农业大学，2010.

[2] 朱九生, 乔雄梧, 王静, 等. 乙草胺在土壤环境中的降解及其影响因子的研究. 农业环境科

学学报, 2004, 23(5): 1025-1029.

[3] 于建垒, 宋国春, 窦传峰, 等. 乙草胺、苯磺隆在土壤中的环境行为研究//全国安全用药技术研讨会论文集. 北京: 中国农业技术推广协会, 2001.

[4] 郑和辉, 叶常明. 乙草胺和丁草胺的水解及其动力学. 环境化学, 2001, 20(2): 168-171.

[5] 郑和辉, 叶常明, 刘国辉. 乙草胺在水中的光化学降解动态研究. 农药科学与管理, 2001, 22(6): 12-13.

[6] PPDB: Pesticide Properties DataBase. http://sitem.herts.ac. k/aeru/ppdb/en/Reports/586.htm [2016-12-12].

[7] 郭柏栋. 乙草胺在不同土壤中的吸附和微生物降解过程研究. 福州: 福建农林大学, 2008.

[8] 郑和辉, 叶常明. 乙草胺和丁草胺在土壤中的移动性. 环境科学, 2001, 22(5): 117-121.

[9] 陈坚峰, 陆丹, 胡楚源, 等. 乙草胺原药的亚慢性毒性. 中国工业医学杂志, 2012, (6): 438-440.

[10] 胡伟军. 除草剂乙草胺对雄性小鼠生殖毒性的研究. 长春: 吉林大学, 2010.

[11] 孟雪莲, 徐成斌, 赵崴崴, 等. 乙草胺和胺苯磺隆对小鼠骨髓细胞 DNA 损伤作用. 中国公共卫生, 2011, 27(9): 1143-1144.

[12] 付盈菊. 乙草胺中毒 30 例临床分析. 中国当代医药, 2009, 16(17): 175-176.

[13] 孙雪照, 谈立峰, 李燕南, 等. 职业性接触乙草胺农药对男工精液质量的影响. 中国工业医学杂志, 2006, 19(1): 1-3.

[14] 谈立峰, 王守林, 吉俊敏, 等. 职业性接触乙草胺农药对工人心血管及神经系统的影响. 现代预防医学, 2007, 34(9): 1672-1673.

[15] PAN Pesticides Database—Chemicals. http://www.pesticideinfo.org/Detail_Chemical.jsp?Rec_Id= PC35026 [2016-12-12].

乙氧呋草黄(ethofumesate)

【基本信息】

化学名称：2-乙氧基-2,3-二氢-3,3-二甲基-5-甲基砜苯并呋喃

其他名称：灭草呋喃

CAS 号：26225-79-6

分子式：$C_{13}H_{18}O_5S$

相对分子质量：286.34

SMILES：O=S(=O)(Oc2cc1c(OC(OCC)C1(C)C)cc2)C

类别：苯并呋喃类除草剂

结构式：

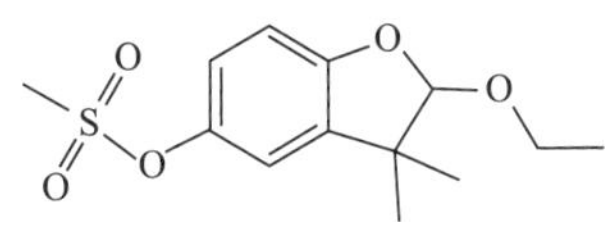

【理化性质】

白色至浅褐色的结晶固体，密度 1.3g/mL，熔点 70.7℃，沸腾前分解，饱和蒸气压 0.36mPa(25℃)，水溶解度(20℃)为 50g/L。有机溶剂溶解度(20℃)：丙酮，260000mg/L；二氯甲烷，600000mg/L；乙酸乙酯，600000mg/L；甲醇，114000mg/L。辛醇/水分配系数 $\lg K_{ow}$=2.7，亨利常数为 3.72×10^{-3} Pa·m³/mol。

【环境行为】

(1)环境生物降解性

在好氧条件下，土壤中乙氧呋草黄半衰期为 83~253d[1]。在沉积物或水中降解半衰期为 125d[2]。22~25℃下在土壤中的半衰期为 45d[3]。

(2)环境非生物降解性

乙氧呋草黄在 pH 为 5、7、9 时，水中稳定[4]。在水溶液中光解半衰期是 28~31d，在土壤中是 165h[4]。在 pH 为 9 时，乙氧呋草黄的水解半衰期是 940d[5]。

(3)环境生物蓄积性

BCF 值为 24,提示水生生物中生物蓄积性弱。

(4)土壤吸附/移动性

吸附系数 K_{oc} 为 55~500,提示在土壤中移动性较强[6]。

【生态毒理学】

鸟类(山齿鹑)急性 $LD_{50}>2000mg/kg$,鱼类(虹鳟)96h $LC_{50}=10.92mg/L$、21d NOEC=0.8mg/L,大型溞 48h $EC_{50}=13.52mg/L$、21d NOEC=0.32mg/L,水生甲壳动物(糠虾)96h $LC_{50}=4.5mg/L$,蜜蜂经口 48h $LD_{50}>50\mu g/$蜜蜂,蚯蚓 14d $LC_{50}=$ 134mg/kg [7]。

【毒理学】

(1)一般毒性

大鼠急性经口 $LD_{50}>2000mg/kg$,大鼠急性经皮 $LD_{50}>2000mg/kg\ bw$,大鼠急性吸入 $LC_{50}>0.16mg/L$[7]。分别给予 20 只大鼠(雄、雌各 10 只)0mg/kg、1000mg/kg、5000mg/kg 和 20000mg/kg 乙氧呋草黄 90d。20000mg/kg 组雌鼠体重增加量和饲料消耗量均下降,雌鼠和雄鼠肝脏和肾脏质量均增加。

(2)神经毒性

无信息。

(3)生殖发育毒性

通过饮食暴露给予妊娠 7~18d 的兔子(25 只/组)0mg/(kg・d)、30mg/(kg・d)、300mg/(kg・d) 和 3000mg/(kg・d) 的乙氧呋草黄,结果发现,高剂量下胚胎死亡率(11 / 25)增加。300mg/kg 和 3000mg/kg 剂量组,胎鼠骨化延迟, 300mg/kg 组胚胎再吸收增加;母体 NOAEL=300mg/kg(流产、死亡);胎鼠 NOAEL = 30mg/kg(吸收和骨化延迟)。

(4)致癌性与致突变性

乙氧呋草黄会导致淋巴细胞染色体畸变率、姐妹染色单体交换和微核数量增加[8]。

【人类健康效应】

吞食或皮肤接触有害,可能具有肝脏毒性[7]。

【危害分类与管制情况】

序号	毒性指标	PPDB 分类	PAN 分类[9]
1	高毒	否	否
2	致癌性	否	未分类
3	致突变性	否	—
4	内分泌干扰性	无数据	无有效证据
5	生殖发育毒性	疑似	无有效证据
6	胆碱酯酶抑制性	否	否
7	神经毒性	否	—
8	呼吸道刺激性	疑似	—
9	皮肤刺激性	否	—
10	皮肤致敏性	无数据	
11	眼刺激性	否	—
12	地下水污染	—	潜在可能
13	国际公约或优控名录	无	

注：PPDB 数据库由英国赫特福德郡大学农业与环境研究所开发；PAN 数据库来自北美农药行动网(PANNA)；"—"表示无此项。

【限值标准】

每日允许摄入量(ADI) 为 0.07mg/(kg bw •d)，操作者允许接触水平(AOEL) 为 2.5mg/(kg bw • d)[7]。

参 考 文 献

[1] USEPA. Reregistration Eligibility Decisions (REDs) Database on Ethofumesate (26225-79-6). USEPA 738-R-05-010. http://www.epa.gov/pesticides/reregistration/status.htm [2006-05-01].

[2] Canton J H, Linders J, Luttik R, et al. Catch-up operation on old pesticides: An integration. RIVM-678801002. (NTIS PB92-105063). Bilthoven: Rijkinst Volksgezondh Milieuhyg, 1991: 149.

[3] Kreuger J, Tornqvist L. Multiple regression analysis of pesticide occurrence in streamflow related to pesticide properties and quantities applied. Chemosphere, 1998: 37: 189-207.

[4] USEPA. Reregistration Eligibility Decisions (REDs) Database on Ethofumesate (26225-79-6). USEPA 738-R-05-010. http://www.epa.gov/pesticides/reregistration/status.htm [2006-05-01].

[5] Tomlin C D S. The e-Pesticide Manual. 13th ed. Ver. 3.1. Surrey: British Crop Protection Council, 2004.

[6] Autio S, Siimes K, Laitinen P. et al. Adsorption of sugar beet herbicides to Finnish soils. Chemosphere, 2004, 55(2):215-226.

[7] PPDB: Pesticide Properties DataBase. http://sitem.herts.ac.uk/aeru/ppdb/en/Reports/278.htm [2016-12-12].

[8] Joksić G, Vidaković A, Spasojević-Tisma V. Cytogenetic monitoring of pesticide sprayers. Environ Res, 1997, 75(2):113-118.

[9] PAN Pesticides Database—Chemicals. http://www.pesticideinfo.org/Detail_Chemical.jsp?Rec_Id= PC33242 [2016-12-12].

乙氧氟草醚(oxyfluorfen)

【基本信息】

化学名称：2-氯-4-三氟甲基苯基-3'-乙氧基-4'-硝基苯基醚

其他名称：氟果尔、果尔

CAS 号：42874-03-3

分子式：$C_{15}H_{11}ClF_3NO_4$

相对分子质量：361.7

SMILES：Clc2cc(ccc2Oc1ccc([N+]([O–])=O)c(OCC)c1)C(F)(F)F

类别：二苯醚类除草剂

结构式：

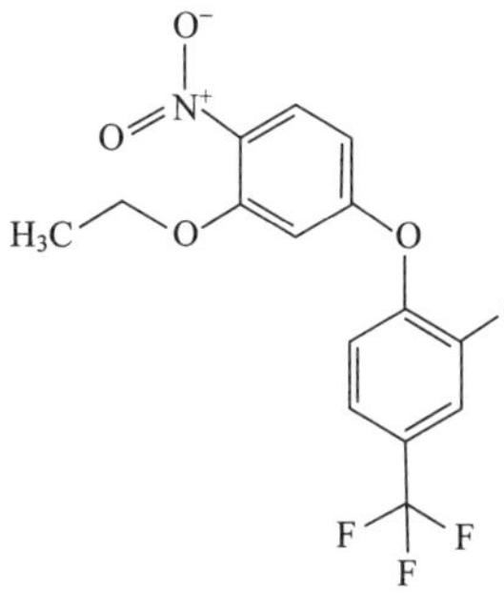

【理化性质】

橙色至棕色晶状粉末，密度 1.53g/mL，熔点 85.3℃，沸腾前分解，饱和蒸气压 0.026mPa(25℃)。水溶解度(20℃)为 0.116mg/L。有机溶剂溶解度(20℃)：丙酮，134000mg/L；正庚烷，3800mg/L；甲醇，30000mg/L；乙酸乙酯，132000mg/L。辛醇/水分配系数 $\lg K_{ow}$=4.86(pH=7, 20℃)。

【环境行为】

(1)环境生物降解性

好氧条件下，在非无菌沉积物中的降解速率比在无菌沉积物中的降解速率快[1]。

在非无菌河口沉积物中降解半衰期为 17d，在非无菌河口水中降解半衰期为 27.5d[2]。在田间试验中，在施药量为 $0.12kg/hm^2$ 的土壤中，降解半衰期为 12d[3]。好氧条件下，实验室研究土壤中降解半衰期为 138d(20℃)，田间试验土壤中降解半衰期为 73d[4]。

(2)环境非生物降解性

气态乙氧氟草醚与光化学反应产生的羟基自由基的反应速率常数约为 $1.2×10^{-11}cm^3/(mol \cdot s)$ (25℃)，大气中羟基自由基的浓度为 $5×10^5cm^{-3}$ 时，间接光解半衰期约为 33h[5]。在 Preveza 和 Nea Malgara 两种土壤表面的光解半衰期分别为 3.3h 和 6.9h[6]。pH 为 7 时水中光解半衰期为 5.6d，常温、pH 为 5~9 时难水解[4]。

(3)环境生物蓄积性

鱼体 BCF 为 880[7]、1637[4]，提示生物蓄积性较强[4, 8]。

(4)土壤吸附/移动性

吸附系数 K_{oc} 预测值为 8900[7]，Freundlich 吸附系数 K_{foc} 为 7566，提示土壤中不可移动[4, 9]。

【生态毒理学】

鸟类(山齿鹑)急性 LD_{50}＞947mg/kg、短期摄食 LD_{50}＞462mg/kg，鱼类(虹鳟)96h LC_{50}=0.25mg/L、鱼类(黑头呆鱼)21d NOEC=0.038mg/L，溞类(大型溞)48h EC_{50}=0.72mg/L、21d NOEC =0.013mg/L，藻类(月牙藻)72h EC_{50}＞2.0mg/L、96h NOEC=2.0mg/L，蜜蜂接触 48h LD_{50}＞100μg/蜜蜂、经口 48h LD_{50}＞100μg/蜜蜂，蚯蚓(赤子爱胜蚓)14d LC_{50}＞1000mg/kg、繁殖 14d NOEC=24.09mg/kg[4]。

【毒理学】

(1)一般毒性

大鼠急性经口 LD_{50}＞5000mg/kg，大鼠急性经皮 LD_{50}＞5000mg/kg bw，大鼠急性吸入 LC_{50}＞3.71mg/L，大鼠短期膳食暴露 NOAEL＞200mg/kg [4]。

(2)神经毒性

无信息。

(3)生殖发育毒性

给予大鼠 0mg/kg、100mg/kg、400mg/kg、1600mg/kg 剂量的乙氧氟草醚暴露，高剂量组亲代大鼠体重明显低于对照组大鼠，子代发育延迟，体重明显低于对照组子代体重[10]。

对孕期 6~15d 的大鼠灌胃暴露 0mg/(kg·d)、15mg/(kg·d)、150mg/(kg·d)、

750mg/(kg・d)的乙氧氟草醚，结果显示胎鼠体重下降、骨骼畸形[10]。

(4)致癌性与致突变性

小鼠喂食暴露 0mg/kg、2mg/kg、20mg/kg、200mg/kg 的乙氧氟草醚，高剂量组雄性小鼠的肝癌发病率增加[10]。

【人类健康效应】

肝脏和脾脏有毒物，可能的人类致癌物[4]。制剂可能引起严重的皮肤和眼睛刺激，可能是皮肤致敏剂[11]。

1994~2000 年先后报道了 66 例乙氧氟草醚中毒事件，多数病例出现刺激眼睛、皮肤和呼吸道的症状。加利福尼亚农药疾病监测项目中报道的 25 例事件中，多数病例出现了头痛、头晕、恶心等轻微症状[12]。

职业暴露方式为吸入和皮肤接触[13]。

【危害分类与管制情况】

序号	毒性指标	PPDB 分类	PAN 分类[11]
1	高毒	否	否
2	致癌性	是	是(USEPA，可能)
3	致突变性	疑似	—
4	内分泌干扰性	无数据	无有效证据
5	生殖发育毒性	无数据	无有效证据
6	胆碱酯酶抑制性	否	否
7	神经毒性	否	—
8	呼吸道刺激性	否	—
9	皮肤刺激性	否	—
10	眼刺激性	否	—
11	地下水污染	—	无有效证据
12	国际公约或优控名录	列入 PAN 名录	

注：PPDB 数据库由英国赫特福德郡大学农业与环境研究所开发；PAN 数据库来自北美农药行动网(PANNA)；"—"表示无此项。

【限值标准】

每日允许摄入量(ADI)为 0.003mg/(kg bw・d)，急性参考剂量(ARfD)为

0.30mg/（kg bw·d），操作者允许接触水平（AOEL）为 0.013mg/（kg bw·d）[4]。

参 考 文 献

[1] Cripe C R, Pritchard P H. Aquatic test system for studying the fate of xenobiotic compounds. Aquatic toxicology and risk assessment. ASTM STP, 1990, 13（29-47）: 1096.

[2] Walker W W, Cripe C R, Pritchard P H, et al. Biological and abiotic degradation of xenobiotic compounds in *in vitro* estaurine water and sediment water-systems. Chemosphere, 1988, 17（12）: 2255-2270.

[3] Das A C, Debnath A, Mukherjee D. Effect of the herbicides oxadiazon and oxyfluorfen on phosphates solubilizing microorganisms and their persistence in rice fields. Chemosphere, 2003, 53（3）: 217-221.

[4] PPDB: Pesticide Properties DataBase. http://sitem.herts.ac.uk/aeru/ppdb/en/Reports/502.htm [2016-11-05].

[5] Meylan W M, Howard P H. Computer estimation of the atmospheric gas-phase reaction-rate of organic-compounds with hydroxyl radicals and ozone. Chemosphere, 1993, 26（12）: 2293-2299.

[6] Scrano L, Bufo S A, Cataldi T R, et al. Surface retention and photochemical reactivity of the diphenylether herbicide oxyfluorfen. J Environ Qual, 2004, 33（2）: 605-611.

[7] Nandihalli U B, Duke M V, Duke S O. Prediction of RP-HPLC log*P* from semiempirical molecular properties of diphenyl ether and phenopylate herbicides. J Agric Food Chem, 1993, 41（4）: 582-587.

[8] Franke C, Studinger G, Berger G, et al. The assessment of bioaccumulation. Chemosphere, 1994, 29（7）: 1501-1514.

[9] Swann R L, Laskowski D A, Mccall P J, et al. A rapid method for the estimation of the environmental parameters octanol water partition-coefficient, soil sorption constant, water to air ratio, and water solubility. Res Rev, 1983, 85: 17-28.

[10] California Environmental Protection Agency/Department of Pesticide Regulation. Oxyfluorfen Summary of Toxicological Data （1987）. http://www.cdpr.ca.gov/docs/toxsums/pdfs/1973.pdf [2007-02-07].

[11] PAN Pesticides Database—Chemicals. http://www.pesticideinfo.org/Detail_Chemical.jsp?Rec_Id= PC33601[2016-11-5].

[12] USEPA Office of Pesticide Programs. Reregistration Eligibility Decision for Oxyfluorfen. p. 27. EPA738-R-02-014. http://www.epa.gov/pesticides/reregistration/status.htm[2007-02-20].

[13] Lavy T L, Mattice J D, Massey J H, et al. Measurements of year-long exposure to tree nursery workers using multiple pesticides. Arch Environ Contam Toxicol, 1993, 24（2）: 123-144.

乙氧磺隆（ethoxysulfuron）

【基本信息】

化学名称：1-(4,6-二甲氧基嘧啶-2-基)-3-(2-乙氧基苯氧磺酰基)脲

其他名称：乙氧嘧磺隆、太阳星

CAS 号：126801-58-9

分子式：$C_{15}H_{18}N_4O_7S$

相对分子质量：398.39

SMILES：O=C(Nc1nc(cc(OC)n1)OC)NS(=O)(=O)Oc2ccccc2OCC

类别：磺酰脲类除草剂

结构式：

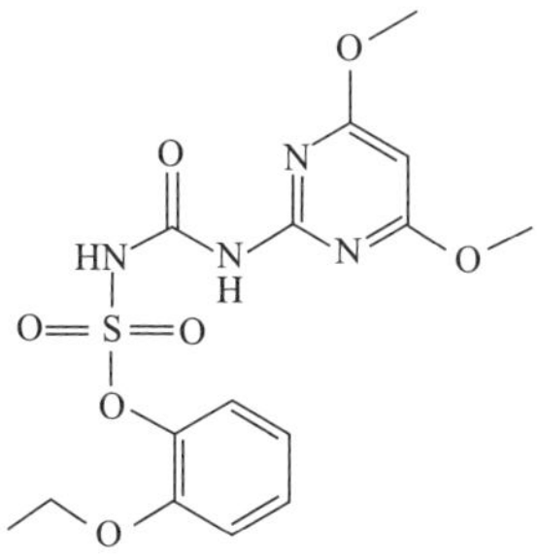

【理化性质】

白色至米黄色粉末，密度 1.44g/mL，熔点 150℃，沸腾前分解，饱和蒸气压 0.066mPa(25℃)。水溶解度(20℃)为 5000mg/L。有机溶剂溶解度(20℃)：正己烷，6mg/L；甲苯，2500mg/L；丙酮，36000mg/L；甲醇，7700mg/L。辛醇/水分配系数 $\lg K_{ow}$= 1.01(pH=7, 20℃)。

【环境行为】

(1)环境生物降解性

土壤中好氧降解半衰期(DT$_{50}$)为 6~18d，在淹水稻田土壤中 DT$_{50}$ 为 51d，田

间试验土壤中 DT_{50} 为 14~21d[1]。

(2)环境非生物降解性

在无菌蒸馏水中稳定,在自然水体中迅速降解。在中性和弱碱性条件下稳定,在酸性条件下缓慢水解。在 20℃、pH 为 7 条件下,水解半衰期为 259d[1]。

(3)环境生物蓄积性

基于 $\lg K_{ow}<3$,生物蓄积性弱[1]。

(4)土壤吸附/移动性

吸附系数 K_{oc} 为 134,提示在土壤中具有中等移动性[1]。

【生态毒理学】

鸟类(山齿鹑)急性 $LD_{50}>2000mg/kg$、短期摄食 $LD_{50}>5000mg/kg$,鱼类(鲤鱼)96h $LC_{50}>80mg/L$、鱼类(虹鳟)21d NOEC$>22.8mg/L$,溞类(大型溞)48h EC_{50} $=307mg/L$、21d NOEC $=1mg/L$,藻类(月牙藻)72h $EC_{50}=0.19mg/L$,蜜蜂接触 48h $LD_{50}>200\mu g/$蜜蜂、经口 48h $LD_{50}>1000\mu g/$蜜蜂,蚯蚓 14d $LC_{50}>1000mg/kg$[1]。

【毒理学】

(1)一般毒性

大鼠急性经口 $LD_{50}=3270mg/kg$,大鼠急性经皮 $LD_{50}>4000mg/kg$ bw,大鼠急性吸入 $LC_{50}=3.55mg/L$,狗短期膳食暴露 NOAEL$=5.6mg/kg$[1]。

(2)神经毒性

无信息。

(3)生殖发育毒性

无信息。

(4)致癌性与致突变性

无信息。

【人类健康效应】

除大量摄入外,一般不会出现全身中毒。急性暴露刺激眼、皮肤、黏膜,可引起咳嗽、气促、恶心、呕吐、腹泻、头痛、电解质紊乱等症状。慢性暴露可致蛋白质代谢受干扰、中度肺气肿及体重减轻(同其他脲类除草剂)[2]。

【危害分类与管制情况】

序号	毒性指标	PPDB 分类	PAN 分类[7]
1	高毒	否	无有效证据
2	致癌性	否	无有效证据
3	致突变性	无数据	—
4	内分泌干扰性	无数据	无有效证据
5	生殖发育毒性	疑似	无有效证据
6	胆碱酯酶抑制性	否	否
7	神经毒性	否	—
8	呼吸道刺激性	无数据	—
9	皮肤刺激性	是	—
10	眼刺激性	是	—
11	地下水污染	—	无有效证据
12	国际公约或优控名录	无	

注：PPDB 数据库由英国赫特福德郡大学农业与环境研究所开发；PAN 数据库来自北美农药行动网(PANNA)；"—"表示无此项。

【限值标准】

每日允许摄入量(ADI)为 0.04mg/(kg bw·d)，操作者允许接触水平(AOEL)为 0.06mg/(kg bw·d)[1]。

参 考 文 献

[1] PPDB: Pesticide Properties DataBase. http://sitem.herts.ac.uk/aeru/ppdb/en/Reports/281.htm [2016-11-08].
[2] PAN Pesticides Database—Chemicals. http://www.pesticideinfo.org/Detail_Chemical.jsp? Rec_Id= PC39164 [2016-11-08].

异丙甲草胺(metolachlor)

【基本信息】

化学名称：2-甲基-6-乙基-N-(1-甲基-2-甲氧乙基)-N-氯代乙酰基苯胺

其他名称：都尔、dual

CAS 号：51218-45-2

分子式：$C_{15}H_{22}ClNO_2$

相对分子质量：283.8

SMILES：CCC1=CC=CC(=C1N(C(C)COC)C(=O)CCl)C

类别：氯乙酰胺类除草剂

结构式：

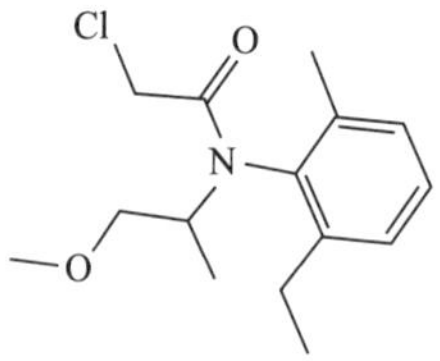

【理化性质】

白色至无色液体，密度 1.12g/mL，熔点–62.1℃，饱和蒸气压 1.7mPa(25℃)。水溶解度(20℃)为 530mg/L，与苯、丙酮、己烷、二甲苯互溶。辛醇/水分配系数 lgK_{ow}= 3.4(pH=7, 20℃)。

【环境行为】

(1)环境生物降解性

好氧条件下，在砂质壤土中的降解半衰期为 67d[1]；在土壤中的降解速率随着土壤水分含量、温度和微生物活性的提高而增加[2,3]。在水中生物降解半衰期为 47d[1]，在地下含水层中降解非常缓慢[4,5]。另有报道，实验室 20℃条件下，土壤中降解半衰期为 15d，田间试验土壤中降解半衰期为 21d[6]。

厌氧条件下，在砂质壤土中的降解半衰期为 81d[1]；在水中生物降解半衰期为 78d[1]。

(2)环境非生物降解性

气态异丙甲草胺与光化学反应产生的羟基自由基反应的速率常数约为 $7.02 \times 10^{-11} cm^3/(mol \cdot s)$ (25℃)，大气中间接光解半衰期约为 7h[7]。在自然光与人造光源(光照强度为 $4500 \sim 4800 \mu W/cm^2$)照射下，在水中的光解半衰期分别为 70d 和 0.17d。在自然光与人造光源(光照强度为 $1600 \sim 2400 \mu W/cm^2$)照射下，在土壤中的光解半衰期分别为 8d 和 37d[1]。

(3)环境生物蓄积性

鲶鱼 BCF 值小于 1[8]，鲶鱼可食用部分和内脏 BCF 值分别为 6.5~9.0 和 55~99[2]，蓝鳃太阳鱼 BCF 值为 74[9]，鱼体 BCF 为 68.8[6]，提示生物蓄积性为弱到中等[10]。

(4)土壤吸附/移动性

吸附系数 K_{oc} 值为 22 ~ 2320[6, 11-13]，提示在土壤中移动性为中等至强[14]。

【生态毒理学】

鸟类(绿头鸭)急性 LD_{50} =2000mg/kg，鱼类(虹鳟)96h LC_{50} =3.9mg/L，溞类(大型溞)48h EC_{50} =23.5mg/L、21d NOEC =0.707mg/L，甲壳类(糠虾)96h LC_{50} =4.2mg/L，藻类(月牙藻)72h EC_{50} =57.1mg/L，蜜蜂经口 48h LD_{50} =110μg/蜜蜂，蚯蚓 14d LC_{50} =140mg/kg[6]。

【毒理学】

(1)一般毒性

大鼠急性经口 LD_{50} =1200mg/kg，大鼠急性经皮 LD_{50} >5050mg/kg bw，大鼠急性吸入 LC_{50} =2.02mg/L，大鼠短期膳食暴露 NOAEL =90mg/kg[6]。

(2)神经毒性

无信息。

(3)生殖发育毒性

对孕期 6~18d 的兔子灌胃暴露 0mg/(kg·d)、36mg/(kg·d)、120mg/(kg·d)、360mg/(kg·d)的异丙甲草胺，120mg/(kg·d)和 360mg/(kg·d)剂量组兔子食物摄入量下降、瞳孔缩小、体重下降，无胚胎毒性和致畸作用[15]。

对大鼠进行 0mg/kg、30mg/kg、300mg/kg、1000mg/kg 的饮食暴露，亲代大鼠食物摄入量下降、体重降低，子代体重降低[15]。

(4)致癌性与致突变性

对大鼠进行 0mg/kg、30mg/kg、300mg/kg、3000mg/kg 的饮食暴露，3000mg/kg

剂量组大鼠体重降低,雄性大鼠肝脏质量增加,高剂量组雌性大鼠肝脏肿瘤结节显著增加[1]。

【人类健康效应】

致癌性:C 类,可能对人类产生致癌性[6,16]。内分泌干扰性:可致孕烷 X 细胞受体激活[6]。

中毒症状包括:腹部绞痛、贫血、共济失调、高铁血红蛋白血症、黑尿症、体温过低、身体衰弱、抽搐、腹泻、胃肠道刺激、黄疸病、乏力、恶心、休克、出汗、呕吐、头晕、呼吸困难、肝损伤、肾炎、心血管衰竭、皮肤过敏、皮炎、眼和黏膜刺激症状、角膜混浊和不良生殖效应[6,17]。

【危害分类与管制情况】

序号	毒性指标	PPDB 分类	PAN 分类[18]
1	高毒	否	否
2	致癌性	可能	可能(USEPA,C 类)
3	致突变性	否	—
4	内分泌干扰性	可能	疑似
5	生殖发育毒性	可能	无有效证据
6	胆碱酯酶抑制性	否	否
7	神经毒性	否	—
8	呼吸道刺激性	否	—
9	皮肤刺激性	是	—
10	眼刺激性	是	—
11	地下水污染	—	是
12	国际公约或优控名录	列入 PAN 名录	

注:PPDB 数据库由英国赫特福德郡大学农业与环境研究所开发;PAN 数据库来自北美农药行动网(PANNA);"—"表示无此项。

【限值标准】

每日允许摄入量(ADI)为 0.1mg/(kg bw · d)[6]。

参 考 文 献

[1]　USEPA/OPPTS. Reregistration Fligibility Decisions (REDs) Database on Metolachlor (51218-45-2). USEPA 738-R-97-011. http://www.epa.gov/pesticides/reregistration/status.htm [2012-01-24].

[2]　Chesters G, Simsiman G V, Levy J, et al. Environmental Fate of Alachlor and Metolachlor. Environ Contam Toxicol, 1989, 110(1): 1-74.

[3]　Zimdahl R L, Clark S K. Degradation of three acetanilide herbicides in soil. Weed Sci, 1982, 30(5): 545-548.

[4]　Konopka A, Turco R. Biodegradation of organic compounds in vadose zone and aquifer sediments. Appl Environ Microbiol, 1991, 57(8): 2260-2268.

[5]　Cavalier T C, Lavy T L, Mattice J D. Persistence of selected pesticides in ground-water samples. Ground Water, 1991, 29(2): 225-231.

[6]　PPDB: Pesticide Properties DataBase. http://sitem.herts.ac.uk/aeru/ppdb/en/Reports/465.htm [2016-11-12].

[7]　Atkinson R. Estimation of gas-phase hydroxyl radical rate constants for organic chemicals. Environ Toxicol Chem, 1988, 7(6): 435-442.

[8]　Ellgehausen H, Guth J A, Esser H O. Factors determining the bioaccumulation potential of pesticides in the individual compartments of aquatic food chains. Ecotox Environ Safety, 1980, 4(2): 134-157.

[9]　Jackson S H, Cowan-Ellsberry C E, Thomas G. Use of quantitative structural analysis to predict fish bioconcentration factors for pesticides. J Agric Food Chem, 2009, 57: 958-967.

[10] Franke C, Studinger G, Berger G, et al. The assessment of bioaccumulation. Chemosphere, 1994, 29(7): 1501-1514.

[11] Laabs V, Amelung W. Sorption and aging of corn and soybean pesticides in tropical soils of Brazil. J Agric Food Chem, 2005, 53(18): 7184-7192.

[12] Ahrens W H. Herbicide Handbook of the Weed Science Society of America. 7th ed. Champaign: Weed Science Society of America, 1994: 199.

[13] Tsuda T, Aoki S, Kojima M, et al. Bioconcentration and excretion of benthiocarb and simetryne by willow shiner. Toxicol Environ Chem, 1988, 18(1): 31-36.

[14] Swann R L, Laskowski D A, Mccall P J, et al. A rapid method for the estimation of the environmental parameters octanol/water partition coefficient, soil sorption constant, water to air ratio, and water solubility. Res Rev, 1983: 17-28.

[15] California Environmental Protection Agency/Department of Pesticide Regulation. Toxicology Data Review Summary for Metolachlor (51218-45-2) p. 4. http://www.cdpr.ca.gov/docs/risk/ toxsums/toxsumlist.htm[2012-02-02].

[16] USEPA Office of Pesticide Programs. Health Effects Division, Science Information Management Branch: Chemicals Evaluated for Carcinogenic Potential. 2006.

[17] USEPA. Health Advisories for 50 Pesticides. 1988: 618.

[18] PAN Pesticides Database—Chemicals. http://www.pesticideinfo.org/Detail_Chemical.jsp?Rec_Id= PC34759 [2016-11-12].

异丙隆(isoproturon)

【基本信息】

化学名称：3-对异丙苯基-1,1-二甲基脲

其他名称：ALON、Sabre、ARELON、Hytane、Tolken、PANRON

CAS 号：34123-59-6

分子式：$C_{12}H_{18}N_2O$

相对分子质量：206.3

SMILES：O=C(Nc1ccc(cc1)C(C)C)N(C)C

类别：脲类除草剂

结构式：

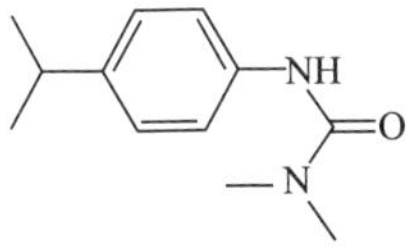

【理化性质】

无色晶体，密度 1.17g/mL，熔点 157.3℃，饱和蒸气压 0.0055mPa(25℃)。水溶解度(20℃)为 70.2mg/L。有机溶剂溶解度(20℃)：正庚烷，100mg/L；二甲苯，2000mg/L；丙酮，30000mg/L；1,2-二氯乙烷，46000mg/L。辛醇/水分配系数 $\lg K_{ow}$=2.5(pH=7, 20℃)。

【环境行为】

(1)环境生物降解性

好氧条件下，土壤中降解半衰期(DT_{50})为 7.2~18.2d，DT_{90} 为 23.8~111.1d；田间试验 DT_{50} 为 12~33d，DT_{90} 为 34~68d[1]。

(2)环境非生物降解性

在 25℃,pH 分别为 5 和 9 的条件下,水解半衰期分别为 1210d 和 540d;20℃、pH 为 7 时，水解半衰期为 1560d。水中光解半衰期为 48d[1]。

(3)环境生物蓄积性

BCF 值为 177，提示生物蓄积性中等[1]。

(4)土壤吸附/移动性

Freundlich 吸附常数 K_f 值为 0.26 ~ 27.1mL/g，K_{foc} 值为 36 ~ 241，提示在土壤中移动性中等[1]。

【生态毒理学】

鸟类急性 LD_{50} =1401mg/kg、短期摄食 LD_{50}＞5000mg/kg，鱼类 96h LC_{50} =18mg/L、鱼类(虹鳟)21d NOEC=0.58mg/L，溞类(大型溞)48h EC_{50} =0.58mg/L、21d NOEC=0.12mg/L，藻类(舟形藻)72h EC_{50} =0.013mg/L、藻类 96h NOEC= 0.052mg/L，蜜蜂接触 48h LD_{50} =200μg/蜜蜂、经口 48h LD_{50} =195μg/蜜蜂，蚯蚓(赤子爱胜蚓)14d LC_{50}＞1000mg/kg[1]。

【毒理学】

(1)一般毒性

大鼠急性经口 LD_{50}=1826mg/kg，大鼠急性经皮 LD_{50}＞2000mg/kg bw，大鼠急性吸入 LC_{50}=1.95mg/L，大鼠短期膳食暴露 NOAEL =400mg/kg[1]。

(2)神经毒性

无信息。

(3)生殖发育毒性

无信息。

(4)致癌性与致突变性

无信息。

【人类健康效应】

除大量摄入外，一般不会出现全身中毒。急性暴露刺激眼、皮肤、黏膜，可引起咳嗽、气促、恶心、呕吐、腹泻、头痛、电解质紊乱等症状。慢性暴露可致蛋白质代谢受干扰、中度肺气肿及体重减轻(同其他脲类除草剂)[2]。

【危害分类与管制情况】

序号	毒性指标	PPDB 分类	PAN 分类[2]
1	高毒	否	否
2	致癌性	是	无有效证据
3	致突变性	无数据	—
4	内分泌干扰性	可能	无有效证据
5	生殖发育毒性	否	无有效证据
6	胆碱酯酶抑制性	否	否
7	神经毒性	否	—
8	呼吸道刺激性	疑似	—
9	皮肤刺激性	是	—
10	眼刺激性	是	—
11	地下水污染	—	无有效证据
12	国际公约或优控名录	无	

注：PPDB 数据库由英国赫特福德郡大学农业与环境研究所开发；PAN 数据库来自北美农药行动网（PANNA）；
"—"表示无此项。

【限值标准】

每日允许摄入量（ADI）为 0.015mg/（kg bw·d），操作者允许接触水平（AOEL）
为 0.015mg/（kg bw·d）[1]。

<h2 style="text-align:center">参 考 文 献</h2>

[1] PPDB: Pesticide Properties DataBase. http://sitem.herts.ac.uk/aeru/ppdb/en/Reports/409.htm [2016-11-14].

[2] PAN Pesticides Database—Chemicals. http://www.pesticideinfo.org/Detail_Chemical.jsp? Rec_Id= PC38045 [2016-11-14].

异噁草松（clomazone）

【基本信息】

化学名称：2-(2-氯苄基)-4,4-二甲基异噁唑-3-酮

其他名称：广灭灵、异恶草酮

CAS 号：81777-89-1

分子式：$C_{12}H_{14}ClNO_2$

相对分子质量：239.7

SMILES：Clc1ccccc1CN2OCC(C2=O)(C)C

类别：异噁唑酮类除草剂

结构式：

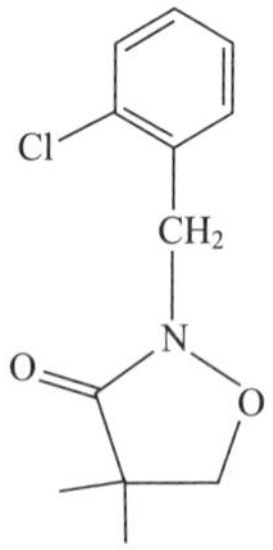

【理化性质】

淡草色液体，密度 1.19g/mL，熔点 33.9℃，沸点 281.7℃，饱和蒸气压 19.2mPa（25℃）。水溶解度（20℃）为 1102mg/L。有机溶剂溶解度（20℃）：丙酮，1000000mg/L；二氯甲烷，955000mg/L；正庚烷，192000mg/L；甲醇，969000mg/L。辛醇/水分配系数 lgK_{ow}=2.54（pH=7，20℃）。

【环境行为】

(1)环境生物降解性

好氧条件下，在粉砂质黏壤土中 28d 降解率小于 1.5%，在灭菌土中的 28d 降解率为 5.8%，提示难降解[1]。实验室、20℃时土壤中降解半衰期为 88.8d，田间

试验土壤中降解半衰期为42.5d[2]。

厌氧条件下，土壤中降解半衰期为19d[3]。

(2)环境非生物降解性

气态异噁草松与光化学反应产生的羟基自由基反应的速率常数约为 $2.2×10^{-11}cm^3/(mol·s)(25℃)$，大气中间接光解半衰期约为5.8h[4]。在太阳光下，水中光解半衰期为30d[5]。由于缺少可水解的官能团，不水解[6]。

(3)环境生物蓄积性

基于lgK_{ow}为2.5，BCF估测值为17[3]；鱼体BCF测定值为40，代谢半衰期为1d，提示生物蓄积性较弱[7]。

(4)土壤吸附/移动性

吸附系数K_{oc}值为60(pH=4.5)~573(pH=5.2)[8]、300[2]，提示在土壤中移动性为中等到强[9]。

【生态毒理学】

鸟类(山齿鹑)急性LD_{50}＞2510mg/kg、短期摄食LD_{50}＞5620mg/kg，鱼类(虹鳟)96h LC_{50}=15.5mg/L、21d NOEC=2.30mg/L，溞类(大型溞)48h EC_{50}=12.7mg/L、21d NOEC=2.2mg/L，甲壳类(糠虾)96h LC_{50}=0.57mg/L，藻类(舟形藻)72h EC_{50}=0.136mg/L、96h NOEC=0.05mg/L，蜜蜂经口48h LD_{50}＞85.3μg/蜜蜂，蚯蚓(赤子爱胜蚓)14d LC_{50}=78mg/kg、繁殖14d NOEC＞0.8mg/kg[2]。

【毒理学】

(1)一般毒性

大鼠急性经口LD_{50}=1369mg/kg，大鼠急性经皮LD_{50}＞2000mg/kg bw，大鼠急性吸入LC_{50}=4.85mg/L，大鼠短期膳食暴露NOAEL=13.3mg/kg[2]。

(2)神经毒性

无信息。

(3)生殖发育毒性

对孕期6~15d的雌性大鼠灌胃暴露0mg/kg、100mg/kg、300mg/kg、600mg/kg的异噁草松，600mg/kg剂量组大鼠饮食量低于对照组，胎鼠体重低于对照组[10]。

对孕期6~18d的雌兔灌胃暴露0mg/kg、30mg/kg、240mg/kg、1000mg/kg的异噁草松，1000mg/kg剂量组兔子体重低于对照组，对子代发育无明显影响[10]。

(4)致癌性与致突变性

无致癌、致突变性。

【人类健康效应】

可能的肝脏毒物[2]，对人类无致癌性[11]。

【危害分类与管制情况】

序号	毒性指标	PPDB 分类	PAN 分类[3]
1	高毒	否	否
2	致癌性	否	否
3	致突变性	无数据	—
4	内分泌干扰性	无数据	无有效证据
5	生殖发育毒性	可能	无有效证据
6	胆碱酯酶抑制性	否	否
7	神经毒性	否	—
8	呼吸道刺激性	无数据	—
9	皮肤刺激性	无数据	—
10	眼刺激性	无数据	—
11	地下水污染	—	可能
12	国际公约或优控名录	无	

注：PPDB 数据库由英国赫特福德郡大学农业与环境研究所开发；PAN 数据库来自北美农药行动网(PANNA)；"—"表示无此项。

【限值标准】

每日允许摄入量(ADI)为 0.133mg/(kg bw·d)，操作者允许接触水平(AOEL)为 0.133mg/(kg bw·d)[2]。

参 考 文 献

[1] Mervosh T L, Sims G K, Stoller E W, et al. Clomazone sorption in soil: Incubation time, temperature, and soil moisture effects. J Agric Food Chem, 1995, 43(8): 2295-2300.

[2] PPDB: Pesticide Properties DataBase. http://sitem.herts.ac.uk/aeru/ppdb/en/Reports/168.htm [2016-11-19].

[3] PAN Pesticides Database—Chemicals. http://www.pesticideinfo.org/Detail_Chemical.jsp?Rec_Id= PC35675 [2016-11-19].

[4] Meylan W M, Howard P H. Computer estimation of the atmospheric gas-phase reaction-rate of organic-compounds with hydroxyl radicals and ozone. Chemosphere, 1993, 26 (12): 2293-22990.

[5] Tomlin C D S. The e-Pesticide Manual—A World Compendium. 13th ed. PC CD-ROM, Ver. 3.0. Surrey: British Crop Protection Council, 2003.

[6] Lyman W J, Reehl W J, Roseblatt D H. Handbook of Chemical Property Estimation Methods. Washington DC: American Chemical Society, 1990: 7-4, 7-5.

[7] Franke C, Studinger G, Berger G, et al. The assessment of bioaccumulation. Chemosphere, 1994, 29 (7): 1501-1514.

[8] Loux M M, Liebl R A, Slife F W. Availability and persistence of imazaquin, imazethapyr, and clomazone in soil. Weed Sci, 1989, 37 (2): 259-267.

[9] Swann R L, Laskowski D A, Mccall P J, et al. A rapid method for the estimation of the environmental parameters octanol/water partition coefficient, soil sorption constant, water to air ratio, and water solubility. Res Rev, 1983, 85: 17-28.

[10] California Environmental Protection Agency/Department of Pesticide Regulation. Toxicology Data Review Summaries for Clomazone (81777-89-1). http://www.cdpr.ca.gov/docs/toxsums/ toxsumlist.htm [2005-09-27].

[11] USEPA Office of Pesticide Programs. Health Effects Division, Science Information Management Branch: Chemicals Evaluated for Carcinogenic Potential. 2006.

异噁唑草酮(isoxaflutole)

【基本信息】

化学名称：5-环丙基-4-(2-甲磺酰基-4-三氟甲基)苯甲酰基异(噁)唑

其他名称：异恶唑草酮、异噁氟草、百农思

CAS 号：141112-29-0

分子式：$C_{15}H_{12}F_3O_4S$

相对分子质量：359.32

SMILES：O=C(c1c(onc1)C2CC2)c3ccc(cc3S(=O)(=O)C)C(F)(F)F

类别：噁唑类除草剂

结构式：

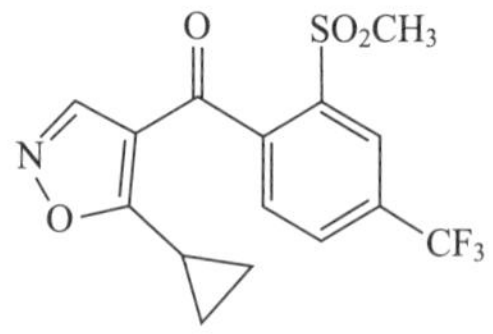

【理化性质】

类白色固体，密度 1.59g/mL，熔点 140℃，沸腾前分解，饱和蒸气压 $3.22×10^{-5}$mPa (25℃)。水溶解度(20℃)为 6.2mg/L。有机溶剂溶解度(20℃)：丙酮，293000mg/L；乙酸乙酯，142000mg/L；甲苯，31200mg/L；甲醇，13800mg/L。辛醇/水分配系数 $\lg K_{ow}$=2.34(pH=7, 20℃)。

【环境行为】

(1)环境生物降解性

好氧条件下，土壤中降解半衰期为 2.4d[1]、0.9d[2]；在含水量分别为 17%、19% 和 45%的土壤中，降解半衰期分别为 67h、49h 和 33h[3]。在灭菌和非灭菌土壤中降解半衰期分别为 1.4d 和 1.8d[4]。

厌氧条件下，降解半衰期小于 2h[1]。

(2)环境非生物降解性

22℃时，在 pH 分别为 5.2、6.0、7.2、8.0、8.3 和 9.3 的条件下，水解半衰期分别为 433h、241h、95h、43h、65h 和 5h[5]。另有报道，在 pH 分别为 5、7 和 9 的条件下，水解半衰期分别为 11.1h、20.1h 和 3.2h[1]。在水和土壤表面的光解半衰期分别为 6.7d 和 23h[1]。

(3)环境生物蓄积性

基于 $\lg K_{ow}$ 的 BCF 估测值为 34[6]、测定值为 11[2]，提示生物蓄积性弱[7]。

(4)土壤吸附/移动性

吸附系数 K_{oc} 为 440[6]、145[2]，提示在土壤中移动性中等[8]。

【生态毒理学】

鸟类(绿头鸭)急性 LD_{50}＞2150mg/kg、短期摄食 LD_{50}＞4150mg/kg，鱼类(虹鳟)96h LC_{50}＞1.7mg/L、21d NOEC=0.08mg/L，溞类(大型溞)48h EC_{50}＞1.5mg/L、21d NOEC=0.35mg/L，甲壳类(糠虾)96h LC_{50}=0.016mg/L，底栖类(摇蚊)28d NOEC=0.1mg/L，藻类(月牙藻)72h EC_{50}=0.12mg/L，蜜蜂接触 48h LD_{50}＞100μg/蜜蜂、经口 48h LD_{50}＞168.7μg/蜜蜂，蚯蚓 14d LC_{50}＞1000mg/kg[2]。

【毒理学】

(1)一般毒性

大鼠急性经口 LD_{50}＞5000mg/kg，大鼠急性经皮 LD_{50}＞2000mg/kg bw，大鼠急性吸入 LC_{50}＞5.23mg/L，大鼠短期膳食暴露 NOAEL =2mg/kg[2]。

(2)神经毒性

大鼠急性神经毒性研究显示，2000mg/kg 剂量组雄性大鼠双脚张开尺寸变小，说明异噁唑草酮对大鼠肌肉神经具有损伤作用[9]。大鼠慢性毒性研究显示，高剂量组雄性大鼠体重明显降低[9]。

(3)生殖发育毒性

大鼠发育毒性研究结果显示，100mg/kg 和 500mg/kg 剂量组胎儿异常发生率增加，如生长障碍(体重降低，胸骨、掌骨、跖骨发育延迟)。此外，500mg/kg 剂量组胎儿脊椎和肋骨发育异常，水肿发生率增加[9]。

(4)致癌性与致突变性

大鼠鼠伤寒沙门氏菌反向基因突变试验结果显示为阴性；小鼠淋巴瘤 L5178Y 正向基因突变试验结果显示为阴性[9]，提示异噁唑草酮无致突变性。

【人类健康效应】

可能的肝脏毒物，可损伤角膜透明度[8]；可能的人类致癌物[2,10]；对眼与皮肤有刺激作用[11]。

【危害分类与管制情况】

序号	毒性指标	PPDB 分类	PAN 分类[11]
1	高毒	否	否
2	致癌性	可能	是(USEPA：可能)
3	致突变性	否	—
4	内分泌干扰性	否	无有效证据
5	生殖发育毒性	可能	无有效证据
6	胆碱酯酶抑制性	否	否
7	神经毒性	可能	—
8	呼吸道刺激性	否	—
9	皮肤刺激性	否	—
10	眼刺激性	否	—
11	地下水污染	—	无有效证据
12	国际公约或优控名录	列入 PAN 名录、加州 65 种已知致癌物名录	

注：PPDB 数据库由英国赫特福德郡大学农业与环境研究所开发；PAN 数据库来自北美农药行动网(PANNA)；"—"表示无此项。

【限值标准】

每日允许摄入量(ADI)为 0.02mg/(kg bw·d)，急性参考剂量(ARfD)为 0.05mg/(kg bw·d)，操作者允许接触水平(AOEL)为 0.012mg/(kg bw·d)[2]。

参 考 文 献

[1] USEPA/OPPTS. Pesticide Fact Sheet: Isoxaflutole. Washington DC: Environmental Protection Agency, Office of Prevention, Pesticides and Toxic Substances, 2003. http: //www. epa. gov/ opprd001/factsheets/[2004-09-22].

[2] PPDB: Pesticide Properties DataBase. http://sitem.herts.ac.uk/aeru/ppdb/en/Reports/412.htm [2016-11-21].

[3] Beltrán E, Fenet H, Cooper J F, et al. Fate of isoxaflutole in soil under controlled conditions. J Agric Food Chem, 2003, 51(1): 146-151.

[4] Taylor-Lovell S, Sims G K, Wax L M. Effects of moisture, temperature, and biological activity on the degradation of isoxaflutole in soil. J Agric Food Chem, 2002, 50(20): 5626-5633.

[5] Beltran E, Fenet H, Cooper J F, et al. Kinetics of abiotic hydrolysis of isoxaflutole: Influence of pH and temperature in aqueous mineral buffered solutions. J Agric Food Chem, 2000, 48(9): 4399-403.

[6] Tomlin C D S. The e-Pesticide Manual. 13th ed. Surrey: British Crop Protection Council, 2003.

[7] Franke C, Studinger G, Berger G, et al. The assessment of bioaccumulation. Chemosphere, 1994, 29(7): 1501-1514.

[8] Swann R L, Laskowski D A, Mccall P J, et al. A rapid method for the estimation of the environmental parameters octanol/water partition coefficient, soil sorption constant, water to air ratio, and water solubility. Res Rev, 1983, 85: 17-28.

[9] USEPA Office of Pesticide Programs. Pesticide Fact Sheet—Isoxaflutole (September 1998). http://www.epa.gov/opprd001/factsheets[2004-10-12].

[10] USEPA Office of Pesticide Programs. Health Effects Division, Science Information Management Branch: Chemicals Evaluated for Carcinogenic Potential. 2006.

[11] PAN Pesticides Database—Chemicals. http://www.pesticideinfo.org/Detail_Chemical.jsp?Rec_Id= PC36364 [2016-11-21].

抑芽丹(maleic hydrazide)

【基本信息】

化学名称：6-羟基-3-(2H)-哒嗪酮
其他名称：马来酰肼、青鲜素、芽敌、抑芽素
CAS 号：123-33-1
分子式：$C_4H_4N_2O_2$
相对分子质量：112.1
SMILES：O=C1\C=C/C(=O)NN1
类别：哒嗪类除草剂
结构式：

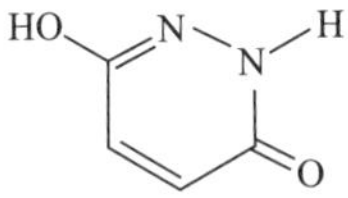

【理化性质】

白色晶状固体，密度 1.61g/mL，熔点 298℃，沸腾前分解，饱和蒸气压 3.1×10^{-3}mPa(25℃)。水溶解度(20℃)为 156000mg/L。有机溶剂溶解度(20℃)：甲醇，4200mg/L；甲苯，1mg/L；己烷，1mg/L；乙酸乙酯，35.9mg/L。辛醇/水分配系数 $\lg K_{ow} = -1.83$(pH=7, 20℃)。

【环境行为】

(1)环境生物降解性

在潮湿、温暖的土壤中能够迅速降解[1]。好氧条件下，花园土壤中 100mg/kg 的抑芽丹(pH=7.3)在 5d、10d、15d、20d、50d 后降解率分别为 65%、85%、90%、93%、93%[2]。欧洲登记资料显示，好氧条件下，实验室研究土壤中降解半衰期为 0.8d，田间试验土壤中降解半衰期为 0.3~2.3d[3]。

(2)环境非生物降解性

根据结构估算，气态抑芽丹与光化学反应产生的羟基自由基和臭氧的反应速

率常数分别约为 $1.33×10^{-11}cm^3/(mol•s)$ 和 $1.75×10^{-16}cm^3/(mol•s)(25℃)^{[4]}$，大气中羟基自由基和臭氧的浓度分别为 $5×10^5cm^{-3}$ 和 $7×10^{11}cm^{-3}$ 时，间接光解半衰期分别为 29h 和 $6.5d^{[5,6]}$。pH 为 5~7 时，在水中对光稳定；pH 为 9 时水中光解半衰期约为 $34d^{[3]}$。常温、pH 为 3~9 条件下，难水解[3]。

(3)环境生物蓄积性

BCF 预测值为 $3^{[7]}$，提示生物蓄积性弱[8]。

(4)土壤吸附/移动性

吸附系数 K_{oc} 值为 264(黏土)、23(砂土)[8]、14.5~124.3[3]，提示土壤中移动性为中等至强[9]。

【生态毒理学】

鸟类(绿头鸭)急性 $LD_{50}=4640mg/kg$、鸟类(山齿鹑)短期摄食 $LD_{50}>10000mg/kg$，鱼类(虹鳟)96h $LC_{50}>1000mg/L$，溞类(大型溞)48h $EC_{50}=107.7mg/L$、21d NOEC=0.95mg/L，藻类(小球藻)72h $EC_{50}>100mg/L$、藻类 96h NOEC=20mg/L，蜜蜂接触 48h $LD_{50}>100μg/$蜜蜂、经口 48h $LD_{50}>100μg/$蜜蜂，蚯蚓 14d $LC_{50}>1000mg/kg^{[3]}$。

【毒理学】

(1)一般毒性

大鼠急性经口 $LD_{50}>2000mg/kg$，兔子急性经皮 $LD_{50}>2000mg/kg\,bw$，大鼠急性吸入 $LC_{50}>3.2mg/L$，狗短期膳食暴露 $NOAEL>25mg/kg^{[3]}$。

(2)神经毒性

无信息。

(3)生殖发育毒性

对孕期 7~27d 的兔子灌胃暴露 0mg/(kg•d)、100mg/(kg•d)、300mg/(kg•d)、1000mg/(kg•d)的抑芽丹，最高剂量组兔子脱发率增加，对兔子流产率、怀孕率、胎儿体重、产仔数量和胎儿存活率无明显影响[10]。

对孕期 6~16d 的大鼠灌胃暴露 0mg/(kg•d)、30mg/(kg•d)、300mg/(kg•d)、1000mg/(kg•d)的抑芽丹，1000mg/(kg•d)以下剂量组大鼠无不良反应。1000mg/(kg•d)剂量组大鼠膀胱、睾丸移位的发生率增加，且第 14 根肋骨退化，骨盆骨化延迟。高剂量组出现胎儿畸形[10]。

(4)致癌性与致突变性

无致癌、致突变性。

【人类健康效应】

潜在的肝脏毒物，可能的诱变剂，摄入可能会导致震颤和肌肉痉挛[3]。对人类无致癌性[11]，国际癌症研究机构(IARC)致癌性分类为 3 类[12]。对人的眼睛、鼻子、喉咙和皮肤有刺激性[13]。可致慢性肝损伤和急性中枢神经系统损害[14]。

【危害分类与管制情况】

序号	毒性指标	PPDB 分类	PAN 分类[14]
1	高毒	否	否
2	致癌性	否	否
3	致突变性	无数据	—
4	内分泌干扰性	否	无有效证据
5	生殖发育毒性	否	无有效证据
6	胆碱酯酶抑制性	否	否
7	神经毒性	是	—
8	呼吸道刺激性	是	—
9	皮肤刺激性	否	—
10	眼刺激性	否	—
11	地下水污染	—	无有效证据
12	国际公约或优控名录	无	

注：PPDB 数据库由英国赫特福德郡大学农业与环境研究所开发；PAN 数据库来自北美农药行动网(PANNA)；"—"表示无此项。

【限值标准】

每日允许摄入量(ADI)为 0.25mg/(kg bw · d)，操作者允许接触水平(AOEL)为 0.25mg/(kg bw · d)[9]。参考剂量(RfD)为 500mg/(kg bw · d)[14]。

参 考 文 献

[1] TOXNET(Toxicology Data Network). https://toxnet.nlm.nih.gov/cgi-bin/sis/search2/f?./temp/~lvkvjL:1[2016-11-25].

[2] Helweg-Andersen A. Decomposition of Toxic and Nontoxic Organic Compounds in Soil. Ann Arbor: Ann Arbor Science Publishers Inc, 1981: 117-124.

[3] PPDB: Pesticide Properties DataBase. http://sitem.herts.ac.uk/aeru/ppdb/en/Reports/422.htm [2016-11-25].

[4] Meylan W M, Howard P H. Computer estimation of the atmospheric gas-phase reaction-rate of organic-compounds with hydroxyl radicals and ozone. Chemosphere, 1993, 26(12): 2293-2299.

[5] Atkinson R, Aschmann S M, Carter W P L, et al. Kinetics of the reactions of OH radicals with *n*-alkanes at 299±2K. Int J Chem Kinet, 1982, 14(7): 781-788.

[6] Atkinson R, Carter W P. Kinetics and mechanisms of the gas-phase reactions of ozone with organic-compounds under atmospheric conditions. Chem Rev, 1984, 84: 437-470.

[7] Aherns W H. The Herbicide Handbook. 7th ed. Champagne: Weed Science Society of America, 1994: 179-181.

[8] Franke C, Studinger G, Berger G, et al. The assessment of bioaccumulation. Chemosphere, 1994, 29(7): 1501-1514.

[9] Swann R L, Laskowski D A, Mccall P J, et al. A rapid method for the estimation of the environmental parameters octanol/water partition coefficient, soil sorption constant, water to air ratio, and water solubility. Res Rev, 1983, 85: 17-28.

[10] FAO/WHO Joint Meeting on Pesticide Residues. Maleic hydrazide (Pesticide Residues in Food: 1996 Evaluations). http://www.inchem.org/documents/jmpr/jmpmono/v96pr08.htm [2004-04-15].

[11] USEPA Office of Pesticide Programs. Health Effects Division, Science Information Management Branch: Chemicals Evaluated for Carcinogenic Potential. 2006.

[12] IARC. Monographs on the Evaluation of the Carcinogenic Risk of Chemicals to Humans. Geneva: World Health Organization, International Agency for Research on Cancer, 1972-Present. 1974, 4: 177. (Multivolume work). http://monographs.iarc.fr/ENG/Classification/ index. php[2016-11-25].

[13] Sax N I. Dangerous Properties of Industrial Materials Reports. New York: Van Nostrand Rheinhold, 1991: 11.

[14] PAN Pesticides Database—Chemicals. http://www.pesticideinfo.org/Detail_Chemical.jsp?Rec_Id= PC35106 [2016-11-25].

莠灭净(ametryn)

【基本信息】

化学名称：*N*-2-乙氨基-*N*-4-异丙氨基-6-甲硫基-1,3,5-三嗪

其他名称：阿灭净

CAS 号：834-12-8

分子式：$C_9H_{17}N_5S$

相对分子质量：227.33

SMILES：S(c1nc(nc(n1)NC(C)C)NCC)C

类别：三嗪类除草剂

结构式：

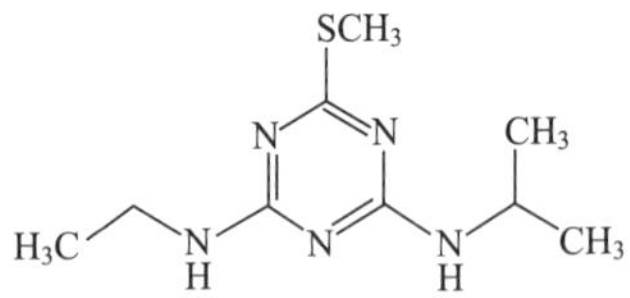

【理化性质】

白色粉末，密度 1.18g/mL，熔点 86.7℃，沸点 337℃，饱和蒸气压 0.365mPa (25℃)。水溶解度(20℃)为 200mg/L。有机溶剂溶解度(20℃)：正己烷,1400mg/L；甲苯,4600mg/L；丙酮,56900mg/L。辛醇/水分配系数 lgK_{ow}= 2.63(pH=7, 20℃)。

【环境行为】

(1)环境生物降解性

在钙质土壤中按 3kg/hm² 的剂量喷洒莠灭净，在 51d 和 110d 后分别有 2.8% 和 8.6%降解为 CO_2，提示难降解[1]。4 种夏威夷土壤中平均降解半衰期分别为 15d(0~20cm)和 25d(60~80cm)[1]。好氧条件下，实验室研究土壤中降解半衰期为 60d；田间试验土壤中降解半衰期为 37d[2]。

(2)环境非生物降解性

气态莠灭净与光化学反应产生的羟基自由基反应的速率常数约为 2.9×

$10^{-11}cm^3/(mol \cdot s)(25℃)$，大气中间接光解半衰期约为 $13h^{[3]}$。10mg/L 的莠灭净溶液暴露于光催化反应器的人工光源下(pH=6.8, 15℃)，光解半衰期为 $10.2h^{[4]}$；当初始浓度为 100mg/L 时，50℃ 条件下 135min 降解率为 $17\%^{[5]}$。在紫外光条件下，水中莠灭净缓慢光解$^{[2]}$。在不同 pH 条件下难水解，除非在极端 pH 条件下，如 pH 为 0~1、pH 为 $13~14^{[2]}$。

(3)环境生物蓄积性

BCF 值为 $19^{[6]}$，提示生物蓄积性较弱$^{[7]}$。

(4)土壤吸附/移动性

吸附系数 K_{oc} 为 $316^{[2]}$，在 32 种土壤中的吸附系数 K_{oc} 平均值为 $388.4^{[8]}$；4 种夏威夷剖面土壤中的 K_{oc} 值分别为 257(0~20cm) 和 $170(60~80cm)^{[2]}$，提示在土壤中移动性为中等至强$^{[9]}$。

【生态毒理学】

鸟类(绿头鸭)急性 $LD_{50}>5620mg/kg$，鱼类(虹鳟)96h $LC_{50}=5mg/L$，溞类(大型溞)48h $EC_{50}=28mg/L$、21d NOEC=0.32mg/L，藻类(月牙藻)72h $EC_{50}=0.0036mg/L$，蜜蜂经口 48h $LD_{50}>100\mu g$/蜜蜂，蚯蚓 14d $LC_{50}=166mg/kg^{[2]}$。

【毒理学】

(1)一般毒性

大鼠急性经口 $LD_{50}=1009mg/kg$，兔子急性经皮 $LD_{50}>2020mg/kg$ bw，大鼠急性吸入 $LC_{50}>5.03mg/L$，大鼠短期膳食暴露 NOAEL $=50mg/kg^{[2]}$。

(2)神经毒性

无信息。

(3)生殖发育毒性

大鼠两代繁殖试验显示，饮食暴露剂量为 0mg/kg、20mg/kg、200mg/kg、2000mg/kg，高剂量组亲代和子代体重均减少，无致畸作用$^{[10]}$。对大鼠在孕期 6~15d 进行 0mg/kg、101mg/kg、202mg/kg、404mg/kg、539mg/kg 的饮食暴露，随着剂量增加，母体死亡率增加。在两个高剂量组中，大鼠饮食量、饮水量和体重均明显降低，胎儿体重、胎盘质量和体长均减少$^{[11]}$。

(4)致癌性与致突变性

小鼠淋巴瘤细胞基因突变试验结果为阴性$^{[12]}$，对 8 株鼠伤寒沙门氏菌无致突变性$^{[13]}$。

【人类健康效应】

1993~2001 年，美国毒物控制中心报道了 4 例莠灭净中毒事件，中毒症状包括腹泻、嗜睡或昏睡[14]。另外有报道称，对眼睛、皮肤和呼吸道有刺激性[15,16]。

【危害分类与管制情况】

序号	毒性指标	PPDB 分类	PAN 分类[16]
1	高毒	否	否
2	致癌性	无数据	否
3	致突变性	否	—
4	内分泌干扰性	无数据	无有效证据
5	生殖发育毒性	无数据	无有效证据
6	胆碱酯酶抑制性	否	否
7	神经毒性	无数据	—
8	呼吸道刺激性	无数据	—
9	皮肤刺激性	是	—
10	眼刺激性	是	—
11	地下水污染	—	潜在影响
12	国际公约或优控名录	无	

注：PPDB 数据库由英国赫特福德郡大学农业与环境研究所开发；PAN 数据库来自北美农药行动网（PANNA）；"—"表示无此项。

【限值标准】

每日允许摄入量（ADI）为 0.015mg/（kg bw·d）[10]。

参 考 文 献

[1] TOXNET（Toxicology Data Network）. https://toxnet.nlm.nih.gov/cgi-bin/sis/search2/f?./temp/~mhcg2n:1[2016-11-27].

[2] PPDB: Pesticide Properties DataBase. http://sitem.herts.ac.uk/aeru/ppdb/en/Reports/27.htm [2016-11-27].

[3] Meylan W M, Howard P H. Computer estimation of the atmospheric gas-phase reaction-rate of organic-compounds with hydroxyl radicals and ozone. Chemosphere, 1993, 26（12）: 2293-2299.

[4] Burkhard N, Guth J A. Photodegradation of atrazine, atraton and ametryne in aqueous solution

with acetone as a photosensitiser. Pesticide Sci, 1976, 7(1): 65-71.

[5] Tanaka F S, Wien R G, Mansager E R. Survey for surfactant effects on the photodegradation of herbicides in aqueous media. J Agric Food Chem, 1981, 29(2): 227-230.

[6] Hansch C, Leo A, Hoekman D. Exploring QSAR: Hydrophobic, Electronic, and Steric Constants. Washington DC: American Chemical Society, 1995: 64.

[7] Franke C, Studinger G, Berger G, et al. The assessment of bioaccumulation. Chemosphere, 1994, 29(7): 1501-1514.

[8] Rao P S C, Davidson J M. Retention and transformation of selected pesticides and phosphorus in soil-water systems. USEPA-600/S3-82-060. 1982.

[9] Swann R L, Laskowski D A, Mccall P J, et al. A rapid method for the estimation of the environmental parameters octanol/water partition coefficient, soil sorption constant, water to air ratio, and water solubility. Res Rev, 1983, 85: 17-28.

[10] Bingham E, Cohrssen B, Powell C H. Patty's Toxicology. Vol. 1-9. 5th ed. New York: John Wiley & Sons, 2001, 4: 1258.

[11] Asongalem E A, Akintonwa A. Embryotoxic effects of oral ametryn exposure in pregnant rats. Bull Environ Contam Toxicol, 1997, 58(2): 184-189.

[12] Krieger R. Handbook of Pesticide Toxicology. Vol. 2. 2nd ed. San Diego: Academic Press, 2001: 1515.

[13] USEPA. Health Advisories for 50 Pesticides. 1988: 7.

[14] USEPA Office of Pesticide Programs. Reregistration Eligibility Decision Document—Ametryn. p.18. EPA 738-R-05-006 (September 2005). http://www.epa.gov/pesticides/reregistration/status. htm [2007-02-16].

[15] EPA. Pesticide Product Label System (PPLS)—Search Results for Ametryn Technical. Pesticide Product Label for Ametryn Technical as approved with comments by EPA on May 25, 2006. p. 6. http: //www. oaspub. epa. gov[2007-03-06].

[16] PAN Pesticides Database—Chemicals. http://www.pesticideinfo.org/Detail_Chemical.jsp?Rec_Id= PC35040 [2016-11-27].

唑草酮(carfentrazone-ethyl)

【基本信息】

化学名称：(*RS*)-2-氯-3-[2-氯-5-(4-二氟甲基-4,5-二氢-3-甲基-5-氧-1*H*-1,2,3-三唑-1-基)-3-氟苯基]丙酸乙酯

其他名称：福农、快灭灵、三唑酮草酯、唑草酯

CAS 号：128639-02-1

分子式：$C_{15}H_{14}Cl_2F_3N_3O_3$

相对分子质量：412.19

SMILES：n1(c(n(C(F)F)c(n1)C)=O)c1cc(C[C@@H](C(=O)OCC)Cl)c(cc1F)Cl

类别：三唑酮类除草剂

结构式：

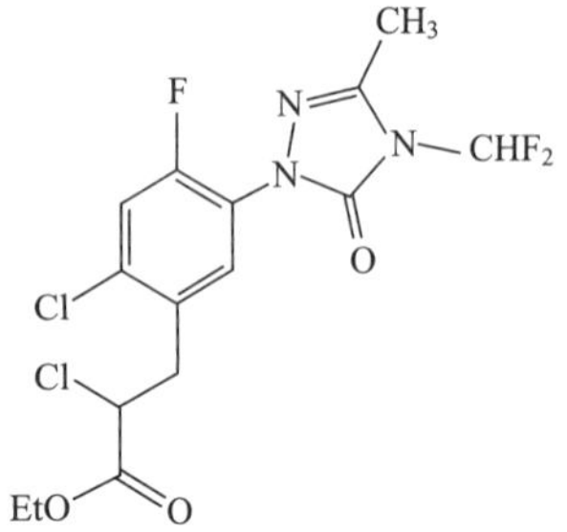

【理化性质】

无色至黄色黏稠液体，密度 1.46g/mL，熔点–22.1℃，沸点 350℃，饱和蒸气压 $7.20×10^{-3}$mPa(25℃)。水溶解度(20℃)为 29.3mg/L。有机溶剂溶解度(20℃)：己烷，30000mg/L；乙醇，2000000mg/L；甲醇，500000mg/L；丙酮，2000000mg/L。辛醇/水分配系数 $\lg K_{ow}$=3.7(pH=7, 20℃)。

【环境行为】

(1)环境生物降解性

好氧条件下，土壤中降解半衰期为1.3d[1]、1.0d[2]。厌氧条件下，水中生物降解半衰期为0.3~0.8d[1]。

(2)环境非生物降解性

根据结构估算，气态唑草酮与光化学反应产生的羟基自由基反应的速率常数约为$5.0 \times 10^{-12} cm^3/(mol \cdot s)$（25℃），大气中间接光解半衰期约为3d[3]。20℃、pH为7时水中光解半衰期为8.3d[2]。pH为7.09和9.09时，水解半衰期分别为131h和3.4h；pH为5.17时，830h水解率为43%[4]。20℃条件下，pH为4时难水解，pH为7时水解半衰期为9.8d，pH为9时水解半衰期为3.5h[2]。

(3)环境生物蓄积性

鱼体BCF为176[2]，提示生物蓄积性为中等偏高[5]。

(4)土壤吸附/移动性

吸附系数K_{oc}值为866[2]、750和15~35（pH=5.5）[4]。在酸性土壤中移动性强，在中性和碱性土壤中具有轻微移动性[2,6]。

【生态毒理学】

鸟类（山齿鹑）急性$LD_{50} > 2250mg/kg$、短期摄食$LD_{50} > 5620mg/kg$，鱼类（虹鳟）96h $LC_{50} = 1.6mg/L$、21d NOEC=0.11mg/L，溞类（大型溞）48h $EC_{50} > 9.8mg/L$、21d NOEC=0.22mg/L，甲壳类（糠虾）96h $LC_{50} = 1.01mg/L$，底栖类（摇蚊）28d NOEC=7.4mg/L，藻类（鱼腥藻）72h $EC_{50} = 0.012mg/L$，蜜蜂接触48h $LD_{50} > 200μg/$蜜蜂、经口48h $LD_{50} > 200μg/$蜜蜂，蚯蚓14d $LC_{50} > 820mg/kg$[2]。

【毒理学】

(1)一般毒性

大鼠急性经口$LD_{50} > 5000mg/kg$，大鼠急性经皮$LD_{50} > 4000mg/kg$ bw，大鼠急性吸入$LC_{50} > 5.09mg/L$，大鼠短期膳食暴露NOAEL=1000mg/kg[2]。

(2)神经毒性

无信息。

(3)生殖发育毒性

兔子灌胃暴露0mg/(kg·d)、10mg/(kg·d)、40mg/(kg·d)、150mg/(kg·d)、300mg/(kg·d)的唑草酮，无死亡和严重病理表现[7]。

雄性和雌性大鼠分别喂食暴露剂量为 0mg/(kg·d)、8.6mg/(kg·d)、

42.4mg/(kg·d)、127mg/(kg·d)、343mg/(kg·d)和0mg/(kg·d)、9.5mg/(kg·d)、47.8mg/(kg·d)、142mg/(kg·d)、387mg/(kg·d)的唑草酮，无死亡和中毒症状发生[8]。

(4)致癌性与致突变性

鼠伤寒沙门氏菌的反向基因突变试验中，在有代谢活化和无代谢活化条件下，结果均显示为阴性；哺乳动物体外基因突变试验结果为阴性，提示无致突变性[7]。

【人类健康效应】

可能的肝脏与肾脏毒物[2]，对人类无致癌性[8]。

【危害分类与管制情况】

序号	毒性指标	PPDB 分类	PAN 分类
1	高毒	否	否
2	致癌性	可能	否
3	致突变性	否	—
4	内分泌干扰性	无数据	无有效证据
5	生殖发育毒性	否	无有效证据
6	胆碱酯酶抑制性	否	否
7	神经毒性	否	—
8	呼吸道刺激性	否	—
9	皮肤刺激性	否	—
10	眼刺激性	否	—
11	地下水污染	—	无有效证据
12	国际公约或优控名录	无	

注：PPDB 数据库由英国赫特福德郡大学农业与环境研究所开发；PAN 数据库来自北美农药行动网（PANNA）；"—"表示无此项。

【限值标准】

每日允许摄入量（ADI）为 0.03mg/(kg bw·d)，操作者允许接触水平（AOEL）为 0.6mg/(kg bw·d)[7]。

参 考 文 献

[1] USEPA/OPPTS. Pesticide Fact Sheet: Carfentrazone-ethyl. Washington DC: Environmental Protection Agency, Office of Prevention, Pesticides and Toxic Substances, 2003. http://www. epa.gov/pesticides/factsheets/index.htm [2015-06-09].

[2] PPDB: Pesticide Properties DataBase. http://sitem.herts.ac.uk/aeru/ppdb/en/Reports/123.htm [2016-12-02].

[3] Meylan W M, Howard P H. Computer estimation of the atmospheric gas-phase reaction-rate of organic-compounds with hydroxyl radicals and ozone. Chemosphere, 1993, 26(12): 2293-2299.

[4] Ngim K K, Crosby D G. Fate and kinetics of carfentrazone-ethyl herbicide in California, USA, flooded rice fields. Environ Toxicol Chem, 2001, 20(3): 485-490.

[5] Franke C, Studinger G, Berger G, et al. The assessment of bioaccumulation. Chemosphere, 1994, 29(7): 1501-1514.

[6] Swann R L, Laskowski D A, Mccall P J, et al. A rapid method for the estimation of the environmental parameters octanol/water partition coefficient, soil sorption constant, water to air ratio, and water solubility. Res Rev, 1983, 85: 17-28.

[7] USEPA Office of Pesticide Programs. Pesticide Fact Sheet-Carfentrazone-ethyl (September 1998). http://www.epa.gov/pesticides/chem_search/reg_actions/registration/fs_PC-128712_30-Sep-98. pdf [2015-07-23].

[8] USEPA Office of Pesticide Programs. Health Effects Division, Science Information Management Branch: Chemicals Evaluated for Carcinogenic Potential. 2006.

唑嘧磺草胺(flumetsulam)

【基本信息】

化学名称：*N*-(2,6-二氟苯基)-5-甲基-1,2,4-三唑并[1,5-a]嘧啶-2-磺酰胺

其他名称：阔草清、普田庆

CAS 号：98967-40-9

分子式：C$_{12}$H$_9$F$_2$N$_5$O$_2$S

相对分子质量：325.29

SMILES：Fc1cccc(F)c1NS(=O)(=O)c2nc3nc(ccn3n2)C

类别：环戊二烯类除草剂

结构式：

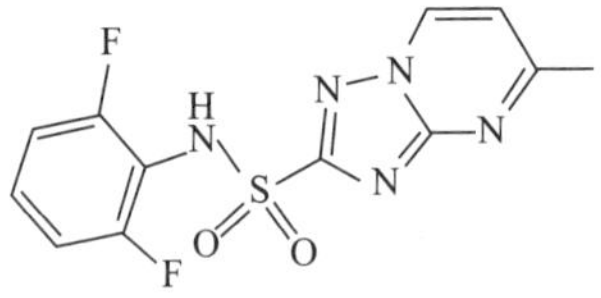

【理化性质】

类白色固体，密度 1.77g/mL，熔点 252℃，饱和蒸气压 3.70×10^{-7}mPa(25℃)。水溶解度(20℃)为 5650mg/L。有机溶剂溶解度(20℃)：丙酮，1600mg/L。辛醇/水分配系数 lgK_{ow}=0.21(pH=7, 20℃)。

【环境行为】

(1)环境生物降解性

好氧条件下，土壤中降解半衰期为 45d，其他数据来源的降解半衰期为 1~3 个月[1]。

(2)环境非生物降解性

pH 为 7 的条件下，水中光解半衰期为 270d[1]。

(3)环境生物蓄积性

基于 $\lg K_{ow} < 3$，预测其生物蓄积性弱[1]。

(4)土壤吸附/移动性

吸附系数 K_{oc} 为 28，提示土壤中移动性强[1]。

【生态毒理学】

鸟类(山齿鹑)急性 $LD_{50}=2250mg/kg$，鱼类(虹鳟)96h $LC_{50}=300mg/L$，溞类(大型溞)48h $EC_{50}=254mg/L$、21d NOEC=200mg/L，藻类(小球藻)72h $EC_{50}=10.68mg/L$，蜜蜂接触 48h $LD_{50}>100\mu g$/蜜蜂[1]。

【毒理学】

(1)一般毒性

大鼠急性经口 $LD_{50}>5000mg/kg$，兔子急性经皮 $LD_{50}>2000mg/kg$ bw，大鼠急性吸入 $LC_{50}=1.2mg/L$，大鼠短期膳食暴露 NOAEL=500mg/kg[1]。

(2)神经毒性

无信息。

(3)生殖发育毒性

无信息。

(4)致癌性与致突变性

无信息。

【人类健康效应】

无信息。

【危害分类与管制情况】

序号	毒性指标	PPDB 分类	PAN 分类
1	高毒	否	否
2	致癌性	否	否
3	致突变性	无数据	—
4	内分泌干扰性	无数据	无有效证据

续表

序号	毒性指标	PPDB 分类	PAN 分类
5	生殖发育毒性	无数据	无有效证据
6	胆碱酯酶抑制性	否	否
7	神经毒性	否	—
8	呼吸道刺激性	无数据	—
9	皮肤刺激性	是	—
10	眼刺激性	是	—
11	地下水污染	—	无有效证据
12	国际公约或优控名录	无	

注：PPDB 数据库由英国赫特福德郡大学农业与环境研究所开发；PAN 数据库来自北美农药行动网（PANNA）；"—"表示无此项。

【限值标准】

每日允许摄入量（ADI）为 1mg/（kg bw·d）[2]。

参 考 文 献

[1] PPDB: Pesticide Properties DataBase. http://sitem.herts.ac.uk/aeru/ppdb/en/Reports/334.htm [2016-12-05].

[2] 张丽英, 陶传江. 农药每日允许摄入量手册. 北京: 化学工业出版社, 2015.